기출파

기출문제만 분석하고 파악해도 반드시 합격한다!

버스운전자격시험

㈜ 에듀웨이 R&D연구소 지음

에듀웨이출판사 카페 도서인증 닉네임 기입란

EDUWAY
에듀웨이

Edu way

a qualifying examination professional publishers

(주)에듀웨이는 자격시험 전문출판사입니다.
에듀웨이는 독자 여러분의 자격시험 취득을 위한 교재 발간을 위해 노력하고 있습니다.

머리말에
부쳐

버스운전자격시험은 버스 기사의 전문성 확보를 통한 서비스 향상과 교통사고 예방에 기여하기 위하여 국토교통부의 지시로 한국교통안전공단에서 2012년에 도입한 자격시험입니다.

이에 노선 여객자동차 운송사업 (시내·농어촌·마을·시외), 전세버스 운송사업 또는 특수여객자동차운송사업의 사업용 버스 운전업무에 종사하려는 운전자는 버스운전 자격을 취득한 후 운전하여야 합니다.

이 책은 버스운전자격시험에 대비하여 최근 개정법령을 반영하고 최근의 출제기준 및 기출문제를 완벽 분석하여 수험생들이 쉽게 합격할 수 있도록 만들었습니다.

이 책의 특징
1. 최근 기출문제를 분석하여 출제예상문제에 실었습니다.
2. 기준이 되는 법령을 알아보기 쉽도록 재구성하였습니다.
3. 섹션 도입부에 최근 출제유형에 따른 출제 포인트를 마련하여 수험생들에게 학습 방향을 제시하여 효율적인 학습이 가능하게 하였습니다.
4. 모의고사 문제를 통해 수험생 스스로 최종 자가진단을 할 수 있게 하였습니다.
5. 최근 개정된 법령을 반영하였습니다.

이 책으로 공부하신 여러분 모두에게 합격의 영광이 있기를 기원하며 책을 출판하는 데 있어 도와주신 ㈜에듀웨이 임직원, 편집 담당자, 디자인 실장님에게 지면을 빌어 감사드립니다.

㈜에듀웨이 R&D연구소(자동차부문) 드림

이 책의 구성

출제포인트
각 섹션별로 기출문제를 분석·흐름을 파악하여 학습 방향을 제시하고, 중점적으로 학습해야 할 내용을 기술하여 수험생들이 학습의 강약을 조절할 수 있도록 하였습니다.

가독성을 향상시킨 정리
다소 지루한 이론 나열은 표를 이용하여 일목요연하게 정리하였습니다.

필수암기
최근 복원문제 및 빈출 중 반드시 암기해야 할 부분을 본문에 표시하였습니다.

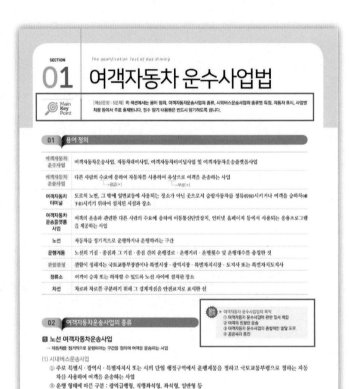

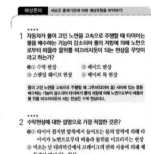

🚶 자격취득과정

01 응시조건

1 운전면허 소지 여부 : 제1종 대형 또는 제1종 보통 운전면허

2 연령 : 만 20세 이상

3 운전경력 : 1종 보통 이상의 운전경력 1년 이상 (→ 운전면허 보유기간, 기준이며 취소 및 정지기간은 제외됨)

4 운전적성정밀검사 : 운전적성정밀검사 규정에 따른 신규검사 기준에 적합한 사람 (시험 접수일 기준)

　　 ※ 기타 응시자격의 세부사항은 8페이지 참고

제1종 보통도
1년 이상 경력

제1종 대형도
1년 이상 경력

02 운전적성 정밀검사

① 전국 운전정밀검사장(15곳)에 한국교통안전공단 TS국가자격시험 홈페이지에서 사전 예약을 하여야만 검사가 가능(예약자에 한해 시행)

② 예약 방법 : 콜센터(1577-0990) 또는 인터넷 예약

③ 검사 방법 : 사전예약 → 검사장 도착 → 검사시행 → 판정표 발급(당일)

④ 검사항목 : 속도예측, 정지거리예측, 거리지각, 주의전환, 주의폭, 변화탐지, 인지능력

※ 원스탑 신청 : 운전적성정밀검사와 필기시험을 같은 날 볼 수 있는 서비스입니다.

※ 정밀검사 지정시험장 : 경기의정부, 광주, 서울 노원, 대구, 대전, 부산, 상주, 수원, 울산, 인천, 전주, 제주, 창원, 청주, 춘천

※ 운전적성 정밀검사의 유효기간은 3년이며, 대상자 유형에 따라 운전적성 정밀검사를 다시 검사받거나 서류제출로 받지 않을 수도 있음

　• 운전정밀검사 : 25,000원
　• 버스운전자격시험 : 11,500원

03 시험접수 –인터넷 접수

인터넷 접수 전 반드시 회원가입을 해야 합니다.

※ 사진은 그림파일(*.jpg)로 스캔하여 등록 (별도제출 서류 없음)

※ 인터넷 접수 요령은 10페이지 참조

※ 접수인원이 선착순으로 제한되어 있으므로 원하는 시험날짜 전에 충분한 기간을 두고(약 60일 이내) 미리 접수를 해야 원하는 날짜에 응시할 수 있습니다. (만약 인원 초과로 접수 불가능할 경우 타 지역 또는 다음 차수에 접수 가능)

간편하게 인터넷으로 접수 끝! CBT 접수는 운전적성정밀검사를 받고 3년이 경과되지 않아야 가능해요!

인터넷 접수가 어렵거나 힘들다면 가까운 공단에 직접 방문해서 접수

04 필기시험 응시 – CBT 시험

① 시험방식 : CBT(컴퓨터 기반)으로 모니터의 문제를 보며 마우스로 답을 표기하는 방식

② 시험과목 (4과목)
  • 교통 및 운수 관련법규 및 교통사고 유형 – 25문항
  • 자동차관리요령 – 15문항
  • 안전운행요령 – 25문항
  • 운송서비스 – 15문항

③ 합격기준 : 총점 100의 60% 이상 (총 80문항 중 48문항 이상)

④ 시험시간(회차별) 시험 (총시간 –80분)
  • 1회차 : 09:20 ~ 10:40
  • 2회차 : 11:00 ~ 12:20
  • 3회차 : 14:00 ~ 15:20
  • 4회차 : 16:00 ~ 17:20

※ 지역별 수요에 따라 회차별 시험이 변경될 수 있음

CBT 시험을 보는 방법은 시험 전 동영상으로 자세히 알려드립니다.

05 자격증 교부

① 신청대상 및 기간 (발표일로부터 30일 이내) : 버스운전 자격시험 필기시험에 합격한 사람

② 자격증 신청 방법 : 인터넷 · 방문 신청

③ 자격증 교부 수수료 : 10,000원 (인터넷의 경우 우편료 포함하여 온라인 결제)

④ 신청서류 : 버스운전 자격증 발급신청서 1부 (인터넷 신청의 경우 생략)

⑤ 자격증 인터넷 신청 : 신청일로부터 5~10일 이내 수령 가능
  (토 · 일요일, 공휴일 제외)

⑥ 자격증 방문 발급 : 한국교통안전공단 전국 14개 지역별 접수 · 교부장소

⑦ 준비물 : 운전면허증(모바일 운전면허증 제외), 수수료

※ 기타 자세한 사항은 한국교통안전공단 홈페이지(lic.kotsa.or.kr)를 방문하거나 또는 전화 1577-0990[단축번호 210]에 문의하시기 바랍니다.

1 운전적성정밀검사 대상자 유형

① 운전적성정밀검사를 받지 않은 사람 → 운전적성정밀검사를 받고 원서접수 실시

② 운전적성정밀검사를 받고 3년이 경과되지 않은 사람 → 원서접수 실시

③ 운전적성정밀검사를 받은 후 3년이 경과한 경우
  - 검사 이후 사고가 있는 경우 → 운전적성정밀검사를 다시 받고 원서접수
  - 검사 이후 사고가 없는 경우 → 원서접수 실시
  (단, 운수종사자 관리시스템 상에 경력 등록이 안되어 있는 경우에는 해당서류를 지참하여 공단 접수처를 방문하여 원서접수)
  - 제출서류 : 전체기간 운전경력증명서(경찰서 발행)
  (발행일로부터 시험일까지 교통사고 발생 시 필기시험 합격이 취소될 수 있음)
    ※ 서류 미제출자는 운전적성정밀검사를 다시 검사 받은 후 원서접수
    ※ 전체기간 운전경력증명서(경찰서 발행) : 시험 접수 당일 경찰서장 발행분

④ 증빙 서류를 제출하고 시험에 불합격 후 원서접수를 하는 경우

⑤ 전체 기간 운전경력증명서(경찰서 발행) 1부를 시험 접수 당일 발급받아 원서접수 시 제출

2 국토교통부령이 정하는 운전적성 정밀검사 기준에 적합한 자(시험 시행일 기준)

① 15개 지역공단에서 시행하며, 사전예약(고객콜센터_1577-0990, 또는 인터넷 예약)하여 해당일에 지역검사장에서 오전 09:00 또는 오후 13:00로 구분하여 검사 실시(예약자에 한해 시행)

② 화물운송종사 자격시험 원서접수에 앞서 운전적성 정밀검사를 받는 경우에만 원서접수 가능

③ 운전적성정밀검사의 유효기간은 3년이며, 3년이 경과 시 대상자 유형에 따라 재검사 실시

3 여객자동차운수사업법의 결격사유에 해당하지 않는 경우

① 다음 각 목의 어느 하나에 해당하는 죄를 범하여 금고(禁錮) 이상의 실형을 선고받고 그 집행이 끝나거나 (집행이 끝난 것으로 보는 경우를 포함한다) 면제된 날부터 2년이 지나지 아니한 사람
  - 특정강력범죄의 처벌에 관한 특례법 제2조제1항 각 호에 따른 죄
  - 특정범죄 가중처벌 등에 관한 법률 제5조의2부터 제5조의5까지, 제5조의8, 제5조의9 및 제11조에 따른 죄
  - 마약류 관리에 관한 법률에 따른 죄
  - 형법 제332조(제329조부터 제331조까지의 상습범으로 한정한다.) 제341조에 따른 죄 또는 이 각 미수죄, 제363조에 따른 죄를 추가

② 제1호 각 목의 어느 하나에 해당하는 죄를 범하여 금고 이상의 형의 집행유예를 선고받고 그 집행유예기간 중에 있는 사람

③ 제2항에 따른 자격시험일 전 5년간 다음 각 목의 어느 하나에 해당하는 사람 (2017.3.3 이후 발생 건만 해당됨)
  - 도로교통법 제93조제1항제1호부터 제4호까지에 해당하여 운전면허가 취소된 사람
  - 도로교통법 제43조를 위반하여 운전면허를 받지 아니하거나 운전면허의 효력이 정지된 상태로 같은 법 제2조제21호에 따른 자동차 등을 운전하여 벌금형 이상의 형을 선고받거나 같은 법 제93조제1항제19호에 따라 운전면허가 취소된 사람
  - 운전 중 고의 또는 과실로 3명 이상이 사망(사고발생일부터 30일 이내에 사망한 경우를 포함한다) 하거나 20명 이상의 사상자가 발생한 교통사고를 일으켜 「도로교통법」 제93조제1항제10호에 따라 운전면허가 취소된 사람

4. 제2항에 따른 자격시험일 전 3년간 도로교통법 제93조제1항제1호에 해당하여 운전면허가 정지된 사람 (2022.1.28 이후 발생 건만 해당됨)

5. 제2항에 따른 자격시험일 전 3년간 도로교통법 제93조제1항제5호 및 제5호의2에 해당하여 운전면허가 취소된 사람 (2017.3.3 이후 발생 건만 해당됨)

4 버스운전자격이 취소된 날부터 1년이 지나지 아니한 자

버스운전자격이 취소된 날부터 1년이 지나지 아니한 자는 운전자격시험에 응시할 수 없음 (정기적성검사 미필로 인한 면허 취소 제외)

- 원서접수 시간 : 선착순 예약접수(접수인원 초과시 타지역 또는 다음 차수 접수 가능)
- 응시 수수료 : 시험응시 당일 시험장에서 납부(신용카드, 체크카드, 현금 11,500원)
- 인터넷접수
  ※ 매월 시험접수는 전월 21일전부터 접수 시작 (단, 접수시작일이 공휴일·토요일인 경우 그 날로부터 첫 번째 평일에 접수 시작)
  ※ 컴퓨터시험(CBT), 체험교육은 중복 접수가 불가능함

구분	지역	요일
CBT 전용 상설시험장	서울 구로, 수원, 대전, 대구, 부산, 광주, 인천, 춘천, 청주, 전주, 창원, 울산, 화성 (13개 지역)	월~금 (오전 2회, 오후 2회)
정밀검사장 활용 시험장	서울 노원, 상주, 제주, 의정부, 홍성 (5개 지역)	화·목 오후 2시

1 전용 상시 CBT 필기시험장 (주차시설이 없으므로 대중교통 이용 필수)

지역	주소	전화
서울 구로	서울 구로구 경인로 113(오류동 91-1) 구로검소 내 3층	02) 372-5347
수원	경기 수원시 권선구 수인로 24 (서둔동 9-19)	031) 297-6581
대전	대전 대덕구 대덕대로 1417번길 31 (문평동 83-1)	042) 933-4328
대구	대구 수성구 노변로 33 (노변동 435)	053) 794-3816
부산	부산 사상구 학장로 256 (주례3동 1287)	051) 315-1421
광주(전남)	광주 남구 송암로 96 (송하동 251-4)	062) 606-7634
인천	인천 남동구 백범로 357 (간석동 172-1)	032) 830-5930
강원	강원 춘천시 동내면 10(석사동)	033) 240-0101
청주	충북 청주시 흥덕구 사운로386번길 21 (신봉동 260-6)	043) 266-5400
전주	전북 전주시 덕진구 신행로 44 (팔복동3가 211-5)	063) 212-4743
창원	경남 창원시 의창구 차룡로 48번길 44, 창원 스마트업타워 2층 (팔용동 40-5번지)	055) 270-0550
울산	울산 남구 번영로 90-1 (달동 1296-2)	052) 256-9373
화성	경기 화성시 송산면 삼존로 200 (삼존리 621-1)	031) 645-2100

2 검사장 활용 CBT 시험장

지역	주소	전화
서울 노원	서울 노원구 공릉로 62길 41 (하계동 252) 노원검사소 내 2층	02) 973-0586
제주	제주시 삼봉로 79 (도련2동568-1)	064) 723-3111
상주	경북 상주시 청리면 마공공단로 80-15호 (마공리 1238번지)	054) 530-0115
경기 의정부	경기 의정부시 평화로 285 (호원동 441-9)	031) 837-7602
홍성	충남 홍성군 충서로 1207 (남장리 217)	041) 632-4328

운전면허 정밀검사 / 버스운전자격시험 접수요령

01

한국교통안전공단의 국가자격시험 홈페이지(lic.kotsa.or.kr)를 방문하여 다음과 같이 신청(접수)할 수 있습니다.

· 운전적성 정밀검사만 신청할 경우
· 버스운전자격 필기시험만 접수할 경우 (불합격 후 재응시할 경우)
· 운전적성 정밀검사와 버스운전자격 필기시험을 같은 날에 접수할 경우 (원스탑 신청)

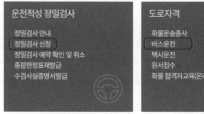
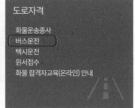

02

검사종류 여부, 원스탑 신청 여부, 자격구분, 업종을 체크하고 [다음]을 누릅니다.

03

"개인정보수입 및 이용동의", "도로자격(버스) 응시자 확인사항"의 각 항목에 체크하고 [다음]을 누릅니다.
※ 해당사항이 맞는 지 확인하며, 만약 이에 해당하지 않으면 필기시험에 합격해도 합격이 취소됨

04

성명 및 주민등록번호를 입력한 후 [실명인증]을 누르면 다음 페이지로 이동합니다. 원하는 검사장을 선택하고 [조회]를 클릭합니다.

05

원하는 날짜 및 일시를 선택하고 [다음]을 누릅니다.
※ 마감 표시가 되어있으면 해당 검시일시에는 접수가 안되니
　다른 검시일시를 선택합니다.

운전정밀검사예약

검사종류 선택	예약자 확인사항	검사장/예약일시 선택	신청서작성	접수완료

예약내역

검사정보	신규검사 / 사내버스
자격시험	버스운전

◎ 아래 검사 장소를 조회 하신 후 원하는 검사 일정을 선택하여 신청하기 버튼을 클릭하십시오.

검사장 선택

경기의정부시험장(정밀)　　조회

◎ 검사 시작 이후에는 검사 응시가 불가하니 시작시간 20분 전까지 검사장에 도착하시기 바랍니다.

No.	검사일시	접수기간	예약인원	예약
1	2022-08-30 09:20	(~ 2022-08-30)	25명/25석	마감
2	2022-09-01 09:20	(~ 2022-09-01)	25명/25석	마감
3	2022-09-06 09:20	(~ 2022-09-06)	25명/25석	마감
4	2022-09-08 09:20	(~ 2022-09-08)	25명/25석	마감
5	2022-09-13 09:20	(~ 2022-09-13)	11명/25석	신청하기
6	2022-09-15 09:20	(~ 2022-09-15)	9명/25석	신청하기
7	2022-09-20 09:20	(~ 2022-09-20)	5명/25석	신청하기
8	2022-09-22 09:20	(~ 2022-09-22)	0명/25석	신청하기

06

증명사진 및 전화번호, 주소, 소지운전자격증의 종류 및 운전면허증
번호 등을 입력합니다. 화면 하단의 결제 사항을 체크하고 결제 후
[다음]을 누릅니다.

운전정밀검사예약

검사종류 선택	예약자 확인사항	검사장/예약일시 선택	신청서작성	접수완료

운전정밀 예약내역

검사정보	신규검사 / 사내버스
검사장소	경기북부운전적성정밀검사장(경기 / 경기 의정부시 평화로 285(호원동) 한국교통안전공단 경기북부 본부 1층 운전정밀검사장) (☎031)837-7602)
검사일시	2022-09-13 09:20

도로자격 예약내역

시험자격정보	버스운전
시험장소	경기의정부시험장(정밀)
시험일시	2022-09-13 16:00 ~ 17:20

개인정보

◎ 사진 파일의 경우 10MB 이하의 jpg 파일만 등록할 수 있습니다.
◎ 본인사진이 아닌 사진을 허위로 올리실 경우 법률에 의해 처벌받을 수 있으며,비정상적인 사진(타인, 동물, 인식이 불가한 사진)을 등록할 경우 자격시험응시에 불이익을 받으실 수 있습니다.

자격증 발급용 증명사진　　사진등록

사진을 등록 하지 않을 경우 체크하세요. □ 사진을 지참하고 시험응시합니다.

성명	오호정	생년월일	1972년 09월 09일
거주지역	서울	사업용 운전경력	년 0 개월
이메일		휴대전화(필수)	
자택전화			
주소(필수)	우편번호　주소검색		나머지 주소

◎ 연락처가 사실과 다를 경우 불이익이 발생할 수 있으므로 확인한 후 수정하시기 바랍니다.

응시정보

운전면허증번호(필수)	선택 - -	운전면허종류(필수)	선택

수수료 내역

운전정밀검사	25,000원	수수료 합계	36,500원
버스자격시험	11,500원		

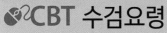

CBT 수검요령
computer-based testing

수시로 현재 [안 푼 문제 수]와 [남은 시간]를 확인하여 시간 분배합니다. 또한 답안 제출 전에 [수험번호], [수험자명], [안 푼 문제 수]를 다시 한번 더 확인합니다.

글자 크기 및 화면 배치 조정
시험을 보기 편한 글자 크기로 변경할 수 있으며, 한 화면에 문제 배열 방식을 2문제/2단/1문제로 조정할 수 있습니다.

정답 체크
문제의 번호에 정답을 클릭하거나 [답안 표기란]의 각 문제 번호에 정답을 클릭합니다.

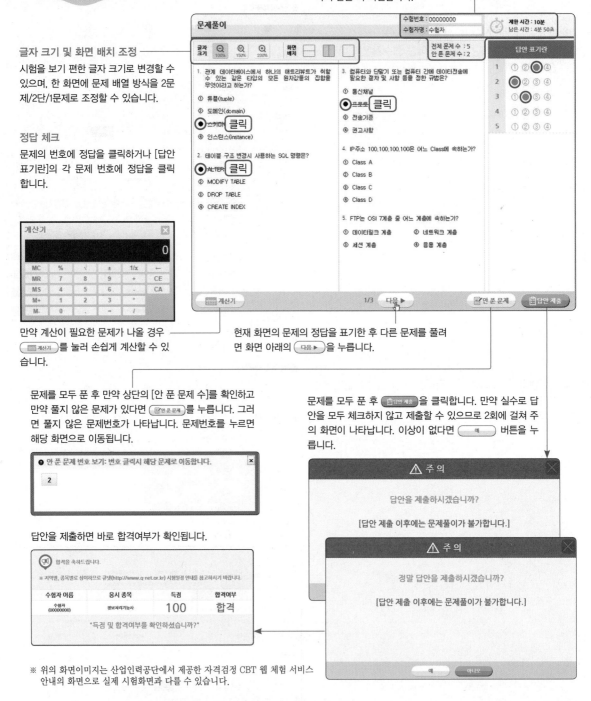

만약 계산이 필요한 문제가 나올 경우 [계산기]를 눌러 손쉽게 계산할 수 있습니다.

현재 화면의 문제의 정답을 표기한 후 다른 문제를 풀려면 화면 아래의 [다음 ▶]을 누릅니다.

문제를 모두 푼 후 만약 상단의 [안 푼 문제 수]를 확인하고 만약 풀지 않은 문제가 있다면 [안푼문제]를 누릅니다. 그러면 풀지 않은 문제번호가 나타납니다. 문제번호를 누르면 해당 화면으로 이동됩니다.

> ❶ 안 푼 문제 번호 보기: 번호 클릭시 해당 문제로 이동합니다. ✕
>
> 2

답안을 제출하면 바로 합격여부가 확인됩니다.

> 🎖 합격을 축하드립니다.
>
> ※ 지역별, 종목별로 상이하므로 큐넷(http://www.q-net.or.kr) 시험일정 안내를 참고하시기 바랍니다.
>
> | 수험자 이름 | 응시 종목 | 득점 | 합격여부 |
> |---|---|---|---|
> | 수험자
(00000000) | 정보처리기능사 | 100 | 합격 |
>
> "득점 및 합격여부를 확인하셨습니까?"

문제를 모두 푼 후 [답안 제출]을 클릭합니다. 만약 실수로 답안을 모두 체크하지 않고 제출할 수 있으므로 2회에 걸쳐 주의 화면이 나타납니다. 이상이 없다면 [예] 버튼을 누릅니다.

> ⚠ 주 의   ✕
>
> 답안을 제출하시겠습니까?
>
> [답안 제출 이후에는 문제풀이가 불가합니다.]

> ⚠ 주 의   ✕
>
> 정말 답안을 제출하시겠습니까?
>
> [답안 제출 이후에는 문제풀이가 불가합니다.]
>
> [예] [아니오]

※ 위의 화면이미지는 산업인력공단에서 제공한 자격검정 CBT 웹 체험 서비스 안내의 화면으로 실제 시험화면과 다를 수 있습니다.

자격검정 CBT 웹 체험 서비스 안내
큐넷 홈페이지 우측하단에 'CBT 체험하기'를 클릭하면 CBT 체험을 할 수 있는 동영상을 보실 수 있습니다. (스마트폰에서는 동영상을 보기 어려우므로 PC에서 확인하시기 바랍니다)
※ 필기시험 전 약 20분간 CBT 웹 체험을 할 수 있습니다.

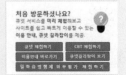

The qualification Test of bus driving

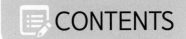
CONTENTS

▣ 머리말
▣ 한 눈에 살펴보는 자격취득과정
▣ 이 책의 구성

주의 표지 : 도로의 형상, 상태 등의 도로 환경 및 위험물, 주의사항 등 미연에 알려 안전조치 및 예비동작을 할 수 있도록 함

+자형교차로	T자형교차로	Y자형교차로	⊦자형교차로	⊣자형교차로	우선도로	우합류도로	좌합류도로	회전형교차로
철길건널목	우로굽은도로	좌로굽은도로	우좌로굽은도로	좌우로굽은도로	2방향통행	오르막경사	내리막경사	도로폭이좁아짐
우측차로없어짐	좌측차로없어짐	우측방통행	양측방통행	중앙분리대시작	중앙분리대끝남	신호기	미끄러운도로	강변도로
노면고르지못함	과속방지턱	낙석도로	횡단보도	어린이보호	자전거	도로공사중	비행기	횡풍
터널	교량	야생동물보호	위험	상습정체구간				

규제 표지 : 도로교통의 안전을 목적으로 위한 각종 제한, 금지, 규제사항을 알림(통행금지, 통행제한, 금지사항)

통행금지	자동차통행금지	화물자동차통행금지	승합자동차통행금지	이륜자동차 및 원동기 장치자전거통행금지	자동차 · 이륜자동차 및 원동기장치자전거 통행금지	경운기 · 트랙터 및 손수레 통행금지	자전거통행금지	진입금지
직진금지	우회전금지	좌회전금지	유턴금지	앞지르기금지	주정차금지	주차금지	차중량제한	차높이제한
차폭제한	차간거리확보	최고속도제한	최저속도제한	서행	일시정지	양보	보행자보행금지	위험물적재차량 통행금지

지시 표지 : 도로교통의 안전 및 원활한 흐름을 위한 도로이용자에게 지시하고 따르도록 함(통행방법, 통행구분, 기타)

자동차전용도로	자전거전용도로	자전거 및 보행자 겸용도로	회전교차로	직진	우회전	좌회전	직진 및 우회전	직진 및 좌회전
좌회전 및 유턴	좌우회전	유턴	양측방통행	자전거 및 보행자 통행구분	자전거전용차로	주차장	자전거주차장	보행자전용도로
횡단보도	노인보호	어린이보호	장애인보호	자전거횡단도	일방통행	일방통행	일방통행	비보호좌회전
버스전용차로	다인승 차량전용차로	통행우선	자전거나란히 통행허용					

15

출제문항수
25

CHAPTER

01

교통운수관련 법규 및
교통사고 유형

여객자동차 운수사업법

Main Key Point

[예상문항 : 6문제] 이 섹션에서는 용어 정의, 여객자동차운송사업의 종류, 시외버스운송사업의 종류별 특징, 자동차 표시, 사업별 차령 등에서 주로 출제됩니다. 필수 암기 내용들은 반드시 암기하도록 합니다.

01 용어 정의

여객자동차 운수사업	여객자동차운송사업, 자동차대여사업, 여객자동차터미널사업 및 여객자동차운송플랫폼사업
여객자동차 운송사업	다른 사람의 수요에 응하여 자동차를 사용하여 유상으로 여객을 운송하는 사업 └→공급(×) └→무상(×)
여객자동차 터미널	도로의 노면, 그 밖에 일반교통에 사용되는 장소가 아닌 곳으로서 승합자동차를 정류(停留)시키거나 여객을 승하차(乘下車)시키기 위하여 설치된 시설과 장소
여객자동차 운송플랫폼 사업	여객의 운송과 관련한 다른 사람의 수요에 응하여 이동통신단말장치, 인터넷 홈페이지 등에서 사용되는 응용프로그램을 제공하는 사업
노선	자동차를 정기적으로 운행하거나 운행하려는 구간
운행계통	노선의 기점·종점과 그 기점·종점 간의 운행경로·운행거리·운행횟수 및 운행대수를 총칭한 것
관할관청	관할이 정해지는 국토교통부장관이나 특별시장·광역시장·특별자치시장·도지사 또는 특별자치도지사
정류소	여객이 승차 또는 하차할 수 있도록 노선 사이에 설치한 장소
차선	차로와 차로를 구분하기 위해 그 경계지점을 안전표지로 표시한 선

02 여객자동차운송사업의 종류

1 노선 여객자동차운송사업

→ 자동차를 정기적으로 운행하려는 구간을 정하여 여객을 운송하는 사업

(1) 시내버스운송사업

① 주로 특별시·광역시·특별자치시 또는 시의 단일 행정구역에서 운행계통을 정하고 국토교통부령으로 정하는 자동차를 사용하여 여객을 운송하는 사업

② 운행 형태에 따른 구분 : 광역급행형, 직행좌석형, 좌석형, 일반형 등

▶ 여객자동차 운수사업법의 목적
① 여객자동차 운수사업에 관한 질서 확립
② 여객의 원활한 운송
③ 여객자동차 운수사업의 종합적인 발달 도모
④ 공공복리 증진

▶ 여객자동차터미널의 종류
• 공영터미널 : 여객자동차운송사업에 사용하는 승합자동차를 정류시키기 위한 공영차고지로 사용하기 위하여 지방자치단체가 설치한 터미널
• 공용터미널 : 공영터미널 외의 여객자동차터미널

(2) 농어촌버스운송사업

① 주로 군(광역시의 군은 제외)의 단일 행정구역에서 운행 계통을 정하고 국토교통부령으로 정하는 자동차를 사용하여 여객을 운송하는 사업

> ▶ 국토교통부령으로 정하는 시내버스운송사업 및 농어촌버스운송사업 자동차
> • 자동차의 종류 : 중형 이상의 승합자동차(관할관청이 필요하다고 인정하는 경우 농어촌버스운송사업에 대해서는 소형 이상의 승합자동차)
> • 종류별 운행 형태
>
> | 시내좌석버스 | 광역급행형, 직행좌석형, 좌석형에 사용되는 것으로 좌석이 설치된 것 |
> | --- | --- |
> | 시내일반버스 | 일반형에 사용되는 것으로서 좌석과 입석이 혼용 설치된 것 |

② 운행 형태별 특징(시내버스운송사업 및 농어촌버스운송사업)

운행 형태	특징
광역 급행형	• 시내좌석버스 사용 • 주로 고속국도, 도시고속도로 또는 주간선도로를 이용 • 기점 및 종점으로부터 5km 이내의 지점에 위치한 각각 4개 이내의 정류소에서만 정차 • 지역의 특수성과 주민 편의를 고려하여 기점 및 종점으로부터 7.5킬로미터 이내에 위치한 각각 6개 이내의 정류소에 정차 가능 • 운송개시 후 지역 여건 등이 변경되어 정류소를 추가할 필요가 있는 경우에는 기점으로부터 7.5킬로미터 이내에 위치한 2개까지의 정류소에 추가 정차 가능
직행 좌석형	• 시내좌석버스를 사용하여 각 정류소에 정차 • 둘 이상의 시·도에 걸쳐 노선이 연장되는 경우 지역주민의 편의, 지역 여건 등을 고려하여 정류구간을 조정 • 총 정류소 수의 2분의 1 이내의 범위에서 정류소 수를 조정
좌석형	• 시내좌석버스를 사용하여 각 정류소에 정차하면서 운행
일반형	• 시내일반버스를 주로 사용하여 각 정류소에 정차하면서 운행

> ▶ 다음의 경우 시내버스운송사업자 또는 농어촌버스 운송사업자의 신청이나 직권에 의하여 해당 행정구역 밖의 지역까지 노선을 연장하여 운행하게 할 수 있다.
> • 관할관청이 지역주민의 편의 또는 지역 여건상 특히 필요하다고 인정하는 경우 : 해당 행정구역의 경계로부터 30km를 초과하지 않는 범위
> • 국제공항·관광단지·신도시 등 지역의 특수성을 고려하여 국토교통부장관이 고시하는 지역을 운행하는 경우 : 해당 행정구역의 경계로부터 50km를 초과하지 않는 범위
> • 직행좌석형 시내버스운송사업으로서 기점·종점이 모두 대도시권역 내에 위치한 노선 중 관할관청이 출퇴근 등 교통편의를 위하여 필요하다고 인정하는 경우 : 해당 행정구역의 경계로부터 50km를 초과하지 않는 범위
>
> ▶ 관할 도지사는 지역주민의 편의 또는 지역 여건상 특히 필요하다고 인정되는 경우에는 둘 이상의 시·군 지역을 하나의 운행계통에 따라 운행하게 할 수 있다.

(3) 마을버스운송사업

① 운행 형태
• 시·군·구의 단일 행정구역에서 운행
• 고지대 마을, 외지 마을, 아파트단지, 산업단지, 학교, 종교단체의 소재지 등을 기점 또는 종점으로 하여 가장 가까운 철도역 또는 노선버스 정류소(시내버스, 농어촌버스, 시외버스의 정류소) 사이를 운행
• 행정구역의 경계로부터 5km 내에서 연장 운행 가능
② 노선 : 기점·종점의 특수성이나 사용되는 자동차의 특수성 등으로 인하여 다른 노선 여객자동차운송사업자가 운행하기 어려운 구간
③ 차종 : 중형승합자동차(소형, 대형도 가능)

(4) 시외버스운송사업

① 운행계통을 정하고 국토교통부령으로 정하는 자동차를 사용하여 여객을 운송하는 사업으로서 시내버스운송사업, 농어촌버스운송사업, 마을버스 운송사업에 속하지 않는 사업

 ② **종류별 특징**

구분	운행 형태	자동차 종류 (승합차)	승차정원	출력
시외고속버스	고속형	대형	30인승 이상	총 중량 1톤당 20마력 이상
시외우등고속버스			29인승 이하	
시외고급고속버스			22인승 이하	
시외우등직행버스	직행형		29인승 이하	
시외고급직행버스			22인승 이하	
시외직행버스		중형 이상	-	-
시외우등일반버스	일반형	대형	29인승 이하	총 중량 1톤당 20마력 이상
시외일반버스		중형 이상	-	

③ 운행 형태
- 고속형 : 시외고속버스 또는 시외우등고속버스를 사용하여 운행거리가 100km 이상이고, 운행구간의 60% 이상을 고속국도로 운행하며, 기점과 종점의 중간에서 정차하지 않는 형태
- 직행형 : 시외(우등)직행버스를 사용하여 기점 또는 종점이 있는 특별시·광역시·특별자치시 또는 시·군의 행정구역이 아닌 다른 행정구역에 있는 1개소 이상의 정류소에 정차하면서 운행하는 형태
- 일반형 : 시외(우등)일반버스를 사용하여 각 정류소에 정차하면서 운행하는 형태

▶ **노선 여객자동차운송사업의 한정면허**

① 한정면허의 정의 : 국토교통부장관 또는 시·도지사가 운송할 여객 등에 관한 업무의 범위나 기간을 한정한 면허

② 여객의 특수성 또는 수요의 불규칙성 등으로 인하여 노선버스를 운행하기 어려운 경우로서 다음의 어느 하나에 해당하는 경우
- 공항, 도심공항터미널 또는 국제여객선터미널을 기점 또는 종점으로 하는 경우로서 공항, 도심공항터미널 또는 국제여객터미널 이용자의 교통불편을 해소하기 위하여 필요하다고 인정되는 경우
- 관광지를 기점 또는 종점으로 하는 경우로서 관광의 편의를 제공하기 위하여 필요하다고 인정되는 경우
- 고속철도 정차역을 기점 또는 종점으로 하는 경우로서 고속철도 이용자의 교통편의를 위하여 필요하다고 인정되는 경우
- 국토교통부장관이 정하여 고시하는 출퇴근 또는 심야 시간대에 대중교통이용자의 교통불편을 해소하기 위하여 필요하다고 인정되는 경우
- 산업단지 또는 관할관청이 정하는 공장밀집지역을 기점 또는 종점으로 하는 경우로서 산업단지 또는 공장밀집지역의 접근성 향상을 위하여 필요하다고 인정되는 경우

③ 수익성이 없어 노선운송사업자가 운행을 기피하는 노선으로서 관할관청이 보조금을 지급하려는 경우

④ 버스전용차로의 설치 및 운행계통의 신설 등 버스교통체계 개선을 위하여 시·도의 조례로 정한 경우

⑤ 신규노선에 대하여 운행형태가 광역급행형인 시내버스운송사업을 경영하려는 자의 경우

⑥ 수요응답형 여객자동차운송사업을 경영하려는 경우

⑦ 국토교통부장관이 정하여 고시하는 운송사업자가 국토교통부장관이 정하여 고시하는 심야 시간대에 승차정원이 11인승 이상의 승합자동차를 이용하여 여객의 요청에 따라 탄력적으로 여객을 운송하는 구역 여객자동차운송사업을 경영하려는 경우

▶ **여객자동차운송사업의 분류**

여객자동차운송사업	노선 여객자동차운송사업	시내버스운송사업, 농어촌버스운송사업, 마을버스운송사업, 시외버스운송사업
	구역 여객자동차운송사업	전세버스운송사업, 특수여객자동차운송사업
	수요응답형 여객자동차운송사업	

☑ 구역 여객자동차운송사업

→ 사업구역을 정하여 그 사업 구역 안에서 여객을 운송하는 사업

(1) 전세버스운송사업

① 운행계통을 정하지 않고 전국을 사업구역으로 정하여 1개의 운송계약에 따라 국토교통부령으로 정하는 자동차를 사용하여 여객을 운송하는 사업

> 운임의 수령주체와 관계없이 개별 탑승자로부터 현금이나 회수권 또는 카드결제 등의 방식으로 운임을 받는 경우는 제외

② 다만, 다음에 해당하는 기관 또는 시설 등의 장과 1개의 운송계약에 따라 그 소속원만의 통근·통학 목적으로 자동차를 운행하는 경우에는 운행계통을 정하지 않은 것으로 본다.

> 산업단지, 준산업단지 및 공장입지 유도지구 관리기관의 경우 해당 산업단지 등의 입주기업체 소속원 포함

- 정부기관·지방자치단체와 그 출연기관·연구기관 등 공법인
- 회사·학교·유치원·어린이집·학교교과교습학원 또는 체육시설
- 산업단지 중 국토교통부장관 또는 특별시장·광역시장·특별자치시장·도지사·특별자치도지사가 정하여 고시하는 산업단지의 관리기관

③ 차종 : 중형 이상(16인승 이상)

(2) 특수여객자동차운송사업

① 운행계통을 정하지 않고 전국을 사업구역으로 하여 1개의 운송계약에 따라 특수형 승합차 또는 승용차(일반장의자동차 및 운구전용 장의자동차로 구분)를 사용하여 장례에 참여하는 자와 시체(유골 포함)를 운송하는 사업

② 자동차 종류 : 특수형 승합차 또는 승용차

(이 경우 일반장의자동차 및 운구전용 장의자동차로 구분)

☒ 수요응답형 여객자동차운송사업

① 다음에 해당하는 경우로서 운행계통·운행시간·운행횟수를 여객의 요청에 따라 탄력적으로 운영하여 여객을 운송하는 사업
- 농촌과 어촌을 기점 또는 종점으로 하는 경우
- 대중교통현황조사에서 대중교통이 부족하다고 인정되는 지역을 운행하는 경우

② 차종 : 승용차 또는 소형 이상의 승합차

---

03 자동차 표시

☑ 자동차 표시내용 필수암기

종류		표시내용
시외버스	시외우등고속버스	우등고속
	시외고속버스	고속
	시외우등직행버스	우등직행
	시외직행버스	직행
	시외우등일반버스	우등일반
	시외일반버스	일반

종류	표시내용
전세버스 운송사업용 자동차	전세
한정면허를 받은 여객자동차 운송사업용 자동차	한정
특수여객자동차 운송사업용 자동차	장의
마을버스 운송사업용 자동차	마을버스

▶ 자동차 표시 위치 : 자동차의 바깥쪽
① 외부에서 알아보기 쉽도록 차체 면에 인쇄하는 등 항구적인 방법으로 표시
② 구체적인 표시 방법 및 위치 등은 관할관청이 정한다.

1 여객자동차 운수사업법의 목적이 <u>아닌</u> 것은?

① 공공복리 증진
② 여객자동차 운수사업에 관한 질서 확립
③ 여객의 원활한 운송
④ 물류산업의 종합적인 발달 도모

> 물류산업의 종합적인 발달 도모는 여객자동차 운수사업법과 거리가 멀다.

2 여객자동차운수사업법상 여객자동차운송사업에 대한 정의로 옳은 것은?

① 다른 사람의 수요에 응하여 자동차를 사용하여 유상으로 여객을 운송하는 사업
② 다른 사람의 수요에 응하여 자동차를 사용하여 무상으로 여객을 운송하는 사업
③ 다른 사람의 공급에 응하여 자동차를 사용하여 유상으로 여객을 운송하는 사업
④ 다른 사람의 공급에 응하여 자동차를 사용하여 무상으로 여객을 운송하는 사업

> 여객자동차운송사업이란 다른 사람의 수요에 응하여 자동차를 사용하여 유상으로 여객을 운송하는 사업을 말한다.

3 여객자동차 운수사업법에서 정의하고 있는 관할관청의 범위가 <u>아닌</u> 것은?

① 국토교통부장관
② 광역시장
③ 한국교통안전공단이사장
④ 특별시장

> 관할관청 : 관할이 정해지는 국토교통부장관이나 특별시장·광역시장·특별자치시장·도지사 또는 특별자치도지사

4 시내버스운송사업 중 시내좌석버스를 사용하여 각 정류소에 정차하면서 운행하는 형태를 말하는 것은?

① 일반형
② 광역급행형
③ 고속형
④ 좌석형

> 시내좌석버스를 사용하여 각 정류소에 정차하면서 운행하는 형태는 좌석형이다.

5 시외버스운송사업의 운행형태 중 시외고속버스 또는 시외우등고속버스를 사용하여 운행거리가 100km 이상이고, 운행구간의 60% 이상을 고속국도로 운행하는 형태는?

① 직행형
② 일반형
③ 광역형
④ 고속형

> 시외고속버스 또는 시외우등고속버스를 사용하여 운행거리가 100km 이상이고, 운행구간의 60% 이상을 고속국도로 운행하는 형태는 고속형이다.

6 시외버스운송사업 자동차 중 고속형에 사용되는 것으로서 원동기 출력이 자동차 총 중량 1톤당 20마력 이상이고 승차정원이 30인승 이상인 대형승합자동차는?

① 시외일반버스
② 시외우등고속버스
③ 시외직행버스
④ 시외고속버스

> 고속형이고 원동기 출력이 자동차 총 중량 1톤당 20마력 이상이고 승차정원이 30인승 이상인 대형승합자동차는 시외고속버스이다.

정답 1 ④ 2 ① 3 ③ 4 ④ 5 ④ 6 ④

7 구역 여객자동차운송사업에 해당하는 것은? ★★★

① 시내버스운송사업

② 마을버스운송사업

③ 전세버스운송사업

④ 시외버스운송사업

> 구역 여객자동차운송사업 : 전세버스운송사업, 특수여객자동차운송사업

8 운행계통을 정하지 않고 전국을 사업구역으로 정하여 1개의 운송계약에 따라 국토교통부령으로 정하는 자동차를 사용하여 여객을 운송하는 사업을 무엇이라 하는가? ★★★

① 특수여객자동차운송사업

② 농어촌버스운송사업

③ 전세버스운송사업

④ 마을버스운송사업

> 운행계통을 정하지 않고 전국을 사업구역으로 정하여 1개의 운송계약에 따라 국토교통부령으로 정하는 자동차를 사용하여 여객을 운송하는 사업을 전세버스운송사업이라 한다.

9 전세버스운송사업에 사용할 수 있는 자동차는? ★★★

① 5인승 승용자동차

② 밴형 화물자동차

③ 12인승 승합자동차

④ 25인승 승합자동차

> 전세버스운송사업에 사용할 수 있는 자동차는 중형 이상의 승합자동차로 승차정원 16인승 이상의 것만 해당한다.

10 다음 중 노선 여객자동차운송사업에 해당하지 않는 것은? ★★★

① 시내버스운송사업

② 농어촌버스운송사업

③ 전세버스운송사업

④ 마을버스운송사업

> 노선 여객자동차운송사업 : 시내버스운송사업, 농어촌버스운송사업, 마을버스운송사업, 시외버스운송사업
> ※ 전세버스운송사업은 구역 여객자동차운송사업에 해당한다.

11 구역 여객자동차운송사업에 대한 설명으로 옳은 것은? ★★★

① 자동차를 정기적으로 운행하려는 구간을 정하여 여객을 운송하는 사업

② 자동차를 수시로 운행하려는 구간을 정하여 여객을 운송하는 사업

③ 사업구역을 정하지 않고 여객을 운송하는 사업

④ 사업구역을 정하여 그 사업구역 안에서 여객을 운송하는 사업

> 구역 여객자동차운송사업은 사업구역을 정하여 그 사업구역 안에서 여객을 운송하는 사업을 말하며, 전세버스운송사업, 특수여객자동차운송사업이 있다.

12 마을버스 운송사업용 자동차의 바깥쪽에 표시하는 내용으로 옳은 것은? ★★★

① 장의

② 시내버스

③ 마을버스

④ 한정

> 마을버스운송사업용 자동차의 표시 내용은 '마을버스'이다.

13 특수여객자동차 운송사업용 자동차임을 표시하는 내용은? ★★★

① 특수

② 장의

③ 일반

④ 한정

> 특수여객자동차운송사업용 자동차는 "장의"로 표시한다.

04 교통사고 시의 조치

■1 교통사고 시의 조치

운송사업자는 사업용 자동차의 고장, 교통사고 또는 천재지변으로 다음의 상황이 발생하는 경우 국토교통부령으로 정하는 바에 따라 조치를 하여야 한다.

① 사상자가 발생하는 경우 : 신속하게 유류품을 관리할 것

② 사업용 자동차의 운행을 재개할 수 없는 경우 : 대체 운송수단을 확보하여 여객에게 제공하는 등 필요한 조치를 할 것

→ 다만, 여객이 동의하는 경우에는 그러하지 아니하다.

▶ 국토교통부령으로 정하는 바에 따른 조치
- 신속한 응급수송수단의 마련
- 가족이나 그 밖의 연고자에 대한 신속한 통지
- 유류품의 보관
- 목적지까지 여객을 운송하기 위한 대체 운송수단의 확보와 여객에 대한 편의 제공
- 그 밖에 사상자의 보호 등 필요한 조치

■2 중대한 교통사고

(필수암기)

① 운송사업자는 사업용 자동차에 다음에 해당하는 중대한 교통사고가 발생한 경우 지체 없이 국토교통부장관 또는 시·도지사에게 보고하여야 한다.

- 전복 사고
- 화재가 발생한 사고
- 사망자 2명 이상 발생한 사고
- 사망자 1명과 중상자 3명 이상이 발생한 사고
- 중상자 6명 이상이 발생한 사고

② 운송사업자는 중대한 교통사고가 발생하였을 때에는 24시간 이내에 사고의 일시·장소 및 피해사항 등 사고의 개략적인 상황을 관할 시·도지사에게 보고한 후 72시간 이내에 사고보고서를 작성하여 관할 시·도지사에게 제출하여야 한다.

05 운수종사자 등의 현황 통보

운전업무 종사자격을 갖추고 여객자동차 운송사업의 운전업무에 종사하는 자

① 운송사업자는 운수종사자에 대한 다음 사항을 각각의 기준에 따라 시·도지사에게 알려야 한다.

신규 채용한 운수종사자의 경우에는 보유하고 있는 운전면허의 종류와 취득 일자를 포함

- 신규 채용하거나 퇴직한 운수종사자의 명단 : 신규 채용일이나 퇴직일부터 7일 이내
- 전월 말일 현재의 운수종사자 현황 : 매월 10일까지
- 전월 각 운수종사자에 대한 휴식시간 보장내역 : 매월 10일까지

② 조합은 소속 운송사업자를 대신하여 소속 운송사업자의 운수종사자 현황을 취합·통보할 수 있다.

③ 시·도지사는 통보받은 운수종사자 현황을 취합하여 한국교통안전공단에 통보하여야 한다.

06 운수종사자의 자격요건 및 운전자격의 관리

■1 버스운전업무 종사자격

(1) 자격 요건

① 사업용 자동차를 운전하기에 적합한 운전면허를 보유하고 있을 것

② 20세 이상으로서 다음 각 목의 요건을 갖출 것

ㄱ 해당 사업용 자동차 운전경력이 1년 이상일 것

ㄴ 국토교통부장관 또는 지방자치단체의 장이 지정하여 고시하는 버스운전자 양성기관에서 교육과정을 이수할 것

ㄷ 운전을 직무로 하는 군인이나 의무경찰대원으로서 다음의 요건을 모두 갖출 것

- 해당 사업용 자동차의 해당 차량의 운전경력 등 국토교통부장관이 정하여 고시하는 요건을 갖출 것
- 소속 기관의 장의 추천을 받을 것

③ 국토교통부장관이 정하는 운전 적성에 대한 정밀검사 기준에 적합할 것

④ ①~③의 요건을 갖춘 사람이 한국교통안전공단이 시행하는 버스운전 자격시험에 합격한 후 자격증을 취득할 것

⑤ ①~③의 요건을 갖춘 사람이 교통안전체험에 관한 연구·교육시설에서 안전체험, 교통사고 대응요령 및 여객자동차 운수사업법령등에 관하여 실시하는 이론 및 실기교육을 이수하고 자격증을 취득할 것

※ ③~⑤는 국토교통부장관이 한국교통안전공단에 업무 위탁

(2) 운전자격을 취득할 수 없는 사람

① 다음 죄를 범하여 금고 이상의 실형을 선고받고 그 집행이 끝나거나 면제된 날부터 2년이 지나지 않은 자
 ㉠ 「특정강력범죄의 처벌에 관한 특례법」에 따른 죄
 ㉡ 「특정범죄 가중처벌 등에 관한 법률」에 따른 죄
 ㉢ 「마약류관리에 관한 법률」에 따른 죄
 ㉣ 「형법」에 따른 죄 또는 미수죄 등

② ①의 어느 하나에 해당하는 죄를 범하여 금고 이상의 형의 집행유예를 선고받고 그 집행유예기간 중에 있는 자

③ 자격시험일 전 5년간 다음의 어느 하나에 해당하는 자
 ㉠ 운전면허가 취소된 사람
 ㉡ 운전면허를 받지 아니하거나 운전면허의 효력이 정지된 상태로 자동차등을 운전하여 벌금형 이상의 형을 선고받거나 운전면허가 취소된 사람

사고발생일부터 30일 이내에
사망한 경우를 포함 ⤶

 ㉢ 운전 중 고의 또는 과실로 3명 이상이 사망하거나 20명 이상의 사상자가 발생한 교통사고를 일으켜 운전면허가 취소된 사람

④ 자격시험일 전 3년간 운전면허가 취소된 사람

 ※ 국토교통부 장관 또는 시·도지사는 운전경력 및 ㉡에 해당하는 범죄경력을 확인하기 위하여 필요한 정보에 한하여 경찰청장에게 운전경력 및 범죄경력 자료의 조회를 요청할 수 있다.

(3) 운전적성정밀검사의 종류

① 신규검사
 ㉠ 신규로 여객자동차 운송사업용 자동차를 운전하려는 자
 ㉡ 여객자동차 운송사업용 자동차 또는 「화물자동차 운수사업법」에 따른 화물자동차 운송 사업용 자동차의 운전업무에 종사하다가 퇴직한 자로서 신규검사를 받은 날부터 3년이 지난 후 재취업하려는 자. (다만, 재취업일까지 무사고 운전한 경우는 제외)
 ㉢ 신규검사의 적합판정을 받은 자로서 운전적성정밀검사를 받은 날부터 3년 이내에 취업하지 아니한 자. 다만, 신규검사를 받은 날부터 취업일까지 무사고로 운전한 사람은 제외

[필수암기] ② 특별검사
 ㉠ 중상 이상의 사상사고를 일으킨 자
 ㉡ 과거 1년간 운전면허 행정처분기준에 따라 계산한 누산점수가 81점 이상인 자
 ㉢ 질병, 과로, 그 밖의 사유로 안전운전을 할 수 없다고 인정되는 자인지 알기 위하여 운송사업자가 신청한 자

③ 자격유지검사
 ㉠ 65세 이상 70세 미만인 사람(자격유지검사의 적합판정을 받고 3년이 지나지 아니한 사람은 제외)
 ㉡ 70세 이상인 사람(자격유지검사의 적합판정을 받고 1년이 지나지 않은 사람은 제외)

2 버스운전 자격의 취득

(1) 버스운전 자격시험

① 자격시험은 필기시험으로 하되 총점의 6할 이상을 얻은 사람을 합격자로 한다.

② 버스운전 자격의 필기시험과목
 ㉠ 교통 및 운수관련 법규, 교통사고 유형
 ㉡ 자동차 관리 요령
 ㉢ 안전운행 요령
 ㉣ 운송서비스(버스운전자의 예절에 관한 사항 포함)

(2) 교통안전체험교육

① 교통안전체험교육 신청자는 한국교통안전공단이 정하는 신청서와 운전적성정밀검사 증명 서류를 첨부하여 한국교통안진공단에 제출하여야 한다.

② 교통안전체험교육의 실시방법
 ㉠ 교통안전체험교육은 집합교육으로 실시하며, 교육시간은 24시간으로 한다.

교육과정	교육과목	교육시간
이론교육	소양교육	8시간
실기교육	• 차량점검 및 기초주행	3시간
	• 목표제동 및 제동거리	1시간
	• 미끄럼 주행	1시간
	• 인지반응 및 위험 회피	1시간
	• 차량점검 및 응급조치 요령	1시간
	• 도로유형별 안전운행	3시간
	• 정속주행	2시간
종합평가	필기시험, 기능시험, 주행시험	4시간
총 계		24시간

ⓛ 이론교육은 교육생이 여객자동차 운송과 관련된 지식을 얻을 수 있도록 강의식으로 진행
ⓒ 실기교육은 실외의 체험교육시설과 도로에서 진행하는 교육으로서 자동차를 직접 운전하면서 교통사고의 발생 원리를 체험
ⓔ 종합평가는 이론 교육 후 필기 평가와 실기 교육 후 자동차를 직접 운전하여 여객을 효율적·안정적으로 운송이 가능한 기능 및 주행 평가를 말한다.
ⓜ 종합평가의 합격기준은 총점의 60퍼센트 이상 득점으로 한다.
ⓗ 수험생이 이론교육 및 실기교육을 모두 이수하고 종합평가에 합격한 경우 교육과정을 수료한 것으로 인정한다.

(3) 합격자 공고 및 자격증 발급
① 15일 이내에 시행기관의 홈페이지에 합격자 공고
② 합격자 또는 교통안전체험교육을 수료한 사람은 합격자 발표일 또는 교육 수료일로부터 30일 이내에 운전자격증 발급신청서에 사진 2장을 첨부하여 운전자격증의 발급 신청

❸ 운송사업자의 운전자격증명 관리

(1) 자격증명 관리
① 운송사업자 또는 운수종사자로부터 운전업무 종사자격을 증명하는 증표의 발급 신청을 받은 한국교통안전공단 또는 운전자격증명 발급기관은 운전자격증명을 발급하여야 한다.
② 재발급 사유
 • 운전자격증 또는 운전자격증명의 기록사항에 착오가 있는 경우
 • 변경된 내용이 있어 정정을 받으려는 경우
 • 운전자격증 등을 잃어버리거나 헐어 못쓰게 된 경우
③ 여객자동차운송사업용 운수종사자는 사업용 자동차 안에 본인의 운전자격증명을 항상 게시할 것
④ 운수종사자가 퇴직하는 경우 운전자격증명을 운송사업자에게 반납, 운송사업자는 지체없이 발급기관에 제출

(2) 운송사업자에 대한 행정처분 또는 과징금
① 행정처분

위반내용	1차 위반	2차 위반
운송사업자가 차내에 운전자격증명을 항상 게시하지 않은 경우	운행정지 (5일)	
운수종사자의 자격요건을 갖추지 않은 사람을 운전업무에 종사하게 한 경우	감차명령	노선폐지 명령

② 과징금
국토교통부장관, 시·도지사 또는 시장·군수·구청장은 여객자동차 운수사업자가 사업정지 처분을 하여야 하는 경우에 그 사업정지 처분을 갈음하여 5천만원 이하의 과징금을 부과·징수할 수 있다.

위반내용 구분	운송사업자가 차내에 운전자격증명을 항상 게시하지 않은 경우	운수종사자의 자격요건을 갖추지 않은 사람을 운전 업무에 종사하게 한 경우
시내버스 농어촌버스 마을버스	10만원	500만원 (1,000만원)
시외버스	10만원	500만원 (1,000만원)
전세버스	10만원	500만원 (1,000만원)
특수여객	10만원	360만원 (720만원)

※ 괄호 : 2차 위반 시

1 다음 중 여객자동차운수사업법령에 따른 중대한 교통사고에 해당하지 않는 것은?

① 전도사고
② 화재가 발생한 사고
③ 사망자가 2명 이상인 사고
④ 중상자가 6명 이상인 사고

> **중대한 교통사고**
> • 전복 사고
> • 화재가 발생한 사고
> • 사망자 2명 이상 발생한 사고
> • 사망자 1명과 중상자 3명 이상이 발생한 사고
> • 중상자 6명 이상이 발생한 사고
> ※ 전도사고는 차의 측면이 바닥에 닿게 넘어진 상태를 말하며, 전복사고는 자동차가 완전히 뒤집어진 상태를 말한다.

2 여객자동차 운송사업자는 신규 채용한 운수종사자의 명단을 언제까지 시·도지사에게 알려야 하는가?

① 신규 채용일로부터 5일 이내
② 신규 채용일로부터 7일 이내
③ 신규 채용일로부터 10일 이내
④ 신규 채용일로부터 14일 이내

> 신규 채용하거나 퇴직한 운수종사자의 명단을 신규 채용일이나 퇴직일부터 7일 이내에 시·도지사에게 알려야 한다.

3 다음 중 운전적성정밀검사 특별검사 대상자는?

① 여객자동차 운송사업용 자동차를 운전하여 경상사고를 일으킨 자
② 과거 1년간 운전면허 행정처분 누산점수가 81점 이상인 자
③ 화물자동차 운송사업용 자동차의 운전업무에 종사하다가 퇴직한 자로 신규검사를 받은 날부터 3년이 지난 자
④ 신규로 여객자동차 운송사업용 자동차를 운전하려는 자

> **특별검사 대상자**
> • 중상 이상의 사상(死傷)사고를 일으킨 자
> • 과거 1년간 운전면허 행정처분기준에 따라 계산한 누산점수가 81점 이상인 자
> • 질병, 과로, 그 밖의 사유로 안전운전을 할 수 없다고 인정되는 자인지 알기 위하여 운송사업자가 신청한 자

4 운전적성정밀검사 중 특별검사에 해당하지 않는 것은?

① 중상 이상의 사상(死傷)사고를 일으킨 자
② 질병, 과로, 그 밖의 사유로 안전운전을 할 수 없다고 인정되는 자인지 알기 위하여 운송사업자가 신청한 자
③ 과거 1년간 「도로교통법 시행규칙」에 따른 운전면허 행정처분기준에 따라 계산한 누산점수가 81점 이상인 자
④ 화물자동차 운송사업용 자동차의 운전업무에 종사하다가 퇴직한 자로 신규검사를 받은 날부터 3년이 지난 자

> 화물자동차 운송사업용 자동차의 운전업무에 종사하다가 퇴직한 자로 신규검사를 받은 날부터 3년이 지난 자는 신규검사에 해당한다.

5 다음 중 여객자동차운수사업법상 여객자동차 운수사업자에게 과징금을 부과할 수 있는 자는?

① 전국버스연합회장
② 경찰서장
③ 시·도지사
④ 한국교통안전공단 이사장

> 국토교통부장관, 시·도지사 또는 시장·군수·구청장은 여객자동차 운수사업자가 사업정지 처분을 하여야 하는 경우에 그 사업정지 처분을 갈음하여 5천만원 이하의 과징금을 부과·징수할 수 있다.

chapter 01

4 운전자격의 취소 및 효력정지

(1) 운전자격의 취소 및 효력정지의 처분기준

① 일반기준

㉠ 위반행위가 둘 이상인 경우로서 그에 해당하는 각각의 처분기준이 다른 경우에는 그 중 무거운 처분기준에 따른다.

→ 다만, 둘 이상의 처분기준이 모두 자격정지인 경우에는 각 처분기준을 합산한 기간을 넘지 않는 범위에서 무거운 처분기준의 2분의 1 범위에서 가중할 수 있다. 이 경우 그 가중한 기간을 합산한 기간은 6개월을 초과할 수 없다.)

㉡ 위반행위의 횟수에 따른 행정처분의 기준은 최근 1년간 같은 위반행위로 행정처분을 받은 경우에 해당한다.

→ 이 경우 행정처분의 기준의 적용은 같은 위반행위에 대한 행정처분 일과 그 처분 후의 위반행위가 다시 적발된 날을 기준으로 한다.

㉢ 처분관할관청은 자격정지처분을 받은 사람이 다음의 어느 하나에 해당하는 경우에는 가목 및 나목에 따른 처분을 2분의 1 범위에서 늘리거나 줄일 수 있다. → 이 경우 늘리는 경우에도 그 늘리는 기간은 6개월을 초과할 수 없다.

가중사유	(가) 위반행위가 사소한 부주의나 오류가 아닌 고의나 중대한 과실에 의한 것으로 인정되는 경우 (나) 위반의 내용정도가 중대하여 이용객에게 미치는 피해가 크다고 인정되는 경우
감경사유	(가) 위반행위가 고의나 중대한 과실이 아닌 사소한 부주의나 오류로 인한 것으로 인정되는 경우 (나) 위반의 내용정도가 경미하여 이용객에게 미치는 피해가 적다고 인정되는 경우 (다) 위반행위를 한 사람이 처음 해당 위반행위를 한 경우로서 최근 5년 이상 해당 여객자동차운송사업의 모범적인 운수종사자로 근무한 사실이 인정되는 경우 (라) 그 밖에 여객자동차운수사업에 대한 정부 정책상 필요하다고 인정되는 경우

㉣ 처분관할관청은 자격정지처분을 받은 사람이 정당한 사유 없이 기일 내에 운전자격증을 반납하지 않을 때에는 해당 처분을 2분의 1의 범위에서 가중 처분하고, 가중처분을 받은 사람이 기일 내에 운전자격증을 반납하지 않을 때에는 자격취소처분을 한다.

② 개별기준

위반행위	처분기준
• 법 제6조제1호부터 제4호까지의 어느 하나에 해당하게 된 경우 　- 피성년후견인 　- 파산선고를 받고 복권되지 아니한 자 　- 이 법을 위반하여 징역 이상의 실형을 선고받고 그 집행이 끝나거나 면제된 날부터 2년이 지나지 아니한 자 　- 이 법을 위반하여 징역 이상의 형의 집행유예를 선고받고 그 집행유예 기간 중에 있는 자	자격취소
• 부정한 방법으로 버스운전자격을 취득한 경우	자격취소
• 법 제24조제3항에 해당하게 된 경우	자격취소
• 전세버스운송사업의 운수종사자가 대열운행을 한 경우 　→ 같은 목적지로 이동하는 2대 이상의 차량이 고속도로, 자동차전용도로 등에서 안전거리를 확보하지 않고 줄지어 운행하는 것	자격정지 15일
• 법 제26조(운수종사자의 준수 사항) 제1항에 따른 금지행위로 1년간 세 번의 과태료 처분을 받은 사람이 같은 위반행위를 한 경우	자격취소
• 운행기록증을 식별하기 어렵게 하거나, 그러한 자동차를 운행한 경우	자격정지 5일

위반행위	처분기준

• 교통사고로 다음의 어느 하나에 해당하는 수의 사람을 죽거나 다치게 한 경우
   - 사망자 2명 이상
   - 사망자 1명 및 중상자 3명 이상
   - 중상자 6명 이상
	자격정지 60일
	자격정지 50일
	자격정지 40일

• 교통사고와 관련하여 거짓이나 그 밖의 부정한 방법으로 보험금을 청구하여 금고 이상의 형을 선고 받고 그 형이 확정된 경우	자격취소
• 운전업무와 관련하여 버스운전자격증을 타인에게 대여한 경우	자격취소
• 정당한 사유 없이 법 제25조에 따른 교육을 받지 않은 경우	자격정지 5일
• 도로교통법위반으로 사업용 자동차를 운전할 수 있는 운전면허가 취소된 경우	자격취소

(2) 경감 및 가중

관할관청은 처분기준을 적용할 때 위반행위의 동기 및 횟수 등을 고려하여 처분기준의 2분의 1의 범위에서 경감하거나 가중할 수 있다.

(3) 반납 및 말소

① 관할관청은 처분을 하였을 때에는 그 사실을 처분대상자, 해당 시험기관에 통지하고 처분대상자에게 운전자격증등을 반납하게 하여야 한다.

② 운전자격증등을 반납받은 경우 운전자격 취소처분을 받은 자가 반납한 운전자격증등은 폐기하고, 운전자격 정지처분을 받은 사람이 반납한 운전자격증등은 보관한 후 자격정지기간이 지난 후에 돌려주어야 한다.

③ 운전자격증등을 폐기한 경우 해당 시험시행기관은 운전자격 등록을 말소하고 운전자격 등록대장에 그 사실을 적어야 한다.

5 운수종사자의 교육

(1) 교육의 종류

구분	교육 대상자	교육시간	주기
신규교육	새로 채용한 운수종사자(사업용자동차를 운전하다가 퇴직한 후 2년 이내에 다시 채용된 사람은 제외)	16	
보수교육	• 무사고·무벌점 기간이 5년 이상 10년 미만인 운수종사자 • 무사고·무벌점 기간이 5년 미만인 운수종사자 • 법령위반 운수종사자	4 4 8	격년 격년 매년
수시교육	국제행사 등에 대비한 서비스 및 교통안전 증진 등을 위하여 국토교통부장관 또는 시·도지사가 교육을 받을 필요가 있다고 인정하는 운수종사자	4	필요 시

비고)

1. 무사고·무벌점이란 「도로교통법」에 따른 교통사고와 같은 법에 따른 교통법규 위반 사실이 모두 없는 것을 말한다.

2. 보수교육 대상자 선정을 위한 무사고·무벌점 기간은 전년도 10월 말을 기준으로 산정한다.

3. 법령위반 운수종사자는 법 제26조제1항의 운수종사자 준수사항을 위반하여 과태료 처분을 받은 자(개인택시 운송사업자는 법 제21조제5항을 위반하여 과징금 또는 사업정지처분을 받은 경우를 포함한다)와 이 규칙 제49조제3항제2호가목 및 나목에 해당되어 특별검사 대상이 된 자를 말한다.

4. 법령위반 운수종사자(제49조제3항제2호가목 및 나목에 해당되어 특별검사 대상이 된 자는 제외한다)에 대한 보수교육은 해당 운수종사자가 과태료, 과징금 또는 사업정지처분을 받은 날부터 3개월 이내에 실시하여야 한다.
5. 새로 채용된 운수종사자가 「교통안전법 시행규칙」 별표 7 제2호에 따른 심화교육과정을 이수한 경우에는 신규교육을 면제한다.
6. 해당 연도의 신규교육 또는 수시교육을 이수한 운수종사자(제3호에 따른 법령위반 운수종사자는 제외한다)는 해당 연도의 보수교육을 면제한다.

(2) 교육과목
① 여객자동차 운수사업 관계 법령 및 도로교통 관계 법령
② 서비스의 자세 및 운송질서의 확립
③ 교통안전수칙(신규교육의 경우에는 대열운행, 졸음운전, 운전 중 휴대폰 사용 등 교통사고 요인과 관련된 교통안전수칙을 포함한다)
④ 응급처치 방법
⑤ 차량용 소화기 사용법 등 차량화재 예방 및 대처방법
⑥ 「지속가능 교통물류 발전법」 제2조제15호에 따른 경제운전
⑦ 그 밖에 운전업무에 필요한 사항

(3) 교육 시행
① 운송사업자는 새로 채용한 운수종사자에 대하여 운전업무를 시작하기 전에 여객에 대한 서비스의 질을 높이기 위한 교육을 받게 하여야 한다.
　→ 새로 채용한 운수종사자가 사업용 자동차를 운전하다 퇴직한 후 2년 이내에 다시 채용될 경우 교육에서 제외
② 운수종사자 교육을 실시한 운수종사자 연수기관 등은 교육을 받은 운수종사자 현황을 매월 10일까지 국토교통부장관에게 보고하여야 한다.
③ 교육기관 : 운수종사자 연수기관, 한국교통안전공단, 연합회 또는 조합
④ 운송사업자는 운수종사자에 대한 교육계획의 수립, 교육의 시행 및 일상의 교육 훈련업무를 위하여 종업원 중에서 교육훈련 담당자를 선임하여야 한다.
⑤ 자동차 면허 대수가 20대 미만인 운송사업자의 경우에는 교육훈련 담당자를 선임하지 않을 수 있다.
⑥ 교육실시기관은 매년 11월 말까지 조합과 협의하여 다음 해의 교육계획을 수립하여 시·도지사 및 조합에 보고하거나 통보하여야 하며, 그 해의 교육결과를 다음 해 1월 말까지 시·도지사 및 조합에 보고하거나 통보하여야 한다.

07　자가용자동차의 유상 운송

① 유상 운송용으로 제공·임대·알선 가능한 경우
① 출·퇴근시간대 승용자동차를 함께 타는 경우

> ▶ 출·퇴근시간대
> • 출근시간 : 오전 7시부터 오전 9시까지
> • 퇴근시간 : 오후 6시부터 오후 8시까지
> • 토요일, 일요일, 공휴일 제외

② 천재지변, 긴급 수송, 교육 목적을 위한 운행, 그 밖에 국토교통부령으로 정하는 사유에 해당되는 경우로서 특별자치시장·특별자치도지사·시장·군수·구청장(자치구의 구청장)의 허가를 받은 경우
㉠ 천재지변이나 그 밖에 이에 준하는 비상사태로 인하여 수송력 공급의 증가가 긴급히 필요한 경우
㉡ 사업용 자동차 및 철도 등 대중교통수단의 운행이 불가능하여 이를 일시적으로 대체하기 위한 수송력 공급이 긴급히 필요한 경우
㉢ 휴일이 연속되는 경우 등 수송수요가 크게 초과하여 일시적으로 수송력 공급의 증가가 필요한 경우
㉣ 학생의 등·하교나 그 밖의 교육 목적을 위하여 다음의 요건을 갖춘 자동차를 운행하는 경우
　• 초·중·고 및 대학교에서 직접 소유하여 운영하는 26인승 이상 승합자동차일 것
　• 초·중·고 및 대학교의 통학버스일 것
　• 차령(9년)을 초과하지 아니할 것
　　→ 처음 허가를 신청하는 경우 : 6년
㉤ 어린이(13세 미만)의 통학이나 시설이용을 위하여 다음의 요건을 갖춘 자동차를 운행하는 경우
　• 유치원, 어린이집, 학교 교과교습학원 또는 체육시설에서 직접 소유하여 운영하는 9인승 이상의 승용자동차 또는 승합자동차일 것
　　→ 다만, 9인승 이상의 승용자동차 또는 승합자동차로 출고되었으나 장애아동의 승·하차 편의를 위하여 차량구조 변경이 승인된 차량의 경우에는 9인승 이하의 자동차를 포함
　• 유치원, 어린이집, 학원 또는 체육시설의 통학이나 시설이용에 이용되는 자동차일 것
　　→ 대규모 점포에 부설된 체육시설의 이용자를 위하여 운행하는 자동차는 제외
　• 차령(9년)을 초과하지 아니할 것
　　→ 처음 허가를 신청하는 경우 : 6년
㉥ 국가 또는 지방자치단체 소유의 자동차로서 장애인 등의 교통편의를 위하여 운행하는 경우

② 노선을 정하여 운행·알선할 수 있는 경우

① 학교, 학원, 유치원, 어린이집, 호텔, 교육·문화·예술·체육시설(대규모 점포에 부설된 시설은 제외), 종교시설, 금융기관, 병원 이용자를 위해 운행하는 경우
② 대중교통수단이 없는 지역 등 대통령령으로 정하는 사유에 해당하는 경우로서 특별자치시장·특별자치도지사·시장·군수·구청장(자치구의 구청장)의 허가를 받은 경우

> ▶ 대통령령으로 정하는 사유
> • 노선버스 및 철도(도시철도 포함) 등 대중교통수단이 운행되지 않거나 접근이 극히 불편한 지역의 고객을 수송하는 경우
> • 공사 등으로 대중교통수단의 운행이 불가능한 지역의 고객을 일시적으로 수송하는 경우
> • 해당 시설의 소재지가 대중교통수단이 없거나 그 접근이 극히 불편한 지역인 경우
> ※ 운행구간 : 해당시설로부터 가장 가까운 정류소 또는 철도역 사이의 구간

③ 자가용자동차 사용의 제한·금지

다음의 경우 특별자치시장·특별자치도지사·시장·군수·구청장(자치구의 구청장)은 **6개월** 이내의 기간을 정하여 사용 제한 및 금지 할 수 있다.

① 자가용자동차를 사용하여 여객자동차운송사업을 경영한 경우
② 허가를 받지 않고 자가용자동차를 유상으로 운송에 사용하거나 임대한 경우

> **필수암기** ▶ 사업의 구분에 따른 자동차의 차령과 그 연장요건
> ① 사업별 차령 등
>
> | 차종 | 사업의 구분 | | 차령 |
> |---|---|---|---|
> | 승용자동차 | 특수여객자동차 운송사업용 | 경형·소형·중형 | 6년 |
> | | | 대형 | 10년 |
> | 승합자동차 | 전세버스운송사업용 또는 특수여객자동차운송사업용 | | 11년 |
> | | 그 밖의 사업용 | | 9년 |
>
> ② 시·도지사가 차령 연장 등에 관한 고시를 한 경우 다음 요건을 충족한 자동차의 차령은 해당 고시에서 정한 기간을 더한 기간만큼 연장된다. (2년 이내)
> • 위 표에서 정한 차령 기간이 만료되기 전 2개월 이내 및 연장된 차령 기간에 승용자동차는 1년마다, 승합자동차는 6개월마다 「자동차관리법」에 따른 임시검사를 받아 검사기준에 적합할 것
> • 법 제21조제12항에 따른 운송사업자의 준수 사항 중 자동차의 장치 및 설비 등에 관한 준수 사항에 위반되지 않는다고 판정될 것
> ③ 자동차의 제작·조립이 중단되거나 출고가 지연되는 등 부득이한 사유로 자동차를 공급하는 것이 현저히 곤란하다고 인정하면 6개월의 범위에서 차령 초과 운행 가능

① 차령 및 운행거리

여객자동차 운수사업에 사용되는 자동차는 여객자동차 운수사업의 종류에 따라 대통령령으로 정하는 연한(차령) 및 운행거리를 넘겨 운행하지 못한다.

② 대폐차에 충당되는 자동차

→ 대폐차 : 차령이 만료되거나 운행거리를 초과한 차량 등을 다른 차량으로 대체하는 것

① 차량충당연한 : 승용자동차는 1년, 승합자동차 및 특수자동차는 3년
② 차량충당연한의 기산일
   • 제작연도에 등록된 차량 : 최초의 신규등록일
   • 제작연도에 등록되지 않은 차량 : 제작연도의 말일
③ 차량충당연한 예외사항
   • 노선 여객자동차운송사업의 면허를 받거나 등록을 한 자가 보유 차량으로 노선 여객자동차운송사업 범위에서 업종 변경을 위하여 면허를 받거나 등록을 하는 경우
   • 대통령령으로 정하는 여객자동차운송사업자가 대폐차하는 경우로서 노선 여객자동차운송사업용 자동차를 차령이 6년 이내인 여객자동차운송사업용 자동차로 충당하거나 구역 여객자동차운송사업용 자동차를 차령이 8년 이내인 여객자동차운송사업용 자동차로 충당하는 경우
   • 여객자동차 운수사업에 사용되는 자동차로서 도난 또는 횡령당한 경우로 말소등록이 된 자동차를 여객자동차 운수사업자가 「자동차관리법」에 따른 임시검사에 합격한 후 다시 등록하는 경우(차령을 초과한 자동차는 제외)
   • 전기자동차 또는 연료전지자동차의 배터리를 신규로 교체한 경우(차령을 초과한 자동차는 제외)

③ 버스의 차령 연장

① 차령을 연장하려는 여객자동차 운수사업자는 임시검사를 받은 후 검사기준 충족 판정 자동차에만 사업용자동차 차령조정 신청서에 자동차검사대행자 또는 지정정비사업자가 발행하는 사업용자동차 임시검사 합격통지서를 첨부하여 관할관청에 제출한다.
② 자동차검사대행자 또는 지정정비사업자는 여객자동차 운수사업자의 신청을 받으면 사업용자동차 임시검사 합격통지서를 발급하여야 한다.

1 ★★★★★
다음 중 운전자격의 취소 및 효력정지의 처분기준 내용이 옳지 않은 것은?

① 위반행위가 둘 이상인 경우로서 그에 해당하는 각각의 처분기준이 다른 경우에는 그 중 무거운 처분기준에 따른다.

② 위반행위의 횟수에 따른 행정처분의 기준은 최근 1년간 같은 위반행위로 행정처분을 받은 경우에 한한다.

③ 위반의 내용정도가 중대하여 이용객에게 미치는 피해가 크다고 인정되는 경우 처분을 가중할 수 있다.

④ 위반의 내용정도가 중대하여 처분을 가중하는 경우 그 늘리는 기간은 1년을 초과할 수 있다.

> 위반의 내용정도가 중대하여 처분을 가중하는 경우 그 가중된 기준은 6개월을 초과할 수 없다.

2 ★★★
버스운전 자격취소에 해당하지 않는 경우는?

① 여객자동차 운전 중에 사망 2명이 발생한 사고를 야기한 경우

② 부정한 방법으로 버스운전 자격을 취득한 경우

③ 교통사고와 관련하여 거짓으로 보험금을 청구하여 금고 이상의 형을 선고받고 그 형이 확정된 경우

④ 운전업무와 관련하여 버스운전 자격증을 타인에게 대여한 경우

> 사망 2명이 발생한 사고를 야기한 경우 자격정지 60일에 해당한다.

3 ★★★
운전업무와 관련하여 버스운전자격증을 타인에게 대여한 경우 운전자격 처분기준은?

① 자격정지 60일   ② 자격정지 50일
③ 자격정지 30일   ④ 자격취소

> 운전업무와 관련하여 버스운전자격증을 타인에게 대여한 경우 운전자격 처분기준은 자격취소에 해당한다.

4 ★★★
버스운전자격 효력정지의 처분기준을 적용할 때 위반행위의 동기 및 횟수 등을 고려하여 처분기준의 2분의 1의 범위에서 경감하거나 가중할 수 있는 기관은?

① 전국버스연합회   ② 한국교통안전공단
③ 전국버스공제조합   ④ 관할관청

> 관할관청은 처분기준을 적용할 때 위반행위의 동기 및 횟수 등을 고려하여 처분기준의 2분의 1의 범위에서 경감하거나 가중할 수 있다.

5 ★★★
허가를 받지 아니하고 자가용자동차를 유상으로 운송에 사용하거나 임대한 경우 그 자동차의 사용을 제한하거나 금지할 수 있는 최대 기간은?

① 3개월 이내   ② 6개월 이내
③ 1년 이내   ④ 1개월 이내

> 허가를 받지 아니하고 자가용자동차를 유상으로 운송에 사용하거나 임대한 경우 6개월 이내의 기간을 정하여 그 자동차의 사용을 제한하거나 금지할 수 있다.

6 ★★★
차령을 연장하기 위하여 차령이 연장된 승합자동차는 얼마의 기간마다 자동차관리법에 따른 임시검사를 받아 검사기준에 적합하여야 하는가?

① 6개월   ② 1년
③ 2년   ④ 3년

> 차령 기간이 만료되기 전 2개월 이내 및 연장된 차령 기간에 승용자동차는 1년마다, 승합자동차는 6개월마다 「자동차관리법」에 따른 임시검사를 받아 검사기준에 적합하여야 한다.

7 ★★★
특수여객자동차운송사업용에 사용되는 승용자동차 중 차령이 다른 것은?

① 대형   ② 경형
③ 중형   ④ 소형

> • 경형·소형·중형 : 6년
> • 대형 : 10년

8 ★★★
대폐차에 충당되는 자동차에 대한 설명으로 옳지 않은 것은?

① 제작연도에 등록되지 아니한 자동차는 제작연도의 말일이 차량충당연한의 기산일이다.

② 승합자동차의 차량충당연한은 3년이다.

③ 시내버스운송사업의 면허를 받은 자가 대폐차하는 경우에는 기존의 자동차보다 차령이 높은 여객자동차운송사업용 자동차로 충당이 가능하다.

④ 제작연도에 등록된 자동차는 최초 신규등록일이 차량충당연한의 기산일이다.

> 시내버스운송사업의 면허를 받은 자가 대폐차하는 경우에는 기존의 자동차보다 차령이 낮은 여객자동차운송사업용 자동차로 충당이 가능하다.

정답 ▶ 1④   2①   3④   4④   5②   6①   7①   8③

1 과징금 부과기준

국토교통부장관 또는 시·도지사는 여객자동차 운수사업자가 사업정지 처분을 하여야 하는 경우에 그 사업정지 처분이 그 여객자동차 운수사업을 이용하는 사람들에게 심한 불편을 주거나 공익을 해칠 우려가 있는 때에는 그 사업정지 처분을 갈음하여 5천만원 이하의 과징금을 부과·징수할 수 있다.

2 과징금의 용도

① 벽지노선이나 그 밖에 수익성이 없는 노선으로서 대통령령으로 정하는 노선을 운행하여서 생긴 손실의 보전

> ▶ 대통령령으로 정하는 노선
> • 노선의 연장 또는 변경의 명령을 받고 버스를 운행함으로써 결손이 발생한 노선 – 개선명령을 받은 노선 등(벽지노선 등)
> • 수요응답형 여객자동차운송사업의 노선 중 수익성이 없는 노선
> • 그 밖의 수익성이 없는 노선 중 지역주민의 교통 불편과 결손액의 정도를 고려하여 시·도지사가 정한 노선

② 운수종사자의 양성, 교육훈련, 그 밖의 자질 향상을 위한 시설과 운수종사자에 대한 지도 업무를 수행하기 위한 시설의 건설 및 운영
③ 지방자치단체가 설치하는 터미널을 건설하는 데에 필요한 자금의 지원
④ 터미널 시설의 정비·확충
⑤ 여객자동차 운수사업의 경영 개선이나 그 밖에 여객자동차 운수사업의 발전을 위하여 필요한 사업

> ▶ 그 밖에 여객자동차 운수사업의 발전을 위하여 필요한 사업
> • 여객자동차 운수사업의 경영개선에 관한 연구를 주목적으로 설립된 연구기관 중 국토교통부장관이 지정하는 연구기관의 운영
> • 연합회나 조합이 국토교통부장관 또는 시·도지사로부터 권한을 위탁받아 수행하는 사업

⑥ ①~⑤까지의 내용 중 어느 하나의 목적을 위한 보조나 융자
⑦ 이 법을 위반하는 행위를 예방 또는 근절하기 위하여 지방자치단체가 추진하는 사업

3 여객자동차운송사업 업종별·위반내용별 과징금 부과기준

위반행위	시내·농어촌·마을버스	시외버스	전세버스	특수여객
1. 면허를 받거나 등록한 차고를 이용하지 않고 차고지가 아닌 곳에서 밤샘주차를 한 경우 (다만, 다음의 어느 하나에 해당하는 경우는 제외한다.) • 노선 여객자동차운송사업자가 그 사업에 사용하는 자동차를 등록한 차고지와 인접한 자기 소유의 주차장에 밤샘주차하는 경우 • 전세버스운송사업에 사용하는 자동차를 영업 중에 주차장에 밤샘주차하는 경우 • 등록관청이 밤샘주차를 할 수 있도록 지정한 공영주차장에서 밤샘주차가 허용된 관할 전세버스운송사업자가 그 사업에 사용하는 자동차를 지정된 구역에 밤샘주차하는 경우 • 대여사업에 사용하는 자동차가 대여 중인 경우				
가. 1차 위반 시	10	10	20	20
나. 2차 위반 시	15	15	30	30
2. 신고한 운임 및 요금 등 외에 부당한 요금을 받은 경우			–	–
가. 1차 위반 시	20	20		
나. 2차 위반 시	30	30		
다. 3차 이상 위반 시	60	60		

위반행위	시내·농어촌·마을버스	시외버스	전세버스	특수여객
3. 1년에 3회 이상 6세 미만인 아이의 무상 운송을 거절한 경우	10	10	-	-
4. 임의로 다음 중 어느 하나의 행위를 하여 사업계획을 위반한 경우 　가. 미운행 　나. 도중 회차 　다. 노선 또는 운행계통의 단축 또는 연장 운행 　라. 감회 또는 증회 운행	100 (2차 150)	100 (2차 150)	-	-
5. 주사무소 또는 영업소 외의 지역에서 상시 주차시켜 영업한 경우 　가. 1차 위반 시 　나. 2차 위반 시 　다. 3차 이상 위반 시	-	-	120 180 360	120 180 360
6. 노후차의 대체 등 자동차의 변경으로 인한 자동차 말소등록 이후 6개월 이내에 자동차를 충당하지 못한 경우(다만, 부득이한 사유로 자동차의 공급이 현저히 곤란한 경우는 제외) 　가. 1차 위반 시 　나. 2차 위반 시	120 240	120 240	120 240	120 240
7. 운행시간에 대하여 사업계획 변경의 인가를 받지 않거나 등록 또는 신고를 하지 않고 미리 운행하거나 임의로 운행시간을 준수하지 않은 경우 　가. 1차 위반 시 　나. 2차 위반 시	20 40	20 40	-	-
8. 사업용 자동차의 바깥쪽에 운송사업자의 명칭, 기호, 그 밖에 국토교통부령으로 정하는 사항을 위반하여 1년에 3회 이상 표시하지 않은 경우	20	20	20	20
9. 운송할 수 있는 소화물이 아닌 소화물을 운송한 경우 　가. 1차 위반 시 　나. 2차 위반 시 　다. 3차 이상 위반 시	-	60 120 180	-	-
10. 소화물 운송의 금지명령을 따르지 않은 경우 　가. 1차 위반 시 　나. 2차 위반 시 　다. 3차 이상 위반 시	-	180 360 540	-	-
11. 운수종사자의 자격요건을 갖추지 않은 사람을 운전업무에 종사하게 한 경우 　가. 1차 위반 시 　나. 2차 위반 시	500 1,000	500 1,000	500 1,000	360 720
12. 관할관청이 단독으로 실시하거나 관할관청과 조합이 합동으로 실시하는 청결상태 등의 검사에 대한 확인을 거부하는 경우	40	40	40	40
13. 운임 또는 요금을 받고 승차권이나 영수증을 발급하지 않은 경우(시내버스, 농어촌버스 및 마을버스의 경우와 승차권의 판매를 위탁한 자는 제외하며, 수요응답형 여객자동차 운송사업의 경우는 여객의 요구가 있는 경우만 해당) 　가. 1차 위반 시 　나. 2차 위반 시	-	10 15	10 15	10 15

위반행위	시내·농어촌·마을버스	시외버스	전세버스	특수여객
14. 자동차 안에 게시해야 할 사항을 게시하지 않은 경우 정류소에서 주차 또는 정차 질서를 문란하게 한 경우				
가. 1차 위반 시	20	20	20	20
나. 2차 위반 시	40	40	40	40
15. 속도제한장치 또는 운행기록계가 장착된 운송사업용 자동차를 해당 장치 또는 기기가 정상적으로 작동되지 않은 상태에서 운행한 경우				
가. 1차 위반 시	60	60	60	60
나. 2차 위반 시	120	120	120	120
다. 3차 이상 위반 시	180	180	180	180
16. 하차문이 있는 노선버스(시외직행, 시외고속 및 시외우등고속은 제외) 및 수요응답형 여객자동차에 압력감지기 또는 전자감응장치, 가속페달 잠금장치를 설치하지 않거나 작동되지 않은 상태에서 운행한 경우				
가. 1차 위반 시	360	360	–	–
나. 2차 위반 시	720	720		
다. 3차 이상 위반 시	1,080	1,080		
17. 차실에 냉방·난방장치를 설치하여야 할 자동차에 이를 설치하지 않고 여객을 운송한 경우				
가. 1차 위반 시	60	60	60	–
나. 2차 위반 시	120	120	120	
다. 3차 이상 위반 시	180	180	180	
18. 차 안에 안내방송장치 및 정차신호용 버저를 작동시킬 수 있는 스위치를 설치해야 하는 자동차에 이를 설치하지 않은 경우				
가. 1차 위반 시	100	100	–	–
나. 2차 위반 시	200	200		
19. 차내 안내방송 실시 상태가 불량한 경우				
가. 1차 위반 시	10	10	–	–
나. 2차 위반 시	15	15		
20. 버스의 앞바퀴에 재생 타이어를 사용한 경우				
가. 1차 위반 시	360	360	360	360
나. 2차 위반 시	720	720	720	720
다. 3차 이상 위반 시	1,080	1,080	1,080	1,080
21. 앞바퀴에 튜브리스타이어를 사용해야 할 자동차에 이를 사용하지 않은 경우				
가. 1차 위반 시	–	360	360	–
나. 2차 위반 시		720	720	
다. 3차 이상 위반 시		1,080	1,080	
22. 원동기의 출력기준에 맞지 않는 자동차를 운행한 경우				
가. 1차 위반 시	120	120	120	–
나. 2차 위반 시	240	240	240	
다. 3차 이상 위반 시	360	360	360	

위반행위	시내·농어촌·마을버스	시외버스	전세버스	특수여객
23. 운전자를 보호할 수 있는 구조의 격벽시설을 설치해야 하는 자동차에 이를 설치하지 않은 경우				
가. 1차 위반 시	180	-	-	-
나. 2차 위반 시	360			
다. 3차 이상 위반 시	540			
25. 운행하기 전에 점검 및 확인을 하지 않은 경우				
가. 1차 위반 시	10	10	10	10
나. 2차 위반 시	15	15	15	15
24. 천연가스 연료를 사용하는 자동차의 점검에 대한 준수사항을 위반한 경우				
가. 1차 위반 시	60	60	60	60
나. 2차 위반 시	120	120	120	120
다. 3차 이상 위반 시	180	180	180	180
25. 운송사업자가 차내에 운전자격증명을 항상 게시하지 않은 경우	10	10	10	10
26. 운수종사자의 교육에 필요한 조치를 하지 않은 경우				
가. 1차 위반 시	30	30	30	30
나. 2차 위반 시	60	60	60	60
다. 3차 이상 위반 시	90	90	90	90
27. 국토교통부장관 또는 시·도지사는 필요하다고 인정하면 소속 공무원으로 하여금 여객자동차 운수사업자 또는 운수종사자의 장부·서류, 그 밖의 물건을 검사하게 하거나 관계인에게 질문하게 할 수 있으나 이를 거부·방해 또는 기피하거나 질문에 응하지 않거나 거짓으로 진술을 한 경우				
• 검사를 거부·방해 또는 기피한 경우				
가. 1차 위반 시	60	60	60	60
나. 2차 위반 시	120	120	120	120
다. 3차 이상 위반 시	180	180	180	180
• 질문에 응하지 않거나 거짓으로 질술한 경우				
가. 1차 위반 시	40	40	40	40
나. 2차 위반 시	80	80	80	80
28. 법 제84조에 따른 차령 또는 운행거리를 초과하여 운행한 경우. 다만, 같은 조 제3항에 따라 차령을 초과하여 운행하는 경우는 제외한다.				
가. 1차 위반 시	180	180	180	180
나. 2차 위반 시	360	360	360	360

※ 국토교통부장관, 시·도지사 또는 시장·군수·구청장은 여객자동차 운수사업자의 사업규모, 사업지역의 특수성, 운전자 과실의 정도와 위반행위의 내용 및 횟수 등을 고려하여 제1항에 따른 과징금 액수의 2분의 1의 범위에서 가중하거나 경감할 수 있다. 다만, 가중하는 경우에도 과징금의 총액은 5천만원을 초과할 수 없다.

4 과태료

위반행위	과태료 금액(만원)		
	1회	2회	3회
1. 여객이 동반하는 6세 미만인 어린아이 1명은 운임이나 요금을 받지 아니하고 운송하여야 한다는 규정을 위반하여 어린아이의 운임을 받은 경우	5	10	10
2. 여객자동차운송사업에 사용되는 자동차의 바깥쪽에 운송사업자의 명칭, 기호등 사업용 자동차의 표시를 하지 않은 경우	10	15	20
3. 중대한 사고 시의 조치 또는 보고를 하지 않거나 거짓 보고를 한 경우 　1) 사고 시의 조치를 하지 않은 경우 　2) 보고를 하지 않거나 거짓 보고를 한 경우	 50 20	 75 30	 100 50
4. 여객이 착용하는 좌석안전띠가 정상적으로 작동될 수 있는 상태를 유지하지 않은 경우	20	30	50
5. 운송사업자가 운수종사자에게 여객의 좌석안전띠 착용에 관한 교육을 실시하지 않은 경우	20	30	50
6. 운수종사자 취업현황을 알리지 않거나 거짓으로 알린 경우	50	75	100
7. 휴식시간 보장내역을 알리지 않거나 거짓으로 알린 경우	50	75	100
8. 운수종사자의 요건(나이, 운전경력, 운전적성정밀검사 등)을 갖추지 않고 여객자동차운송사업의 운전업무에 종사한 경우	50	50	50
9. 아래의 운수종사자 준수사항을 위반한 경우 　• 정당한 사유 없이 여객의 승차를 거부하거나 여객을 중도에서 내리게 하는 행위 　• 부당한 운임 또는 요금을 받는 행위 　• 일정한 장소에 오랜 시간 정차하여 여객을 유치(誘致)하는 행위 　• 여객의 요구에도 불구하고 영수증 발급 또는 신용카드 결제에 응하지 않는 경우 　• 문을 완전히 닫지 않은 상태 또는 여객이 승하차하기 전에 자동차를 출발시키는 경우	20	20	20
10. 아래의 운수종사자 준수사항을 위반한 경우 　• 자동차 안에서 흡연하는 경우 　• 노선 여객자동차운송사업자 및 전세버스운송사업자가 운수종사자의 휴식시간 보장에 관한 의무를 위반한 경우 　• 그 밖에 안전운행과 여객의 편의를 위하여 플랫폼운수종사자가 지키도록 국토교통부령으로 정하는 사항을 위반하는 경우 　　ⓐ 안전운행을 위한 플랫폼운수종사자의 준수사항 중 국토교통부령으로 정하는 준수사항을 위반한 경우 　　ⓑ ⓐ에 따른 준수사항 외의 준수사항을 위반한 경우	 10 50 50 10	 10 75 50 10	 10 100 50 10
11. 운수종사자가 차량의 출발 전에 여객이 좌석안전띠를 착용하도록 안내하지 않은 경우	3	5	10
12. 국토교통부장관 또는 시·도지사는 필요하다고 인정하면 소속 공무원으로 하여금 여객자동차 운수사업자 또는 운수종사자의 장부·서류, 그 밖의 물건을 검사하게 하거나 관계인에게 질문하게 할 수 있으나 이에 불응하거나 방해 또는 기피한 경우	50	75	100

※ 해당 위반행위의 정도, 위반행위의 동기와 그 결과 등을 고려하여 과태료 금액의 2분의 1의 범위에서 가중하거나 경감할 수 있으며, 가중하는 경우에는 법 제94조에 따른 과태료 금액의 상한(1천만원)을 넘을 수 없다.

chapter 01

1 ★★★

사업정지 처분이 여객자동차 운수사업을 이용하는 사람들에게 심한 불편을 주거나 공익을 해칠 우려가 있는 때에는 그 사업정지 처분을 갈음하여 부과할 수 있는 과징금 금액은?

① 2천만원 이하
② 3천만원 이하
③ 5천만원 이하
④ 6천만원 이하

> 국토교통부장관 또는 시·도지사는 사업정지 처분이 그 여객자동차 운수사업을 이용하는 사람들에게 심한 불편을 주거나 공익을 해칠 우려가 있는 때에는 그 사업정지 처분을 갈음하여 5천만원 이하의 과징금을 부과·징수할 수 있다.

2 ★★★★

다음 중 여객자동차 운수사업자에게 부과하는 과징금의 용도로 틀린 것은?

① 연합회나 조합이 국토교통부장관으로부터 권한을 위탁받아 수행하는 사업
② 터미널 시설의 정비 확충
③ 운송사업자가 설치하는 터미널을 건설하는데 필요한 자금의 지원
④ 대통령령으로 정하는 노선을 운행하여 생긴 손실의 보전

> 과징금은 운송사업자가 아닌 지방자치단체가 설치하는 터미널을 건설하는 데 필요한 자금의 지원에 사용된다.

3 ★★★

운수종사자가 차량의 출발 전에 여객이 좌석안전띠를 착용하도록 안내를 하지 않은 경우 1회 위반 시 부과되는 과태료는?

① 10만원
② 7만원
③ 5만원
④ 3만원

> 운수종사자가 차량의 출발 전에 여객이 좌석안전띠를 착용하도록 안내를 하지 않은 경우 1회 위반 시 부과되는 과태료는 3만원이다.

4 ★★★

운송할 수 있는 소화물이 아닌 소화물을 운송한 경우 1차 위반 시 시외버스 운송사업자에게 부과되는 과징금의 금액은?

① 75만원
② 30만원
③ 50만원
④ 60만원

> · 1차 위반 : 60만원
> · 2차 위반 : 120만원
> · 3차 이상 위반 : 180만원

5 ★★★

운수종사자의 자격요건을 갖추지 않은 사람을 운전업무에 종사하게 한 경우 1차 위반 시 시외버스 운송사업자에게 부과되는 과징금의 금액은?

① 100만원
② 300만원
③ 500만원
④ 600만원

> · 1차 위반 : 500만원
> · 2차 위반 : 1,000만원

6 ★★★

정류소에서 주차 또는 정차 질서를 문란하게 한 경우 1차 위반 시 마을버스 운송사업자에게 부과되는 과징금의 금액은?

① 10만원
② 20만원
③ 30만원
④ 500만원

> · 1차 위반 : 20만원
> · 2차 위반 : 40만원

정답 1③ 2③ 3④ 4④ 5③ 6②

SECTION

02 도로교통법령

Main Key Point

The qualification Test of bus driving

[예상문항 : 12문제] 이 장에서 가장 많은 문제가 출제됩니다. 용어 정의, 신호등의 종류, 보행자 및 차마의 통행, 어린이통학버스, 특별교통안전교육, 벌점 및 행정처분 기준, 안전표지 등에서 골고루 출제되니 확실하게 학습하시기 바랍니다.

01 용어 정의

① **도로** : 도로법에 따른 도로, 유료도로법에 따른 유료도로, 농어촌도로 정비법에 따른 농어촌도로, 그 밖에 현실적으로 불특정 다수의 사람 또는 차마가 통행할 수 있도록 공개된 장소로서 안전하고 원활한 교통을 확보할 필요가 있는 장소를 말한다.

② **자동차전용도로** : 자동차만 다닐 수 있도록 설치된 도로

③ **고속도로** : 자동차의 고속 운행에만 사용하기 위해 지정된 도로

④ **차도, 차로와 차선의 구분**

차도	연석선(차도와 보도를 구분하는 돌 등으로 이어진 선), 안전표지 또는 그와 비슷한 인공구조물을 이용하여 경계를 표시하여 모든 자가 통행할 수 있도록 설치된 도로의 부분
차로	차마가 한 줄로 도로의 정하여진 부분을 통행하도록 차선(車線)으로 구분한 차도의 부분
차선	차로와 차로를 구분하기 위해 그 경계지점을 안전표지로 표시한 선

⑤ **중앙선** : 차마의 통행 방향을 명확하게 구분하기 위해 도로에 황색 실선이나 황색 점선 등의 안전표지로 표시한 선 또는 중앙분리대나 울타리 등으로 설치한 시설물 (가변차로가 설치된 경우에는 신호기가 지시하는 진행방향의 가장 왼쪽에 있는 황색 점선)

⑥ **자전거도로** : 안전표지, 위험방지용 울타리나 그와 비슷한 인공구조물로 경계를 표시하여 자전거가 통행할 수 있도록 설치된 도로

⑦ **자전거횡단도** : 자전거가 일반도로를 횡단할 수 있도록 안전표지로 표시한 도로의 부분

⑧ **보도** : 연석선, 안전표지나 그와 비슷한 인공구조물로 경계를 표시하여 보행자가 통행할 수 있도록 한 도로의 부분

⑨ **길가장자리구역** : 보도와 차도가 구분되지 아니한 도로에서 보행자의 안전을 확보하기 위해 안전표지 등으로 경계를 표시한 도로의 가장자리 부분

⌐→ 유모차, 보행보조용 의자차 포함

⑩ **횡단보도** : 보행자가 도로를 횡단할 수 있도록 안전표지로 표시한 도로의 부분

보도와 차도가 ←
구분된 도로에서는 차도 ⌐→

⑪ **교차로** : '십'자로, 'T'자로나 그 밖에 둘 이상의 도로가 교차하는 부분

⑫ **안전지대** : 도로를 횡단하는 보행자나 통행하는 차마의 안전을 위해 안전표지나 이와 비슷한 인공구조물로 표시한 도로의 부분

⑬ **신호기** : 도로교통에서 문자·기호 또는 등화를 사용하여 진행·정지·방향전환·주의 등의 신호를 표시하기 위해 사람이나 전기의 힘으로 조작하는 장치

⑭ **안전표지** : 교통안전에 필요한 주의·규제·지시 등을 표시하는 표지판이나 도로의 바닥에 표시하는 기호·문자 또는 선 등

⑮ **주차와 정차의 구분**

주차	운전자가 승객을 기다리거나 화물을 싣거나 차가 고장 나거나 그 밖의 사유로 차를 계속 정지 상태에 두는 것 또는 운전자가 차에서 떠나서 즉시 그 차를 운전할 수 없는 상태에 두는 것
정차	운전자가 5분을 초과하지 않고 차를 정지시키는 것으로서 주차 외의 정지 상태

⑯ **운전** : 도로에서 차마를 본래의 사용방법에 따라 사용하는 것(조종 포함).

　→ 단, 술에 취한 상태에서의 운전, 과로·질병 또는 약물의 영향과 그 밖의 사유로 인해 비정상 상태에서의 운전, 교통사고가 발생하였을 때의 조치를 하지 아니한 경우에는 도로 외의 곳을 포함한다.

⑰ **서행** : 운전자가 차 또는 노면전차를 즉시 정지시킬 수 있는 정도의 느린 속도로 진행하는 것

⑱ **차마**

| 차 | 자동차, 건설기계, 원동기장치자전거, 자전거, 사람 또는 가축의 힘이나 그 밖의 동력으로 도로에서 운전되는 것 |
| 우마 | 교통이나 운수에 사용되는 가축 |

▶ 차마에서 제외하는 기구 · 장치
- 유모차, 보행보조용 의자차, 노약자용 보행기, 놀이기구(어린이용), 동력이 없는 손수레
- 이륜자동차, 원동기장치자전거 또는 자전거로서 운전자가 내려서 끌거나 들고 통행하는 것
- 도로의 보수·유지, 도로상의 공사 등 작업에 사용되는 기구·장치(사람이 타거나 화물을 운송하지 않는 것)
- 철길이나 가설된 선을 이용하여 운전되는 것

⑲ **자동차** : 철길이나 가설된 선을 이용하지 아니하고 원동기를 사용하여 운전되는 차로서 다음에 해당하는 차
　└➤ 견인되는 자동차 포함

- 자동차관리법에 따른 자동차 : 승용자동차, 승합자동차, 화물자동차, 특수자동차, 이륜자동차(원동기장치자전거 제외)
- 건설기계

⑳ **원동기장치자전거**
- 배기량 125cc 이하의 이륜자동차
- 배기량 50cc 미만의 원동기를 단 차
　└➤ 전기 동력일 경우 : 정격출력 0.59kW 미만

㉑ **긴급자동차**
다음에 해당하는 자동차로서 그 본래의 긴급한 용도로 사용되고 있는 자동차

- 소방차
- 구급차
- 혈액 공급차량
- 경찰용 자동차 중 범죄수사, 교통단속, 그 밖의 긴급한 경찰업무 수행에 사용되는 자동차 및 경찰용 긴급자동차에 의하여 유도되고 있는 자동차
- 국군 및 주한 국제연합군용 자동차 중 군 내부의 질서 유

지나 부대의 질서 있는 이동을 유도하는 데 사용되는 자동차 및 국군 및 주한 국제연합군용의 긴급자동차에 의하여 유도되고 있는 국군 및 주한 국제연합군의 자동차
- 수사기관의 자동차 중 범죄수사를 위하여 사용되는 자동차
- 교도소·소년교도소 또는 구치소, 소년원 또는 소년분류심사원, 보호관찰소의 자동차 중 도주자의 체포 또는 수용자, 보호관찰 대상자의 호송·경비를 위하여 사용되는 자동차
- 국내외 요인에 대한 경호업무 수행에 공무로 사용되는 자동차
- 전기사업, 가스사업, 그 밖의 공익사업을 하는 기관에서 위험 방지를 위한 응급작업에 사용되는 자동차
- 민방위업무를 수행하는 기관에서 긴급예방 또는 복구를 위한 출동에 사용되는 자동차
- 도로관리를 위하여 사용되는 자동차 중 도로상의 위험을 방지하기 위한 응급작업에 사용되거나 운행이 제한되는 자동차를 단속하기 위하여 사용되는 자동차
- 전신·전화의 수리공사 등 응급작업에 사용되는 자동차
- 긴급한 우편물의 운송에 사용되는 자동차
- 전파감시업무에 사용되는 자동차
- 생명이 위급한 환자 또는 부상자나 수혈을 위한 혈액을 운송 중인 자동차

02 교통안전시설

1 개요

(1) 도로를 통행하는 보행자, 차마 또는 노면전차의 운전자는 교통안전시설이 표시하는 신호 또는 지시와 다음에 해당하는 사람이 하는 신호 또는 지시를 따라야 한다. 다만, 교통안전시설이 표시하는 신호 또는 지시와 교통정리를 하는 국가경찰공무원·자치경찰공무원 또는 경찰보조자의 신호 또는 지시가 서로 다른 경우에는 경찰공무원등의 신호 또는 지시에 따라야 한다.

① 교통정리를 하는 경찰공무원(의무경찰 포함)
② 제주특별자치도의 자치경찰공무원

③ 국가경찰공무원 및 자치경찰공무원을 보조하는 사람(경찰보조자)

   ㉠ 모범운전자

   ㉡ 군사훈련 및 작전에 동원되는 부대의 이동을 유도하는 군사경찰

   ㉢ 본래의 긴급한 용도로 운행하는 소방차·구급차를 유도하는 소방공무원

2 신호기가 표시하는 신호의 종류 및 의미

(1) 차량 신호등(주체 : 차마)

① 원형 등화

녹색 등화	• 직진 또는 우회전 가능 • 비보호좌회전표지 또는 비보호좌회전표시가 있는 곳에서는 좌회전 가능
황색 등화	• 정지선이 있거나 횡단보도가 있을 때에는 그 직전이나 교차로의 직전에 정지 • 이미 교차로에 차마의 일부라도 진입한 경우에는 신속히 교차로 밖으로 진행 • 우회전할 수 있고, 우회전 시 보행자의 횡단을 방해하지 못함
황색 등화 점멸	• 다른 교통 또는 안전표지 표시에 주의하면서 진행
적색 등화	• 정지선, 횡단보도 및 교차로의 직전에서 정지 • 우회전하려는 경우 정지선, 횡단보도 및 교차로의 직전에서 정지한 후 신호에 따라 진행하는 다른 차마의 교통을 방해하지 않고 우회전 가능 • 우회전 삼색등이 적색의 등화인 경우 우회전 불가
적색 등화 점멸	• 정지선이나 횡단보도가 있을 때에는 그 직전이나 교차로의 직전에 일시정지한 후 다른 교통에 주의하면서 진행

② 화살표 등화

녹색화살표 등화	화살표시 방향으로 진행
황색화살표 등화	• 화살표시 방향으로 진행하려는 차마는 정지선이 있거나 횡단보도가 있을 때에는 그 직전이나 교차로의 직전에 정지 • 이미 교차로에 차마의 일부라도 진입한 경우에는 신속히 교차로 밖으로 진행

적색화살표 등화	화살표시 방향으로 진행하려는 차마는 정지선, 횡단보도 및 교차로의 직전에서 정지
황색화살표 등화 점멸	다른 교통 또는 안전표지의 표시에 주의하면서 화살표시 방향으로 진행
적색화살표 등화 점멸	정지선이나 횡단보도가 있을 때에는 그 직전이나 교차로의 직전에 일시정지한 후 다른 교통에 주의하면서 화살표시 방향으로 진행

③ 사각형 등화

녹색화살표등화 (하향)	화살표로 지정한 차로로 진행
적색 ✕ 표시 등화	✕ 표가 있는 차로로 진행할 수 없다.
적색 ✕ 표시 등화 점멸	✕ 표가 있는 차로로 진입할 수 없고, 이미 차마의 일부라도 진입한 경우에는 신속히 그 차로 밖으로 진로를 변경

(2) 보행 신호등(주체 : 보행자)

녹색 등화	횡단보도 횡단 가능
녹색 등화 점멸	횡단을 시작해서는 안 되고, 횡단하고 있는 보행자는 신속하게 횡단을 완료하거나 그 횡단을 중지하고 보도로 되돌아와야 한다.
적색 등화	횡단보도의 횡단 금지

(3) 자전거 신호등(주체 : 자전거)

① 자전거 주행 신호등

녹색 등화	직진 또는 우회전할 수 있다.
황색 등화	• 정지선이 있거나 횡단보도가 있을 때에는 그 직전이나 교차로의 직전에 정지해야 하며, 이미 교차로에 차마의 일부라도 진입한 경우에는 신속히 교차로 밖으로 진행해야 한다. • 우회전할 수 있고 우회전하는 경우에는 보행자의 횡단을 방해하지 못한다.
적색 등화	정지선, 횡단보도 및 교차로의 직전에서 정지해야 한다. 다만, 신호에 따라 진행하는 다른 차마의 교통을 방해하지 아니하고 우회전할 수 있다.

황색 등화 점멸	다른 교통 또는 안전표지의 표시에 주의하면서 진행할 수 있다.
적색 등화 점멸	정지선이나 횡단보도가 있는 때에는 그 직전이나 교차로의 직전에 일시정지한 후 다른 교통에 주의하면서 진행할 수 있다.

② 자전거 횡단 신호등

녹색 등화	자전거횡단도를 횡단할 수 있다.
녹색 등화 점멸	횡단을 시작하여서는 아니 되고, 횡단하고 있는 자전거는 신속하게 횡단을 종료하거나 그 횡단을 중지하고 진행하던 차도 또는 자전거도로로 되돌아와야 한다.
적색 등화	자전거 횡단도를 횡단 금지

〈비고〉
1. 자전거를 주행하는 경우 자전거주행신호등이 설치되지 않은 장소에서는 차량신호등의 지시에 따른다.
2. 자전거횡단도에 자전거횡단신호등이 미설치된 경우 자전거는 보행신호등의 지시에 따른다. 이 경우 보행신호등란의 "보행자" 는 "자전거"로 본다.

(4) 버스 신호등(주체 : 버스전용도로의 차마)

녹색 등화	직진할 수 있다.
황색 등화	정지선이 있거나 횡단보도가 있을 때에는 그 직전이나 교차로의 직전에 정지해야 하며, 이미 교차로에 차마의 일부라도 진입한 경우에는 신속히 교차로 밖으로 진행해야 한다.
적색 등화	정지선, 횡단보도 및 교차로의 직전에서 정지해야 한다.
황색 등화 점멸	다른 교통 또는 안전표지의 표시에 주의하면서 진행할 수 있다.
적색 등화 점멸	정지선이나 횡단보도가 있을 때에는 그 직전이나 교차로의 직전에 일시정지한 후 다른 교통에 주의하면서 진행할 수 있다.

03 보행자의 통행방법

1 보행자의 통행

① 보도와 차도가 구분된 도로에서는 언제나 보도로 통행하여야 한다.

→ 예외) 차도를 횡단하는 경우, 도로공사 등으로 보도의 통행이 금지된 경우나 그 밖의 부득이한 경우

② 보도와 차도가 구분되지 않은 도로에서는 차마와 마주보는 방향의 길가장자리 또는 길가장자리구역으로 통행하여야 한다. 다만, 도로의 통행방향이 일방통행인 경우에는 차마를 마주보지 아니하고 통행할 수 있다.

③ 보도에서는 우측통행을 원칙으로 한다.

2 차도를 통행할 수 있는 사람 또는 행렬

① 학생의 대열과 그 밖에 보행자의 통행에 지장을 줄 우려가 있다고 인정되는 경우에는 차도로 통행할 수 있다. 이 경우 행렬등은 차도의 우측으로 통행하여야 한다.

 ② 차도를 통행할 수 있는 사람 또는 행렬
- 말·소 등의 큰 동물을 몰고 가는 사람
- 사다리, 목재, 그 밖에 보행자의 통행에 지장을 줄 우려가 있는 물건을 운반 중인 사람
- 도로에서 청소나 보수 등 작업을 하고 있는 사람
- 군부대나 그 밖에 이에 준하는 단체의 행렬
- 기(旗) 또는 현수막 등을 휴대한 행렬
- 장의(葬儀) 행렬

3 보행자의 도로횡단

① 시·도경찰청장은 도로를 횡단하는 보행자의 안전을 위하여 행정안전부령으로 정하는 기준에 따라 횡단보도를 설치할 수 있다.

② 횡단보도, 지하도, 육교나 그 밖의 도로 횡단시설이 설치되어 있는 도로에서는 그 곳으로 횡단하여야 한다.

→ 예외 : 지하도나 육교 등의 도로 횡단시설을 이용할 수 없는 지체장애인의 경우에는 다른 교통에 방해가 되지 않는 방법으로 도로 횡단시설을 이용하지 않고 도로를 횡단할 수 있다.

③ 횡단보도가 설치되어 있지 않은 도로에서는 가장 짧은 거리로 횡단하여야 한다.

④ 모든 차와 노면전차의 바로 앞이나 뒤로 횡단해서는 안 된다.
→ 예외 : 횡단보도를 횡단하거나 신호기 또는 경찰공무원등의 신호나 지시에 따라 도로를 횡단하는 경우

⑤ 안전표지 등에 의하여 횡단이 금지되어 있는 도로의 부분에서는 그 도로를 횡단해서는 안 된다.

04 차마의 통행방법

1 차마의 통행

① 보도와 차도가 구분된 도로에서는 차도를 통행하여야 한다.
→ 예외 : 도로 외의 곳으로 출입할 때에는 보도를 횡단하여 통행할 수 있다.

② 도로 외의 곳으로 출입할 때는 보도를 횡단하기 직전에 일시정지하여 좌측 및 우측 부분 등을 살핀 후 보행자의 통행을 방해하지 않도록 횡단하여야 한다.

③ 도로의 중앙이나 좌측 부분을 통행할 수 있는 경우
• 도로가 일방통행인 경우
• 도로의 파손, 도로공사나 그 밖의 장애 등으로 도로의 우측 부분을 통행할 수 없는 경우
• 도로의 우측 부분의 폭이 6미터가 되지 않는 도로에서 다른 차를 앞지르려는 경우
→ 예외
- 도로의 좌측부분을 확인할 수 없는 경우
- 반대 방향의 교통을 방해할 우려가 있는 경우
- 안전 표지 등으로 앞지르기를 금지하거나 제한하고 있는 경우

• 도로 우측 부분의 폭이 차마의 통행에 충분하지 않은 경우
• 가파른 비탈길의 구부러진 곳에서 교통의 위험을 방지하기 위하여 시·도경찰청장이 필요하다고 인정하여 구간 및 통행방법을 지정하고 있는 경우에 그 지정에 따라 통행하는 경우

④ 안전지대 등 안전표지에 의하여 진입이 금지된 장소에 들어가면 안 된다.

⑤ 차마(자전거 제외)의 운전자는 안전표지로 통행이 허용된 장소를 제외하고는 자전거도로 또는 길가장자리구역으로 통행하면 안 된다.
→ 예외 : 자전거 우선도로

2 차로에 따른 통행구분

① 통행하고 있는 차로에서 느린 속도로 진행하여 다른 차의 정상적인 통행을 방해할 우려가 있는 때에는 그 통행하던 차로의 오른쪽 차로로 통행하여야 한다.

② 차로의 순위는 도로의 중앙선 쪽에 있는 차로부터 1차로로 한다.
→ 예외 : 일반통행도로에서는 도로의 왼쪽부터 1차로로 한다.

③ 차로가 설치되어 있는 경우 그 도로의 중앙에서 오른쪽으로 2 이상의 차로(전용차로가 설치되어 운용되고 있는 도로에서는 전용차로 제외)가 설치된 도로 및 일방통행도로에 있어서 그 차로에 따른 통행차의 기준은 다음과 같다.

(1) 고속도로 외의 도로

차로 구분	통행할 수 있는 차종
왼쪽 차로	승용자동차 및 경형·소형·중형 승합자동차
오른쪽 차로	대형승합자동차, 화물자동차, 특수자동차, 건설기계, 이륜자동차, 원동기장치자전거(개인형 이동장치는 제외)

(2) 고속도로

도로 구분	차로 구분	통행할 수 있는 차종
편도 2차로	1차로	앞지르기를 하려는 모든 자동차 (다만, 차량통행량 증가 등 도로상황으로 인하여 부득이하게 시속 80킬로미터 미만으로 통행할 수밖에 없는 경우에는 앞지르기를 하는 경우가 아니라도 통행할 수 있다.)
	2차로	모든 자동차
편도 3차로 이상	1차로	앞지르기를 하려는 승용자동차 및 앞지르기를 하려는 경형·소형·중형 승합자동차 (다만, 차량통행량 증가 등 도로상황으로 인하여 부득이하게 시속 80킬로미터 미만으로 통행할 수밖에 없는 경우에는 앞지르기를 하는 경우가 아니라도 통행할 수 있다.)
	왼쪽 차로	승용자동차 및 경형·소형·중형 승합자동차
	오른쪽 차로	대형 승합자동차, 화물자동차, 특수자동차, 법 제2조제18호나목에 따른 건설기계

▶ 왼쪽 / 오른쪽 차로의 의미

용어	설명
왼쪽 차로	• 고속도로 외의 도로의 경우 : 차로를 반으로 나누어 1차로에 가까운 부분의 차로. 다만, 차로수가 홀수인 경우 가운데 차로는 제외한다. • 고속도로의 경우 : 1차로를 제외한 차로를 반으로 나누어 그 중 1차로에 가까운 부분의 차로. 다만, 1차로를 제외한 차로의 수가 홀수인 경우 그 중 가운데 차로는 제외한다.
오른쪽 차로	• 고속도로 외의 도로의 경우 : 왼쪽 차로를 제외한 나머지 차로 • 고속도로의 경우 : 1차로와 왼쪽 차로를 제외한 나머지 차로

▶ 왼쪽 / 오른쪽 차로에서의 통행
- 모든 차는 위 표에서 지정된 차로보다 오른쪽에 있는 차로로 통행할 수 있다.
- 앞지르기를 할 때에는 위 표에서 지정된 차로의 왼쪽 바로 옆 차로로 통행할 수 있다.
- 도로의 진출입 부분에서 진출입하는 때와 주·정차 후 출발하는 때의 상당한 거리 동안은 이 표에서 정하는 기준에 따르지 아니할 수 있다.

- 이 표 중 승합자동차의 차종 구분은 「자동차관리법 시행규칙」 별표 1에 따른다.
- 다음 각 목의 차마는 도로의 가장 오른쪽에 있는 차로로 통행하여야 한다.
  - (가) 자전거 / 우마
  - (나) 법 제2조제18호 나목에 따른 건설기계 이외의 건설기계
  - (다) 다음의 위험물 등을 운반하는 자동차
    - 「위험물안전관리법」에 따른 지정수량 이상의 위험물
    - 「총포·도검·화약류 등 단속법」에 따른 화약류
    - 「유해화학물질 관리법」에 따른 유독물질
    - 「폐기물관리법」에 따른 지정폐기물과 의료폐기물
    - 「고압가스 안전관리법」에 따른 고압가스
    - 「액화석유가스의 안전관리 및 사업법」에 따른 액화석유가스
    - 「원자력법」 제2조제5호 및 「방사선안전관리 등의 기술기준에 관한 규칙」에 따른 방사성물질 또는 그에 따라 오염된 물질
    - 「산업안전보건법」에 따른 제조 등의 금지 유해물질과 「산업안전보건법」에 따른 허가대상 유해물질
    - 「농약관리법」에 따른 유독성원제
  - (마) 그 밖에 사람 또는 가축의 힘이나 그 밖의 동력으로 도로에서 운행되는 것

▶ 좌회전 차로가 2차로 이상 설치된 교차로에서 좌회전하려는 차는 그 설치된 좌회전 차로 내에서 위 표 중 고속도로 외의 도로에서의 차로 구분에 따라 좌회전하여야 한다.

3 전용차로의 종류 및 통행할 수 있는 차

전용차로의 종류	통행할 수 있는 차	
	고속도로	고속도로 외의 도로
버스전용 차로	9인승 이상 승용자동차 및 승합자동차 (승용자동차 또는 12인승 이하의 승합자동차는 6명 이상이 승차한 경우로 한정한다)	가. 36인승 이상의 대형승합자동차 나. 36인승 미만의 사업용 승합자동차 다. 어린이통학버스 라. 대중교통수단으로 이용하기 위한 자율주행자동차로서 시험·연구 목적으로 운행하기 위하여 국토교통부장관의 임시운행허가를 받은 자율주행자동차 마. 시·도 경찰청장이 지정한 다음에 해당하는 승합자동차 　1) 노선을 지정하여 운행하는 통학·통근용 승합자동차 중 16인승 이상 승합자동차 　2) 국제행사 참가인원 수송 등 특히 필요하다고 인정되는 승합자동차(시·도경찰청장이 정한 기간 이내로 한정) 　3) 관광숙박업자 또는 전세버스운송사업자가 운행하는 25인승 이상의 외국인 관광객 수송용 승합자동차(외국인 관광객이 승차한 경우만 해당)
다인승 전용차로	3명 이상 승차한 승용·승합자동차 (다인승전용차로와 버스전용차로가 동시에 설치되는 경우에는 버스전용차로를 통행할 수 있는 차는 제외한다)	
자전거 전용차로	자전거등	

※ 비고
1. 경찰청장은 설날·추석 등의 특별교통관리기간 중 특히 필요하다고 인정할 때에는 고속도로 버스전용차로를 통행할 수 있는 차를 따로 정하여 고시할 수 있다.
2. 시장등은 고속도로 버스전용차로와 연결되는 고속도로 외의 도로에 버스전용차로를 설치하는 경우에는 교통의 안전과 원활한 소통을 위하여 그 버스전용차로를 통행할 수 있는 차의 종류, 설치구간 및 시행시기 등을 따로 정하여 고시할 수 있다.
3. 시장등은 교통의 안전과 원활한 소통을 위하여 고속도로 외의 도로에 설치된 버스전용차로로 통행할 수 있는 자율주행자동차의 운행 가능 구간, 기간 및 통행시간 등을 따로 정하여 고시할 수 있다.
4. 시장등은 차도의 일부 차로를 구간과 기간 및 통행시간 등을 정하여 자전거전용차로로 운영할 수 있다.

1 차로를 구분하기 위해 설치한 것으로 맞는 것은?

① 길어깨(갓길)　　　② 차선
③ 주차대　　　　　　④ 자전거도로

차로를 구분하기 위해서는 차선을 설치한다.

2 도로에서 차마를 그 본래의 사용방법에 따라 사용하는 것 (조종을 포함)을 의미하는 것은?

① 주행　　　　　　　② 운행
③ 서행　　　　　　　④ 운전

도로에서 차마를 그 본래의 사용방법에 따라 사용하는 것(조종을 포함)을 의미하는 것은 운전이다.

3 다음 중 도로교통법령상 차마에 해당하지 않는 것은?

① 원동기장치자전거
② 자전거
③ 건설기계
④ 보행보조용 의자차

보행보조용 의자차는 차마에서 제외된다.

4 다음 중 자동차관리법에 따른 자동차에 해당하지 않는 것은?

① 화물자동차　　　② 승용자동차
③ 특수자동차　　　④ 농기계

건설기계, 농업기계, 군수관리법에 따른 차량, 궤도 또는 공중선에 의하여 운행되는 차량, 의료기기는 자동차관리법에 따른 자동차에 해당하지 않는다.

5 도로교통법령상 보도와 차도가 구분되지 아니한 도로에서 보행자의 안전을 확보하기 위하여 안전표지 등으로 경계를 표시한 도로의 가장자리 부분을 뜻하는 것은?

① 길가장자리구역　　② 안전표지
③ 안전지대　　　　　④ 갓길

도로교통법령상 보도와 차도가 구분되지 아니한 도로에서 보행자의 안전을 확보하기 위하여 안전표지 등으로 경계를 표시한 도로의 가장자리 부분을 길가장자리구역이라 한다.

6 다음 중 도로교통법령상 긴급자동차에 해당되지 않는 것은?

① 견인차　　　　　　② 소방차
③ 구급차　　　　　　④ 혈액 공급차량

견인차는 긴급자동차에 해당되지 않는다.

7 다음 중 서행을 바르게 설명한 것은?

① 반드시 차가 멈추어야 하되 얼마간의 시간동안 정지 상태를 유지해야 하는 것
② 자동차가 완전히 멈추는 상태
③ 반드시 차가 일시적으로 그 바퀴를 완전히 멈추어야 하는 행위 자체
④ 차가 즉시 정지할 수 있는 느린 속도로 진행하는 것

서행은 운전자가 차를 즉시 정지시킬 수 있는 정도의 느린 속도로 진행하는 것을 말한다.

8 차마가 정지선, 횡단보도 및 교차로의 직전에서 정지하여야 하되, 신호에 따라 진행하는 다른 차마의 교통을 방해하지 아니하고 우회전할 수 있는 신호의 종류는?

① 녹색의 등화　　　② 황색의 등화
③ 황색등화의 점멸　④ 적색의 등화

적색의 등화에 대한 설명이다.

9 차량신호등이 표시하는 신호의 뜻으로 옳지 않은 것은?

① 적색화살표의 등화 : 화살표시 방향으로 진행하려는 차마는 정지선, 횡단보도 및 교차로의 직전에서 정지하여야 한다.
② 녹색의 등화 : 비보호좌회전표지가 있는 곳에서는 좌회전할 수 있다.
③ 황색의 등화 : 차마는 우회전할 수 있고 우회전하는 경우에는 보행자의 횡단을 방해하지 못한다.
④ 적색의 등화 : 차마는 정지선에 정지하여야 하며 우회전할 수 있다.

적색의 등화 : 우회전하려는 경우 정지선, 횡단보도 및 교차로의 직전에서 정지한 후 신호에 따라 진행하는 다른 차마의 교통을 방해하지 않고 우회전할 수 있다.

정답 1 ② 2 ④ 3 ④ 4 ④ 5 ① 6 ① 7 ④ 8 ④ 9 ④

10 ★★★★ "차마는 다른 교통 또는 안전표지의 표시에 주의하면서 진행할 수 있다"를 의미하는 차량 신호등의 신호의 종류는?

① 적색의 등화
② 적색등화의 점멸
③ 황색등화의 점멸
④ 황색화살표의 등화

"차마는 다른 교통 또는 안전표지의 표시에 주의하면서 진행할 수 있다"를 의미하는 신호는 황색등화의 점멸이다.

11 ★★★ 다음 중 보행자의 도로횡단 방법으로 올바르지 않은 것은?

① 보행자는 횡단보도, 지하도 그 밖의 도로 횡단시설이 설치되어 있는 도로에서는 그 곳으로 횡단하여야 한다.
② 보행자는 횡단보도가 설치되어 있지 아니한 도로에서는 가장 짧은 거리로 횡단하여야 한다.
③ 보행자는 모든 차의 바로 앞이나 뒤로 횡단하여서는 아니 된다.
④ 보행자는 안전표지 등에 의하여 횡단이 금지되어 있는 도로의 부분에서는 자신의 판단에 따라 횡단하여도 된다.

보행자는 안전표지 등에 의하여 횡단이 금지되어 있는 도로의 부분에서는 그 도로를 횡단하여서는 아니 된다.

12 ★★★ 보행자의 통행방법에 대한 설명으로 바르지 않은 것은?

① 말·소 등의 큰 동물을 몰고 가는 사람은 반드시 보도로 통행해야 한다.
② 도로공사 등으로 보도의 통행이 금지된 경우 보도로 통행을 아니할 수 있다.
③ 보도와 차도가 구분된 도로에서는 보도로 통행한다.
④ 보도와 차도가 구분되지 아니한 도로에서는 차마와 마주보는 방향의 길가장자리로 통행한다.

말·소 등의 큰 동물을 몰고 가는 사람은 차도를 통행할 수 있다.

13 ★★★ 차도를 통행할 수 있는 사람 또는 행렬이 아닌 것은?

① 자전거를 끌고 가는 사람
② 말, 소 등의 큰 동물을 몰고 가는 사람
③ 도로의 청소 등 도로에서 작업 중인 사람
④ 군부대의 행렬

자전거를 끌고 가는 사람은 차도를 통행할 수 없다.

14 ★★★ 차도를 통행할 수 있는 사람 또는 행렬로 틀린 것은?

① 사다리, 목재나 그 밖에 보행자의 통행에 지장을 줄 우려가 있는 물건을 운반 중인 사람
② 군부대나 그 밖에 이에 준하는 단체의 행렬
③ 말·소 등의 큰 동물을 몰고 가는 사람
④ 유모차 및 자전거를 끌고 가는 사람

유모차 및 자전거를 끌고 가는 사람은 차도를 통행할 수 있는 사람 또는 행렬에 포함되지 않는다.

15 ★★★ 보행자의 통행방법으로 틀린 것은?

① 지하도나 육교 등 도로 횡단시설을 이용할 수 없는 지체장애인의 경우 다른 교통에 방해가 되더라도 도로 횡단시설을 이용하지 않고 도로를 횡단할 수 있다.
② 보행자는 보도와 차도가 구분된 도로에서는 언제나 보도로 통행하여야 한다.
③ 보행자는 보도와 차도가 구분되지 아니한 도로에서는 차마와 마주보는 방향의 길가장자리 또는 길가장자리구역으로 통행하여야 한다.
④ 차도를 횡단하는 경우, 도로공사 등으로 보도의 통행이 금지된 경우나 그 밖의 부득이한 경우에는 보도로 통행하지 않아도 된다.

지하도나 육교 등의 도로 횡단시설을 이용할 수 없는 지체장애인의 경우에는 다른 교통에 방해가 되지 않는 방법으로 도로 횡단시설을 이용하지 않고 도로를 횡단할 수 있다.

16 ★★★★ 고속도로 버스전용차로를 이용할 수 있는 자동차에 대한 설명 중 맞는 것은?

① 11인승 승합자동차는 승차 인원에 관계없이 통행이 가능하다.
② 9인승 승용자동차는 6인 이상 승차한 경우에 통행이 가능하다.
③ 15인승 이상 승합자동차만 통행이 가능하다.
④ 45인승 이상 승합자동차만 통행이 가능하다.

고속도로 버스 전용 차로를 통행할 수 있는 자동차는 9인승 이상 승용자동차 및 승합자동차이다. 다만, 9인승 이상 12인승 이하의 승용자동차 및 승합자동차는 6인 이상 승차한 경우에 한하여 통행이 가능하다.

정답 **10** ③ **11** ④ **12** ① **13** ① **14** ④ **15** ① **16** ②

17 승용차의 운전자가 보도를 횡단하여 통행할 수 있는 곳으로 맞는 것은?

① 도로 외의 곳에 출입하는 때
② 차로 외의 곳에 출입하는 때
③ 안전지대 외의 곳에 출입하는 때
④ 횡단보도 외의 곳에 출입하는 때

> 차마의 운전자는 보도와 차도가 구분된 도로에서는 차도를 통행하여야 한다. 다만, 도로 외의 곳에 출입하는 때에는 보도를 횡단하여 통행할 수 있다.

18 보도와 차도가 구분된 도로에서 도로 외의 곳을 출입하는 경우 보도를 횡단하기 직전에 지켜야 하는 것은?

① 서행
② 정지
③ 일시정지
④ 일단정지

> 도로 외의 곳으로 출입할 때는 보도를 횡단하기 직전에 일시정지하여 좌측 및 우측 부분 등을 살핀 후 보행자의 통행을 방해하지 않도록 횡단하여야 한다.

19 고속도로 외의 도로에서 '통행차로와 차종'을 짝지어 놓았을 때 옳지 않은 것은?

① 오른쪽 차로 – 화물자동차
② 왼쪽 차로 – 중형승합자동차
③ 왼쪽 차로 – 특수자동차
④ 오른쪽 차로 – 대형승합자동차

> 고속도로 외의 도로에서 특수자동차는 오른쪽 차로로 통행할 수 있다.

20 차로에 따른 통행 방법에 대한 설명으로 옳지 않은 것은?

① 보도와 차도가 구분된 도로에서는 차도를 통행하여야 한다.
② 도로 외의 곳으로 출입할 때에는 보도를 횡단하여 통행할 수 없다.
③ 보도를 횡단하기 직전에 일시정지하여 좌측과 우측 부분 등을 살핀 후 보행자의 통행을 방해하지 않도록 횡단하여야 한다.
④ 도로의 중앙 우측 부분을 통행하여야 한다.

> 도로 외의 곳으로 출입할 때에는 보도를 횡단하여 통행할 수 있다.

21 다음 중 도로의 중앙이나 좌측 부분을 통행할 수 있는 경우에 해당되지 않는 것은?

① 도로가 일방통행인 경우
② 도로의 파손, 도로공사나 그 밖의 장애 등으로 도로의 우측 부분을 통행할 수 없는 경우
③ 도로 우측 부분의 폭이 6m 미만의 도로에서 다른 차를 앞지르려는 경우
④ 도로 우측 부분의 폭이 차마의 통행에 충분한 경우

> 도로 우측 부분의 폭이 차마의 통행에 충분하지 아니한 경우 도로의 중앙이나 좌측 부분을 통행할 수 있다.

22 고속도로 외의 편도4차로에서 4차로에서 통행할 수 있는 차종이 아닌 것은?

① 중형승합자동차
② 원동기장치자전거
③ 특수자동차
④ 적재중량이 1.5톤을 초과하는 화물자동차

> 고속도로 외의 편도4차로에서 중형 승합자동차는 왼쪽 차로, 즉 1 · 2차로에서 통행할 수 있다.

23 대형승합자동차는 고속도로 외의 편도4차로에서 어느 차로에서 통행할 수 있는가?

① 2차로만 가능
② 3차로만 가능
③ 4차로만 가능
④ 3 · 4차로 모두 가능

> 화물차는 중량 구분없이 오른쪽 차로, 즉 3 · 4차로에서 모두 통행 가능하다.

24 도로교통법령상 고속도로 버스전용차로를 통행할 수 있는 9인승 승용자동차는 몇 명 이상 승차한 경우로 한정하는가?

① 3명
② 4명
③ 5명
④ 6명

> 도로교통법령상 고속도로 버스전용차로를 통행할 수 있는 9인승 승용자동차는 6명 이상 승차한 경우로 한정한다.

정답 17 ① 18 ③ 19 ③ 20 ② 21 ④ 22 ① 23 ④ 24 ④

4 자동차의 속도

(1) 도로별 차로 등에 따른 규정속도(km/h)

도로 구분		최고속도	최저속도
일반 도로	주거지역·상업지역 ·공업지역	50km/h 이내	제한 없음
	지정한 노선 또는 구간의 일반도로	60km/h 이내	
	편도 2차로 이상	80km/h 이내	
	편도 1차로	60km/h 이내	
고속 도로	모든 고속도로	• 100km/h 이내 • 80km/h 이내(적재중량 1.5톤 초과 화물자동차, 특수자동차, 위험물 운반자동차, 건설기계)	50km/h
	지정·고시 한 노선 또는 구간의 고속 도로	• 120km/h 이내 • 90km/h 이내(적재중량 1.5톤 초과 화물자동차, 특수자동차, 위험물 운반자동차, 건설기계)	50km/h
	편도 1차로	80km/h	50km/h
자동차 전용도로		90km/h	30km/h

> ▶ 자동차 견인 속도
> • 총중량 2,000kg 미만인 자동차를 총중량이 3배 이상인 자동차로 견인하는 경우 : 30km/h 이내
> • 기타 및 이륜자동차가 견인하는 경우 : 25km/h 이내

(2) 비·안개·눈 등으로 인한 악천후 시 감속운행

이상기후 상태	운행속도
• 비가 내려 노면이 젖어있는 경우 • 눈이 20mm 미만 쌓인 경우	최고속도의 20/100 을 줄인 속도
• 폭우, 폭설, 안개 등으로 가시거리가 100m 이내인 경우 • 노면이 얼어붙은 경우 • 눈이 20mm 이상 쌓인 경우	최고속도의 50/100 을 줄인 속도

※ 경찰청장 또는 시·도경찰청장이 가변형 속도제한표지로 최고속도를 정한 경우에는 이에 따라야 하며, 가변형 속도제한표지로 정한 최고속도와 그 밖의 안전표지로 정한 최고속도가 다를 때에는 가변형 속도제한표지에 따라야 한다.

5 안전거리 확보

① 앞차가 갑자기 정지하게 되는 경우 충돌을 피할 수 있는 필요한 거리 확보
② 자전거 옆을 지날 때에는 자전거와의 충돌을 피할 수 있는 필요한 거리 확보
③ 진로 변경 시 다른 차의 정상적인 통행에 장애를 줄 우려가 있을 때에는 진로 변경 금지
④ 급제동 금지(위험방지 및 부득이한 경우 제외)

6 진로 양보의 의무

① 긴급자동차를 제외한 모든 차의 운전자는 뒤에서 따라오는 차보다 느린 속도로 가려는 경우에는 도로의 우측 가장자리로 피하여 진로를 양보하여야 한다.
→ 예외 : 통행구분이 설치된 도로
② 좁은 도로에서 긴급자동차 외의 자동차가 서로 마주보고 진행할 때에는 다음 구분에 따른 자동차가 도로의 우측 가장자리로 피하여 진로를 양보하여야 한다.
• 비탈진 좁은 도로에서 자동차가 서로 마주보고 진행하는 경우에는 올라가는 자동차
• 비탈진 좁은 도로 외의 좁은 도로에서 사람을 태웠거나 물건을 실은 자동차와 동승자가 없고 물건을 싣지 아니한 자동차가 서로 마주보고 진행하는 경우에는 동승자가 없고 물건을 싣지 아니한 자동차

7 앞지르기 방법

① 다른 차를 앞지르려면 앞차의 좌측으로 통행하여야 한다.
→ 예외 : 자전거의 운전자는 서행하거나 정지한 다른 차의 우측으로 통행 가능. 이 경우 정지한 차에서 승차하거나 하차하는 사람의 안전에 유의하여 서행하거나 필요한 경우 일시정지
② 반대방향의 교통과 앞차 앞쪽의 교통에도 주의를 충분히 기울여야 하며, 앞차의 속도·진로와 그 밖의 도로상황에 따라 방향지시기·등화 또는 경음기를 사용하는 등 안전한 속도와 방법으로 앞지르기를 하여야 한다.
③ 위 ①, ②항 또는 고속도로에서 방향지시기, 등화 또는 경음기를 사용하여 앞지르기를 하는 차가 있을 때에는 속도를 높여 경쟁하거나 그 차의 앞을 가로막는 등의 방법으로 앞지르기를 방해해서는 안 된다.

④ 앞지르기가 금지되는 경우
  - 앞차의 좌측에 다른 차가 앞차와 나란히 가고 있는 경우
  - 앞차가 다른 차를 앞지르고 있거나 앞지르려고 하는 경우
⑤ 앞지르기 금지 및 끼어들기가 금지되는 경우
  - 도로교통법이나 이 법에 따른 명령에 따라 정지하거나 서행하고 있는 차
  - 경찰공무원의 지시에 따라 정지하거나 서행하고 있는 차
  - 위험을 방지하기 위해 정지하거나 서행하고 있는 차

 ⑥ 앞지르기 금지 장소
  - 교차로
  - 터널 안
  - 다리 위
  - 도로의 구부러진 곳, 비탈길의 고갯마루 부근 또는 가파른 비탈길의 내리막 등 시·도경찰청장이 도로에서의 위험을 방지하고 교통의 안전과 원활한 소통을 확보하기 위하여 필요하다고 인정하는 곳으로서 안전표지로 지정한 곳

8 철길 건널목의 통과 방법

① 철길 건널목 통과 시 건널목 앞에서 일시정지 후 통과
  → 예외 : 신호기 등이 표시하는 신호에 따르는 경우
② 건널목의 차단기가 내려져 있거나 내려지려고 하는 경우 또는 건널목의 경보기가 울리고 있는 동안에는 건널목 진입 금지
③ 건널목을 통과하다가 고장 등의 사유로 건널목 안에서 차를 운행할 수 없게 된 경우에는 즉시 승객을 대피시키고 비상신호기 등을 사용하여 철도공무원 또는 경찰공무원에게 알릴 것

9 교차로 통행 방법

(1) 교차로 통행방법
① 우회전 : 미리 도로의 우측 가장자리를 서행하면서 우회전한다. 이 경우 우회전하는 차의 운전자는 신호에 따라 정지하거나 진행하는 보행자 또는 자전거에 주의한다.
② 좌회전 : 미리 도로의 중앙선을 따라 서행하면서 교차로의 중심 안쪽을 이용하여 좌회전한다. 다만, 시·

도경찰청장이 교차로의 상황에 따라 특히 필요하다고 인정하여 지정한 곳에서는 교차로의 중심 바깥쪽을 통과할 수 있다.
③ 우회전이나 좌회전을 위해 손이나 방향지시기 또는 등화로써 신호를 하는 차가 있는 경우에 그 뒤차의 운전자는 앞차의 진행을 방해하면 안 된다.
④ 신호기로 교통정리를 하고 있는 교차로에 들어가려는 경우에는 진행하려는 진로의 앞쪽에 있는 차의 상황에 따라 교차로에 정지하게 되어 다른 차의 통행에 방해가 될 우려가 있는 경우에는 그 교차로에 들어가면 안 된다.
⑤ 교통정리를 하고 있지 않고 일시정지 또는 양보를 표시하는 안전표지가 설치되어 있는 교차로에 들어가려고 할 때에는 다른 차의 진행을 방해하지 않도록 일시정지하거나 양보해야 한다.

(2) 교통정리가 없는 교차로에서의 양보운전
① 교차로에 들어가 있는 다른 차가 있을 때에는 진로를 양보할 것
② 통행하고 있는 도로의 폭보다 교차하는 도로의 폭이 넓은 경우에는 서행할 것
③ 폭이 넓은 도로로부터 교차로에 들어가려고 하는 다른 차가 있을 때에는 그 차에 진로를 양보할 것
④ 교차로에 동시에 들어갈 경우 우측도로의 차에 진로를 양보할 것
⑤ 좌회전하려고 하는 차는 직진 또는 우회전 차에 진로를 양보할 것

(3) 보행자의 보호
  ┌ 자전거에서 내려서 자전거를 끌고 통행하는 자전거운전자 포함
① 보행자가 횡단보도를 통행하고 있을 때에는 보행자의 횡단을 방해하거나 위험을 주지 않도록 횡단보도 앞에서 일시정지
       정지선이 설치되어 있는 곳에서는 그 정지선 ┘
② 교통정리를 하고 있는 교차로에서 좌회전 또는 우회전을 하려는 경우에는 신호기 또는 경찰공무원등의 신호 또는 지시에 따라 도로를 횡단하는 보행자의 통행을 방해하지 말 것
③ 교통정리가 없는 교차로 또는 그 부근의 도로를 횡단하는 보행자의 통행을 방해하지 말 것

④ 도로에 설치된 안전지대에 보행자가 있는 경우와 차로가 설치되지 않은 좁은 도로에서 보행자의 옆을 지나는 경우에는 안전한 거리를 두고 서행

⑤ 보행자가 횡단보도가 없는 도로를 횡단하고 있을 때에는 안전거리를 두고 일시정지하여 보행자가 안전하게 횡단할 수 있도록 할 것

🔟 긴급자동차의 우선 통행

① 긴급하고 부득이한 경우 도로의 중앙이나 좌측 부분을 통행 가능

② 도로교통법이나 이 법에 따른 명령에 따라 정지하여야 하는 경우에도 불구하고 긴급하고 부득이한 경우에는 정지하지 않을 수 있다.

③ 긴급자동차의 운전자는 긴급하고 부득이한 경우에 교통안전에 특히 주의하면서 통행

④ 교차로나 그 부근에서 긴급자동차가 접근하는 경우 운전자는 교차로를 피하여 일시정지

⑤ 운전자는 교차로 외의 곳에서 긴급자동차가 접근한 경우에는 긴급자동차가 우선통행할 수 있도록 진로 양보

⑥ 소방차·구급차·혈액 공급차량 등의 자동차 운전자는 해당 자동차를 그 본래의 긴급한 용도로 운행하지 아니하는 경우에는 경광등을 켜거나 사이렌 작동 금지

→ 예외 : 대통령령으로 정하는 바에 따라 범죄 및 화재 예방 등을 위한 순찰·훈련 등을 실시하는 경우

1️⃣1️⃣ 정차 및 주차

(1) 정차 및 주차 금지 장소

→ 적용 예외 : 도로교통법 또는 이 법에 따른 명령 또는 경찰공무원의 지시에 따르는 경우와 위험방지를 위하여 일시정지하는 경우

① 교차로·횡단보도·건널목, 보도와 차도가 구분된 도로의 보도(차도와 보도에 걸쳐서 설치된 노상주차장은 제외)

② 교차로의 가장자리 또는 도로의 모퉁이로부터 5m 이내인 곳

③ 안전지대가 설치된 도로에서는 그 안전지대의 사방으로부터 각각 10m 이내인 곳

④ 버스여객자동차의 정류지임을 표시하는 기둥이나 표지판 또는 선이 설치된 곳으로부터 10m 이내인 곳

→ 예외 : 버스여객자동차의 운전자가 운행시간 중에 운행노선에 따르는 정류장에서 승객을 태우거나 내리기 위하여 차를 정차하거나 주차하는 경우

⑤ 건널목의 가장자리 또는 횡단보도로부터 10m 이내인 곳

⑥ 다음에 해당하는 곳으로부터 5m 이내인 곳
  • 소방용수시설 또는 비상소화장치가 설치된 곳
  • 소방시설로서 대통령령으로 정하는 시설이 설치된 곳

▶ 대통령령으로 정하는 시설
  • 옥내소화전설비(호스릴옥내소화전설비 포함), 스프링클러설비등, 물분무등소화설비의 송수구
  • 소화용수설비
  • 연결송수관설비·연결살수설비·연소방지 설비의 송수구, 무선통신보조설비의 무선기기접속단자
  • 철길이나 가설된 선을 이용하여 운전되는 것

⑦ 시·도경찰청장이 도로에서의 위험을 방지하고 교통의 안전과 원활한 소통을 확보하기 위하여 필요하다고 인정하여 지정한 곳

(2) 주차 금지 장소

① 터널 안

② 다리 위

③ 다음 장소로부터 5m 이내인 곳
  • 도로공사를 하고 있는 구역의 양쪽 가장자리
  • 다중이용업소의 영업장이 속한 건축물로 소방본부장의 요청에 의하여 시·도경찰청장이 지정한 곳
  • 시·도경찰청장이 도로에서의 위험을 방지하고 교통의 안전과 원활한 소통을 확보하기 위하여 필요하다고 인정하여 지정한 곳

(3) 미끄럼 사고 방지 조치   ┌→ 도로 외의 경사진 곳에서 정차하거나 주차하는 경우 포함

경사진 곳에 정차하거나 주차하려는 경우 고임목을 설치하거나 조향장치를 도로의 가장자리 방향으로 돌려놓는 등 미끄럼 사고의 발생을 방지하기 위한 조치를 취하여야 한다.

1 다음 중 도로별 자동차의 속도가 올바르지 않은 것은?

① 고속도로 편도 2차로 이상 모든 고속도로에서 승합자
동차의 최고속도는 매시 100km, 최저속도는 50km이다.
② 자동차 전용도로의 최고속도는 매시 90km, 최저속도는
매시 50km이다.
③ 일반도로의 경우 최저속도에 대한 제한이 없다.
④ 고속도로 편도 1차로의 최고속도는 매시 80km, 최저속도
는 매시 50km이다.

자동차 전용도로의 최고속도는 매시 90km, 최저속도는 매시 30km이다.

2 고장난 자동차를 일반자동차로 견인할 때 총중량 2,000kg
미만인 자동차를 총중량이 해당 자동차의 3배 이상인 자
동차로 견인하는 경우에는 매시 몇 km 이내로 속도를 유
지하여야 하는가?

① 10km
② 40km
③ 25km
④ 30km

도로교통법 시행규칙 제20조 자동차를 견인할 때의 속도
• 총중량 2,000kg 미만인 자동차를 총중량이 3배 이상인 자동차로 견인하
는 경우에는 매시 30km 이내
• 기타의 경우 및 이륜자동차가 견인하는 경우에는 매시 25km 이내

3 신호등 없는 교차로에 진입할 때 통행우선권의 내용이 틀
린 것은?

① 폭이 넓은 도로로부터 교차로에 들어가려고 하는 차가 있
을 때에는 그 차에 진로를 양보해야 한다.
② 우선순위가 같은 차가 동시에 진입할 때는 좌측 도로의
차에게 진로를 양보해야 한다.
③ 이미 교차로에 들어가 있는 차가 있는 경우에는 그 차에
진로를 양보해야 한다.
④ 좌회전하고자 하는 차의 운전자는 그 교차로에서 직진하
거나 우회전하려는 다른 차가 있는 때에는 그 차에 진로
를 양보해야 한다.

우선순위가 같은 차가 동시에 진입할 때는 우측 도로의 차에게 진로를 양
보해야 한다.

4 도로교통법에서 정하는 운전자가 서행하여야 할 장소가
아닌 것은?

① 교통정리를 하고 있지 아니하는 교차로
② 도로가 구부러진 부근
③ 가파른 비탈길의 내리막
④ 보행자가 횡단보도를 통행하고 있는 때

보행자가 횡단보도를 통행하고 있으면 횡단보도 앞에서 일시정지해야 한다.

5 철길 건널목을 통과하다가 고장 등의 사유로 건널목 안에
서 차를 운행할 수 없게 된 경우 운전자가 가장 먼저 해야
할 일은?

① 경찰공무원에게 신고한다.
② 승객을 대피시킨다.
③ 차를 이동시킨다.
④ 철도공무원에게 연락한다.

건널목을 통과하다가 고장 등의 사유로 건널목 안에서 차를 운행할 수 없게
된 경우에는 즉시 승객을 대피시키고 비상신호기 등을 사용하여 철도공무원
또는 경찰공무원에게 알려야 한다.

6 철길건널목을 통과하다가 고장으로 건널목 안에서 차를
운행할 수 없는 경우 운전자의 조치요령으로 틀린 것은?

① 동승자를 대피시킨다.
② 비상점멸등을 작동한다.
③ 철도공무원에게 알린다.
④ 차량의 고장 원인을 확인한다.

건널목 안에서 차량의 고장 원인을 확인하는 것은 올바르지 않은 행동이다.

7 다음 중 앞지르기가 가능한 장소는?

① 교차로
② 중앙선(황색 점선)
③ 터널 안
④ 다리 위

황색 점선의 중앙선에서는 앞지르기가 가능하다.

chapter 01

8 편도 3차로 고속도로에서 승용자동차가 2차로로 주행 중이다. 앞지르기할 수 있는 차로로 맞는 것은? (버스전용차로 없음)

① 1차로   ② 2차로

③ 3차로   ④ 1, 2, 3차로 모두

> 앞지르기는 앞차의 좌측으로 통행해야 하므로 1차로를 이용하여 앞지르기 할 수 있다.

9 앞지르기를 할 수 있는 경우로 맞는 것은?

① 앞차가 다른 차를 앞지르고 있을 경우

② 앞차가 위험 방지를 위하여 정지 또는 서행하고 있는 경우

③ 앞차의 좌측에 다른 차가 앞차와 나란히 진행하고 있는 경우

④ 앞차가 저속으로 진행하면서 다른 차와 안전거리를 확보하고 있을 경우

> 앞차가 저속으로 진행하면서 다른 차와 안전거리를 확보하고 있을 경우에는 앞지르기가 가능하다.

10 다음 중 교차로 통행방법으로 틀린 것은?

① 좌회전을 할 때에는 도로의 중앙선을 따라 교차로 중심 안쪽을 이용하여 좌회전한다.

② 좌회전 시 어떠한 경우에도 교차로 중심 바깥쪽을 통과할 수 없다.

③ 우회전 시는 미리 도로의 우측 가장자리를 따라 우회전한다.

④ 신호기에 의해 교차로에 진입 시 진로의 앞쪽에 있는 차의 상황을 보고 방해가 될 것 같으면 진입해서는 안 된다.

> 시·도경찰청장이 교차로의 상황에 따라 특히 필요하다고 인정하여 지정한 곳에서는 교차로의 중심 바깥쪽을 통과할 수 있다.

11 정차 및 주차 금지 장소가 아닌 것은?

① 도로의 모퉁이로부터 9m인 곳

② 안전지대의 사방으로부터 9m인 곳

③ 횡단보도로부터 9m인 곳

④ 건널목의 가장자리로부터 9m인 곳

> 도로의 모퉁이로부터 5m 이내인 곳이 정차 및 주차 금지 장소이다.

12 정차 및 주차 금지 장소에 대한 설명으로 잘못된 것은?

① 교차로의 가장자리 또는 도로의 모퉁이로부터 5m 이내인 곳에서는 주·정차가 금지된다.

② 안전지대가 설치된 도로에서는 그 안전지대의 사방으로부터 각각 10m 이내인 곳에서는 주·정차가 금지된다.

③ 버스여객자동차의 정류지임을 표시하는 기둥이나 표지판 또는 선이 설치된 곳으로부터 10m 이내인 곳에서는 주·정차가 금지된다.

④ 소방용수시설 또는 비상소화장치가 설치된 곳으로부터 10m 이내인 곳에서는 주·정차가 금지된다.

> 소방용수시설 또는 비상소화장치가 설치된 곳으로부터 5m 이내인 곳에서는 주·정차가 금지된다.

05 운전자 및 고용주 등의 의무

1 운전 등의 금지

(1) 음주운전

① 음주운전 기준 : 혈중알코올농도 0.03% 이상

② 경찰공무원은 교통 안전과 위험방지를 위해 필요하다고 인정하거나, 술에 취한 상태에서 운전하였다고 인정할 만한 상당한 이유가 있는 경우에는 운전자가 술에 취하였는지를 호흡조사로 측정할 수 있다.

③ 호흡조사 결과에 불복할 경우 혈액 채취 등의 방법으로 다시 측정할 수 있다.

(2) 과로운전 금지

┌─→ 마약, 대마 및 향정신성의약품과
그 밖에 행정안전부령으로 정하는 것

과로, 질병 또는 약물의 영향과 그 밖의 사유로 정상적으로 운전하지 못할 우려가 있는 상태에서 자동차를 운전하면 안 된다.

> ▶ 행정안전부령으로 정하는 운전이 금지되는 약물의 종류
> ㉠ 흥분·환각 또는 마취의 작용을 일으키는 유해화학물질로서 「화학물질관리법 시행령」 제11조에 따른 환각물질
> ㉡ 환각물질
> • 톨루엔, 초산에틸 또는 메틸알코올
> • 톨루엔, 초산에틸 또는 메틸알코올이 들어 있는 시너(도료의 점도를 감소시키기 위하여 사용되는 유기용제), 접착제, 풍선류 또는 도료
> • 부탄가스
> • 이산화질소(의료용으로 사용되는 경우는 제외)

(3) 공동위험행위의 금지

도로에서 2명 이상이 공동으로 2대 이상의 자동차등을 정당한 사유 없이 앞뒤로 또는 좌우로 줄지어 통행하면서 다른 사람에게 위해를 끼치거나 교통상의 위험을 발생하게 하면 안 된다.

(4) 난폭운전 금지

난폭운전을 연달아 하거나, 하나의 행위를 지속 또는 반복하여 다른 사람에게 위협 또는 위해를 가하거나 교통상의 위험을 발생하게 하면 안 된다.

> ▶ 난폭운전의 해당사항
> 신호 또는 지시 위반, 중앙선 침범, 횡단·유턴·후진 금지 위반, 안전거리 미확보, 진로변경 금지 위반, 급제동 금지 위반, 앞지르기 방법 또는 앞지르기의 방해금지 위반, 정당한 사유 없는 소음 발생, 고속도로에서의 앞지르기 방법 위반, 고속도로등에서의 횡단·유턴·후진 금지 위반

2 운전자의 준수사항

① 물이 고인 곳을 운행하는 때에는 고인 물을 뛰게 하여 다른 사람에게 피해를 주는 일이 없도록 할 것

② 일시정지 해야 하는 경우
- 어린이가 보호자 없이 도로를 횡단하는 때, 어린이가 도로에 앉아 있거나 서 있을 때 또는 어린이가 도로에서 놀이를 할 때 등 어린이에 대한 교통사고의 위험이 있는 것을 발견한 경우
- 앞을 보지 못하는 사람이 흰색 지팡이를 가지거나 장애인보조견을 동반하는 등의 조치를 하고 도로를 횡단하고 있는 경우
- 지하도나 육교 등 도로 횡단시설을 이용할 수 없는 지체장애인이나 노인이 도로를 횡단하고 있는 경우

③ 자동차의 앞면 창유리와 운전석 좌우 옆면 창유리의 가시광선의 투과율이 대통령령으로 정하는 기준보다 낮아 교통안전 등에 지장을 줄 수 있는 차를 운전하지 말 것(요인 경호용, 구급용 및 장의용 자동차는 제외)

> ▶ 대통령령으로 정하는 운전이 금지되는 자동차 창유리 가시광선 투과율의 기준
> • 앞면 창유리 : 70% 미만
> • 운전석 좌우 옆면 창유리 : 40% 미만

④ 교통단속용 장비의 기능을 방해하는 장치를 한 차나 그 밖에 안전운전에 지장을 줄 수 있는 것으로서 행정안전부령으로 정하는 기준에 적합하지 아니한 장치를 한 차를 운전하지 않을 것(자율주행자동차의 신기술 개발을 위한 장치를 장착하는 경우는 제외)

> ▶ 행정안전부령이 정하는 기준에 적합하지 않은 장치
> • 경찰관서에서 사용하는 무전기와 동일한 주파수의 무전기
> • 긴급자동차가 아닌 자동차에 부착된 경광등, 사이렌 또는 비상등
> • 자동차 및 자동차부품의 성능과 기준에 관한 규칙에서 정하지 아니한 것으로서 안전운전에 현저히 장애가 될 정도의 장치

⑤ 도로에서 자동차를 세워둔 채 시비·다툼 등의 행위를 하여 다른 차마의 통행을 방해하지 않을 것

⑥ 운전자가 차를 떠나는 경우에는 교통사고를 방지하고 다른 사람이 함부로 운전하지 못하도록 필요한 조치를 할 것

⑦ 운전자는 안전을 확인하지 않고 차의 문을 열거나 내려서는 안 되며, 동승자가 교통의 위험을 일으키지 않도록 필요한 조치를 할 것

⑧ 운전자는 정당한 사유 없이 다음의 행위를 하여 다른 사람에게 피해를 주는 소음을 발생시키지 않을 것
- 자동차등을 급히 출발시키거나 속도를 급격히 높이는 행위
- 자동차등의 원동기의 동력을 차의 바퀴에 전달시키지 아니하고 원동기의 회전수를 증가시키는 행위
- 반복적이거나 연속적으로 경음기를 울리는 행위

⑨ 운전자는 승객이 차 안에서 안전운전에 현저히 장해가 될 정도로 춤을 추는 등 소란행위를 하도록 내버려두고 차를 운행하지 말 것

⑩ 운전자는 운전 중에 휴대용 전화(자동차용 전화 포함)를 사용하지 말 것

> ▶ 휴대용 전화 사용 금지 예외사항
> - 자동차등이 정지하고 있는 경우
> - 긴급자동차를 운전하는 경우
> - 각종 범죄 및 재해 신고 등 긴급한 필요가 있는 경우
> - 안전운전에 장애를 주지 아니하는 장치로서 손으로 잡지 아니하고도 휴대용 전화(자동차용 전화 포함)를 사용할 수 있도록 해주는 장치를 이용하는 경우

⑪ 운전중에는 영상표시장치를 통하여 운전자가 운전 중 볼 수 있는 위치에 영상이 표시되지 않도록 할 것

> ▶ 예외
> ㉠ 자동차가 정지하고 있는 경우
> ㉡ 자동차에 장착하거나 거치하여 놓은 영상표시장치에 다음의 영상이 표시되는 경우
>   - 지리안내 영상 또는 교통정보안내 영상
>   - 국가비상사태·재난상황 등 긴급한 상황을 안내하는 영상
>   - 운전을 할 때 자동차의 좌우 또는 전후방을 볼 수 있도록 도움을 주는 영상

┌→ 정지하고 있는 경우는 제외

⑫ 운전 중에는 영상 표시장치를 조작하지 말 것

> ▶ 예외
> - 자동차가 정지하고 있는 경우
> - 노면전차 운전자가 운전에 필요한 영상표시장치를 조작하는 경우

⑬ 자동차의 화물 적재함에 사람을 태우고 운행하지 말 것

⑭ 그 밖에 시·도경찰청장이 교통안전과 교통질서 유지에 필요하다고 인정하여 지정·공고한 사항에 따를 것

❸ 특정 운전자의 준수사항 ┌→ 이륜자동차 제외

① 좌석안전띠 착용 : 자동차의 운전자는 자동차를 운전하는 때에는 좌석안전띠를 매어야 하며, 모든 좌석의 동승자에게도 좌석안전띠를 매도록 하여야 한다.

┌→ 영유아인 경우에는 유아보호용 장구를 장착한 후의 좌석안전띠

> ▶ 좌석안전띠를 매지 아니하거나 동승자에게 좌석안전띠를 매도록 하지 아니하여도 되는 경우
> - 부상·질병·장애 또는 임신 등으로 인하여 좌석안전띠의 착용이 적당하지 아니하다고 인정되는 자가 자동차를 운전하거나 승차하는 때
> - 자동차를 후진시키기 위하여 운전하는 때
> - 신장·비만, 그 밖의 신체의 상태에 의하여 좌석안전띠의 착용이 적당하지 아니하다고 인정되는 자가 자동차를 운전하거나 승차하는 때
> - 긴급자동차가 그 본래의 용도로 운행되고 있는 때
> - 경호 등을 위한 경찰용 자동차에 의하여 호위되거나 유도되고 있는 자동차를 운전하거나 승차하는 때
> - 국민투표운동·선거운동 및 국민투표·선거관리업무에 사용되는 자동차를 운전하거나 승차하는 때
> - 우편물의 집배, 폐기물의 수집 그 밖에 빈번히 승강하는 것을 필요로 하는 업무에 종사하는 자가 해당업무를 위하여 자동차를 운전하거나 승차하는 때
> - 여객자동차 운송사업용 자동차의 운전자가 승객의 주취·약물 복용 등으로 좌석안전띠를 매도록 할 수 없거나 승객에게 좌석안전띠 착용을 안내하였음에도 불구하고 승객이 착용하지 않는 때

② 운송사업용 자동차, 화물자동차 및 노면전차 등으로서 행정안전부령으로 정하는 자동차 또는 노면전차의 금지 행위
- 운행기록계가 설치되어 있지 아니하거나 고장 등으로 사용할 수 없는 운행기록계가 설치된 자동차를 운전하는 행위
- 운행기록계를 원래의 목적대로 사용하지 아니하고 자동차를 운전하는 행위
- 승차를 거부하는 행위(사업용 승합자동차와 노전면차의 운전자에 한정)

③ 사업용 승용자동차 금지행위
- 합승행위
- 승차 거부
- 신고한 요금을 초과하는 요금 청구

1 도로교통법상 술에 취한 상태의 혈중알코올농도 기준은?

① 0.03% 이상
② 0.1% 이상
③ 0.05% 이상
④ 0.08% 이상

혈중알코올농도 기준은 0.03%이다.

2 운전을 금지해야 하는 경우가 <u>아닌</u> 것은?

① 영양제를 복용한 경우
② 운전면허 효력이 정지된 경우
③ 술에 취한 상태인 경우
④ 과로한 상태인 경우

영양제를 복용한 경우 운전을 금지해야 할 필요가 없다.

3 다음 중 도로교통법에서 운전을 금지하는 경우가 <u>아닌 것</u>은?

① 운전면허의 효력이 정지된 상태에서의 운전
② 혈중 알코올 농도가 0.03% 이상인 상태에서의 운전
③ 과로로 정상적인 운전을 하지 못할 상태에서의 운전
④ 운전면허는 취득을 하였으니 운전면허증을 소지하지 않은 상태에서의 운전

운전면허를 취득하였으면 운전면허증을 소지하지 않아도 운전을 할 수 있다.

4 다음 중 일시정지 해야 하는 상황이 <u>아닌 것</u>은?

① 어린이가 보호자 없이 도로를 횡단하는 때 등 어린이에 대한 교통사고의 위험이 있는 것을 발견한 경우
② 앞을 보지 못하는 사람이 흰색 지팡이를 이용하거나, 맹인안내견을 동반하고 도로를 횡단하고 있는 경우
③ 어린이가 보호자와 함께 도로의 갓길을 따라 이동하는 경우
④ 지하도나 육교 등 도로 횡단시설을 이용할 수 없는 지체장애인이나 노인 등이 도로를 횡단하고 있는 경우

어린이가 보호자와 함께 도로의 갓길을 따라 이동하는 경우는 일시정지할 필요가 없다.

5 다음 중 좌석안전띠를 착용하지 않으면 단속대상이 되는 경우는 어느 것인가?

① 자동차를 후진시키기 위하여 운전하는 경우
② 긴급자동차가 본래의 용도 외로 운행하는 경우
③ 임신으로 인하여 좌석안전띠의착용이 적당하지 아니하다고 인정되는 경우
④ 여객자동차 운송사업용 자동차의 운전자가 승객에게 좌석안전띠 착용을 안내하였음에도 불구하고 승객이 착용하지 않는 경우

긴급자동차가 본래의 용도로 운행하는 경우 좌석안전띠를 착용하지 않아도 단속대상이 되지 않는다.

6 좌석안전띠를 매지 아니하거나 동승자에게 좌석안전띠를 매도록 하지 아니하여도 되는 사유가 <u>아닌 것</u>은?

① 자동차를 후진시키기 위하여 운전하는 경우
② 여객자동차 운송사업용 자동차의 운전자가 승객에게 좌석안전띠 착용을 안내하였음에도 불구하고 승객이 착용하지 않는 경우
③ 긴급자동차가 그 본래 외의 용도로 운행되고 있는 경우
④ 부상·질병·장애 또는 임신 등으로 인하여 좌석안전띠의 착용이 적당하지 아니하다고 인정되는 자가 자동차를 운전하거나 승차하는 경우

긴급자동차가 그 본래 외의 용도로 운행되고 있는 경우는 적합한 사유에 해당되지 않는다.

chapter 01

정답 **1** ① **2** ① **3** ④ **4** ③ **5** ② **6** ③

④ 어린이통학버스

(1) 어린이통학버스의 특별보호

① 어린이통학버스가 도로에 정차하여 어린이나 영유아가 타고 내리는 중임을 표시하는 점멸등 등의 장치를 작동중일 때에는 어린이통학버스가 정차한 차로와 그 차로의 바로 옆 차로로 통행하는 차의 운전자는 어린이통학버스에 이르기 전에 일시정지하여 안전을 확인한 후 서행하여야 한다.

② 중앙선이 설치되지 않은 도로와 편도 1차로인 도로에서는 반대방향에서 진행하는 차의 운전자도 어린이통학버스에 이르기 전에 일시정지하여 안전을 확인한 후 서행하여야 한다.

③ 어린이나 영유아를 태우고 있다는 표시를 한 상태로 도로를 통행하는 어린이통학버스를 앞지르지 못한다.

(2) 어린이통학버스의 신고 등

① 어린이통학버스(한정면허 자동차 제외)를 운영하려는 자는 미리 관할 경찰서장에게 신고하고 신고증명서를 발급받아 버스 안에 항상 갖추어야 한다.

② 신고를 하지 않거나 한정면허를 받지 않고 어린이통학버스와 비슷한 도색 및 표지를 하거나 이러한 도색 및 표지를 한 자동차를 운전해서는 안 된다.

③ 신고 가능 자동차 : 승차정원 9인승(어린이 1명을 승차정원 1명으로 봄) 이상의 자동차로 다음 요건을 갖추어야 한다.

  ㉠ 어린이운송용 승합자동차의 색상은 황색

  ㉡ 좌석안전띠는 어린이의 신체구조에 적합하게 조절될 수 있는 구조

  ㉢ 어린이 승하차를 위한 승강구

  • 제1단의 발판 높이는 30cm 이하, 발판 윗면은 가로의 경우 승강구 유효넓이의 80% 이상, 세로의 경우 20cm 이상

  • 제2단 이상의 발판의 높이는 20cm 이하. 다만, 15인승 이하의 자동차는 25cm 이하로 할 수 있음

  • 승하차 시에만 돌출되도록 작동하는 보조발판은 위에서 보아 두 모서리가 만나는 꼭짓점 부분의 곡률반경이 20mm 이상이고, 나머지 각 모서리 부분은 곡률반경이 2.5mm 이상이 되도록 둥글게 처리하고 고무 등의 부드러운 재료로 마감할 것

  • 보조발판은 자동 돌출 등 작동 시 어린이 등의 신체에 상해를 주지 아니하도록 작동되는 구조일 것

  • 각 단의 발판은 표면을 거친 면으로 하거나 미끄러지지 아니하도록 마감할 것

  ㉣ 표시등 설치

  • 앞면과 뒷면에는 분당 60회 이상 120회 이하로 점멸되는 각각 2개의 적색표시등과 2개의 황색표시등 또는 호박색표시등을 설치할 것

  • 적색표시등은 바깥쪽에, 황색표시등은 안쪽에 설치하되, 차량중심선으로부터 좌우 대칭이 되도록 설치할 것

  • 앞면표시등은 앞면창유리 위로 앞에서 가능한 한 높게 하고, 뒷면표시등의 렌즈 하단부는 뒷면 옆 창문 개구부의 상단선보다 높게 하되, 좌우의 높이가 같게 설치할 것

  • 각 표시등의 발광면적은 120㎠ 이상일 것

  • 도로에 정지하려는 때에는 황색표시등 또는 호박색표시등이 점멸되도록 운전자가 조작할 수 있어야 할 것, 어린이의 승하차를 위한 승강구가 열릴 때에는 자동으로 적색표시등이 점멸될 것, 출발하기 위하여 승강구가 닫혔을 때에는 다시 자동으로 황색표시등 또는 호박색표시등이 점멸될 것, 황색표시등 또는 호박색표시등의 점멸 시 적색표시등과 황색표시등 또는 호박색표시등이 동시에 점멸되지 아니할 것

  ㉤ 차체 바로 앞에 있는 장애물을 확인할 수 있는 장치를 설치할 수 있다.

  ㉥ 어린이통학버스 앞면 창유리 우측상단과 뒷면 창유리 중앙하단의 보기 쉬운 곳에 어린이 보호표지를 부착할 것

  ㉦ 교통사고로 인한 피해를 전액 배상할 수 있도록 보험 또는 공제조합에 가입되어 있을 것

  ㉧ 등록원부에 유치원·학교 또는 어린이집·학원·체육시설의 인가를 받거나 등록 또는 신고를 한 자의 명의로 등록되어 있는 자동차 또는 학교·어린이집의 원장이 전세 버스운송사업자와 운송계약을 맺은 자동차일 것

  ㉨ 어린이 통학버스를 운영하는 자는 어린이 통학버스 안에 신고증명서를 발급 받아 어린이통학버스 안에 항상 갖추어 두어야 한다.

(3) 어린이통학버스 운전자 및 운영자 등의 의무사항

① 어린이나 영유아가 타고 내리는 경우에만 점멸등 등의 장치를 작동하여야 하며, 어린이나 영유아를 태우고 운행중인 경우에만 어린이 또는 영유아를 태우고 운행중임을 표시하여야 한다.

② 어린이통학버스를 운전하는 사람은 어린이나 영유아가 어린이통학버스를 탈 때에는 승차한 모든 어린이나 영유아가 좌석안전띠를 매도록 한 후에 출발하여야 하며, 내릴 때에는 보도나 길가장자리구역 등 자동차로부터 안전한 장소에 도착한 것을 확인한 후에 출발하여야 한다.

> ▶ 예외
> 좌석안전띠 착용과 관련하여 질병 등으로 인하여 좌석안전띠를 매는 것이 곤란하거나 행정안전부령으로 정하는 사유가 있는 경우

③ 어린이나 영유아를 태울 때에는 다음에 해당하는 보호자를 함께 태우고 운행하여야 한다.

- 유치원이나 초등학교 또는 특수학교의 교직원
- 보육교직원
- 학원강사
- 체육시설 종사자
- 그 밖에 어린이통학버스를 운영하는 자가 지정한 사람

④ 동승한 보호자는 어린이나 영유아가 승차 또는 하차하는 때에는 자동차에서 내려서 어린이나 영유아가 안전하게 승하차하는 것을 확인하고 운행중에는 어린이나 영유아가 좌석에 앉아 좌석안전띠를 매고 있도록 하는 등 어린이 보호에 필요한 조치를 하여야 한다.

⑤ 보호자를 태우지 아니한 어린이통학버스를 운전하는 사람은 어린이가 승차 또는 하차하는 때에 자동차에서 내려서 어린이나 영유아가 안전하게 승하차하는 것을 확인하여야 한다.

⑥ 어린이통학버스를 운전하는 사람은 어린이통학버스 운행을 마친 후 어린이나 영유아가 모두 하차하였는지를 확인하여야 한다.

⑦ 어린이통학버스를 운전하는 사람이 어린이나 영유아의 하차 여부를 확인할 때에는 어린이 하차확인장치를 작동하여야 한다.

(4) 어린이통학버스 운영자 등에 대한 안전교육

① 어린이통학버스를 운영하는 사람과 운전하는 사람은 도로교통공단 또는 어린이 교육시설을 관리하는 주무기관의 장이 실시하는 어린이통학버스의 안전운행 등에 관한 교육(어린이통학버스 안전교육)을 받아야 한다.

② 어린이통학버스 안전교육은 다음 구분에 따라 실시한다.

구분	교육 방법
신규 안전교육	어린이통학버스를 운영하려는 사람과 운전하려는 사람을 대상으로 그 운영 또는 운전을 하기 전에 실시하는 교육
정기 안전교육	어린이통학버스를 계속하여 운영하는 사람과 운전하는 사람을 대상으로 2년마다 정기적으로 실시하는 교육

③ 어린이통학버스를 운영하거나 운전하는 사람은 직전에 어린이통학버스 안전교육을 받은 날부터 기산하여 2년이 되는 날이 속하는 해의 1월 1일부터 12월 31일 사이에 정기 안전교육을 받아야 한다.

④ 어린이통학버스를 운영하는 사람은 어린이통학버스 안전교육을 받지 아니한 사람에게 어린이통학버스를 운전하게 하여서는 아니 된다.

⑤ 어린이통학버스 안전교육은 다음 사항에 대하여 강의·시청각교육 등의 방법으로 3시간 이상 실시한다.

- 교통안전을 위한 어린이 행동특성
- 어린이통학버스의 운영 등과 관련된 법령
- 어린이통학버스의 주요 사고 사례 분석
- 그 밖에 운전 및 승차·하차 중 어린이 보호를 위하여 필요한 사항

⑥ 어린이통학버스 안전교육을 실시한 기관의 장은 어린이통학버스 안전교육을 이수한 사람에게 행정안전부령으로 정하는 교육확인증을 발급하여야 한다.

⑦ 어린이통학버스의 운영자와 운전자는 발급받은 교육확인증을 다음 구분에 따라 비치하여야 한다.

- 운영자 교육확인증 : 어린이교육시설 내부의 잘 보이는 곳
- 운전자 교육확인증 : 어린이통학버스 내부

5 사고발생 시의 조치

① 운전 등 교통으로 인하여 사람을 사상하거나 물건을 손괴한 경우에는 운전자나 그 밖의 승무원은 즉시 정차하여 다음의 조치를 하여야 한다.
- 사상자를 구호하는 등 필요한 조치
- 피해자에게 인적사항(성명·전화번호·주소 등) 제공

② 교통사고가 발생한 차의 운전자등은 경찰공무원이 현장에 있을 때에는 그 경찰공무원에게, 경찰공무원이 현장에 없을 때에는 가장 가까운 국가경찰관서(지구대·파출소 및 출장소 포함)에 다음 사항을 지체 없이 신고하여야 한다.
- 사고가 일어난 곳
- 사상자 수 및 부상 정도
- 손괴한 물건 및 손괴 정도
- 그 밖의 조치사항 등

> ▶ 예외 : 차만 손괴된 것이 분명하고 도로에서의 위험방지와 원활한 소통을 위하여 필요한 조치를 한 경우

③ 교통사고 신고를 받은 국가경찰관서의 경찰공무원은 부상자의 구호와 그 밖의 교통위험 방지를 위하여 필요하다고 인정하면 경찰공무원(자치경찰공무원은 제외)이 현장에 도착할 때까지 신고한 운전자등에게 현장에서 대기할 것을 명할 수 있다.

④ 경찰공무원은 교통사고를 낸 차의 운전자등에 대하여 그 현장에서 부상자의 구호와 교통안전을 위하여 필요한 지시를 명할 수 있다.

⑤ 긴급자동차, 부상자를 운반 중인 차, 우편물자동차 및 노면전차 등의 운전자는 긴급한 경우에는 동승자 등으로 하여금 사상자 구호 조치나 신고를 하게 하고 운전을 계속할 수 있다.

⑥ 경찰공무원(자치경찰공무원은 제외)은 교통사고가 발생한 경우에는 대통령령으로 정하는 바에 따라 필요한 조사를 하여야 한다.

> ▶ 대통령령으로 정하는 바에 따라 취하는 필요한 조사
> 국가경찰공무원은 교통사고가 발생한 때에는 다음 사항을 조사하여야 한다. 다만, ⑦부터 ⑧까지의 사항에 대한 조사 결과 사람이 죽거나 다치지 아니한 교통사고로서 교통사고처리특례법 제3조제2항(처벌의 특례) 또는 제4조제1항(보험 등에 가입된 경우의 특례)에 따라 공소를 제기할 수 없는 경우에는 ⑩부터 ⑥까지의 사항에 대한 조사를 생략할 수 있다.
>
> ⑦ 교통사고 발생일시 및 장소
> ⑥ 교통사고 피해상황
> ⑥ 교통사고 관련자, 차량등록 및 보험가입 여부
> ⑧ 운전면허의 유효 여부, 술에 취하거나 약물을 투여한 상태에서의 운전 여부 및 부상자에 대한 구호조치 등 필요한 조치의 이행 여부
> ⑩ 운전자의 과실 유무
> ⑥ 교통사고 현장상황
> ⑥ 그 밖에 차량 또는 교통안전시설의 결함 등 교통사고 유발요인 및 운행기록장치 등 증거의 수집 등과 관련하여 필요한 사항

---

1 ★★★★★ 어린이 통학버스가 편도 1차로 도로에서 정차하여 영유아가 타고 내리는 중임을 표시하는 점멸등이 작동하고 있을 때 반대 방향에서 진행하는 차의 운전자는 어떻게 하여야 하는가?

① 일시정지하여 안전을 확인한 후 서행하여야 한다.
② 서행하면서 안전을 확인한 후 통과한다.
③ 그대로 통과해도 된다.
④ 경음기를 울리면서 통과한다.

> 어린이통학버스가 편도 1차로 도로에서 정차하여 영유아가 타고 내리는 중임을 표시하는 점멸등이 작동하고 있을 때 반대 방향에서 진행하는 차의 운전자는 일시정지하여 안전을 확인한 후 서행하여야 한다.

2 ★★★ 어린이통학버스로 신고할 수 있는 자동차의 요건으로 잘못된 것은?

① 어린이운송용 승합자동차의 색상은 황색이어야 한다.
② 어린이통학버스 좌측 옆면 앞부분에 어린이 보호표지를 부착하여야 한다.
③ 교통사고로 인한 피해를 전액 배상할 수 있도록 보험 또는 공제조합에 가입되어 있어야 한다.
④ 좌석안전띠는 어린이의 신체구조에 적합하게 조절될 수 있는 구조이어야 한다.

> 어린이통학버스 앞면 창유리 우측상단과 뒷면 창유리 중앙하단의 보기 쉬운 곳에 어린이 보호표지를 부착하여야 한다.

정답 1 ① 2 ②

3 어린이통학버스(한정면허 자동차 제외)를 운영하려는 자는 누구에게 신고하여야 하는가?

① 시·도지사　　　　② 도로교통공단
③ 관할 경찰서장　　④ 국토교통부장관

> 어린이통학버스(한정면허 자동차 제외)를 운영하려는 자는 미리 관할 경찰서장에게 신고하고 신고증명서를 발급받아 버스 안에 항상 갖추어야 한다.

★★★★
4 어린이통학버스로 신고할 수 있는 자동차의 승차정원 기준으로 맞는 것은?(어린이 1명을 승차정원 1명으로 본다)

① 11인승 이상　　② 16인승 이상
③ 17인승 이상　　④ 9인승 이상

> 어린이통학버스로 신고할 수 있는 자동차는 승차정원 9인승 이상의 자동차로 한다.

★★★
5 어린이통학버스 운전자와 어린이 시설 운영자의 의무사항으로 옳지 않은 것은?

① 어린이가 탑승하고 있는 동안에는 항상 점멸등을 작동하여야 한다.
② 어린이가 하차 여부를 확인할 수 있는 어린이 하차확인장치를 작용하여야 한다.
③ 어린이가 좌석에 앉았는지 확인한 후에 출발한다.
④ 보호자를 함께 태우고 운행해야 한다.

> 승차한 모든 어린이가 좌석안전띠를 매도록 한 후에 출발하여야 한다.

★★★
6 어린이통학버스 운전자 및 운영자 등의 의무사항에 대한 설명으로 옳지 않은 것은?

① 어린이나 영유아가 타고 내리는 경우에는 점멸등 등의 장치를 작동하여야 한다.
② 어린이통학버스를 운전하는 사람은 어린이나 영유아가 어린이통학버스를 내릴 때에는 보도나 길가장자리구역 등 자동차로부터 안전한 장소에 도착한 것을 확인한 후에 출발하여야 한다.
③ 어린이나 영유아를 태울 때에는 보육교직원 등의 보호자를 함께 태우고 운행하여야 한다.
④ 보호자가 동승한 경우에는 어린이나 영유아의 하차 여부를 확인할 때 하차확인장치를 작동하지 않아도 된다.

> 어린이통학버스를 운전하는 사람이 어린이나 영유아의 하차 여부를 확인할 때에는 어린이 하차확인장치를 작동하여야 한다.

★★★
7 도로교통법상 어린이 통학버스 안전교육 대상자의 교육시간 기준으로 맞는 것은?

① 1시간 이상　　② 3시간 이상
③ 5시간 이상　　④ 6시간 이상

★★★★
8 어린이통학버스 안전교육에 대한 설명으로 옳지 않은 것은?

① 신규 안전교육은 어린이통학버스를 운영하려는 사람과 운전하려는 사람을 대상으로 그 운영 또는 운전을 하기 전에 실시하는 교육이다.
② 정기 안전교육은 어린이통학버스를 계속하여 운영하는 사람과 운전하는 사람을 대상으로 2년마다 정기적으로 실시하는 교육이다.
③ 어린이통학버스 안전교육은 강의·시청각교육 등의 방법으로 3시간 이상 실시한다.
④ 어린이통학버스 운전자는 발급받은 운전자 교육확인증을 어린이교육시설 내부의 잘 보이는 곳에 비치하여야 한다.

> 교육확인증 비치장소
> • 운영자 교육확인증 : 어린이교육시설 내부의 잘 보이는 곳
> • 운전자 교육확인증 : 어린이통학버스 내부

★★★★
9 교통사고 발생 시 운전자 등의 조치사항에 대한 설명으로 옳지 않은 것은?

① 운행 중인 차량만 손괴된 사고도 반드시 경찰에 신고해야 한다.
② 경찰공무원은 현장에서 교통사고를 낸 차의 운전자 등에 대하여 부상자 구호 및 교통 안전상 필요한 지시를 명할 수 있다.
③ 긴급자동차가 긴급 용무 중 사고를 야기시킨 경우에는 동승자로 하여금 적정한 조치를 하게 하고 운전을 계속할 수 있다.
④ 사람을 사상한 경우 즉시 정차하여 사상자를 구호하는 등 필요한 조치를 하여야 한다.

> 운행 중인 차량만 손괴된 것이 분명하고 도로에서의 위험방지와 원활한 소통을 위하여 필요한 조치를 한 경우에는 신고하지 않아도 된다.

chapter 01

1 갓길 통행금지 등

① 고속도로등에서 자동차의 고장 등 부득이한 경우를 제외하고 행정안전부령으로 정하는 차로에 따라 통행하여야 하며, 갓길로 통행하면 안 된다.

> ▶ 예외
> • 긴급자동차
> • 고속도로등의 보수·유지 등의 작업을 하는 자동차를 운전하는 경우
> • 차량정체 시 신호기 또는 경찰공무원등의 신호나 지시에 따라 갓길에서 자동차를 운전하는 경우

② 고속도로에서 다른 차를 앞지르려면 방향지시기, 등화 또는 경음기를 사용하여 행정안전부령으로 정하는 차로로 안전하게 통행하여야 한다.

2 횡단·통행 등의 금지

① 고속도로 또는 자동차전용도로를 횡단하거나 유턴 또는 후진하여서는 아니 된다.

> ▶ 예외
> • 긴급자동차
> • 도로 보수·유지 등의 작업을 하는 자동차 가운데 고속도로 또는 자동차전용도로에서의 위험을 방지·제거하기 위한 자동차
> • 교통사고에 대한 응급조치작업을 위한 자동차

② 자동차(이륜자동차는 긴급자동차만 해당) 외의 차마의 운전자 또는 보행자는 고속도로 또는 자동차전용도로를 통행하거나 횡단하면 안 된다.

3 고속도로등에서의 정차 및 주차의 금지

고속도로 또는 자동차전용도로에서 차를 정차하거나 주차하면 안 된다.

> ▶ 예외
> • 법령의 규정 또는 경찰공무원의 지시에 따르거나 위험을 방지하기 위하여 일시 정차 또는 주차시키는 경우
> • 정차 또는 주차할 수 있도록 안전표지를 설치한 곳이나 정류장에서 정차 또는 주차시키는 경우
> • 고장이나 그 밖의 부득이한 사유로 길가장자리구역(갓길 포함)에 정차 또는 주차시키는 경우
> • 통행료를 내기 위하여 통행료를 받는 곳에서 정차하는 경우
> • 도로의 관리자가 고속도로 또는 자동차전용도로를 보수·유지 또는 순회하기 위하여 정차 또는 주차시키는 경우
> • 경찰용 긴급자동차가 고속도로 또는 자동차전용도로에서 범죄수사, 교통단속이나 그 밖의 경찰임무를 수행하기 위하여 정차 또는 주차시키는 경우
> • 교통이 밀리거나 그 밖의 부득이한 사유로 움직일 수 없을 때에 고속도로 또는 자동차전용도로의 차로에 일시 정차 또는 주차시키는 경우

4 고장 등의 조치

① 고장이나 그 밖의 사유로 고속도로등에서 자동차를 운행할 수 없게 되었을 때에는 고장자동차의 표지를 설치하여야 하며, 자동차를 고속도로등이 아닌 다른 곳으로 옮겨 놓는 등의 필요한 조치를 하여야 한다.

② 고장자동차의 표지를 설치하는 경우 그 자동차의 후방에서 접근하는 자동차의 운전자가 확인할 수 있는 위치에 설치하여야 한다.

③ 밤에는 고장자동차의 표지와 함께 사방 500m 지점에서 식별할 수 있는 적색의 섬광신호·전기제등 또는 불꽃신호를 추가로 설치하여야 한다.

5 고속도로에서의 준수사항

① 고장자동차의 표지를 항상 비치할 것

② 고장이나 그 밖의 부득이한 사유로 자동차를 운행할 수 없게 되었을 때에는 자동차를 도로의 우측 가장자리에 정지시키고 표지를 설치할 것

1 특별교통안전 의무교육

(1) 교육 대상

① 운전면허 취소처분을 받은 사람으로서 운전면허를 다시 받으려는 사람

> ▶ 다음의 사유로 취소처분을 받은 사람은 제외
> • 적성검사를 받지 아니하거나 그 적성검사에 불합격한 경우
> • 운전면허를 받은 사람이 자신의 운전면허를 실효시킬 목적으로 시·도경찰청장에게 자진하여 운전면허를 반납하는 경우. 다만, 실효시키려는 운전면허가 취소처분 또는 정지처분의 대상이거나 효력정지 기간 중인 경우는 제외한다.

② 음주운전, 공동위험행위, 난폭운전, 운전 중 고의 또는 과실로 교통사고를 일으킨 경우, 자동차등을 이용하여 특수상해, 특수폭행, 특수협박 또는 특수손괴를 위반하는 행위에 해당하여 운전면허 효력 정지처분을 받게 되거나 받은 사람으로서 그 정지기간이 끝나지 아니한 사람

제93조제1항제1호·제5호·제5호의2·제10호 및 제10호의2에 해당하여 운전면허효력 정지처분 대상인 경우로 한정

③ 운전면허 취소처분 또는 운전면허효력 정지처분이 면제된 사람으로서 면제된 날부터 1개월이 지나지 아니한 사람

④ 운전면허효력 정지처분을 받게 되거나 받은 초보운전자로서 그 정지기간이 끝나지 아니한 사람

(2) 교육 연기

① 연기 신청할 수 있는 사람 : 위 (1) ②~④항까지에 해당하는 사람

② 신청 서류 : 연기신청서, 연기 사유를 증명할 수 있는 서류

③ 제출처 : 경찰서장

④ 연기 사유
- 질병이나 부상을 입어 거동이 불가능한 경우
- 법령에 따라 신체의 자유를 구속당한 경우
- 그 밖에 부득이한 사유라고 인정할 만한 상당한 이유가 있는 경우

⑤ 연기 사유가 없어진 날부터 30일 이내에 의무교육 받을 것

☑ 특별교통안전 권장교육

구분	교육대상
벌점감경 교육	교통법규 위반 등으로 인하여 운전면허효력 정지처분을 받을 가능성이 있는 사람
고령운전 교육	운전면허를 받은 사람 중 교육을 받으려는 날에 65세 이상인 사람
법규준수 교육	교통법규 위반 등 위 (1)의 ② 및 ④에 따른 사유 외의 사유로 인하여 운전면허효력 정지처분을 받게 되거나 받은 사람
현장참여 교육	위 (1)의 ②~④에 해당하여 특별교통안전 의무교육을 받은 사람

☑ 교육 방법 등

① 교육 방법 : 강의, 시청각교육, 현장체험교육 등

② 교육 시간 : 3시간 이상 16시간 이하

③ 교육 내용
- 교통질서, 교통사고와 그 예방
- 안전운전의 기초, 교통법규와 안전
- 운전면허 및 자동차관리
- 그 밖에 교통안전의 확보를 위하여 필요한 사항

예상문제 새로운 출제기준에 따른 예상유형을 파악하기!

1 다음 중 고속도로 또는 자동차전용도로에서 횡단하거나 유턴할 수 없는 자동차는?

① 교통사고에 대한 응급조치 작업을 위한 자동차

② 순찰을 마친 경찰차

③ 도로의 위험을 방지, 제거하기 위한 자동차

④ 교통사고 환자의 후송을 위한 긴급자동차

긴급자동차 또는 도로의 보수·유지 등의 작업을 하는 자동차 가운데 고속도로 또는 자동차전용도로에서의 위험을 방지·제거하거나 교통사고에 대한 응급조치작업을 위한 자동차로서 그 목적을 위하여 반드시 필요한 경우 고속도로 또는 자동차전용도로를 횡단하거나 유턴 또는 후진할 수 있다.

2 다음 중 고속도로 또는 자동차전용도로를 통행할 수 있는 자동차가 아닌 것은?

① 장의 버스

② 긴급자동차가 아닌 이륜자동차

③ 위험물을 적재한 화물자동차

④ 견인자동차

이륜자동차는 긴급자동차만 고속도로 또는 자동차전용도로를 통행할 수 있다.

3 도로교통법상 고속도로에서 정차 또는 주차시킬 수 있는 경우가 <u>아닌</u> 것은?

① 시외버스 운전자가 고속도로 운행 중 잠시 휴식을 취하기 위해 정차하는 경우
② 경찰공무원(자치경찰공무원은 제외)의 지시에 따라 정차시키는 경우
③ 통행료를 내기 위하여 통행료를 받는 곳에서 정차하는 경우
④ 도로의 관리자가 고속도로를 순회하기 위하여 정차시키는 경우

> 고장이나 그 밖의 부득이한 사유로 길가장자리구역(갓길 포함)에 정차 또는 주차할 수 있지만 운행 중 휴식을 취하기 위해 정차하는 경우는 허용되지 않는다.

4 자동차의 운전자가 고속도로 또는 자동차전용도로에서 차를 정차하거나 주차할 수 없는 경우는?

① 경찰공무원의 지시에 따라 일시 정차한 경우
② 고장으로 길 가장자리구역에 정차 또는 주차한 경우
③ 버스가 탑승객의 요청으로 정차 또는 주차한 경우
④ 통행료를 내기 위하여 통행료를 받는 곳에서 정차하는 경우

> 탑승객이 요청한다고 해서 고속도로 또는 자동차전용도로에서 차를 정차하거나 주차할 수 없다.

5 다음 중 밤에 '고장자동차의 표지'와 함께 사방 500m 지점에서 식별할 수 있도록 추가로 설치하는 것에 <u>해당하지 않는</u> 것은?

① 경음기
② 불꽃신호
③ 전기제등
④ 섬광신호

> 밤에는 고장자동차의 표지와 함께 사방 500m 지점에서 식별할 수 있는 적색의 섬광신호·전기제등 또는 불꽃신호를 추가로 설치하여야 한다.

6 다음 중 특별교통안전 의무교육을 받아야 하는 사람은?

① 운전면허효력 정지처분을 받은 초보운전자로서 그 정지기간이 끝나지 아니한 사람
② 안전띠 미착용 등으로 적발된 사람
③ 통행방법을 위반한 사람
④ 적성검사를 받지 아니하여 운전면허 취소처분을 받은 사람으로서 운전면허를 다시 받으려는 사람

> 운전면허효력 정지처분을 받게 되거나 받은 초보운전자로서 그 정지기간이 끝나지 아니한 사람은 특별교통안전 의무교육을 받아야 한다.

7 다음 중 운전면허를 받은 사람 중 65세 이상인 사람을 대상으로 하는 특별교통안전 권장교육은 무엇인가?

① 고령운전교육
② 현장참여교육
③ 법규준수교육
④ 배려운전교육

> 운전면허를 받은 사람 중 교육을 받으려는 날에 65세 이상인 사람을 대상으로 하는 교육은 고령운전교육이다.

8 교통법규 위반 등으로 인하여 운전면허효력 정지처분을 받을 가능성이 있는 사람을 대상으로 하는 교육은 무엇인가?

① 고령운전교육
② 현장참여교육
③ 벌점감경교육
④ 법규준수교육

> 교통법규 위반 등으로 인하여 운전면허효력 정지처분을 받을 가능성이 있는 사람을 대상으로 하는 교육은 벌점감경교육이다.

9 특별교통안전 의무교육의 연기 사유가 <u>아닌</u> 것은?

① 부득이한 사유라고 인정할 만한 상당한 이유가 있는 경우
② 질병이나 부상을 입어 거동이 불가능한 경우
③ 노선버스 운행을 위해 교육을 받을 수 없는 경우
④ 법령에 따라 신체의 자유를 구속당한 경우

> 노선버스 운행을 위해 교육을 받을 수 없는 경우는 특별교통안전 의무교육의 연기사유에 해당하지 않는다.

1 운전면허 종별 운전할 수 있는 차의 종류

(1) 제1종

제1종
대형면허
	• 승용자동차, 승합자동차, 화물자동차
	• 건설기계
	  – 덤프트럭, 아스팔트살포기, 노상안정기
	  – 콘크리트믹서트럭, 콘크리트펌프, 천공기(트럭 적재식)
	  – 콘크리트믹서트레일러, 아스팔트콘크리트재생기
	  – 도로보수트럭, 3톤 미만의 지게차
	• 특수자동차(대형견인차, 소형견인차 및 구난차 제외)
	• 원동기장치자전거	

제1종 보통면허	• 승용자동차 • 승차정원 15인 이하의 승합자동차 • 적재중량 12톤 미만의 화물자동차 • 건설기계(도로를 운행하는 3톤 미만의 지게차) • 총중량 10톤 미만의 특수자동차(트레일러 및 레커 제외) • 원동기장치자전거	
제1종 소형면허	• 3륜화물자동차, 3륜승용자동차, 원동기장치자전거	
제1종 특수면허	대형견인차	• 견인형 특수자동차 • 제2종 보통면허로 운전할 수 있는 차량
	소형견인차	• 총중량 3.5톤 이하의 견인형 특수자동차 • 제2종 보통면허로 운전할 수 있는 차량
	구난차	• 구난형 특수자동차 • 제2종 보통면허로 운전할 수 있는 차량

(2) 제2종

제2종 보통면허	• 승용자동차 • 승차정원 10인 이하의 승합자동차 • 적재중량 4톤 이하의 화물자동차 • 총중량 3.5톤 이하의 특수자동차(구난차 등은 제외) • 원동기장치자전거
제2종 소형면허	• 이륜자동차 (측차부 포함) • 원동기장치자전거
원동기장 치자전거 면허	• 원동기장치자전거

※ 자동차의 형식이 변경승인되거나 자동차 구조 또는 장치가 변경승인된 경우에는 다음의 구분에 의해 위의 표를 적용한다.

  1. 자동차의 형식이 변경된 경우 : 다음의 구분에 따른 정원 또는 중량 기준
    ① 차종이 변경되거나 승차정원 또는 적재중량이 증가한 경우 : 변경승인 후의 차종이나 승차정원 또는 적재중량
    ② 차종의 변경없이 승차정원 또는 적재중량이 감소된 경우 : 변경승인 전 승차정원 또는 적재중량
  2. 자동차의 구조 또는 장치가 변경된 경우 : 변경승인 전의 승차정원 또는 적재중량

2 운전면허를 받을 수 없는 사람

① 18세 미만인 사람
    └▷ 원동기장치자전거의 경우에는 16세 미만

② 교통상의 위험과 장해를 일으킬 수 있는 정신질환자 또는 뇌전증 환자로서 치매, 정신분열병, 분열형 정동장애, 양극성 정동장애, 재발성 우울장애 등의 정신질환 또는 정신 발육지연, 뇌전증 등으로 인하여 정상적인 운전을 할 수 없다고 해당 분야 전문의가 인정하는 사람

  제1종 운전면허 중   한쪽 눈만 보일 경우
  대형면허 · 특수면허만 해당 제1종 운전면허 중 대형면허 · 특수면허만 해당

③ 듣지 못하는 사람, 앞을 보지 못하는 사람이나 다리, 머리, 척추, 그 밖의 신체의 장애로 인하여 앉아 있을 수 없는 사람
  → 다만, 신체장애 정도에 적합하게 제작 · 승인된 자동차를 사용하여 정상적인 운전을 할 수 있는 경우는 제외

④ 양쪽 팔의 팔꿈치관절 이상을 잃은 사람이나 양쪽 팔을 전혀 쓸 수 없는 사람
  → 다만, 본인의 신체장애 정도에 적합하게 제작된 자동차를 이용하여 정상적인 운전을 할 수 있는 경우에는 그러하지 아니하다.

⑤ 교통상의 위험과 장해를 일으킬 수 있는 마약 · 대마, 향정신성의약품 또는 알코올 중독자로서 마약 · 대마 · 향정신성의약품 또는 알코올 관련 장애 등으로 인하여 정상적인 운전을 할 수 없다고 해당 분야 전문의가 인정하는 사람

⑥ 제1종 대형면허 또는 제1종 특수면허를 받으려는 경우로서 19세 미만이거나 자동차(이륜자동차는 제외)의 운전경험이 1년 미만인 사람

❸ 규정된 기간이 지나지 않으면 운전면허를 받을 수 없는 사람

① 무면허운전 등의 금지 또는 국제운전면허증에 의한 자동차등의 운전 금지(이하 "무면허 운전 금지 등")를 위반하여 자동차와 원동기장치자전거를 운전한 경우에는 그 위반한 날부터 **1년**

> 운전면허효력 정지기간에 운전하여 취소된 경우에는 그 취소된 날

> 원동기장치자전거면허를 받으려는 경우에는 6개월, 공동 위험행위의 금지를 위반한 경우에는 그 위반한 날부터 1년

→ 다만, 사람을 사상한 후 필요한 조치 및 신고를 하지 아니한 경우에는 그 위반한 날부터 5년

② 무면허운전 금지 등의 규정을 3회 이상 위반하여 자동차 및 원동기장치자전거를 운전한 경우에는 그 위반한 날부터 **2년**

> 무면허운전 금지 등을 위반한 경우

③ 다음의 경우에는 운전면허가 취소된 날부터 **5년**
- 음주운전의 금지, 과로·질병·약물 등으로 정상적인 운전을 못할 우려가 있는 상태에서의 운전금지, 공동위험행위의 금지를 위반하여 사람을 사상한 후 필요한 조치 및 신고를 하지 아니한 경우

> 무면허운전 금지 등 위반 포함

- 음주운전의 금지를 위반하여 운전을 하다가 사람을 사망에 이르게 한 경우

> 무면허운전 금지 등 위반 포함

④ 무면허운전 금지 등, 술에 취한 상태에서의 운전금지, 과로한 때 등의 운전금지, 공동위험행위의 금지 규정에 따른 사유가 아닌 다른 사유로 사람을 사상한 후 사상자 구호조치 및 경찰 공무원 또는 국가경찰관서에 사고 신고의무를 위반한 경우에는 운전면허가 취소된 날부터 **4년**

⑤ 음주운전 또는 경찰공무원의 음주측정을 위반하여 운전을 하다가 2회 이상 교통사고를 일으킨 경우에는 운전면허가 취소된 날부터 **3년**, 자동차 및 원동기장치자전거를 이용하여 범죄행위를 하거나 다른 사람의 자동차 및 원동기장치자전거를 훔치거나 빼앗은 사람이 무면허운전 금지 규정을 위반하여 그 자동차 및 원동기장치자전거를 운전한 경우에는 그 위반한 날부터 **3년**

⑥ 다음의 경우에는 운전면허가 취소된 날(무면허운전 금지 등을 위반한 경우 그 위반한 날)부터 **2년**
- 음주운전 또는 경찰공무원의 음주측정을 2회 이상 위반(무면허운전 금지 등 위반 포함)한 경우
- 음주운전 또는 경찰공무원의 음주측정을 위반(무면허운전 금지 등 위반 포함)하여 교통사고를 일으킨 경우
- 공동위험행위의 금지를 2회 이상 위반(무면허운전 금지 등 위반 포함)한 경우
- 운전면허를 받을 자격이 없는 사람이 운전면허를 받거나, 거짓이나 그 밖의 부정한 수단으로 운전면허를 받은 경우 또는 운전면허효력의 정지기간 중 운전면허증 또는 운전면허증을 갈음하는 증명서를 발급받은 사실이 드러난 경우
- 다른 사람의 자동차 등을 훔치거나 빼앗은 경우
- 다른 사람이 부정하게 운전면허를 받도록 하기 위하여 운전면허시험에 대신 응시한 경우

⑦ ①~⑥의 규정에 따른 경우가 아닌 다른 사유로 운전면허가 취소된 경우에는 운전면허가 취소된 날부터 **1년**

> 원동기장치자전거면허를 받으려는 경우에는 6개월, 공동 위험행위의 금지 규정을 위반하여 운전면허가 취소된 경우에는 1년

→ 다만, 적성검사를 받지 아니하거나 그 적성검사에 불합격하여 운전면허가 취소된 사람 또는 제1종 운전면허를 받은 사람이 적성검사에 불합격되어 다시 제2종 운전면허를 받으려는 경우에는 그러하지 아니하다.

⑧ 운전면허효력 정지처분을 받고 있는 경우에는 그 정지기간

❹ 특별교통안전 의무교육을 받아야 하는 경우

다음 규정에 따라 운전면허 취소처분을 받은 사람은 운전면허 결격기간이 끝났다 하여도 그 취소처분을 받은 이후에 특별교통안전 의무교육을 받지 않으면 운전면허를 받을 수 없다.

① 음주 운전을 한 경우
② 음주운전 금지 또는 경찰공무원의 음주측정 거부금지 규정을 위반한 사람이 다시 운전금지 규정을 위반하여 운전면허 정지 사유에 해당된 경우
③ 술에 취한 상태에 있다고 인정할 만한 상당한 이유가 있음에도 불구하고 경찰공무원의 측정에 응하지 아니한 경우

④ 약물로 인해 정상적으로 운전하지 못할 우려가 있는 상태에서 자동차와 원동기장치자전거를 운전한 경우

⑤ 공동위험행위, 난폭운전을 한 경우

⑥ 교통사고로 사람을 사상한 후 사상자 구호조치, 경찰공무원 또는 국가경찰관서에 사고 신고의무 규정에 따른 필요한 조치 또는 신고를 하지 않은 경우

⑦ 위 '**2**'항 ②~⑤의 규정에 따른 운전면허를 받을 수 없는 사람에 해당된 경우

⑧ 운전면허를 받을 수 없는 사람이 운전면허를 받거나 거짓이나 그 밖의 부정한 수단으로 운전면허를 받은 경우 또는 운전면허효력의 정지기간 중 운전면허증 또는 운전면허증을 갈음하는 증명서를 발급받은 사실이 드러난 경우

⑨ 운전 중 고의 또는 과실로 교통사고를 일으킨 경우

⑩ 운전면허를 받은 사람이 자동차등을 이용하여 「형법」 특수상해, 특수폭행, 특수협박, 특수손괴를 위반하는 행위를 한 경우

⑪ 운전면허를 받은 사람이 자동차등을 범죄의 도구나 장소로 이용하여 다음에 해당하는 죄를 범한 경우
　㉠ 「국가보안법」 제4조부터 제9조까지의 죄 및 같은 법 제12조 중 증거를 날조·인멸·은닉한 죄
　㉡ 「형법」 중 다음 어느 하나의 범죄
　　• 살인·사체유기 또는 방화
　　• 강도·강간 또는 강제추행
　　• 약취·유인 또는 감금
　　• 상습절도(절취한 물건을 운반한 경우에 한정)
　　• 교통방해(단체 또는 다중의 위력으로써 위반한 경우에 한정)

⑫ 다른 사람의 자동차등을 훔치거나 빼앗은 경우

⑬ 다른 사람이 부정하게 운전면허를 받도록 하기 위하여 운전면허시험에 대신 응시한 경우

⑭ 교통단속 임무를 수행하는 경찰공무원등 및 시·군공무원을 폭행한 경우

⑮ 운전면허증을 다른 사람에게 빌려주어 운전하게 하거나 다른 사람의 운전면허증을 빌려서 사용한 경우

⑯ 자동차관리법에 따라 등록되지 아니하거나 임시운행허가를 받지 아니한 자동차(이륜자동차 제외)를 운전한 경우

⑰ 제1종 보통면허 및 제2종 보통면허를 받기 전에 연습운전면허의 취소 사유가 있었던 경우

⑱ 다른 법률에 따라 관계 행정기관의 장이 운전면허의 취소처분 또는 정지처분을 요청한 경우

⑲ 승차 또는 적재의 방법과 제한을 위반하여 화물자동차를 운전한 경우

⑳ 도로교통법에 따른 명령 또는 처분을 위반한 경우

예상문제 　새로운 출제기준에 따른 예상유형을 파악하기!

★★★★
1 운전면허 취소처분을 받은 사람이 결격기간에 특별교통안전 의무교육을 받지 않으면 운전면허를 받을 수 없다. 그 경우에 해당되지 않는 것은?

① 술에 취한 상태에서 자동차를 운전한 경우

② 음주운전을 한 자가 다시 음주운전을 하여 혈중알코올농도가 0.02%인 경우

③ 교통사고로 사람을 사상한 후 사상자 구호조치와 사고 신고 의무 규정에 따른 필요한 조치를 하지 아니한 경우

④ 공동위험행위를 한 경우

> 음주운전을 한 자가 다시 음주운전을 하여 혈중알코올농도가 0.03% 이상인 경우가 해당한다.

★★★★★
2 적성검사를 받지 않거나 불합격하여 운전면허가 취소된 경우에 대한 운전면허 취득절차로 맞는 것은?

① 취소된 날로부터 1년이 지난 후 특별교통안전 의무교육을 받아야 운전면허시험에 응시할 수 있다.

② 취소된 날로부터 1년이 지난 후 운전면허시험에 응시할 수 있다.

③ 취소된 후 특별교통안전 의무교육을 받으면 운전면허시험에 응시할 수 있다.

④ 특별교통안전 의무교육을 받지 않아도 즉시 운전면허시험에 응시할 수 있다.

> 적성검사를 받지 않거나 불합격하여 운전면허가 취소된 경우에는 취소된 후 기간의 제한이 없으며, 특별교통안전 의무교육도 면제되기 때문에 즉시 운전면허시험에 응시할 수 있다.

정답 　1② 2④

⑤ 자동차 운전에 필요한 적성 기준

① 시력(교정시력 포함)

구분	기준
제1종 운전면허	• 두 눈을 동시에 뜨고 잰 시력이 0.8 이상이고, 두 눈의 시력이 각각 0.5 이상일 것 • 한쪽 눈을 보지 못하는 사람이 보통면허를 취득하려는 경우에는 다른 쪽 눈의 시력이 0.8 이상이고, 수평시야가 120° 이상이며, 수직시야가 20° 이상이고, 중심시야 20° 내 암점(暗點) 또는 반맹(半盲)이 없을 것
제2종 운전면허	• 두 눈을 동시에 뜨고 잰 시력이 0.5 이상일 것 • 한쪽 눈을 보지 못하는 사람은 다른 쪽 눈의 시력이 0.6 이상일 것

② 붉은색, 녹색, 노란색을 구별할 수 있을 것

③ 55데시벨의 소리를 들을 수 있을 것(제1종 운전면허 중 대형면허 또는 특수면허를 취득하려는 경우에만 적용)
   └→보청기 사용 시 40데시벨

④ 조향장치나 그 밖의 장치를 뜻대로 조작할 수 없는 등 정상적인 운전을 할 수 없다고 인정되는 신체상 또는 정신상의 장애가 없을 것

> ▶ 예외
> 보조수단이나 신체장애 정도에 적합하게 제작·승인된 자동차를 사용하여 정상적인 운전을 할 수 있다고 인정되는 경우

⑥ 운전면허의 정지·취소처분 기준

(1) 일반기준

① 용어 정의

용어	정의
벌점	• 행정처분의 기초자료로 활용하기 위하여 법규위반 또는 사고야기에 대하여 그 위반의 경중, 피해의 정도 등에 따라 배점되는 점수
누산 점수	• 위반·사고 시의 벌점을 누적하여 합산한 점수에서 상계치를 뺀 점수 　출석기간 또는 범칙금 납부기간 만료일부터 60일이 경과될 때까지 즉결심판을 받지 아니한 때　└→무위반·무사고 기간 경과 시에 부여되는 점수 등 • 정지처분 개별기준에 의한 벌점은 누산점수에 이를 산입하지 않되, 범칙금 미납 벌점을 받은 날을 기준으로 과거 3년간 2회 이상 범칙금을 납부하지 않아 벌점을 받은 사실이 있는 경우에는 누산점수에 산입 　누산점수 = 매 위반·사고 시 벌점의 누적 합산치 – 상계치
처분 벌점	• 구체적인 법규위반·사고야기에 대하여 앞으로 정지처분기준을 적용하는데 필요한 벌점으로서, 누산점수에서 이미 정지처분이 집행된 벌점의 합계치를 뺀 점수 　처분벌점 = 누산점수 – 이미 처분이 집행된 벌점의 합계치 　　　　　 = 매 위반·사고 시 벌점의 누적 합산치 – 상계치 – 이미 처분이 집행된 벌점의 합계치

② 벌점의 종합관리

누산점수의 관리	법규위반 또는 교통사고로 인한 벌점은 행정처분기준을 적용하고자 하는 당해 위반 또는 사고가 있었던 날을 기준으로 하여 과거 3년간의 모든 벌점을 누산하여 관리한다.
무위반·무사고기간 경과로 인한 벌점 소멸	처분벌점이 40점 미만인 경우에 최종의 위반일 또는 사고일로부터 위반 및 사고 없이 1년이 경과한 때에는 그 처분벌점은 소멸한다.

벌점 공제	• 인적 피해 있는 교통사고를 야기하고 도주한 차량의 운전자를 검거하거나 신고하여 검거하게 한 운전자에게는 검거 또는 신고할 때마다 40점의 특혜점수를 부여하여 기간에 관계없이 그 운전자가 정지 또는 취소처분을 받게 될 경우 누산점수에서 이를 공제한다. 이 경우 공제되는 점수는 40점 단위로 한다. • 무위반·무사고 서약을 하고 1년간 실천한 운전자에게는 실천할 때마다 10점의 특혜점수를 부여하여 기간에 관계없이 그 운전자가 정지처분을 받게 될 경우 누산점수에서 이를 공제하되, 공제되는 점수는 10점 단위로 한다.
교통사고로 인한 벌점 합산 기준	도로교통법 위반 벌점(법규위반이 둘 이상인 경우 가장 중한 것 하나만 적용) + 사고결과에 따른 벌점 + 조치 등 불이행에 따른 벌점
정지처분 대상자의 임시운전 증명서	경찰서장은 면허 정지처분 대상자가 면허증을 반납한 경우 40일 이내의 유효기간을 정하여 임시운전증명서를 발급

※ 교통사고의 피해자가 아닌 경우로 한정

③ 벌점 등 초과로 인한 운전면허의 취소·정지

필수암기

㉠ 벌점 · 누산점수 초과로 인한 면허 취소

1회의 위반·사고로 인한 벌점 또는 연간 누산점수가 다음 표의 벌점 또는 누산점수에 도달한 때에는 그 운전면허를 취소한다.

기간	벌점 또는 누산점수
1년간	121점 이상
2년간	201점 이상
3년간	271점 이상

㉡ 벌점·처분벌점 초과로 인한 면허 정지

운전면허 정지처분은 1회의 위반·사고로 인한 벌점 또는 처분벌점이 40점 이상이 된 때부터 결정하여 집행하되, 원칙적으로 1점을 1일로 계산하여 집행한다.

④ 처분벌점 및 정지처분 집행일수의 감경

㉠ 특별교통안전교육에 따른 처분벌점 및 정지처분집행일수의 감경

• 처분벌점이 40점 미만인 사람이 특별교통안전 권장교육 중 벌점감경교육을 마친 경우 20점 감경

• 운전면허 정지처분을 받게 되거나 받은 사람이 특별교통안전 의무교육이나 특별교통 안전 권장교육 중 법규준수교육(권장)을 마친 경우 20일 감경

• 운전면허 정지처분을 받게 되거나 받은 사람이 특별교통안전 의무교육이나 특별교통 안전 권장교육 중 법규준수교육(권장)을 마친 후에 특별교통안전 권장교육 중 현장참여교육을 마친 경우에는 30일 추가 감경

㉡ 모범운전자에 대한 처분집행일수 감경

• 모범운전자에 대하여는 면허 정지처분의 집행기간을 2분의 1로 감경

• 처분 벌점에 교통사고 야기로 인한 벌점이 포함된 경우 감경하지 않음

⑤ 행정처분의 취소

혐의가 없거나 죄가 되지 아니하여 불기소 처분된 경우 포함

교통사고(법규위반 포함)가 법원의 판결로 무죄확정된 경우에는 즉시 운전면허 행정처분을 취소하고 사고 또는 위반으로 인한 벌점을 삭제한다.

▶ 예외 : 법 제82조제1항 제2호(운전면허 결격사유 중 교통상의 위험과 장애를 일으킬 수 있는 정신질환자 또는 뇌전증 환자로서 대통령령으로 정하는 사람) 또는 제5호(운전면허 결격사유 중 교통상의 위험과 장애를 일으킬 수 있는 마약 · 대마 · 향정신성의약품 또는 알코올 중독자로서 대통령령으로 정하는 사람)에 따른 사유로 무죄가 확정된 경우

⑥ 처분기준의 감경
　　㉠ 감경사유

음주운전으로 운전면허 취소처분 또는 정지처분을 받은 경우	운전이 가족의 생계를 유지할 중요한 수단이 되거나, 모범운전자로서 처분당시 3년 이상 교통봉사 활동에 종사하고 있거나, 교통사고를 일으키고 도주한 운전자를 검거하여 경찰서장 이상의 표창을 받은 사람으로서 다음의 어느 하나에 해당되는 경우가 없어야 한다. • 혈중알코올농도가 0.1%를 초과하여 운전한 경우 • 음주운전 중 인적피해 교통사고를 일으킨 경우 • 경찰관의 음주측정요구에 불응하거나 도주한 때 또는 단속경찰관을 폭행한 경우 • 과거 5년 이내에 3회 이상의 인적피해 교통사고의 전력이 있는 경우 • 과거 5년 이내에 음주운전의 전력이 있는 경우
벌점·누산점수 초과로 인하여 운전면허 취소처분을 받은 경우	운전이 가족의 생계를 유지할 중요한 수단이 되거나, 모범운전자로서 처분당시 3년 이상 교통봉사 활동에 종사하고 있거나, 교통사고를 일으키고 도주한 운전자를 검거하여 경찰서장 이상의 표창을 받은 사람으로서 다음에 해당되는 경우가 없어야 한다. • 과거 5년 이내에 운전면허 취소처분을 받은 전력이 있는 경우 • 과거 5년 이내에 3회 이상 인적피해 교통사고를 일으킨 경우 • 과거 5년 이내에 3회 이상 운전면허 정지처분을 받은 전력이 있는 경우 • 과거 5년 이내에 운전면허행정처분 이의심의위원회의 심의를 거치거나 행정심판 또는 행정소송 　을 통하여 행정처분이 감경된 경우

　　㉡ 감경기준
　　　• 운전면허 취소처분을 받은 경우 처분벌점 : 110점
　　　• 운전면허 정지처분을 받은 경우 : 처분기준의 2분의 1로 감경
　　　• 위 ③ ㉠의 벌점·누산점수 초과로 인한 면허취소를 받은 경우 : 면허가 취소되기 전의 누산점수 및 처분벌점을
　　　　모두 합산하여 처분벌점을 110점으로 한다.
　　㉢ 처리절차 : 행정처분을 받은 날부터 60일 이내에 시·도경찰청장에 이의신청

(2) 취소처분 개별기준

위반사항	내용
교통사고 야기 후 구호조치를 하지 아니한 때	• 교통사고로 사람을 죽게 하거나 다치게 하고, 구호조치를 하지 아니한 때
음주 운전	• 혈중알코올농도 0.03% 이상의 상태에서 운전을 하다가 교통사고로 사람을 죽게 하거나 　다치게 한 때 • 혈중알코올농도 0.08% 이상의 상태에서 운전한 때 • 0.03% 이상의 상태에서 운전하거나 술에 취한 상태의 측정에 불응한 사람이 다시 0.03% 　이상의 상태에서 운전한 때
음주 측정 불응	• 술에 취한 상태에서 운전하거나 술에 취한 상태에서 운전하였다고 인정할 만한 상당한 이 　유가 있음에도 불구하고 경찰공무원의 측정 요구에 불응한 때
다른 사람에게 운전면허증 대여 (도난, 분실 제외)	• 면허증 소지자가 다른 사람에게 면허증을 대여하여 운전하게 한 때 • 면허 취득자가 다른 사람의 면허증을 대여 받거나 그 밖에 부정한 방법으로 입수한 면허 　증으로 운전한 때

위반사항	내용
결격사유	• 교통상의 위험과 장해를 일으킬 수 있는 정신질환자 또는 뇌전증환자 • 앞을 보지 못하는 사람(한쪽 눈만 보지 못하는 사람의 경우에는 제1종 운전면허 중 대형면허·특수면허로 한정한다) • 듣지 못하는 사람(제1종 운전면허 중 대형면허·특수면허로 한정한다) • 양 팔의 팔꿈치 관절 이상을 잃은 사람, 또는 양팔을 전혀 쓸 수 없는 사람 • 다리, 머리, 척추 그 밖의 신체장애로 인하여 앉아 있을 수 없는 사람 • 교통상의 위험과 장해를 일으킬 수 있는 마약, 대마, 향정신성 의약품 또는 알코올 중독자
약물을 사용한 상태에서 자동차등(개인형 이동장치는 제외)을 운전한 때	• 약물(마약·대마·향정신성 의약품, 환각물질)의 투약·흡연·섭취·주사 등으로 정상적인 운전을 하지 못할 염려가 있는 상태에서 자동차등(개인형 이동장치는 제외)을 운전한 때
공동위험행위	• 공동위험행위로 구속된 때
난폭운전	• 난폭운전으로 구속된 때
속도위반	• 최고속도보다 100km/h를 초과한 속도로 3회 이상 운전한 때
정기적성검사 불합격 또는 정기적성검사 기간 1년 경과	• 정기적성검사에 불합격하거나 적성검사기간 만료일 다음 날부터 적성검사를 받지 아니하고 1년을 초과한 때
수시적성검사 불합격 또는 수시적성검사 기간 경과	• 수시적성검사에 불합격하거나 수시적성검사 기간을 초과한 때
운전면허 행정처분기간중 운전행위	• 운전면허 행정처분 기간중에 운전한 때
허위 또는 부정한 수단으로 운전면허를 받은 경우	• 허위·부정한 수단으로 운전면허를 받은 때 • 결격사유에 해당하여 운전면허를 받을 자격이 없는 사람이 운선년허를 받은 때 • 운전면허 효력의 정지기간중에 면허증 또는 운전면허증에 갈음하는 증명서를 교부받은 사실이 드러난 때
등록 또는 임시운행 허가를 받지 아니한 자동차를 운전한 때	• 미등록 또는 임시운행 허가를 받지 않은 자동차(이륜자동차 제외)를 운전한 때
자동차등을 이용하여 형법상 특수상해 등을 행한 때(보복운전)	• 자동차등을 이용하여 형법상 특수상해, 특수폭행, 특수협박, 특수손괴를 행하여 구속된 때
다른 사람을 위해 운전면허시험에 응시한 때	• 운전면허를 가진 사람이 다른 사람을 부정하게 합격시키기 위하여 운전면허 시험에 응시한 때
운전자가 단속 경찰공무원 등에 대한 폭행	• 단속하는 경찰공무원 등 및 시·군·구 공무원을 폭행하여 형사입건된 때
연습면허 취소사유가 있었던 경우	• 제1종 보통 및 제2종 보통면허를 받기 이전에 연습면허의 취소사유가 있었던 때 (연습면허에 대한 취소절차 진행중 제1종 보통 및 제2종 보통면허를 받은 경우 포함)

(3) 정지처분 개별기준

① 도로교통법이나 도로교통법에 의한 명령을 위반한 때

위반사항	벌점
1. 속도위반(100km/h 초과) 2. 술에 취한 상태의 기준을 넘어서 운전한 때(혈중알코올농도 0.03퍼센트 이상 0.08퍼센트 미만) 3. 자동차등을 이용하여 형법상 특수상해 등(보복운전)을 하여 입건된 때	100
4. 속도위반(80km/h 초과 100km/h 이하)	80
5. 속도위반(60km/h 초과 80km/h 이하)	60
6. 정차·주차위반에 대한 조치불응(단체에 소속되거나 다수인에 포함되어 경찰공무원의 3회이상의 이동명령에 따르지 아니하고 교통을 방해한 경우에 한한다) 7. 공동위험행위로 형사입건된 때 8. 난폭운전으로 형사입건된 때 9. 안전운전의무위반(단체에 소속되거나 다수인에 포함되어 경찰공무원의 3회 이상의 안전운전 지시에 따르지 아니하고 타인에게 위험과 장해를 주는 속도나 방법으로 운전한 경우에 한한다) 10. 승객의 차내 소란행위 방치운전 11. 출석기간 또는 범칙금 납부기간 만료일부터 60일이 경과될 때까지 즉결심판을 받지 아니한 때	40
12. 통행구분 위반(중앙선 침범에 한함) 13. 속도위반(40㎞/h 초과 60㎞/h 이하) 14. 철길건널목 통과방법위반 15. 어린이통학버스 특별보호 위반 16. 어린이통학버스 운전자의 의무위반(좌석안전띠를 매도록 하지 아니한 운전자는 제외한다) 17. 고속도로·자동차전용도로 갓길통행 18. 고속도로 버스전용차로·다인승전용차로 통행위반 19. 운전면허증 등의 제시의무위반 또는 운전자 신원확인을 위한 경찰공무원의 질문에 불응	30
20. 신호·지시위반 21. 속도위반(20㎞/h 초과 40㎞/h 이하) 22. 속도위반(어린이보호구역 안에서 오전 8시부터 오후 8시까지 사이에 제한속도를 20km/h 이내에서 초과한 경우에 한정한다) 23. 앞지르기 금지시기·장소위반 24. 적재 제한 위반 또는 적재물 추락 방지 위반 25. 운전 중 휴대용 전화 사용 26. 운전 중 운전자가 볼 수 있는 위치에 영상 표시 27. 운전 중 영상표시장치 조작 28. 운행기록계 미설치 자동차 운전금지 등의 위반	15

29. 통행구분 위반(보도침범, 보도 횡단방법 위반)	
30. 지정차로 통행위반(진로변경 금지장소에서의 진로변경 포함)	
31. 일반도로 전용차로 통행위반	
32. 안전거리 미확보(진로변경 방법위반 포함)	
33. 앞지르기 방법위반	
34. 보행자 보호 불이행(정지선위반 포함)	10
35. 승객 또는 승하차자 추락방지조치위반	
36. 안전운전 의무 위반	
37. 노상 시비·다툼 등으로 차마의 통행 방해행위	
39. 돌·유리병·쇳조각이나 그 밖에 도로에 있는 사람이나 차마를 손상시킬 우려가 있는 물건을 던지거나 발사하는 행위	
40. 도로를 통행하고 있는 차마에서 밖으로 물건을 던지는 행위	

(비고)
1. 범칙금 납부기간 만료일부터 60일이 경과될 때까지 즉결심판을 받지 아니하여 정지처분 대상자가 되었거나, 정지처분을 받고 정지처분 기간중에 있는 사람이 위반 당시 통고받은 범칙금액에 그 100분의 50을 더한 금액을 납부하고 증빙서류를 제출한 때에는 정지처분을 하지 아니하거나 그 잔여 기간의 집행을 면제한다. 다만, 다른 위반행위로 인한 벌점이 합산되어 정지처분을 받은 경우 그 다른 위반행위로 인한 정지처분 기간에 대하여는 집행을 면제하지 아니한다.
2. 제7호, 제8호, 제10호, 제12호, 제14호, 제16호, 제20호부터 제27호까지 및 제29호부터 제31호까지의 위반행위에 대한 벌점은 자동차등을 운전한 경우에 한하여 부과한다.
3. 어린이보호구역 및 노인·장애인보호구역 안에서 오전 8시부터 오후 8시까지 사이에 제3호의2, 제9호, 제14호, 제15호 또는 제25호의 어느 하나에 해당하는 위반행위를 한 운전자에 대해서는 위 표에 따른 벌점의 2배에 해당하는 벌점을 부과한다.

② 자동차등의 운전 중 교통사고를 일으킨 때

 ㉠ 사고결과에 따른 벌점기준

인적 피해	벌점	내용
사망 1명마다	90	사고발생 시부터 72시간 이내에 사망한 때
중상 1명마다	15	3주 이상의 치료를 요하는 의사의 진단이 있는 사고
경상 1명마다	5	3주 미만 5일 이상의 치료를 요하는 의사의 진단이 있는 사고
부상신고 1명마다	2	5일 미만의 치료를 요하는 의사의 진단이 있는 사고

(비고)
1. 교통사고 발생 원인이 불가항력이거나 피해자의 명백한 과실인 때에는 행정처분을 하지 아니한다.
2. 자동차등 대 사람 교통사고의 경우 쌍방과실인 때에는 그 벌점을 2분의 1로 감경한다.
3. 자동차등 대 자동차등 교통사고의 경우에는 그 사고원인 중 중한 위반행위를 한 운전자만 적용한다.
4. 교통사고로 인한 벌점산정에 있어서 처분 받을 운전자 본인의 피해에 대하여는 벌점을 산정하지 아니한다.

㉡ 교통사고 야기 후 조치 등 불이행에 따른 벌점

내용	벌점
① 물적 피해가 발생한 교통사고를 일으킨 후 도주한 때	15
② 교통사고 유발 후 즉시 사상자를 구호 조치를 하지 않았으나 그 후 자진신고를 한 때	
㉠ 고속도로, 특별시·광역시 및 시의 관할구역과 군(광역시의 군 제외)의 관할구역 중 경찰관서가 위치하는 리 또는 동 지역에서 3시간(그 밖의 지역에서는 12시간) 이내에 자진신고를 한 때	30
㉡ ㉠에 따른 시간 후 48시간 이내에 자진신고를 한 때	60

(4) 자동차 등 이용 범죄 및 자동차 등 강도·절도 시의 운전면허 행정처분 기준

① 취소처분 기준

위반사항	내용

자동차등을 다음 범죄의 도구나 장소로 이용한 경우
•「국가보안법」 중 제4조부터 제9조까지의 죄 및
  같은 법 제12조 중 증거를 날조·인멸·은닉한 죄
•「형법」 중 다음 어느 하나의 범죄
  - 살인, 사체유기, 방화
  - 강도, 강간, 강제추행
  - 약취·유인·감금
  - 상습절도 (절취한 물건을 운반한 경우에 한정)
  - 교통방해 (단체 또는 다중의 위력으로써 위반한 경우에 한정)
	•자동차등을 법정형 상한이 유기징역 10년을 초과하는 범죄의 도구나 장소로 이용한 경우
	•자동차등을 범죄의 도구나 장소로 이용하여 운전면허 취소·정지 처분을 받은 사실이 있는 사람이 다시 자동차등을 범죄의 도구나 장소로 이용한 경우 (다만, 일반교통방해죄의 경우는 제외한다)

다른 사람의 자동차등을 훔치거나 빼앗은 경우	•다른 사람의 자동차등을 빼앗아 이를 운전한 경우 •다른 사람의 자동차등을 훔치거나 빼앗아 이를 운전하여 운전면허 취소·정지 처분을 받은 사실이 있는 사람이 다시 자동차등을 훔치고 이를 운전한 경우

② 정지처분 기준

위반사항	내용	벌점

자동차등을 다음 범죄의 도구나 장소로 이용한 경우
•「국가보안법」 중 제5조, 제6조, 제8조, 제9조 및
  같은 법 제12조 중 증거를 날조·인멸·은닉한 죄
•「형법」 중 다음 어느 하나의 범죄
  - 살인, 사체유기, 방화
  - 강간·강제추행
  - 약취·유인·감금
  - 상습절도 (절취한 물건을 운반한 경우)
  - 교통방해 (단체 또는 다중의 위력으로써 위반한 경우)
	자동차등을 법정형 상한이 유기징역 10년 이하인 범죄의 도구나 장소로 이용한 경우	100

다른 사람의 자동차등을 훔치거나 빼앗은 경우	다른 사람의 자동차등을 훔치고 이를 운전한 경우	100

(비고)
가. 행정처분의 대상이 되는 범죄행위가 2개 이상의 죄에 해당하는 경우, 실체적 경합관계에 있으면 각각의 범죄행위의 법정형 상한을 기준으로 행정처분을 하고, 상상적 경합관계에 있으면 가장 중한 죄에서 정한 법정형 상한을 기준으로 행정처분을 한다.
나. 범죄행위가 예비·음모에 그치거나 과실로 인한 경우에는 행정처분을 하지 아니한다.
다. 범죄행위가 미수에 그친 경우 위반행위에 대한 처분기준이 운전면허의 취소처분에 해당하면 해당 위반행위에 대한 처분벌점을 110점으로 하고, 운전면허의 정지처분에 해당하면 처분 집행일수의 2분의 1로 감경한다.

1 운전면허의 행정처분 기초자료로 활용하기 위하여 법규위반 또는 사고야기에 대한 위반의 경중 또는 피해의 정도에 따라 배점되는 점수를 의미하는 것은?

① 처분벌점
② 기초점수
③ 벌점
④ 누산점수

> 행정처분 기초자료로 활용하기 위하여 법규위반 또는 사고야기에 대한 위반의 경중 또는 피해의 정도에 따라 배점되는 점수를 벌점이라 한다.

2 다음 중 교통사고로 인한 벌점 합산 기준으로 맞는 것은?

① 사고 결과에 따른 벌점만 산정
② 법규위반 벌점만 산정
③ 법규위반 벌점, 사고 결과에 따른 벌점, 조치 등 불이행에 따른 벌점 모두를 합산
④ 법규위반 벌점과 사고 결과에 따른 벌점을 합산

> 벌점은 법규위반 벌점, 사고 결과에 따른 벌점, 조치 등 불이행에 따른 벌점 모두를 합산한 것이다.

3 운전면허 정지처분을 받은 사람이 특별교통안전 의무교육이나 특별교통안전 권장교육 중 법규준수교육을 마친 경우 경찰서장에게 교육필증을 제출한 날부터 정지처분기간에서 며칠을 감경하는가?

① 20일
② 30일
③ 40일
④ 50일

> 운전면허 정지처분을 받게 되거나 받은 사람이 특별교통안전 의무교육이나 특별교통 안전 권장교육 중 법규준수교육(권장)을 마친 경우에는 경찰서장에게 교육필증을 제출한 날부터 정지처분기간에서 20일을 감경한다.

4 운전면허 정지처분을 받은 사람이 특별교통안전 의무교육을 마친 후에 특별교통안전 권장교육 중 현장 참여교육을 마친 경우 추가로 감경되는 정지처분 기준은?

① 50일
② 30일
③ 40일
④ 20일

> 운전면허 정지처분을 받게 되거나 받은 사람이 특별교통안전 의무교육이나 특별교통 안전 권장교육 중 법규준수교육(권장)을 마친 후에 특별교통 안전 권장교육 중 현장참여교육을 마친 경우에는 경찰서장에게 교육필증을 제출한 날부터 정지처분기간에서 30일을 추가로 감경한다.

5 처분 당시 3년 이상 교통봉사활동에 종사하고 있는 모범운전자가 벌점, 누산점수 초과로 인하여 운전면허 취소처분을 받은 경우 감경할 수 있는 사유에 해당되는 것은?

① 과거 5년 이내에 행정소송을 통하여 행정처분이 감경된 경우
② 과거 5년 이내에 운전면허 취소처분을 받은 전력이 없는 경우
③ 과거 5년 이내에 3회 이상 인적피해 교통사고를 일으킨 경우
④ 과거 5년 이내에 3회 이상 운전면허 정지처분을 받은 전력이 있는 경우

> 감경받기 위해서는 다음에 해당하지 않아야 한다.
> • 과거 5년 이내에 운전면허 취소처분을 받은 전력이 있는 경우
> • 과거 5년 이내에 3회 이상 인적피해 교통사고를 일으킨 경우
> • 과거 5년 이내에 3회 이상 운전면허 정지처분을 받은 전력이 있는 경우
> • 과거 5년 이내에 운전면허행정처분 이의심의위원회의 심의를 거치거나 행정심판 또는 행정소송을 통하여 행정처분이 감경된 경우

6 인적피해 교통사고 중 중상의 기준은?

① 진단 5일 이상
② 진단 14일 이상
③ 진단 21일 이상
④ 진단 28일 이상

> 인적피해 교통사고 중 중상은 3주 이상의 치료를 요하는 의사의 진단이 있는 사고를 말한다.

정 답 1 ③ 2 ③ 3 ① 4 ② 5 ② 6 ③

7 인적피해 교통사고를 야기하고 도주한 차량을 신고하여 검거하게 한 운전자에 대한 벌점공제 점수는?

① 50점
② 40점
③ 30점
④ 20점

인적 피해 있는 교통사고를 야기하고 도주한 차량의 운전자를 검거하거나 신고하여 검거하게 한 운전자(교통사고의 피해자가 아닌 경우로 한정)에게는 검거 또는 신고할 때마다 40점의 특혜점수를 부여하여 기간에 관계없이 그 운전자가 정지 또는 취소처분을 받게 될 경우 누산점수에서 이를 공제한다. 이 경우 공제되는 점수는 40점 단위로 한다.

8 다음 중 운전면허가 취소되는 1년간 누산점수의 기준은?

① 81점 이상
② 151점 이상
③ 121점 이상
④ 221점 이상

누산점수 초과로 인한 면허 취소 기준
• 1년간 : 121점 이상
• 2년간 : 201점 이상
• 3년간 : 271점 이상

9 다음 중 운전면허가 취소되는 경우는?

① 교통사고로 사람을 다치게 하고 구호조치를 하지 아니한 경우
② 교통사고를 일으켜서 중상을 입힌 경우
③ 혈중알코올농도가 0.05%인 상태로 운전한 경우
④ 제한속도를 60km/h 초과 위반한 경우

교통사고로 사람을 죽게 하거나 다치게 하고 구호조치를 하지 아니한 경우 운전면허가 취소된다.

10 다음 중 운전면허 취소처분 사유가 아닌 것은?

① 운전면허증을 소지하지 아니하고 운전한 때
② 운전면허 정지처분 기간 중에 운전한 때
③ 교통사고로 사람을 다치게 하고 구호조치를 하지 아니한 때
④ 혈중알코올농도 0.08% 상태로 운전한 때

운전면허증을 소지하지 않고 운전한다고 해서 취소처분을 받지는 않는다.

11 술에 취한 상태에서 운전하였다고 인정할 만한 상당한 이유가 있음에도 불구하고 경찰공무원의 측정 요구에 불응한 경우 운전면허에 대한 처분은?

① 100일간 운전면허가 정지된다.
② 90일간 운전면허가 정지된다.
③ 60일간 운전면허가 정지된다.
④ 운전면허가 취소된다.

술에 취한 상태에서 운전하거나 술에 취한 상태에서 운전하였다고 인정할 만한 상당한 이유가 있음에도 불구하고 경찰공무원의 측정 요구에 불응한 때는 운전면허가 취소된다.

12 제1종 운전면허 취득 시 두 눈을 동시에 뜨고 잰 정지시력의 기준은 얼마 이상이어야 하는가?

① 0.5
② 0.6
③ 0.8
④ 0.3

• 제1종 운전면허 : 두 눈을 동시에 뜨고 잰 시력이 0.8 이상, 양쪽 눈의 시력이 각각 0.5 이상
• 제2종 운전면허 : 두 눈을 동시에 뜨고 잰 시력이 0.5 이상. 한쪽 눈을 보지 못하는 사람은 0.6 이상

정답 7 ② 8 ③ 9 ① 10 ① 11 ④ 12 ③

범칙행위 및 범칙금액 (승합자동차에 한함)

1 운전자에게 부과되는 범칙행위 및 범칙금액

범칙행위	범칙금액
1. 속도위반(60km/h 초과) 1의2. 어린이통학버스 운전자의 의무 위반(좌석안전띠를 매도록 하지 않은 경우는 제외) 1의4. 인적 사항 제공의무 위반(주·정차된 차만 손괴한 것이 분명한 경우에 한정)	13만원
2. 속도위반(40km/h 초과 60km/h 이하)	10만원
3. 승객의 차 안 소란행위 방치 운전	10만원
3의2. 어린이통학버스 특별보호 위반	10만원
3의3. 안전표지가 설치된 곳에서의 주·정차 금지 위반	9만원
4. 신호·지시 위반 5. 중앙선 침범, 통행구분 위반 6. 속도위반(20km/h 초과 40km/h 이하) 7. 횡단·유턴·후진 위반 8. 앞지르기 방법 위반 9. 앞지르기 금지 시기·장소 위반 10. 철길건널목 통과방법 위반 11. 횡단보도 보행자 횡단 방해(신호 또는 지시에 따라 도로를 횡단하는 보행자의 통행 방해 포함) 12. 보행자전용도로 통행 위반(보행자전용도로 통행방법 위반을 포함) 　- 긴급자동차에 대한 양보·일시정지 위반 　- 긴급한 용도나 그 밖에 허용된 사항 외에 경광등이나 사이렌 사용 13. 승차 인원 초과, 승객 또는 승하차자 추락 방지조치 위반 14. 어린이·앞을 보지 못하는 사람 등의 보호 위반 15. 운전 중 휴대용 전화 사용 　- 운전 중 운전자가 볼 수 있는 위치에 영상 표시 　- 운전 중 영상표시장치 조작 16. 운행기록계 미설치 자동차 운전 금지 등의 위반 19. 고속도로·자동차전용도로 갓길 통행 20. 고속도로버스전용차로·다인승전용차로 통행 위반	7만원
21. 통행 금지·제한 위반 22. 일반도로 전용차로 통행 위반 　- 노면전차 전용로 통행 위반 23. 고속도로·자동차전용도로 안전거리 미확보 24. 앞지르기의 방해 금지 위반 25. 교차로 통행방법 위반 26. 교차로에서의 양보운전 위반 27. 보행자의 통행 방해 또는 보호 불이행 29. 정차·주차 금지 위반(제10조의3제2항에 따라 안전표지가 설치된 곳에서의 정차·주차 금지 위반은 제외) 30. 주차금지 위반 31. 정차·주차방법 위반 　- 경사진 곳에서의 정차·주차방법 위반 32. 정차·주차 위반에 대한 조치 불응 33. 적재 제한 위반, 적재물 추락 방지 위반 또는 영유아나 동물을 안고 운전하는 행위 34. 안전운전의무 위반 35. 도로에서의 시비·다툼 등으로 인한 차마의 통행 방해 행위 36. 급발진, 급가속, 엔진 공회전 또는 반복적·연속적인 경음기 울림으로 인한 소음 발생 행위 37. 화물 적재함에의 승객 탑승 운행 행위 39. 고속도로 지정차로 통행 위반 40. 고속도로·자동차전용도로 횡단·유턴·후진 위반 41. 고속도로·자동차전용도로 정차·주차 금지 위반 42. 고속도로 진입 위반 43. 고속도로·자동차전용도로에서의 고장 등의 경우 조치 불이행	5만원
44. 혼잡 완화조치 위반 45. 지정차로 통행 위반, 차로 너비보다 넓은 차 통행 금지 위반(진로 변경 금지 장소에서의 진로 변경을 포함) 46. 속도위반(20km/h 이하) 47. 진로 변경방법 위반 48. 급제동 금지 위반 49. 끼어들기 금지 위반 50. 서행의무 위반 51. 일시정지 위반 52. 방향전환·진로변경 시 신호 불이행	3만원

chapter 01

53. 운전석 이탈 시 안전 확보 불이행 54. 동승자 등의 안전을 위한 조치 위반 55. 시·도경찰청 지정·공고 사항 위반 56. 좌석안전띠 미착용 57. 이륜자동차·원동기장치자전거 인명보호 장구 미착용 58. 어린이통학버스와 비슷한 도색·표지 금지 위반	3만원

59. 최저속도 위반
60. 일반도로 안전거리 미확보
61. 등화 점등·조작 불이행(안개가 끼거나 비 또는 눈이 올 때는 제외한다)
62. 불법부착장치 차 운전(교통단속용 장비의 기능을 방해하는 장치를 한 차의 운전은 제외한다)
  – 사업용 승합자동차 또는 노면전차의 승차 거부
63. 택시의 합승·승차거부·부당요금징수행위
  ➞ 장기 주·정차하여 승객을 유치하는 경우로 한정
	2만원

65. 돌, 유리병, 쇳조각, 그 밖에 도로에 있는 사람이나 차마를 손상시킬 우려가 있는 물건을 던지거나 발사하는 행위 66. 도로를 통행하고 있는 차마에서 밖으로 물건을 던지는 행위	5만원 (모든 차마)
67. 특별교통안전교육의 미이수 – 과거 5년 이내에 법 제44조를 1회 이상 위반하였던 사람으로서 다시 같은 조를 위반하여 운전면허효력 정지처분을 받게 되거나 받은 사람이 그 처분기간이 끝나기 전에 특별교통안전교육을 받지 않은 경우	6만원
– 위 항목 외의 경우	4만원
68. 경찰관의 실효된 면허증 회수에 대한 거부 또는 방해	3만원

※ '승합자동차등'에는 승합자동차, 4톤 초과 화물자동차, 특수자동차, 건설기계를 말한다.
※ 승용자동차, 이륜자동차, 자전거 등은 위 표와 범칙금액이 상이함

2 어린이보호구역 및 노인·장애인보호구역에서의 과태료 부과기준

위반행위 및 행위자	승합차 범칙금액
• 신호 또는 지시를 따르지 않은 차의 고용주	14만원

• 제한속도를 준수하지 않은 차의 고용주
  – 60km/h 초과
  – 40km/h 초과 60km/h 이하
  – 20km/h 초과 40km/h 이하
  – 20km/h 이하
	
	17만원
	14만원
	11만원
	7만원

• 주·정차금지, 주차금지 장소, 주·정차방법 및 시간제한을 위반한 차의 고용주
  – 어린이보호구역
  – 노인·장애인보호구역
	
	13만원(14)
	9만원(10)

※ 괄호 안의 금액은 2시간 이상 정차 또는 주차 위반을 하는 경우에 적용

3 어린이보호구역 및 노인·장애인보호구역에서의 범칙금액 부과기준

범칙행위	승합차 범칙금액
• 신호·지시 위반 • 횡단보도 보행자 횡단 방해	13만원

• 속도위반
  – 60km/h 초과
  – 40km/h 초과 60km/h 이하
  – 20km/h 초과 40km/h 이하
  – 20km/h 이하
	
	16만원
	13만원
	10만원
	6만원

• 통행금지·제한 위반 • 보행자 통행 방해 또는 보호 불이행	9만원
• 정차·주차 금지 위반 • 주차금지 위반 • 정차·주차방법 위반 • 정차·주차 위반에 대한 조치 불응	13만원(어린이 보호구역) 9만원(노인·장 애인보호구역)

※ 60km/h 초과 속도를 위반하여 범칙금 납부 통고를 받은 운전자가 통고처분을 이행하지 않아 통고처분불이행자에 대한 즉결심판 청구에 따라 가산금을 더할 경우 범칙금의 최대 부과금액은 20만원으로 한다.

10 안전표지

1 안전표지의 정의

안전표지란 도로교통의 안전을 위하여 각종 주의·규제·지시 또는 보조사항을 표지판이나 도로의 노면에 표시하는 기호·문자 또는 선으로 도로사용자에게 알리는 표지를 말한다.

2 설치 장소

① 발광형 안전표지 : 안개 잦은 곳, 야간교통사고가 많이 발생하거나 발생가능성이 높은 곳, 도로의 구조로 인하여 가시거리가 충분히 확보되지 않은 곳 등

② 가변형 속도제한표지 : 비·안개·눈 등 악천후가 잦아 교통사고가 많이 발생하거나 발생 가능성이 높은 곳, 교통혼잡이 잦은 곳 등

▶ 노면표시에 사용되는 선의 종류

종류	점선	실선	복선
의미	허용	제한	의미의 강조

3 안전표지의 종류 (안전표지는 14페이지 참조)

주의표지	도로상태가 위험하거나 도로 또는 그 부근에 위험물이 있는 경우에 필요한 안전조치를 할 수 있도록 이를 도로 사용자에게 알리는 표지
규제표지	도로교통의 안전을 위해 각종 제한·금지 등의 규제를 하는 경우에 이를 도로 사용자에게 알리는 표지
지시표지	도로의 통행방법·통행구분 등 도로교통의 안전을 위해 필요한 지시를 하는 경우에 도로사용자가 이를 따르도록 알리는 표지
보조표지	주의표지·규제표지 또는 지시표지의 주기능을 보충하여 도로 사용자에게 알리는 표지
노면표시	도로교통의 안전을 위해 각종 주의·규제·지시 등의 내용을 노면에 기호·문자 또는 선으로 도로 사용자에게 알리는 표시

▶ 노면표시 기본색상의 의미

백색	동일방향의 교통류 분리 및 경계 표시
황색	반대방향의 교통류 분리 또는 도로이용의 제한 및 지시 (중앙선표시, 노상장애물 중 도로중앙장애물표시, 주차금지표시, 정차·주차금지 표시 및 안전지대표시)
청색	지정방향의 교통류 분리 표시(버스전용차로표시 및 다인승차량 전용차선표시)
적색	어린이보호구역 또는 주거지역 안에 설치히는 속도제한표시의 테두리선에 사용

예상문제 새로운 출제기준에 따른 예상유형을 파악하기!

1 도로교통법령상 승합자동차가 고속도로에서 안전거리 미확보 시 범칙금은 얼마인가?
① 2만원
② 3만원
③ 5만원
④ 7만원

> 승합자동차가 고속도로 또는 자동차전용도로에서 안전거리 미확보 시의 범칙금은 5만원이다.

2 다음 중 승합자동차의 경우 좌석안전띠 미착용 시 주어지는 범칙금액은?
① 7만원
② 2만원
③ 5만원
④ 3만원

> 승합자동차의 좌석안전띠 미착용 시 범칙금액은 3만원이다.

정답 1 ③ 2 ④

3 승합자동차 운전자가 어린이통학버스 특별보호 위반행위를 한 경우 범칙금액으로 맞는 것은?

① 13만원

② 10만원

③ 7만원

④ 5만원

> 승합자동차 운전자가 어린이통학버스 특별보호 위반행위를 한 경우 범칙금은 10만원이다.

4 운전자에게 부과되는 범칙행위 및 범칙금액의 연결이 잘못된 것은?

① 제한속도 40km/h 초과 60km/h 이하 속도위반 : 10만원

② 제한속도 20km/h 초과 40km/h 이하 속도위반 : 7만원

③ 제한속도 20km/h 이하 속도위반 : 5만원

④ 제한속도 60km/h 초과 속도위반 : 13만원

> 제한속도 20km/h 이하 속도위반 : 3만원

5 승합자동차 운전자의 범칙행위와 범칙금액이 잘못 연결된 것은?

① 승차 인원 초과·승객 또는 승하차자 추락 방지조치 위반 – 7만원

② 교차로 통행방법 위반 – 5만원

③ 속도위반(20km/h 초과 40km/h 이하) – 5만원

④ 앞지르기 방해 금지 위반 – 5만원

> 속도위반(20km/h 초과 40km/h 이하) – 7만원

6 승합자동차 운전자의 위반행위별 범칙금액이 잘못 연결된 것은?

① 최저속도 위반 – 3만원

② 일시정지 위반 – 3만원

③ 끼어들기 금지 위반 – 3만원

④ 어린이통학버스 특별보호 위반 – 10만원

> 최저속도 위반 시 범칙금액은 2만원이다.

7 도로교통의 안전을 위하여 각종 제한·금지사항을 운전자에게 알리기 위한 안전표지는?

① 지시표지

② 주의표지

③ 노면표지

④ 규제표지

> 도로교통의 안전을 위하여 각종 제한 금지사항을 운전자에게 알리기 위한 안전표지는 규제표지이다.

8 도로상태가 위험하거나 도로 또는 그 부근에 위험물이 있는 경우에 필요한 안전조치를 할 수 있도록 이를 도로 사용자에게 알리는 표지는?

① 지시표지

② 주의표지

③ 노면표지

④ 규제표지

> 도로상태가 위험하거나 도로 또는 그 부근에 위험물이 있는 경우에 필요한 안전조치를 할 수 있도록 이를 도로 사용자에게 알리는 표지는 주의표지이다.

9 노면표시에 사용되는 색채기준이 <u>아닌 것</u>은?

① 노란색

② 녹색

③ 흰색

④ 붉은색

> 노면표시에 사용되는 색채는 황색, 청색, 적색, 백색이다.

10 노면표시의 색채 기준에 대한 설명이 <u>틀린 것</u>은?

① 청색 : 지정방향의 교통류 분리 표지

② 적색 : 어린이보호구역 또는 주거지역 안에 설치하는 속도제한표시의 테두리선

③ 황색 : 반대방향의 교통류 분리 또는 도로이용의 제한 및 지시

④ 백색 : 동일방향의 경계표시 또는 도로이용의 제한

> 백색은 동일방향의 교통류 및 경계표시에 사용된다.

03 교통사고처리특례법령

Main
Key
Point

[예상문항 : 4문제] 이 섹션에서는 용어 정의, 형사처벌 대상, 사고의 성립요건 등에서 주로 출제됩니다. 많은 문제가 출제되는 것은 아니니 예상문제 위주로 학습하시기 바랍니다.

01 특례의 적용

1 정의

① 차의 교통으로 인한 사고가 발생하여 운전자를 형사처벌해야 하는 경우 적용되는 법
② 인적피해 야기 시 : 형법 제268조의 업무상과실·중과실 치사상죄 적용
③ 물적피해 야기 시 : 도로교통법 제151조의 과실재물손괴죄 적용

> ▶ 형법 제268조(업무상과실·중과실 치사상죄) : 업무상 과실 또는 중대한 과실로 인하여 사람을 사상에 이르게 한 자는 5년 이하의 금고 또는 2천만원 이하의 벌금에 처한다.

> ▶ 도로교통법 제151조(벌칙) : 차의 운전자가 업무상 필요한 주의를 게을리하거나 중대한 과실로 다른 사람의 건조물이나 그 밖의 재물을 손괴한 경우에는 2년 이하의 금고나 500만원 이하의 벌금에 처한다.

2 용어의 정의

① "차"란 「도로교통법」 제2조제17호가목에 따른 차(車)와 「건설기계관리법」 제2조제1항제1호에 따른 건설기계를 말한다.

• 도로교통법 제2조제17호가목에 따른 차 : 자동차, 건설기계, 원동기장치자전거, 자전거, 사람 또는 가축의 힘이나 그 밖의 동력에 의하여 도로에서 운전되는 것(다만, 철길이나 가설된 선을 이용하여 운전되는 것, 유모차와 보행보조용 의자차는 제외)
• 건설기계관리법 제2조제1항제1호에 따른 차 : 덤프트럭, 아스팔트살포기, 노상안정기, 콘크리트믹서트럭, 콘크리트펌프, 천공기(트럭 적재식) 등
② "교통사고"란 차의 교통으로 인하여 사람을 사상하거나 물건을 손괴하는 것을 말한다.

㉠ 교통사고의 조건
• 차에 의한 사고
• 피해의 결과 발생(사람 사상 또는 물건 손괴 등)
• 교통으로 인하여 발생한 사고

> ▶ 교통 : 자동차 등을 이용하여 사람이나 화물을 한 장소에서 다른 장소로 옮기는 것

㉡ 교통사고로 처리되지 않는 경우
• 명백한 자살이라고 인정되는 경우
• 확정적인 고의 범죄에 의해 타인을 사상하거나 물건을 손괴한 경우
• 건조물 등이 떨어져 운전자 또는 동승자가 사상한 경우
• 축대 등이 무너져 도로를 진행중인 차량이 손괴되는 경우
• 사람이 건물, 육교 등에서 추락하여 운행중인 차량과 충돌 또는 접촉하여 사상한 경우
• 기타 안전사고로 인정되는 경우

3 특례 적용

① 교통사고처리특례법상 특례 적용
차의 교통으로 업무상과실치상죄 또는 중과실치상죄와 다른 사람의 건조물이나 그 밖의 재물을 손괴한 죄를 범한 운전자에 대하여는 피해자의 명시적인 의사에 반하여 공소를 제기할 수 없다.

> ▶ 공소를 제기할 수 있는 경우 (특례 예외)
> • 피해자를 구호하는 등의 조치를 하지 않고 도주한 경우
> • 피해자를 사고 장소로부터 옮겨 유기하고 도주한 경우
> • 음주측정 요구에 따르지 않은 경우(운전자가 채혈 측정을 요청하거나 동의한 경우 제외)

chapter 01

② 보험 또는 공제에 가입된 경우의 특례 적용

교통사고를 일으킨 차가 보험 또는 공제에 가입된 경우에는 교통사고처리특례법상의 특례 적용 사고가 발생한 경우에 운전자에 대하여 공소를 제기할 수 없다.

> ▶ 공소를 제기할 수 있는 경우 (특례 예외)
> • "교통사고처리특례법상 특례 적용이 배제되는 사고"에 해당하는 경우
> • 피해자가 신체의 상해로 인하여 생명에 대한 위험이 발생하거나 불구 또는 불치나 난치의 질병이 생긴 경우
> • 보험계약 또는 공제계약이 무효로 되거나 해지되거나 계약상의 면책 규정 등으로 인하여 보험회사, 공제조합 또는 공제사업자의 보험금 또는 공제금 지급의무가 없어진 경우

 ③ 사고운전자가 형사처벌 대상이 되는 경우
- 사망사고
- 차의 교통으로 업무상과실치상죄 또는 중과실치상죄를 범하고 피해자를 구호하는 등의 조치를 하지 아니하고 도주하거나, 피해자를 사고장소로부터 옮겨 유기하고 도주한 경우
- 차의 교통으로 업무상과실치상죄 또는 중과실치상죄를 범하고 음주측정 요구에 불응한 경우(운전자가 채혈 측정을 요청하거나 동의한 경우는 제외)
- 신호·지시 위반 사고
- 중앙선침범 사고
- 고속도로 또는 자동차전용도로에서의 횡단, 유턴 또는 후진중 사고
- 과속(20km/h 초과) 사고
- 앞지르기의 방법·금지시기·금지장소 또는 끼어들기의 금지를 위반하거나 고속도로에서의 앞지르기 방법 위반 사고
- 철길건널목 통과방법 위반 사고
- 횡단보도에서 보행자 보호의무 위반 사고
- 무면허 운전중 사고
- 주취·약물복용 운전중 사고
- 보도침범, 통행방법 위반 사고
- 승객추락방지의무 위반 사고
- 어린이 보호구역내 어린이 보호의무 위반 사고
- 자동차의 화물이 떨어지지 아니하도록 필요한 조치를 하지 아니하고 운전한 경우
- 민사상 손해배상을 하지 않은 경우

- 중상해 사고를 유발하고 형사상 합의가 안 된 경우

> ▶ 중상해의 범위
> • 생명에 대한 위험 : 생명유지에 불가결한 뇌 또는 주요장기에 중대한 손상
> • 불구 : 사지절단 등 신체 중요부분의 상실·중대변형 또는 시각·청각·언어·생식기능 등 중요한 신체기능의 영구적 상실
> • 불치나 난치의 질병 : 사고 후유증으로 중증의 정신장애·하반신 마비 등 완치 가능성이 없거나 희박한 중대질병

④ 사고운전자 가중처벌

㉠ 사고운전자가 피해자를 구호하는 등의 조치를 하지 아니하고 도주한 경우
- 피해자를 사망에 이르게 하고 도주하거나, 도주 후에 피해자가 사망한 경우에는 무기 또는 5년 이상의 징역
- 피해자를 상해에 이르게 한 경우에는 1년 이상의 유기징역 또는 500만원 이상 3천만원 이하의 벌금

㉡ 사고운전자가 피해자를 사고 장소로부터 옮겨 유기하고 도주한 경우
- 피해자를 사망에 이르게 하고 도주하거나, 도주 후에 피해자가 사망한 경우에는 사형, 무기 또는 5년 이상의 징역
- 피해자를 상해에 이르게 한 경우에는 3년 이상의 유기징역

㉢ 위험운전 치사상의 경우
- 음주 또는 약물의 영향으로 정상적인 운전이 곤란한 상태에서 자동차를 운전하여 사람을 사망에 이르게 한 경우에는 무기 또는 3년 이상의 징역
  → 원동기장치자전거 포함
- 음주 또는 약물의 영향으로 정상적인 운전이 곤란한 상태에서 자동차를 운전하여 사람을 상해에 이르게 한 경우 1년 이상 15년 이하의 징역 또는 1천만원 이상 3천만원 이하의 벌금

1 사망사고

(1) 사망사고의 정의

① 교통사고가 주된 원인이 되어 교통사고 발생 시부터 30일 이내에 사람이 사망한 사고(교통안전법)

② 교통사고 발생 후 72시간 내 사망 시 벌점 : 90점

　　(도로교통법)

③ 형사적 책임 부과(교통사고처리특례법)

(2) 사망사고 성립요건

항목	내용	예외사항
장소적 요건	• 모든 장소 　(도로교통법 – 도로상으로 한정) 　(교통사고처리특례법 – 모든 장소로 확대)	–
운전자 과실	• 운전자로서 요구되는 업무상 주의의무를 소홀히 한 과실	• 자동차 본래의 운행목적이 아닌 작업 중 과실로 　피해자가 사망한 경우 (안전사고) • 운전자의 과실을 논할 수 없는 경우
피해자 요건	• 운행 중인 차량 충격으로 인한 사망한 경우	• 피해자의 자살 등 　고의 사고 • 운행목적이 아닌 작업과실로 피해자가 사망한 경 　우(안전사고)

2 도주(뺑소니) 사고

(1) 도주(뺑소니)인 경우

① 피해자 사상 사실을 인식하거나 예견됨에도 가버린 경우

② 피해자를 사고현장에 방치한 채 가버린 경우

③ 현장에 도착한 경찰관에게 거짓으로 진술한 경우

④ 사고운전자를 바꿔치기 하여 신고한 경우

⑤ 사고운전자가 연락처를 거짓으로 알려준 경우

⑥ 피해자가 이미 사망하였다고 사체 안치 후송 등의 조치 없이 가버린 경우

⑦ 피해자를 병원까지만 후송하고 계속 치료를 받을 수 있는 조치 없이 가버린 경우

⑧ 쌍방 업무상 과실이 있는 경우에 발생한 사고로 과실이 적은 차량이 도주한 경우

⑨ 자신의 의사를 제대로 표시하지 못하는 나이 어린 피해자가 '괜찮다'라고 하여 조치 없이 가버린 경우

(2) 도주(뺑소니)가 아닌 경우

① 피해자가 부상사실이 없거나 극히 경미하여 구호조치가 필요하지 않아 연락처를 제공하고 떠난 경우

② 사고운전자가 심한 부상을 입어 타인에게 의뢰하여 피해자를 후송 조치한 경우

③ 사고 장소가 혼잡하여 불가피하게 일부 진행 후 정지하고 되돌아와 조치한 경우

④ 사고운전자가 급한 용무로 인해 동료에게 사고처리를 위임하고 가버린 후 동료가 사고 처리한 경우

⑤ 피해자 일행의 구타·폭언·폭행이 두려워 현장을 이탈한 경우

⑥ 사고운전자가 자기차량 사고에 대한 조치 없이 가버린 경우

❸ 신호·지시위반 사고

(1) 신호·지시위반 사고 사례

① 신호위반 사고 사례
  - 신호가 변경되기 전에 출발하여 인적 피해를 야기한 경우
  - 황색 주의신호에 교차로에 진입하여 인적 피해를 야기한 경우
  - 신호내용을 위반하고 진행하여 인적 피해를 야기한 경우
  - 적색 차량신호에 진행하다 정지선과 횡단보도 사이에서 보행자를 충격한 경우

② 지시위반 사고 사례 : 통행금지, 진입금지, 일시정지, 자동차통행금지, 화물자동차통행금지 등의 규제표지 등을 위반한 경우

(2) 신호·지시위반 사고의 성립요건

항목	내용	예외사항
장소적 요건	• 신호기가 설치되어 있는 교차로나 횡단보도 • 경찰공무원 등의 수신호 지역 • 규제표지가 설치된 구역(통행금지, 진입금지, 일시정지)	• 진행방향에 신호기가 설치되어 있지 않은 경우 • 신호기의 고장이나, 황색 점멸신호등의 경우 • 규제표지 외의 표지판이 설치된 구역
피해자 요건	• 신호·지시위반 차량에 충돌되어 인적 피해를 입은 경우	• 대물피해만 입은 경우
운전자 과실	• 고의적 과실 • 의도적 과실 • 부주의에 의한 과실	• 불가항력적 과실 • 만부득이한 과실
시설물설치 요건	• 특별시장·광역시장·제주특별자치도지사 또는 시장·군수(광역시의 군수 제외)가 설치한 신호기나 교통안전표지	• 아파트 단지 등 특정구역 내부의 소통과 안전을 목적으로 자체적으로 설치된 경우는 제외(설치권한이 없는 자가 설치)

(3) 신호·지시위반 사고에 따른 행정처분

① 범칙금(승합자동차) : 7만원
② 벌점 : 15점

4 중앙선침범 사고

(1) 중앙선침범 개념 및 적용

① 중앙선침범 : 중앙선을 넘어서거나 차체가 걸친 상태에서 운전한 경우

② 중앙선침범을 적용하는 경우(현저한 부주의)
- 커브 길에서 과속으로 인한 중앙선침범의 경우
- 빗길에서 과속으로 인한 중앙선침범의 경우
- 졸다가 뒤늦은 제동으로 중앙선을 침범한 경우
- 차내 잡담 또는 휴대폰 통화 등의 부주의로 중앙선을 침범한 경우

③ 중앙선침범을 적용할 수 없는 경우(만부득이한 경우)
- 사고를 피하기 위해 급제동하다 중앙선을 침범한 경우
- 위험을 회피하기 위해 중앙선을 침범한 경우
- 빙판길 또는 빗길에서 미끄러져 중앙선을 침범한 경우(제한속도 준수)

(2) 중앙선침범 사고의 성립요건

항목	내용	예외사항
장소적 요건	• 황색실선이나 점선의 중앙선이 설치되어 있는 도로 • 자동차전용도로나 고속도로에서의 횡단·유턴·후진	• 중앙선이 설치되어 있지 않은 경우 • 아파트 단지 내 또는 군부대 내의 사설 중앙선 • 일반도로에서의 횡단·유턴·후진
피해자 요건	• 중앙선침범 자동차에 충돌되어 인적피해를 입은 경우 • 자동차전용도로나 고속도로에서의 횡단·유턴·후진 자동차에 충돌되어 인적피해를 입은 경우	• 대물피해만 입은 경우
운전자 과실	• 고의적 과실 • 의도적 과실 • 현저한 부주의에 의한 과실	• 신호위반 차량에 충돌되어 피해를 입은 경우
시설물설치 요건	• 도로교통법 제13조에 따라 시·도경찰청장이 설치한 중앙선	• 아파트 단지 내 또는 군부대 등 특정구역 내부의 소통과 안전을 목적으로 설치된 경우 제외

(3) 중앙선침범 사고에 따른 행정처분

항목	(승합자동차의) 범칙금	벌점
중앙선침범	7만원	30점
고속도로·자동차전용도로 횡단·유턴·후진위반	5만원	

1 교통사고처리특례법상의 차에 해당하지 않는 것은?

① 노상안정기
② 트럭적재식 천공기
③ 보행보조용 의자차
④ 자전거

> 보행보조용 의자차는 교통사고처리특례법상 차에 해당하지 않는다.

2 교통사고처리특례법상 특례의 적용이 배제되는 사망사고가 성립하는 경우는?

① 운전자의 과실을 논할 수 없는 경우
② 신호기 없는 횡단보도를 횡단하는 보행자를 충격하여 사망케 한 경우
③ 피해자의 자살 등 고의 사망사고인 경우
④ 건조물 등이 떨어져 동승자가 사망한 경우

> ②는 횡단보도에서의 보행자 보호의무 위반 사고이므로 특례가 적용되지 않는다.

3 교통사고처리특례법상 특례 예외 사고 유형이 아닌 것은?

① 중앙선 침범 사고로 대물피해만 발생시킨 경우
② 신호기가 없는 횡단보도에서 보행자를 충격한 사고가 발생된 경우
③ 자동차 전용도로에서 회전하다 중상의 인명피해가 발생된 사고의 경우
④ 신호위반 사고로 본인 차에 타고 있던 가족이 중상을 당한 경우

> 특례 예외 사고 유형이란 12대 중과실로 인한 사고, 사망사고, 도주사고 등으로 특례가 적용되지 않는 경우를 말한다. 즉, 피해자가 사망하지 않고 합의 등(가해자의 처벌을 원하지 않음)이나 종합보험가입여부와 관계없이 형사상 처벌대상이다.
> ① 중앙선 침범으로 인한 사고에서 대물피해만 발생한 경우 특례 예외 사항이 아니다.
> ② 신호등 유무와 관계없이 횡단보도에서의 사고는 특례 예외 사고 유형이다.
> ③, ④ 피해자가 중상해 피해를 입었을 경우 교통사고처리특례법 제4조 1항의 단서에 따라 특례가 적용되지 않는다.

4 교통사고 운전자가 형사 처벌 대상이 되는 경우가 아닌 것은?

① 앞지르기 방법 위반 접촉사고로 인명피해가 발생한 경우

② 가벼운 접촉사고 후 음주측정 요구에 불응하는 대신 채혈측정을 요청한 경우
③ 신호위반하여 타 차량 운전자에게 상해를 입힌 경우
④ 추돌사고에서 상해를 입은 피해자를 구호 조치하지 아니하고 도주한 경우

> 음주측정 요구에 불응하는 대신 채혈측정을 요청한 경우는 형사처벌 대상이 아니다.

5 사고운전자가 형사 처벌 대상이 되는 경우가 아닌 것은?

① 진입금지 표지가 있는 도로를 잘못 진입하여 운전 중에 인명피해 사고가 발생한 경우
② 끼어들기의 금지를 위반하여 인명피해 사고가 발생한 경우
③ 무면허 운전중에 인명피해 사고가 발생한 경우
④ 제한속도를 10km/h 초과하여 운행 중에 단독사고로 운전자 본인이 중상을 당한 경우

> 과속사고는 20km/h 초과하여 발생한 사고일 경우 형사 처벌 대상이 된다.

6 교통사고처리특례법상 사고운전자가 형사 처벌 대상이 되는 경우가 아닌 것은?

① 어린이 보호구역에서 어린이 보호의무를 위반하여 인명피해 사고가 발생한 경우
② 유턴하던 중에 주차된 차량을 충돌하는 사고가 발생한 경우
③ 약물 복용 운전 중에 인명피해 사고가 발생한 경우
④ 무면허 운전 중에 인명피해 사고가 발생한 경우

> 일반도로에서 유턴하던 중 주차된 차량을 충돌하는 사고가 발생한 경우는 형사처벌 대상이 아니다. 고속도로 또는 자동차전용도로에서 유턴하던 중 사고가 발생한 경우 형사처벌 대상이다.

7 사고운전자가 형사상 합의가 안 되어 형사처벌 대상이 되는 중상해의 범위에 포함되지 않는 것은?

① 생명 유지에 불가결한 뇌의 중대한 손상
② 사고 후유증으로 중증의 정신장애
③ 완치 가능한 사고 후유증
④ 사지절단

> 완치 가능한 사고 후유증은 중상해의 범위에 포함되지 않는다.

정답 1③ 2② 3① 4② 5④ 6② 7③

8 중대 교통사고 중 사망사고에 대한 설명으로 옳지 않은 것은?

① 교통사고에 의한 사망은 교통사고가 주된 원인이 되어 교통사고 발생 시부터 30일 이내에 사람이 사망한 사고를 말한다.

② 도로교통법령상 교통사고 발생 후 72시간 내 사망하면 벌점 90점이 부과되며, 교통사고처리특례법상 형사적 책임이 부과된다.

③ 운전자로서 요구되는 업무상 주의의무를 소홀히 한 과실은 사망사고의 성립요건 중 운전자 과실에 해당한다.

④ 운행목적이 아닌 작업과실로 피해자가 사망한 경우 사망사고의 성립요건 중 피해자요건에 해당한다.

> 운행목적이 아닌 작업과실로 피해자가 사망한 경우 사망사고는 피해자요건의 예외사항에 해당한다.

9 중대 교통사고 중 도주(뺑소니) 사고에 해당되지 않는 것은?

① 피해자를 사고현장에 방치한 채 가버린 경우

② 피해자 일행의 구타·폭언·폭행이 두려워 현장을 이탈한 경우

③ 사고운전자를 바꿔치기 하여 신고한 경우

④ 피해자를 병원까지만 후송하고 계속 치료를 받을 수 있는 조치 없이 가버린 경우

> 피해자 일행의 구타·폭언·폭행이 두려워 현장을 이탈한 경우는 도주(뺑소니) 사고가 아니다.

10 신호·지시위반 사고의 성립요건 중 운전자과실에 해당하지 않는 것은?

① 고의적 과실

② 불가항력적 과실

③ 부주의에 의한 과실

④ 의도적 과실

> 불가항력적 과실은 신호·지시위반 사고의 성립요건에 해당하지 않는다.

11 중앙선 침범이 적용되는 사례 중 고의 또는 의도적인 중앙선 침범 사고에 해당하지 않는 것은?

① 도로 좌측의 건물로 가기 위해 회전 중 교통사고

② 오던 길로 되돌아가기 위해 회전 중 교통사고

③ 빗길에서 과속운행 중 미끄러진 교통사고

④ 앞지르기 위해 중앙선을 넘어 진행하다 다시 진행차로로 돌아오던 중 발생한 교통사고

> 빗길에서 과속운행 중 미끄러진 교통사고는 현저한 부주의에 의한 중앙선 침범 사고에 해당한다.

12 교통사고처리특례법상 특례 적용예외 사고인 중앙선 침범 사고에 해당하는 것은?

① 교차로에서 신호위반 차량에 충돌되어 야기한 인명사상 사고

② 중앙선이 없는 도로나 교차로의 중앙부분을 넘어서 난 인명사상사고

③ 아파트 단지 내의 사설로 설치한 중앙선을 침범하여 발생한 인명사상사고

④ 속도제한을 준수하며 중앙선을 살짝 넘어 앞차를 추월하던 중 발생한 인명사상사고

> ①, ②, ③ 모두 중앙선침범 사고의 성립요건에 해당하지 않는다.

13 교통사고처리특례법의 적용을 받는 교통사고의 조건에 해당하지 않는 것은?

① 사람 사상피해의 결과 발생

② 차에 의한 사고

③ 확정적인 고의 범죄로 타인 사상

④ 교통으로 인하여 발생한 사고

> 확정적인 고의 범죄로 타인 사상한 경우에는 교통사고처리특례법상 교통사고의 조건에 해당하지 않는다.

5 과속(20km/h 초과) 사고

(1) 속도에 대한 정의

구분	정의
규제속도	법정속도(도로교통법에 따른 도로별 최고·최저속도)와 제한속도(시·도경찰청장에 의한 지정속도)
설계속도	도로설계의 기초가 되는 자동차의 속도
주행속도	정지시간을 제외한 실제 주행거리의 평균 주행속도
구간속도	정지시간을 포함한 주행거리의 평균 주행속도

(2) 과속사고의 성립요건

항목	내용	예외사항
장소적 요건	• 도로 또는 현실적으로 불특정 다수의 사람 또는 차마의 통행을 위하여 공개된 장소로서 안전하고 원활한 교통을 확보할 필요가 있는 장소	• 불특정 다수의 사람 또는 차마의 통행을 위하여 공개된 장소가 아닌 곳에서의 사고
피해자 요건	• 과속 차량(20km/h 초과)에 충돌되어 인적피해를 입은 경우	• 제한속도 20km/h 이하 과속 차량에 충돌되어 인적피해를 입은 경우 • 제한속도 20km/h 초과 차량에 충돌되어 대물피해만 입은 경우
운전자 과실	• 제한속도 20km/h를 초과하여 운행 중에 사고가 발생한 경우 - 고속도로나 자동차 전용도로에서 법정속도 20km/h를 초과한 경우 - 일반도로 법정속도 60km/h, 편도 2차로 이상의 도로에서는 80km/h에서 20km/h를 초과한 경우 - 속도제한 표지판 설치구간에서 제한속도 20km/h 초과한 경우 - 비가 내려 노면이 젖어있는 경우, 눈이 20mm 미만 쌓인 경우 최고속도의 100분의 20을 줄인 속도에서 20km/h를 초과한 경우 - 폭우·폭설·안개 등으로 가시거리가 100m 이내인 경우, 노면이 얼어붙은 경우, 눈이 20mm 이상 쌓인 경우 최고속의 100분의 50을 줄인 속도에서 20km/h를 초과한 경우 - 가변형 속도제한표지에 따른 최고속도에서 20km/h를 초과한 경우 - 총중량 2,000kg 미만인 자동차를 총 중량이 그의 3배 이상인 자동차로 견인하는 경우에는 30km/h에서 20km/h 초과한 경우 - 총중량 2,000kg 미만인 자동차를 총중량이 그의 3배 미만인 자동차로 견인하는 경우와 이륜자동차가 견인하는 경우 25km/h에서 20km/h 초과한 경우	• 제한속도 20km/h 이하로 과속하여 운행중 사고를 야기한 경우 • 제한속도 20km/h를 초과하여 과속 운행 중 대물피해만 입힌 경우
시설물설치 요건	• 시·도경찰청장이 설치한 안전표지 중 최고속도제한표지, 속도제한표시, 어린이보호구역안 속도제한표시	• 과속(20km/h)이 적용되지 않는 표지 - 규제표지 226(서행표지) - 보조표지 409(안전속도표지) - 노면표시 519(서행표시), 520(서행표시)

(3) 비·안개·눈 등으로 인한 악천후 시 감속운행속도

정상 날씨 제한속도	60km/h	70km/h	80km/h	90km/h	1000km/h
• 최고속도의 100분의 20을 줄인 속도로 운행하여야 하는 경우 – 비가 내려 노면이 젖어있는 경우 – 눈이 20mm 미만 쌓인 경우	48km/h	56km/h	64km/h	72km/h	80km/h
• 최고속도의 100분의 50을 줄인 속도로 운행하여야 하는 경우 – 폭우·폭설·안개 등으로 가시거리가 100m 이내인 경우 – 노면이 얼어 붙은 경우 – 눈이 20mm 이상 쌓인 경우	30km/h	35km/h	40km/h	45km/h	50km/h

(4) 과속사고에 따른 행정처분 (승합자동차에 한함)

항목	60km/h 초과	40km/h 초과 60km/h 이하	20km/h 초과 40km/h 이하	20km/h 이하
범칙금	13만원	10만원	7만원	3만원
벌점	60점	30점	15점	–

⑥ 앞지르기 방법·금지위반 사고

(1) 앞지르기 방법

모든 차의 운전자는 다른 차를 앞지르고자 하는 때에는 앞차의 좌측으로 통행하여야 한다.

(2) 앞지르기 금지의 시기 및 장소

① 앞지르기가 금지되는 경우

  • 앞차의 좌측에 다른 차가 앞차와 나란히 가고 있는 경우

  • 앞차가 다른 차를 앞지르고 있거나 앞지르고자 하는 경우

② 이 법이나 이 법에 의한 명령 또는 경찰공무원의 지시를 따르거나 위험을 방지하기 위하여 정지하거나 서행하고 있는 다른 차를 앞지르지 못한다.

③ 앞지르기 금지 장소

  • 교차로 / 터널 안 / 다리 위

  • 도로의 구부러진 곳, 비탈길의 고개마루 부근 또는 가파른 비탈길의 내리막 등 시·도경찰청장이 도로에서의 위험을 방지하고 교통의 안전과 원활한 소통을 확보하기 위하여 필요하다고 인정하는 곳으로서 안전표지로 지정한 곳

(3) 끼어들기의 금지

도로교통법이나 도로교통법에 의한 명령 또는 경찰공무원의 지시에 따르거나 위험방지를 위하여 정지 또는 서행하고 있는 다른 차앞에 끼어들지 못한다.

(4) 갓길 통행금지 등

고속도로에서 다른 차를 앞지르고자 하는 때에는 방향지시기·등화 또는 경음기를 사용하여 차로로 안전하게 통행하여야 한다.

(5) 앞지르기 방법·금지위반 사고의 성립요건

항목	내용	예외사항
장소적 요건	• 앞지르기 금지 장소	• 앞지르기 금지 장소 외의 지역
피해자 요건	• 앞지르기 방법·금지 위반 차량에 충돌되어 인적피해를 입은 경우	• 앞지르기 방법·금지 위반 차량에 충돌되어 대물피해만 입은 경우 • 불가항력적인 상황에서 앞지르기 하던 차량에 충돌되어 인적피해를 입은 경우

운전자 과실	• 앞지르기 금지 위반 사고
	  - 앞차의 좌측에 다른 차가 앞차와 나란히 가고 있을 때 앞지르기
	  - 앞차가 다른 차를 앞지르고 있거나 앞지르고자 할 때 앞지르기
	  - 경찰공무원의 지시를 따르거나 위험을 방지하기 위해 정지 또는 서행하고 있는 앞차 앞지르기
	  - <u>앞지르기 금지장소에서의 앞지르기</u> ---> 교차로, 터널 안, 다리 위 등
	• 앞지르기 방법 위반 사고
	  - 앞차의 우측으로 앞지르기
		• 불가항력적인 상황에서 앞지르기 하던 중 사고

시설물설치 요건	• 시·도경찰청장이 설치한 안전표지 중 - 규제표지 217(앞지르기금지표지)	• 특정구역 내부의 소통과 안전을 목적으로 권한 없는 사람이 설치한 안전표지

(6) 앞지르기 방법·금지위반 사고에 따른 행정처분

항목	(승합자동차의) 범칙금	벌점
앞지르기 방법위반	7만원	10점
앞지르기 금지시기·장소위반	7만원	15점
앞지르기 방해금지위반	5만원	-

7 철길건널목 통과방법위반 사고

(1) 철길건널목의 종류

항목	내용
제1종 건널목	차단기, 건널목경보기 및 교통안전표지가 설치되어 있는 경우
제2종 건널목	건널목경보기 및 교통안전표지가 설치되어 있는 경우
제3종 건널목	교통안전표지만 설치되어 있는 경우

(2) 앞지르기 방법·금지위반 사고의 성립요건

항목	내용	예외사항
장소적 요건	• 철길건널목	• 역 구내의 철길건널목
피해자 요건	• 철길건널목 통과방법 위반 사고로 인적 피해를 입은 경우	• 철길건널목 통과방법 위반 사고로 대물 피해만 입은 경우

| 운전자
과실 | • 철길건널목 통과방법 위반 과실
  – 철길건널목 전에 일시정지 불이행
  – 안전미확인 통행중 사고
  – 차량이 고장난 경우 승객대피, 차량이동 조치 불이행
• 철길건널목 진입금지
  – 차단기가 내려져 있거나 내려지려고 하는 경우
  – 경보기가 울리고 있는 경우 | • 철길건널목 신호기·경보기 등의 고장으로 일
어난 사고
※ 신호기 등이 표시하는 신호에 따르는 때에는 일시
정지하지 아니하고 통과할 수 있다. |

(3) 철길건널목 통과방법위반 사고에 따른 행정처분

항목	(승합자동차의) 범칙금	벌점
철길건널목 통과방법위반	7만원	30점

8 보행자 보호의무위반 사고

(1) 보행자로 인정되는 경우와 아닌 경우

횡단보도 보행자인 경우	• 횡단보도를 걸어가는 사람 • 횡단보도에서 원동기장치자전거나 자전거를 끌고 가는 사람 • 횡단보도에서 원동기장치자전거나 자전거를 타고 가다 이를 세우고 한 발은 페달에, 다른 한 발은 지면에 서 있는 사람 • 세발자전거를 타고 횡단보도를 건너는 어린이 • 손수레를 끌고 횡단보도를 건너는 사람
횡단보도 보행자가 아닌 경우	• 횡단보도에서 원동기장치자전거나 자전거를 타고 가는 사람 • 횡단보도에 누워 있거나, 앉아 있거나, 엎드려 있는 사람 • 횡단보도 내에서 교통정리를 하고 있는 사람 • 횡단보도 내에서 택시를 잡고 있거나, 화물 하역작업을 하고 있는 사람 • 보도에 서 있다가 횡단보도 내로 넘어진 사람

(2) 횡단보도로 인정되는 경우와 아닌 경우

  ① 횡단보도 노면표시가 있으나 횡단보도표지판이 설치되지 않은 경우에도 횡단보도로 인정

  ② 횡단보도 노면표시가 포장공사로 반은 지워졌으나, 반이 남아 있는 경우에도 횡단보도로 인정

  ③ 횡단보도 노면표시가 완전히 지워지거나, 포장공사로 덮여졌다면 횡단보도 효력 상실

(3) 보행자 보호의무위반 사고의 성립요건

항목	내용	예외사항
장소적 요건	• 횡단보도 내	• 보행신호가 적색등화일 때의 횡단보도
피해자 요건	• 횡단보도를 횡단하고 있는 보행자가 충돌되어 인적피해를 입은 경우 한 보행자를 충돌한 경우	• 보행신호가 적색등화일 때 횡단을 시작한 보행 자를 충돌한 경우 • 횡단이 아니라 횡단보도 내에 누워 있거나, 교 통정리를 하거나, 싸우고 있거나, 택시를 잡고 있거나 등 보행의 경우가 아닌 때에 충돌한 경우

운전자 과실	• 횡단보도를 건너고 있는 보행자를 충돌한 경우 • 횡단보도 전에 정지한 차량을 추돌하여 추돌된 차량이 밀려나가 보행자를 충돌한 경우 • 보행신호가 녹색등화일 때 횡단보도를 진입하여 건너고 있는 보행자를 보행신호가 녹색등화의 점멸 또는 적색등화로 변경된 상태에서 충돌한 경우	• 적색등화에 횡단보도를 진입하여 건너고 있는 보행자를 충돌한 경우 • 횡단보도를 건너다가 신호가 변경되어 중앙선에 서 있는 보행자를 충돌한 경우 • 횡단보도를 건너고 있을 때 보행신호가 적색등화로 변경되어 되돌아가고 있는 보행자를 충돌한 경우 • 녹색등화가 점멸되고 있는 횡단보도를 진입하여 건너고 있는 보행자를 적색등화에 충돌한 경우

시설물설치
요건
	• 시·도경찰청장이 설치한 횡단보도
	  - 횡단보도에는 횡단보도표시와 횡단보도표지판을 설치할 것
	  - 횡단보도를 설치하고자 하는 장소에 횡단보행자용 신호기가 설치되어 있는 경우에는 횡단보도표시를 설치할 것
	  - 횡단보도를 설치하고자 하는 도로의 표면이 포장이 되지 아니하여 횡단보도표시를 할 수 없는 때에는 횡단보도 표지판을 설치할 것
	    → 이 경우 그 횡단 보도표지판에 횡단보도의 너비를 표시하는 보조표지를 설치할 것
	  - 횡단보도는 육교·지하도 및 다른 횡단보도로부터 200미터 이내에는 설치하지 아니할 것
	    → 어린이 보호구역, 노인 보호구역 또는 장애인 보호구역으로 지정된 구간인 경우 보행자의 안전이나 통행을 위하여 특히 필요하다고 인정되는 경우에는 그러하지 아니하다.
		• 아파트 단지나 학교, 군부대 등 특정구역 내부의 소통과 안전을 목적으로 권한이 없는 자에 의해 설치된 경우는 제외

(4) 보행자 보호의무위반 사고에 따른 행정처분

항목	(승합자동차의) 범칙금	벌점
횡단보도 보행자 횡단 방해	7만원	10점

⑨ 무면허 운전 중 사고

(1) 무면허 운전의 개념
  ① 정의 : 도로에서 운전면허를 받지 아니하고 운전하는 행위
  ② 무면허 운전의 유형
    • 운전면허를 취득하지 않고 운전하는 행위
    • 운전면허 적성검사기간 만료일로부터 1년간의 취소유예기간이 지난 면허증으로 운전하는 행위
    • 운전면허 취소처분을 받은 후에 운전하는 행위
    • 운전면허 정지 기간 중에 운전하는 행위
    • 제2종 운전면허로 제1종 운전면허를 필요로 하는 자동차를 운전하는 행위
    • 제1종 대형면허로 특수면허가 필요한 자동차를 운전하는 행위
    • 운전면허시험에 합격한 후 운전면허증을 발급받기 전에 운전하는 행위

(2) 무면허 운전 중 사고의 성립요건

항목	내용	예외사항
장소적 요건	• 도로나 그 밖에 현실적으로 불특정 다수의 사람 또는 차마의 통행을 위하여 공개된 장소로서 안전하고 원활한 교통을 확보할 필요가 있는 장소(불특정 다수인이 출입하는 공개된 장소로 경찰권이 미치는 곳)	• 불특정 다수의 사람 또는 차마가 사용되는 곳이 아닌 장소(특정인만이 출입하는 통제·관리되는 경찰권이 미치지 않는 곳)
피해자 요건	• 무면허로 운전하는 자동차에 충돌되어 인적피해를 입은 경우 • 무면허로 운전하는 자동차에 충돌되어 대물피해를 입은 경우로 보험면책으로 합의되지 않으면 공소권 있음	• 무면허로 운전하는 자동차에 충돌되어 대물피해를 입은 경우

운전자 과실	• 무면허 상태에서 운전하는 경우
	   – 면허를 취득하지 않고 운전
	   – 유효기간이 지난 면허증으로 운전
	   – 취소처분을 받은 후 운전
	   – 면허정지 기간 중에 운전
	   – 면허증 발급 전에 운전
	   – 면허종별 외의 차량 운전
		• 운전면허 취소사유가 발생한 상태이지만 취소처분을 받기 전에 운전하는 경우

🔟 주취 · 약물복용 운전중 사고

(1) 음주운전인 경우와 아닌 경우

① 불특정 다수인이 이용하는 도로와 특정인이 이용하는 주차장 또는 학교 경내 등에서의 음주 운전도 형사처벌 대상

(단, 특정인만이 이용하는 장소에서의 음주운전으로 인한 운전면허 행정처분은 불가)

- 공개되지 않은 통행로에서의 음주운전도 처벌 대상 : 공장이나 관공서, 학교, 사기업 등의 정문 안쪽 통행로와 같이 문, 차단기에 의해 도로와 차단되고 별도로 관리되는 장소의 통행로에서의 음주운전도 처벌 내상
- 술을 마시고 주차장(주차선 안 포함)에서 음주운전 하여도 처벌 대상
- 호텔, 백화점, 고층건물, 아파트 내 주차장 안의 통행로뿐만 아니라 주차선 안에서 음주운전하여도 처벌 대상

② 혈중알코올농도 0.03% 미만에서의 음주운전은 처벌 불가

(2) 주취·약물복용 운전중 사고의 성립요건

항목	내용	예외사항
장소적 요건	• 도로나 그 밖에 현실적으로 불특정 다수의 사람 또는 차마의 통행을 위하여 공개된 장소로서 안전하고 원활한 교통을 확보할 필요가 있는 장소 • 공개되지 않은 통행로로 문, 차단기에 의해 도로와 차단되고 별도로 관리되는 장소 • 주차장 또는 주차선 안	• 역 구내의 철길건널목
피해자 요건	• 음주운전 자동차에 충돌되어 인적피해를 입은 경우	• 음주운전 자동차에 충돌되어 대물피해를 입은 경우(보험에 가입되어 있다면 공소권 없음으로 처리)
운전자 과실	• 음주한 상태에서 자동차를 운전하여 일정거리 운행한 경우 • 혈중알코올농도가 0.03% 이상에서 음주측정에 불응한 경우 • 주차장 또는 주차선 안에서 운전하는 경우	• 혈중알코올농도가 0.03% 미만인 상태에서 음주측정에 불응한 경우

⑪ 보도침범, 보도횡단방법위반 사고

(1) 보도의 개념

① 보도 : 차와 사람의 통행을 분리시켜 보행자의 안전을 확보하기 위해 연석이나 방호울타리 등으로 차도와 분리하여 설치된 도로의 일부분으로 차도와 대응되는 개념

② 보도침범 사고 : 보도에 차마가 들어서는 과정, 보도에 차마의 차체가 걸치는 과정, 보도에 주차시킨 차량을 전진 또는 후진시키는 과정에서 통행중인 보행자와 충돌한 경우

③ 보도횡단방법위반 사고 : 차마의 운전자는 도로에서 도로 외의 곳에 출입하기 위해서는 보도를 횡단하기 직전에 일시 정지하여 보행자의 통행을 방해하지 아니 하도록 되어 있으나 이를 위반하여 보행자와 충돌하여 인적피해를 야기한 경우

(2) 보도침범, 보도횡단방법위반 사고의 성립요건

항목	내용	예외사항
장소적 요건	• 보도와 차도가 구분된 도로에서 보도 내 사고	• 보도와 차도의 구분이 없는 도로는 제외
피해자 요건	• 보도 내에서 보행중 사고	• 피해자가 자전거 또는 원동기장치자전거를 타고 가던 중 사고는 제차로 간주되어 적용 제외
운전자 과실	• 고의적 과실 • 의도적 과실 • 현저한 부주의 과실	• 불가항력적 과실 • 만부득이한 과실 • 단순 부주의 과실
시설물설치 요건	• 보도설치권한이 있는 행정관서에서 설치하여 관리하는 보도	• 학교·아파트단지 등 특정 구역 내부의 소통과 안전을 목적으로 설치된 보도

(3) 보도침범, 횡단방법위반 사고에 따른 행정처분

항목	(승합자동차의) 범칙금	벌점
통행구분위반(보도침범, 보도 횡단방법 위반)	7만원	10점

⑫ 승객추락방지의무위반 사고

(1) 승객추락방지의무에 해당하는 경우와 아닌 경우

승객추락방지의무에 해당하는 경우	• 문을 연 상태에서 출발하여 타고 있는 승객이 추락한 경우 • 승객이 타거나 또는 내리고 있을 때 갑자기 문을 닫아 문에 충격된 승객이 추락한 경우 • 버스 운전자가 개폐 안전장치인 전자감응장치가 고장난 상태에서 운행 중에 승객이 내리고 있을 때 출발하여 승객이 추락한 경우
승객추락방지의무에 해당하지 않는 경우	• 승객이 임의로 차문을 열고 상체를 내밀어 차 밖으로 추락한 경우 • 운전자가 사고방지를 위해 취한 급제동으로 승객이 차 밖으로 추락한 경우 • 화물자동차 적재함에 사람을 태우고 운행 중에 운전자의 급가속 또는 급제동으로 피해자가 추락한 경우

(2) 승객추락방지의무위반 사고의 성립요건

항목	내용	예외사항
장소적 요건	승용, 승합, 화물, 건설기계 등 자동차에만 적용	이륜자동차 및 자전거는 제외
피해자 요건	탑승 승객이 개문되어 있는 상태로 출발한 차량에서 추락하여 피해를 입은 경우	적재되어 있는 화물의 추락 사고는 제외
운전자 과실	차의 문이 열려 있는 상태로 출발하는 행위	차량이 정지하고 있는 상태에서의 추락은 제외

(3) 승객추락방지의무위반 사고에 따른 행정처분

항목	(승합자동차의) 범칙금	벌점
승객 또는 승하차자 추락방지조치위반	7만원	10점

ⓑ 어린이 보호구역내 어린이 보호의무위반 사고

(1) 어린이 보호구역으로 지정될 수 있는 장소

① 유치원, 초등학교, 특수학교

② 정원 100명 이상의 보육시설 (관할 경찰서장과 협의된 경우에는 정원이 100명 미만의 보육시설 주변도로에 대해서도 지정 가능)

③ 수강생 100명 이상인 학원 (관할 경찰서장과 협의된 경우에는 정원이 100명 미만의 학원 주변도로에 대해서도 지정 가능)

④ 외국인학교, 대안학교, 국제학교, 외국교육기관 중 유치원·초등학교 교과과정이 있는 학교

(2) 어린이 보호의무위반 사고의 성립요건

항목	내용	예외사항
장소적 요건	어린이 보호구역으로 지정된 장소	어린이 보호구역이 아닌 장소
피해자 요건	어린이가 상해를 입은 경우	성인이 상해를 입은 경우
운전자 과실	어린이에게 상해를 입힌 경우	성인에게 상해를 입힌 경우

03 교통사고 처리의 이해

❶ 용어의 정의

용어	정의
교통	차를 운전하여 사람 또는 화물을 이동시키거나 운반하는 등 차를 그 본래의 용법에 따라 사용하는 것
교통사고	차의 교통으로 인하여 사람을 사상하거나 물건을 손괴한 것
대형사고	3명 이상이 사망(교통사고 발생일부터 30일 이내에 사망)하거나 20명 이상의 사상자가 발생한 사고
교통조사관	교통사고를 조사하여 검찰에 송치하는 등 교통사고 조사업무를 처리하는 경찰공무원
스키드 마크 (Skid mark)	차의 급제동으로 인하여 타이어의 회전이 정지된 상태에서 노면에 미끄러져 생긴 타이어 마모 흔적 또는 활주 흔적

용어	정의
요 마크 (Yaw mark)	급핸들 등으로 인하여 차의 바퀴가 돌면서 차축과 평행하게 옆으로 미끄러진 타이어의 마모 흔적
충돌	차가 반대방향 또는 측방에서 진입하여 그 차의 정면으로 다른 차의 정면 또는 측면을 충격한 것
추돌	2대 이상의 차가 동일방향으로 주행 중 뒤차가 앞차의 후면을 충격한 것
접촉	차가 추월, 교행 등을 하려다가 차의 좌우측면을 서로 스친 것
전도	차가 주행 중 도로 또는 도로 이외의 장소에 차체의 측면이 지면에 접하고 있는 상태 (좌측면이 지면에 접해 있으면 좌전도, 우측면이 지면에 접해 있으면 우전도)
전복	차가 주행 중 도로 또는 도로 이외의 장소에 뒤집혀 넘어진 것
추락	차가 도로변 절벽 또는 교량 등 높은 곳에서 떨어진 것
뺑소니	교통사고를 야기한 차의 운전자가 피해자를 구호하는 등의 조치를 취하지 아니하고 도주한 것

❷ 수사기관의 교통사고 처리 기준

(1) 인피사고(사람을 사망하게 하거나 다치게 한 교통사고)의 처리

① 사람을 사망하게 한 교통사고의 가해자는 **송치 결정**

② 사람을 다치게 한 교통사고의 피해자가 가해자에 대하여 처벌을 희망하지 아니하는 의사표시를 한 때에는 **입건 전 조사종결 또는 불송치 결정** (다만, 사고의 원인행위에 대하여는 통고처분 또는 즉결심판 청구)

③ 부상사고로써 피해자가 가해자에 대하여 처벌을 희망하지 아니하는 의사표시가 없거나 「교통사고처리특례법」 제3조 제2항 단서에 해당하는 경우에는 같은 법 제3조제1항을 적용하여 **송치 결정**

④ 부상사고로써 피해자가 가해자에 대하여 처벌을 희망하지 아니하는 의사표시가 없는 경우라도 보험 또는 공제에 가입된 경우에는 다음에 해당하는 경우를 제외하고 **입건 전 조사종결 또는 불송치 결정** (다만, 사고의 원인행위에 대하여는 통고처분 또는 즉결심판 청구)

- 교통사고처리특례법 적용 예외 해당하는 경우
- 피해자가 생명의 위험이 발생하거나 불구·불치·난치의 질병(중상해)에 이르게 된 경우
- 보험등의 계약이 해지되거나 보험사 등의 보험금 등 지급의무가 없어진 경우

⑤ 위 ④의 어느 하나에 해당하는 경우에는 ②, ③의 기준에 따라 처리

(2) 물피사고(다른 사람의 건조물이나 그 밖의 재물을 손괴한 교통사고)의 처리

① 피해자가 가해자에 대하여 처벌을 희망하지 아니하는 의사표시가 있는 경우 또는 보험등에 가입된 경우

- 현장출동경찰관등은 근무일지에 교통사고 발생 일시·장소 등을 기재 후 종결 (다만, 사고 당사자가 사고 접수를 원하는 경우에는 현장조사시스템에 입력)
- 교통조사관은 교통경찰업무관리시스템(TCS)의 교통사고접수처리대장에 입력한 후 "단순 물적피해 교통사고 조사보고서"를 작성하고 종결

② 피해자가 가해자에 대하여 처벌을 희망하지 아니하는 의사표시가 없거나 보험등에 가입되지 아니한 경우에는 송치 결정 (다만, 피해액이 20만원 미만인 경우에는 즉결심판을 청구하고 대장에 입력한 후 종결)

(3) 뺑소니 사고의 처리

    ① 인피 **뺑소니사고** : 「특정범죄가중처벌 등에 관한 법률」 제5조의3을 적용하여 송치 결정

    ② 물피 **뺑소니사고**

       • 도로에서 교통상의 위험과 장해를 발생시키거나 발생시킬 우려가 있는 물피 **뺑소니** 사고에 대해서는 「도로교통법」 제148조를 적용하여 송치 결정

       • 주·정차된 차만 손괴한 것이 분명하고 피해자에게 인적사항을 제공하지 않은 물피 **뺑소니** 사고에 대해서는 「도로교통법」 제156조제10호를 적용하여 통고처분 또는 즉심청구를 하고 교통경찰업무관리시스템(TCS)에서 결과보고서 작성한 후 종결

(4) 교통사고를 야기한 후 사상자 구호 등 사후조치는 하였으나 경찰공무원이나 경찰관서에 신고하지 아니한 때에는 제1항, 제2항 및 「도로교통법」 제154조제4호의 규정을 적용하여 처리한다. (다만, 도로에서의 위험방지와 원활한 소통을 위하여 필요한 조치를 한 경우에는 「도로교통법」 제154조제4호의 규정은 적용하지 아니한다.)

(5) 「도로교통법」 제44조제1항의 규정을 위반하여 주취운전 중 인피사고를 일으킨 운전자에 대하여는 다음 사항을 종합적으로 고려하여 「특정범죄 가중처벌 등에 관한 법률」 제5조의11의 규정의 위험운전치사상죄를 적용

    ① 가해자가 마신 술의 양

    ② 사고발생 경위, 사고위치 및 피해정도

    ③ 비정상적 주행 여부, 똑바로 걸을 수 있는지 여부, 말할 때 혀가 꼬였는지 여부, 횡설수설하는지 여부, 사고 상황을 기억하는지 여부 등 사고 전·후의 운전자 행태

(6) 피해자와의 손해배상 합의기간 : 교통조사관은 부상사고로서 「교통사고처리 특례법」 제3조제2항 단서에 해당하지 아니하는 사고를 일으킨 운전자가 보험등에 가입되지 아니한 경우 또는 중상해 사고를 야기한 운전자에게는 특별한 사유가 없는 한 사고를 접수한 날부터 **2주간** 합의할 수 있는 기간을 주어야 한다.

(7) 합의서의 처리 : 교통조사관은 합의기간 안에 가해자와 피해자가 손해배상에 합의한 경우에는 가해자와 피해자로부터 별지 제1호서식의 자동차교통사고합의서를 제출받아 교통사고조사 기록에 첨부

3 안전사고 등의 처리 (교통사고조사규칙 제21조)

(1) 교통조사관은 다음의 어느 하나에 해당하는 사고의 경우에는 교통사고로 처리하지 아니하고 업무 주무기능에 인계

    ① 자살·자해(自害)행위로 인정되는 경우

    ② 확정적 고의(故意)에 의하여 타인을 사상하거나 물건을 손괴한 경우

    ③ 낙하물에 의하여 차량 탑승자가 사상하였거나 물건이 손괴된 경우

    ④ 축대, 절개지 등이 무너져 차량 탑승자가 사상하였거나 물건이 손괴된 경우

    ⑤ 사람이 건물, 육교 등에서 추락하여 진행중인 차량과 충돌 또는 접촉하여 사상한 경우

    ⑥ 그 밖의 차의 교통으로 발생하였다고 인정되지 아니한 안전사고의 경우

(2) 교통조사관은 위 (1)의 ①~⑥에 해당하는 사고의 경우라도 운전자가 이를 피할 수 있었던 경우에는 교통사고로 처리

★★★
1 정지시간을 제외한 실제 주행거리의 평균 주행속도를 말하는 것은?

① 규제속도
② 설계속도
③ 주행속도
④ 구간속도

정지시간을 제외한 실제 주행거리의 평균 주행속도를 주행속도라 한다.

★★★★
2 과속(20km/h 초과) 사고의 성립요건으로 옳지 않은 것은?

① 장소적 요건 – 도로
② 피해자 요건 – 과속 차량(20km/h 초과)에 충돌되어 인적 피해를 입은 경우
③ 운전자 과실 – 가변형 속도제한표지에 따른 최고속도에서 20km/h를 초과한 경우
④ 시설물 설치요건 – 시·도경찰청장이 설치한 안전표지 중 서행표지, 안전속도표지

과속(20km/h 초과) 사고의 시설물 설치요건은 시·도경찰청장이 설치한 안전표지 중 최고속도제한표지, 속도제한표시, 어린이보호구역안 속도제한표시이다.

★★★
3 앞지르기 방법 또는 앞지르기 금지위반 사고의 성립요건으로 운전자의 과실 내용이 아닌 것은?

① 앞차의 좌측에 다른 차가 앞차와 나란히 가고 있을 때 앞지르기
② 앞차의 좌측으로 앞지르기
③ 경찰공무원의 지시에 따라 서행하고 있는 앞차 앞지르기
④ 앞지르기 금지장소에서 앞지르기

앞차의 좌측으로 앞지르기하는 것은 운전자과실에 해당하지 않는다.

★★★★★
4 다음 중 최고속도의 100분의 50을 줄인 속도로 운행하여야 하는 경우에 해당되지 않는 것은?

① 노면이 얼어붙은 경우
② 눈이 10mm 이상 쌓인 경우
③ 안개로 가시거리가 100m 이내인 경우
④ 폭우로 가시거리가 100m 이내인 경우

눈이 20mm 이상 쌓인 경우 최고속도의 100분의 50을 줄인 속도로 운행하여야 한다.

★★★★
5 과속(20km/h 초과) 사고의 성립요건 중 운전자과실에 해당하지 않는 것은?

① 고속도로나 자동차 전용도로에서 법정속도 20km/h를 초과한 경우
② 일반도로 법정속도 매시 60km, 편도 2차로 이상의 도로에서는 매시 80km에서 20km/h를 초과한 경우
③ 비가 내려 노면이 젖어있는 경우, 눈이 20mm 미만 쌓인 경우 최고속도의 100분의 20을 줄인 속도에서 20km/h를 초과한 경우
④ 제한속도 20km/h를 초과하여 과속 운행 중 대물피해만 입힌 경우

제한속도 20km/h를 초과하여 과속 운행 중 대물피해만 입힌 경우는 예외 사항에 해당한다.

★★★★★
6 다음 중 승합자동차의 경우 앞지르기 방법·금지 위반에 따른 행정처분이 잘못된 것은?

① 앞지르기 금지시기 장소 위반인 경우 벌점은 15점이다.
② 앞지르기 방해금지 위반인 경우 범칙금 5만원이 부과되고 벌점은 없다.
③ 앞지르기 방법 위반인 경우 범칙금은 5만원이다.
④ 앞지르기 방법 위반인 경우 벌점은 10점이다.

앞지르기 방법 위반인 경우 범칙금은 7만원이다.

★★★★★
7 철길건널목 통과방법위반 사고의 성립요건에 해당하지 않는 것은?

① 철길건널목 전에 일시정지 불이행
② 안전미확인 통행중 사고
③ 차량이 고장난 경우 승객대피, 차량이동 조치 불이행
④ 철길건널목 통과방법 위반 사고로 대물 피해만 입은 경우

철길건널목 통과방법 위반 사고로 대물 피해만 입은 경우는 성립요건에 해당하지 않는다.

정답 ▶ 1 ③ 2 ④ 3 ② 4 ② 5 ④ 6 ③ 7 ④

8 승합자동차가 철길건널목 통과방법위반 사고를 일으킨 경우의 행정처분으로 옳은 것은? ★★★

① 범칙금 5만원, 벌점 30점
② 범칙금 7만원, 벌점 30점
③ 범칙금 5만원, 벌점 50점
④ 범칙금 7만원, 벌점 50점

철길건널목 통과방법위반 사고에 따른 행정처분 : 범칙금 7만원, 벌점 30점

9 횡단보도로 인정이 되지 않는 경우는? ★★★

① 횡단보도 노면표시와 횡단보도표지판이 설치된 경우
② 횡단보도 노면표시가 완전히 지워진 경우
③ 횡단보도 노면표시가 포장공사로 반은 지워졌으나 반이 남아 있는 경우
④ 횡단보도 노면표시가 있으나 횡단보도표지판이 설치되지 않은 경우

횡단보도 노면표시가 완전히 지워지거나, 포장공사로 덮여졌다면 횡단보도 효력이 상실된다.

10 횡단보도에서 자동차 대 자전거 사고 발생 시 현장의 형태에 따른 결과와 조치사항으로 틀린 것은? ★★★

① 자전거를 끌고 횡단보도 보행 중 사고는 보행자로 간주하여 보행자 보호의무위반으로 처리한다.
② 자전거를 타고가다 멈추고 한발은 폐달에, 한발은 노면에 딛고 서 있던 중의 사고는 보행자로 간주하여 보행자 보호의무위반으로 처리한다.
③ 자전거를 타고 횡단보도 횡단 중의 교통사고도 보행자로 간주하여 처리할 수 있다.
④ 자전거를 타고 횡단보도 통행 중 사고는 자전거를 보행자로 볼 수 없고 차로 간주하여 안전운전불이행으로 처리한다.

횡단보도에서 원동기장치자전거나 자전거를 타고 가는 사람은 보행자로 보지 않는다.

11 횡단보도 보행자보호의무 위반 사고의 성립요건으로 옳지 않은 것은? ★★★★

① 장소적 요건 - 횡단보도 내
② 피해자 요건 - 횡단보도를 건너던 보행자가 자동차에 충돌되어 물적 피해를 입은 경우

③ 운전자 과실 - 보행신호가 녹색등화일 때 횡단보도를 진입하여 건너고 있는 보행자를 보행신호가 적색등화로 변경된 상태에서 충돌한 경우
④ 시설물 설치요건 - 아파트 단지, 학교, 군부대 등 특정구역 내부의 소통과 안전을 목적으로 권한이 없는 자에 의해 설치된 경우는 제외

피해자 요건 - 횡단보도를 건너던 보행자가 자동차에 충돌되어 인적 피해를 입은 경우

12 보행자 보호의무위반 사고의 성립요건 중 운전자 과실 요건에 해당되지 않는 것은? ★★★★

① 횡단보도를 건너고 있는 보행자를 충돌한 경우
② 보행신호가 녹색등화일 때 횡단보도를 진입하여 건너고 있는 보행자를 보행신호가 녹색등화의 점멸 또는 적색등화로 변경된 상태에서 충돌한 경우
③ 횡단보도 전에 정지한 차량을 추돌하여 추돌된 차량이 밀려나가 보행자를 충돌한 경우
④ 횡단보도를 건너다가 신호가 변경되어 중앙선에 서 있는 보행자를 충돌한 경우

횡단보도를 건너다가 신호가 변경되어 중앙선에 서 있는 보행자를 충돌한 경우는 보행자 보호의무위반 사고의 성립요건이 아니다.

13 승합자동차의 경우 보행자 보호의무위반 사고에 따른 행정처분으로 옳은 것은? ★★★

① 범칙금 5만원, 벌점 10점
② 범칙금 7만원, 벌점 30점
③ 범칙금 5만원, 벌점 30점
④ 범칙금 7만원, 벌점 10점

철길건널목 통과방법위반 사고에 따른 행정처분 : 범칙금 7만원, 벌점 10점

14 무면허 운전 중 사고의 성립요건으로 옳지 않은 것은? ★★★★

① 장소적 요건 - 도로
② 피해자 요건 - 무면허로 운전하는 자동차에 충돌되어 인적피해를 입은 경우
③ 운전자 과실 - 유효기간이 지난 면허증으로 운전하는 경우
④ 피해자 요건 - 무면허로 운전하는 자동차에 충돌되어 대물피해를 입은 경우

무면허로 운전하는 자동차에 충돌되어 대물피해를 입은 경우는 예외사항에 해당한다.

정답 ▶ 8 ② 9 ② 10 ③ 11 ② 12 ④ 13 ④ 14 ④

chapter **01**

15 다음 중 교통사고처리특례법상 중대한 교통사고인 승객 추락방지의무위반에 해당되는 것은?

① 정류장에 정차한 버스에서 하차하던 승객이 발을 잘못 디뎌 넘어져 다친 경우

② 정류장에 정차한 버스에서 승객이 뒤에서 떠밀려 도로에 넘어져 부상한 경우

③ 버스의 승객이 하차하던 중 문을 닫지 않고 출발하여 승객이 도로상으로 떨어져 부상한 경우

④ 버스가 정류장에 정차하려고 급정지하자 버스 안에 있던 승객이 넘어지면서 다친 경우

문을 연 상태에서 출발하여 타고 있는 승객이 추락한 경우 승객추락방지의무위반에 해당된다.

16 차가 반대방향 또는 측방에서 진입하여 그 차의 정면으로 다른 차의 정면 또는 측면을 충격한 것을 의미하는 용어는?

① 충돌   ② 전도
③ 추돌   ④ 접촉

차가 반대방향 또는 측방에서 진입하여 그 차의 정면으로 다른 차의 정면 또는 측면을 충격한 것을 충돌이라 한다.

17 차가 도로변 절벽 또는 교량 등 높은 곳에서 떨어진 것을 의미하는 용어는?

① 충돌   ② 추돌
③ 전도   ④ 추락

차가 도로변 절벽 또는 교량 등 높은 곳에서 떨어진 것을 추락이라고 한다.

18 차가 주행 중 도로 또는 도로 이외의 장소에 차체의 측면이 지면에 접하고 있는 상태를 말하는 것은?

① 전복   ② 전도
③ 충돌   ④ 추돌

차가 주행 중 도로 또는 도로 이외의 장소에 차체의 측면이 지면에 접하고 있는 상태를 전도라 한다.

19 주취운전 중 인피사고를 일으킨 운전자에 대하여 특정범죄 가중처벌 등에 관한 법률 제5조의11의 규정의 위험운전 치사상죄를 적용하기 위해 반드시 고려하는 사항이 아닌 것은?

① 피해자, 목격자의 진술

② 가해자가 마신 술의 양

③ 사고발생 경위, 사고위치 및 피해정도

④ 술을 마신 상태에서 차를 운전한 장소

술을 마신 상태에서 차를 운전한 장소는 고려사항이 아니다.

20 교통사고조사규칙에서 규정하고 있는 대형사고의 기준은?

① 2명 이상이 사망하거나 5명 이상의 사상자가 발생한 사고

② 3명 이상이 사망하거나 10명 이상의 사상자가 발생한 사고

③ 3명 이상이 사망하거나 20명 이상의 사상자가 발생한 사고

④ 5명 이상이 사망하거나 15명 이상의 사상자가 발생한 사고

대형사고란 3명 이상이 사망(교통사고 발생일부터 30일 이내에 사망)하거나 20명 이상의 사상자가 발생한 사고를 말한다.

21 수사기관의 교통사고 처리 기준 중 인피사고의 처리에 대한 설명으로 맞지 않는 것은?

① 부상사고로써 피해자가 가해자에 대하여 처벌을 희망하지 아니하는 의사표시가 없는 경우에는 송치 결정

② 사람을 다치게 한 교통사고의 피해자가 가해자에 대하여 처벌을 희망하지 아니하는 의사표시를 한 때에는 입건 전 조사종결 또는 불송치 결정

③ 사람을 사망하게 한 교통사고의 가해자는 송치 결정

④ 부상사고로써 피해자가 가해자에 대하여 처벌을 희망하지 아니하는 의사표시가 없고 보험 등의 계약이 해지되거나 보험사 등의 보험금 등 지급의무가 없어진 경우 불송치 결정

부상사고로써 피해자가 가해자에 대하여 처벌을 희망하지 아니하는 의사표시가 없고 보험 등의 계약이 해지되거나 보험사 등의 보험금 등 지급의무가 없어진 경우 송치 결정

정답 **15** ③ **16** ① **17** ④ **18** ② **19** ④ **20** ③ **21** ④

Main Key Point

[예상문항 : 3문제] 이 장의 출제비중은 많지 않습니다. 서행 및 일시정지 장소, 주요 교통사고의 성립요건 위주로 학습하시기 바랍니다.

01 안전거리 미확보 사고

1 안전거리 개념

① 안전거리 : 같은 방향으로 가고 있는 앞차가 갑자기 정지하게 되는 경우 그 앞차와의 추돌을 피할 수 있는 필요한 거리로 정지거리보다 약간 긴 정도의 거리

② 정지거리 : 공주거리와 제동거리를 합한 거리
  • 공주거리 : 운전자가 위험을 느끼고 브레이크를 밟았을 때 자동차가 제동되기 전까지 주행한 거리
  • 제동거리 : 제동되기 시작하여 정지될 때까지 주행한 거리

③ 안전거리 미확보
  • 성립하는 경우 : 앞차가 정당한 급정지, 과실 있는 급정지라 하더라도 사고를 방지할 주의의무는 뒤차에게 있음. 앞차에 과실이 있는 경우에는 손해보상할 때 과실상계 하여 처리
  • 성립하지 않는 경우 : 앞차가 고의적으로 급정지하는 경우에는 뒤차의 불가항력적 사고로 인정하여 앞차에게 책임 부과

2 안전거리 미확보 사고의 성립요건

항목	내용		예외사항
장소적 요건	도로에서 발생		–
피해자 요건	동일방향 앞차로 뒤차에 의해 추돌되어 피해를 입은 경우		동일방향 좌·우 차에 의해 충돌되어 피해를 입은 경우(진로변경방법위반 적용)
운전자 과실	뒤차가 안전거리를 미확보하여 앞차를 추돌한 경우		• 앞차가 후진하는 경우 • 앞차가 고의로 급정지하는 경우 • 앞차가 의도적으로 급정지하는 경우
	앞차의 정당한 급정지	㉠ 앞차의 정지 및 감속하는 것을 보고 급정지하는 경우 ㉡ 전방의 돌발상황을 보고 급정지(무단횡단 등)하는 경우 ㉢ 앞차의 교통사고를 보고 급정지	
	앞차의 상당성* 있는 급정지	㉠ 신호착각에 따른 급정지 ㉡ 초행길로 인한 급정지 ㉢ 전방상황 오인 급정지	
	앞차의 과실 있는 급정지	㉠ 우측 도로변 승객을 태우기 위해 급정지 ㉡ 주·정차 장소가 아닌 곳에서 급정지 ㉢ 고속도로나 자동차전용도로에서 전방사고를 구경하기 위해 급정지	

※ 상당성 : 위험한 상황에서 그럴 수 있다고 보는 당연성

③ 안전거리 미확보 사고에 따른 행정처분

항목	(승합자동차의) 범칙금	벌점
고속도로·자동차전용도로 안전거리 미확보	5만원	10점
일반도로 안전거리 미확보	2만원	10점

02 진로 변경(급차로 변경) 사고

① 고속도로에서의 차로 의미

용어	의미
주행차로	고속도로에서 주행할 때 통행하는 차로
가속차로	주행차로에 진입하기 위해 가속하는 차로
감속차로	주행차로를 벗어나 고속도로에서 빠져나가기 위해 감속하기 위한 차로
오르막 차로	오르막 구간에서 저속자동차와 다른 자동차를 분리하여 통행시키기 위한 차로

② 진로 변경(급차로 변경) 사고의 성립요건

항목	내용	예외사항
장소적 요건	도로에서 발생	–
피해자 요건	옆 차로에서 진행 중인 차량이 갑자기 차로를 변경하여 불가항력적으로 충돌한 경우	• 동일방향 앞·뒤 차량으로 진행하던 중 앞차가 차로를 변경하는데 뒤차도 따라 차로를 변경하다가 앞차를 추돌한 경우 • 장시간 주차하다가 막연히 출발하여 좌측면에서 차로 변경 중인 차량의 후면을 추돌한 경우 • 차로 변경 후 상당 구간 진행 중인 차량을 뒤차가 추돌한 경우
운전자 과실	사고 차량이 차로를 변경하면서 변경 방향 차로 후방에서 진행하는 차량의 진로를 방해한 경우	

03 후진사고

① 후진사고의 성립요건

항목	내용	예외사항
장소적 요건	도로에서 발생	–
피해자 요건	후진하는 차량에 충돌되어 피해를 입은 경우	정차 중 경사로 인해 차량이 뒤로 흘러 내려가 피해를 입은 경우

운전자 과실	• 일반사고로 처리하는 경우 - 교통 혼잡으로 인해 후진이 금지된 곳에서 후진하는 경우 - 후방에 교통보조자를 세우고 보조자의 유도에 따라 후진하지 않는 경우 - 후방 주시를 소홀히 한 채 후진하는 경우 • 차로가 설치되어 있는 도로에서 뒤에 있는 장소로 가기 위해 상당 구간을 후진하는 경우	• 뒤차의 전방주시나 안전거리 미확보로 앞차를 추돌하는 경우 • 고속도로나 자동차전용도로에서 정지중 노면경사로 인해 차량이 뒤로 흘러 내려간 경우 • 고속도로나 자동차전용도로에서 긴급자동차, 도로보수 및 유지작업 자동차, 교통상의 위험방지제거 및 응급조치작업에 사용되는 자동차로 부득이하게 후진하는 경우

② 후진에 따른 용어 정의

용어	의미
후진위반	후진하기 위하여 주의를 기울였음에도 불구하고 다른 보행자나 차량의 정상적인 통행을 방해하여 다른 보행자나 차량을 충돌한 경우(일반도로에서 주로 발생)
안전운전불이행	주의를 기울이지 않은 채 후진하여 다른 보행자나 차량을 충돌한 경우(골목길, 주차장 등에서 주로 발생)
통행구분위반	대로상에서 뒤에 있는 일정한 장소나 다른 길로 진입하기 위해 상당한 구간을 계속 후진하다가 정상진행중인 차량과 충돌한 경우(역진으로 보아 중앙 선침범과 동일하게 취급)

---

04 교차로 통행방법위반 사고

① 앞지르기 금지와 교차로 통행방법위반 사고의 차이점
① 앞지르기 금지 사고 : 뒤차가 교차로에서 앞차의 측면을 통과한 후 앞차의 그 앞으로 들어가는 도중에 발생한 사고
② 교차로 통행방법위반 사고 : 뒤차가 교차로에서 앞차의 측면을 통과하면서 앞차의 앞으로 들어가지 않고 앞차의 측면을 접촉하는 사고

② 교차로 통행방법위반 사고의 성립요건

항목	내용	예외사항
장소적 요건	2개 이상의 도로가 교차하는 장소(교차로)	–
피해자 요건	교차로 통행 중에 통행방법을 위반한 차량에 충돌되어 피해를 입은 경우	신호위반 차량에 충돌되어 피해를 입은 경우
운전자 과실	• 교차로 통행방법을 위반한 과실 - 교차로에서 좌회전하는 경우 - 교차로에서 우회전하는 경우 • 안전운전불이행 과실	• 앞차의 후진이나 고의 사고로 인한 경우 • 신호를 위반한 경우

③ 가해자와 피해자 구분
① 앞차가 너무 넓게 우회전하여 앞·뒤가 아닌 좌·우차의 개념으로 보는 상태에서 충돌한 경우에는 앞차가 가해자
② 앞차가 일부 간격을 두고 우회전중인 상태에서 뒤차가 무리하게 끼어들며 진행하여 충돌한 경우에는 뒤차가 가해자

1 신호등 없는 교차로 가해자 판독 방법

(1) 교차로 진입 전 일시정지 또는 서행하지 않은 경우
　① 충돌 직전(충돌 당시, 충돌 후) 노면에 스키드(skid) 마크가 형성되어 있는 경우
　② 충돌 직전(충돌 당시, 충돌 후) 노면에 요(yaw) 마크가 형성되어 있는 경우
　③ 상대 차량의 측면을 정면으로 충돌한 경우 └→급회전으로 인한 타이어 자국
　④ 가해 차량의 진행방향으로 상대 차량을 밀고가거나, 전도(전복)시킨 경우

(2) 교차로 진입 전 일시정지 또는 서행하였으나, 교차로 앞·좌·우 교통상황을 확인하지 않은 경우
　① 충돌직전에 상대 차량을 보았다고 진술한 경우
　② 교차로에 진입할 때 상대 차량을 보지 못했다고 진술한 경우
　③ 가해 차량이 정면으로 상대 차량 측면을 충돌한 경우

(3) 교차로 진입할 때 통행우선권을 이행하지 않은 경우
　① 교차로에 이미 진입하여 진행하고 있는 차량이 있거나, 교차로로 들어가고 있는 차량과 충돌한 경우
　② 통행 우선순위가 같은 상태에서 우측 도로에서 진입한 차량과 충돌한 경우
　③ 교차로에 동시 진입한 상태에서 폭이 넓은 도로에서 진입한 차량과 충돌한 경우
　④ 교차로에 진입하여 좌회전하는 상태에서 직진 또는 우회전 차량과 충돌한 경우

2 신호등 없는 교차로 사고의 성립요건

항목	내용	예외사항
장소적 요건	2개 이상의 도로가 교차하는 신호등 없는 교차로	신호기가 설치되어 있는 교차로 또는 사실상 교차로로 볼 수 없는 장소
피해자 요건	신호등 없는 교차로를 통행하던 중 - 후진입한 차량과 충돌하여 피해를 입은 경우 - 일시정지 안전표지를 무시하고 상당한 속력으로 진행한 차량과 충돌하여 피해를 입은 경우 - 신호등 없는 교차로 통행방법 위반 차량과 충돌하여 피해를 입은 경우	신호기가 설치되어 있는 교차로 또는 사실상 교차로로 볼 수 없는 장소에서 피해를 입은 경우
운전자 과실	신호등 없는 교차로를 통행하면서 교통사고를 야기한 경우 - 선진입 차량에게 진로를 양보하지 않는 경우 - 상대 차량이 보이지 않는 곳, 교통이 빈번한 곳을 통행하면서 일시정지하지 않고 통행하는 경우 - 통행우선권이 있는 차량에게 양보하지 않고 통행하는 경우 - 일시정지, 서행, 양보표지가 있는 곳에서 이를 무시하고 통행하는 경우	-
시설물설 치요건	시·도경찰청장이 설치한 안전표지가 있는 경우 - 일시정지표지 - 서행표지 - 양보표지	-

1 서행·일시정지 등에 대한 용어 구분

구분 및 의미	이행하여야 할 장소
서행 : 차가 즉시 정지할 수 있는 느린 속도로 진행하는 것을 의미 (위험을 예상한 상황적 대비)	• 교차로에서 좌·우회전하는 경우 • 교통정리를 하고 있지 아니하는 교차로를 진입할 때 교차하는 도로의 폭이 넓은 경우 • 안전지대에 보행자가 있는 경우와 차로가 설치되지 아니한 좁은 도로에서 보행자의 옆을 지나는 경우 • 교통정리를 하고 있지 아니하는 교차로를 통행할 때 • 도로가 구부러진 부근 • 비탈길의 고개마루 부근 • 가파른 비탈길의 내리막 • 시·도경찰청장이 안전표지에 의하여 지정한 곳
일시 정지 : 반드시 차가 멈추어야 하되, 얼마간의 시간동안 정지상태를 유지해야 하는 교통상황의 의미(정지상황의 일시적 전개)	• 보도와 차도가 구분된 도로에서 도로 외의 곳을 출입하는 때에는 보도를 횡단하기 직전에 일시정지 • 철길건널목을 통과하고자 하는 때에는 철길건널목 앞에서 일시정지 • 보행자가 횡단보도를 통행하고 있는 때에는 횡단보도 앞에서 일시정지 • 보행자전용도로를 통행할 때 보행자를 위험하게 하거나 보행자의 통행을 방해하지 아니하도록 보행자의 걸음걸이 속도로 운행하거나 일시정지 • 교차로 또는 그 부근에서 긴급자동차가 접근한 때에는 교차로를 피하여 도로의 우측 가장자리에 일시정지 • 교통정리를 하고 있지 아니하고 좌·우를 확인할 수 없거나 교통이 빈번한 교차로에서는 일시정지 • 시·도경찰청장이 도로에서의 위험을 방지하고 교통의 안전과 원활한 소통을 확보하기 위하여 필요하다고 인정하여 안전표지로 지정한 곳에서는 일시정지 • 어린이가 보호자 없이 도로를 횡단하는 때, 어린이가 도로에서 앉아 있거나 서 있는 때 또는 어린이가 도로에서 놀이를 하는 때 등 어린이에 대한 교통사고의 위험이 있는 것을 발견한 때 • 앞을 보지 못하는 사람이 흰색 지팡이를 가지거나 장애인보조견을 동반하고 도로를 횡단하고 있는 때 • 지하도 또는 육교 등 도로횡단시설을 이용할 수 없는 지체장애인이나 노인 등이 도로를 횡단하고 있는 때 • 차량신호등의 적색등화가 점멸하고 있는 경우 차마는 정지선이나 횡단보도가 있을 때에는 그 직전이나 교차로의 직전에 일시정지
정지 : 자동차가 완전히 멈춘 상태 (0km/h인 상태)	• 차량신호등이 황색등화인 경우 차마는 정지선이 있거나 횡단보도가 있을 때에는 그 직전이나 교차로의 직전에 정지 • 차량신호등이 적색등화인 경우 차마는 정지선, 횡단보도 및 교차로의 직전에서 정지

2 서행·일시정지 위반 사고 성립요건

항목	내용	예외사항
장소적 요건	도로에서 발생	–
피해자 요건	서행·일시정지 위반 차량에 충돌되어 피해를 입은 경우	일시정지 표지판이 설치된 곳에서 치상 피해를 입은 경우 (지시위반 사고로 처리)
운전자 과실	서행·일시정지 의무가 있는 곳에서 이를 위반한 경우	일시정지 표지판이 설치된 곳에서 치상 사고를 야기한 경우 (지시위반 사고로 처리)
시설물설치 요건	서행 장소에 안전표지 중 규제표지인 서행표지나 노면표시인 서행표시가 설치된 경우	규제표지인 일시정지 표지나 노면표시인 일시정지표시가 설치된 경우(지시위반 사고로 처리)

07 안전운전 불이행 사고

1 안전운전과 난폭운전과의 차이

안전운전	• 모든 자동차 장치를 정확히 조작하여 운전하는 경우 • 도로의 교통상황과 차의 구조 및 성능에 따라 다른 차량에 위험과 방해를 주지 않는 속도나 방법으로 운전하는 경우
난폭운전	• 고의나 인식할 수 있는 과실로 타인에게 현저한 위해를 초래하는 운전을 하는 경우 • 타인의 통행을 현저히 방해하는 운전을 하는 경우 • 난폭운전 사례 - 급차로 변경 - 지그재그 운전 - 좌·우로 핸들을 급조작하는 운전 - 지선도로에서 간선도로로 진입할 때 일시정지 없이 급진입하는 운전 등

2 안전운전 불이행 사고의 성립요건

항목	내용	예외사항
장소적 요건	도로에서 발생	–
피해자 요건	통행우선권을 양보해야 하는 상대 차량에게 충돌되어 피해를 입은 경우	• 차량 정비 중 안전 부주의로 피해를 입은 경우 • 보행자가 고속도로나 자동차전용도로에 진입하여 통행한 경우
운전자 과실	• 자동차 장치조작을 잘못한 경우 • 전후좌우 주시가 태만한 경우 • 전방 등 교통상황에 대한 파악 및 적절한 대처가 미흡한 경우 • 차내 대화 등으로 운전을 부주의한 경우 • 초보운전으로 인해 운전이 미숙한 경우 • 타인에게 위해를 준 난폭운전의 경우	• 1차 사고에 이은 불가항력적인 2차 사고 • 운전자의 과실을 논할 수 없는 사고

1 모든 차의 운전자는 같은 방향으로 가고 있는 앞차의 뒤를 따르는 경우에는 앞차가 갑자기 정지하게 되는 경우 그 앞차와의 추돌을 피할 수 있는 필요한 거리를 확보하여야 하는데, 이를 무엇이라 하는가?

① 공주거리 　　　　② 제동거리
③ 시인거리 　　　　④ 안전거리

> 같은 방향으로 가고 있는 앞차의 뒤를 따르는 경우에는 앞차가 갑자기 정지하게 되는 경우 그 앞차와의 추돌을 피할 수 있는 필요한 거리를 안전거리라 한다.

2 공주거리와 제동거리를 합한 거리는?

① 안전거리 　　　　② 지각거리
③ 안전시거 확보거리 　④ 정지거리

> 공주거리와 제동거리를 합한 거리는 정지거리이다.

3 제동거리에 대한 설명으로 맞는 것은?

① 자동차가 즉시 정지할 수 있는 정도의 거리
② 운전자가 위험을 느끼고 브레이크를 밟았을 때 자동차가 제동되기 전까지 주행한 거리
③ 자동차가 제동되기 시작하여 정지될 때까지 주행한 거리
④ 정지거리보다 약간 긴 정도의 거리

> 제동거리란 자동차가 제동되기 시작하여 정지될 때까지 주행한 거리를 말한다.

4 주행차로를 벗어나 고속도로에서 빠져나가기 위해 감속하기 위한 차로는 무엇인가?

① 주행차로 　　　　② 가속차로
③ 감속차로 　　　　④ 오르막차로

> 주행차로를 벗어나 고속도로에서 빠져나가기 위해 감속하기 위한 차로는 감속차로이다.

5 일반도로에서 안전거리 미확보 사고에 따른 벌점 처분 기준은?

① 5점 　　② 10점 　　③ 15점 　　④ 20점

> 일반도로 안전거리 미확보 시 2만원의 범칙금과 10점의 벌점이다.

6 추돌사고의 운전자 과실 원인에서 앞차의 과실 있는 급정지 원인이 <u>아닌</u> 것은?

① 우측 도로변 승객을 태우기 위해 급정지
② 주·정차 장소가 아닌 곳에서 급정지
③ 앞차의 교통사고를 보고 급정지
④ 자동차전용도로에서 전방사고를 구경하기 위해 급정지

> 앞차의 교통사고를 보고 급정지하는 것은 앞차의 정당한 급정지에 해당한다.

7 고속도로에서 안전거리 미확보 사고가 발생하였을 때 사고운전자에게 부과되는 벌점은?

① 15점 　　　　② 40점
③ 30점 　　　　④ 10점

> 안전거리 미확보 사고에 따른 벌점은 고속도로, 일반도로 모두 10점이다.

8 고속도로에서의 차로에 대한 의미에 대한 설명이 <u>틀린</u> 것은?

① 가속차로 : 주행차로에 진입하기 위해 속도를 높이는 차로
② 감속차로 : 고속도로를 벗어날 때 감속하는 차로
③ 오르막차로 : 오르막 구간에서 고속으로 주행하는 자동차를 위한 차로
④ 주행차로 : 고속도로에서 주행할 때 통행하는 차로

> 오르막차로는 오르막 구간에서 저속자동차와 다른 자동차를 분리하여 통행시키기 위한 차로이다.

9 진로변경 사고의 성립요건에 해당되는 것은?

① 차로를 변경하면서 변경방향 차로 후방에서 진행하는 차량의 진로를 방해하여 사고가 발생한 경우
② 동일방향 앞·뒤 차량으로 진행하던 중 앞차가 차로를 변경하는데 뒤차도 따라 차로를 변경하다가 앞차를 추돌한 경우
③ 차로 변경 후 상당 구간 진행 중인 차량을 뒤차가 추돌한 경우
④ 장시간 주차하다가 막연히 출발하여 좌측면에서 차로 변경 중인 차량의 후면을 추돌한 경우

> ②, ③, ④ 모두 진로 변경 사고의 예외사항에 해당한다.

정 답 ▶ 1④ 2④ 3③ 4③ 5② 6③ 7④ 8③ 9①

10 진로변경사고의 성립요건으로 볼 수 있는 것은?

① 옆 차로에서 진행 중인 차량이 갑자기 차로를 변경하여 불가항력적으로 충돌한 경우
② 장시간 주차하다가 막연히 출발하여 좌측면에서 차로 변경 중인 차량의 후면을 추돌한 경우
③ 동일방향 앞·뒤 차량으로 진행하던 중 앞차가 차로를 변경할 때 뒤차가 따라 차로를 변경하다가 앞차를 추돌한 경우
④ 차로 변경 후 상당 구간 진행 중인 차량을 뒤차가 추돌한 경우

②, ③, ④ 모두 진로 변경 사고의 예외사항에 해당한다.

11 진로 변경(급차로 변경) 사고의 성립요건이 아닌 것은?

① 도로에서 발생한 경우
② 옆 차로에서 진행 중인 차량이 갑자기 차로를 변경하여 불가항력적으로 충돌한 경우
③ 사고 차량이 차로를 변경하면서 변경방향 차로 후방에서 진행하는 차량의 진로를 방해한 경우
④ 차로 변경 후 상당 구간 진행 중인 차량을 뒤차가 추돌한 경우

차로 변경 후 상당 구간 진행 중인 차량을 뒤차가 추돌한 경우는 진로 변경(급차로 변경) 사고의 성립요건에 해당하지 않는다.

12 신호등 없는 교차로에서 사고가 발생했을 때 가해자 요건이 아닌 것은?

① 교차로에 동시 진입한 상태에서 폭이 좁은 도로에서 진입한 차량과 충돌한 경우
② 일시정지 표지가 있는 곳에서 이를 무시하고 통행한 경우
③ 통행 우선 순위가 같은 상태에서 우측 도로에서 진입하는 차량과 충돌한 경우
④ 선진입 차량에게 진로를 양보하지 않은 경우

교차로에 동시 진입한 상태에서 폭이 넓은 도로에서 진입한 차량과 충돌한 경우 가해자 요건에 해당한다.

13 신호등이 없는 교차로에 설치되는 일반적인 안전표지가 아닌 것은?

① 비보호 좌회전 표지　② 일시정지표지
③ 서행표지　④ 양보표지

신호등 없는 교차로에 설치되는 일반적인 안전표지는 일시정지표지, 서행표지, 양보표지이다.

14 신호등 없는 교차로에서의 가해자 판독 방법에 해당하지 않는 것은?

① 가해 차량의 진행방향으로 상대 차량을 밀고가거나, 전도시킨 경우
② 충돌 직전 노면에 요 마크가 형성되어 있는 경우
③ 교차로 진입 시 황색신호에 진입한 경우
④ 충돌 직전 노면에 스키드 마크가 형성되어 있는 경우

교차로 진입 시 황색신호에 진입한 경우는 신호등 없는 교차로에서의 가해자 요건에 해당하지 않는다.

15 신호등 없는 교차로를 통행하던 중 교통사고를 당하는 피해자 요건의 일반적인 내용과 관련이 없는 것은?

① 신호등 없는 교차로의 통행방법 위반 차량과 충돌하여 피해를 입은 경우
② 사실상 교차로로 볼 수 없는 장소에서 피해를 입은 경우
③ 일시정지 안전표지를 무시하고 상당한 속력으로 진행한 차량과 충돌하여 피해를 입은 경우
④ 후진입한 차량과 충돌하여 피해를 입은 경우

사실상 교차로로 볼 수 없는 장소에서 피해를 입은 경우는 예외사항에 해당한다.

16 다음 중 차가 즉시 정지할 수 있는 느린 속도로 진행하여야 하는 경우가 아닌 것은?

① 교통정리가 행하여지고 있지 아니하고 교통이 빈번한 교차로에 진입하는 경우
② 차로가 설치되지 아니한 좁은 도로에서 보행자의 옆을 지나가는 경우
③ 가파른 비탈길의 내리막길을 주행하는 경우
④ 비탈길의 고개마루 부근을 주행하는 경우

교통정리가 행하여지고 있지 아니하고 교통이 빈번한 교차로에 진입하는 경우에는 일시정지해야 한다.

17 신호등 없는 교차로에서 사고발생 시 통행우선권에 의한 피해사고는?

① 통행 우선순위가 같은 상태에서 우측 도로에서 진입하는 차량과 충돌한 경우

② 교차로에 진입하여 직진하는 상태에서 좌회전하는 차량과 충돌한 경우

③ 교차로에 동시 진입한 상태에서 폭이 넓은 도로에서 진입한 차량과 충돌한 경우

④ 교차로에 이미 진입하여 진행하고 있는 차량과 충돌한 경우

①, ③, ④는 신호등 없는 교차로에서 통행우선권에 의한 가해사고에 해당한다.

18 다음 중 도로교통법상 반드시 서행하여야 하는 장소로 맞는 것은?

① 교통정리가 행하여지고 있는 교차로

② 도로가 구부러진 부근

③ 비탈길의 오르막

④ 교통이 빈번한 터널 내

도로가 구부러진 부근에서는 서행해야 한다.

19 다음 중 일시정지를 하여야 하는 경우가 아닌 것은?

① 가파른 비탈길의 내리막인 경우

② 차량신호등의 적색등화가 점멸하고 있는 경우

③ 보행자전용도로를 통행할 때

④ 철길건널목을 통과하고자 하는 때

가파른 비탈길의 내리막에서는 서행하여야 한다.

20 도로교통법에서 규정한 일시정지를 해야 하는 장소는?

① 터널 안 및 다리 위

② 교통정리를 하고 있지 아니하고 교통이 빈번한 교차로

③ 가파른 비탈길의 내리막

④ 도로가 구부러진 부근

교통정리를 하고 있지 아니하고 좌·우를 확인할 수 없거나 교통이 빈번한 교차로에서는 일시정지해야 한다.

21 다음 중 안전운전 불이행 사고가 아닌 것은?

① 자동차 장치조작을 잘못하여 발생한 사고

② 전·후, 좌·우 주시가 태만하여 발생한 사고

③ 차내 대화 등으로 운전을 부주의하여 발생한 사고

④ 차량정비 중 안전 부주의로 발생한 사고

차량정비 중 안전 부주의로 발생한 사고는 안전운전 불이행 사고의 성립요건이 아니다.

22 안전운전 불이행 사고의 성립요건과 가장 거리가 먼 것은?

① 1차 사고에 이은 불가항력적인 2차 사고

② 차내 대화 등으로 운전을 부주의한 경우

③ 전방 등 교통상황에 대한 파악 및 적절한 대처가 미흡한 경우

④ 자동차 장치 조작을 잘못한 경우

①은 안전운전 불이행 사고의 예외사항에 해당한다.

23 다음 중 안전운전 불이행 사고의 성립요건이 아닌 것은?

① 초보운전으로 인해 운전이 미숙한 경우

② 차내 대화 등으로 운전을 부주의한 경우

③ 운전자의 과실을 논할 수 없는 사고

④ 통행우선권을 양보해야 하는 상대 차량에게 충돌되어 피해를 입은 경우

운전자의 과실을 논할 수 없는 사고는 안전운전 불이행 사고의 예외사항에 해당한다.

24 난폭운전이 아닌 것은?

① 지선도로에서 간선도로에 진입할 때 일시정지

② 급차로 변경

③ 좌우로 핸들을 급조작하는 운전

④ 지그재그 운전

지선도로에서 간선도로로 진입할 때 일시정지 없이 급진입하는 운전이 난폭운전에 해당한다.

bus driving qualifying examination

출제문항수
15

CHAPTER

02

자동차관리요령

자동차 점검 및 관리

Main
Key
Point

[예상문항 : 3문제] 이 섹션에서는 자동차 일상점검, 천연가스, 자동차 조작 요령, 경제운전 등에서 출제됩니다. 예상문제 위주로 학습하시기 바랍니다.

01 일상점검

1 의미 및 주의사항

① 일상점검 : 자동차를 운행하는 사람이 매일 자동차를 운행하기 전에 점검하는 것

② 주의사항

- 경사가 없는 평탄한 장소에서 점검할 것
- 변속레버는 P(주차)에 위치시킨 후 주차 브레이크를 당겨 놓을 것
- 엔진 시동 상태에서 점검해야 할 사항이 아니면 엔진 시동을 끄고 할 것
- 점검은 환기가 잘 되는 장소에서 실시할 것
- 엔진을 점검할 때에는 가급적 엔진을 끄고, 식은 다음에 실시할 것(화상예방)
- 연료장치나 배터리 부근에서는 불꽃을 멀리 할 것 (화재예방)
- 배터리, 전기 배선을 만질 때에는 미리 배터리의 ⊖ 단자를 분리할 것(감전 예방)

2 일상점검 항목 및 내용

(1) 엔진룸 내부

구분	점검 내용
엔진	• 엔진오일, 냉각수가 충분한가? • 누수, 누유는 없는가? • 구동벨트의 장력은 적당하고, 손상된 곳은 없는가?
변속기	• 변속기 오일량은 적당한가? • 누유는 없는가?
기타	• 클러치액, 와셔액 등은 충분한가? • 누유는 없는가?

(2) 차의 외관

구분	점검 내용
완충스프링	• 스프링 연결부위의 손상 또는 균열은 없는가?
바퀴	• 타이어의 공기압은 적당한가? • 타이어의 이상마모 또는 손상은 없는가? • 휠 볼트 및 너트의 조임은 충분하고 손상은 없는가?
램프	• 점등이 되고, 파손되지 않았는가?
등록번호판	• 번호판이 손상되지 않았는가? • 번호판 식별이 가능한가?
배기가스	• 배기가스의 색깔은 깨끗한가?

(3) 운전석

구분	점검 내용
핸들	• 흔들림이나 유동은 없는가?
브레이크	• 페달의 자유 간극과 잔류 간극이 적당한가? • 브레이크의 작동이 양호한가? • 주차 브레이크의 작동은 되는가?
변속기	• 클러치의 자유 간극은 적당한가? • 변속레버의 조작이 용이한가? • 심한 진동은 없는가?
후사경	• 비침 상태가 양호한가?
경음기 와이퍼 각종 계기	• 작동이 양호한가?

▶ 잔류 간극 : 브레이크 페달을 힘껏 밟았을 때 브레이크 페달과 차체 바닥과의 거리
▶ 자유 간극 : 손으로 브레이크 페달을 눌러 보았을 때 아무런 제동 없이 움직이는 거리

구분	점검 내용
운전석에서의 점검	• 연료 게이지량 • 브레이크 페달 유격 및 작동상태 • 에어압력 게이지 상태 • 룸미러 각도, 경음기 작동 상태, 계기 점등상태 • 와이퍼 작동상태 • 스티어링 휠(핸들) 및 운전석 조정
엔진 점검	• 엔진오일의 양 및 불순물 여부 • 냉각수의 양 및 변색 여부 • 각종 벨트의 장력 및 벨트 손상 여부 • 배선의 정리상태 및 배선의 벗겨짐, 연결부분의 체결상태(누전 여부)
외관 점검	• 유리의 청결 및 깨짐 여부 • 차체에 굴곡된 곳은 없으며 후드(보닛)의 고정 상태 • 타이어의 공기압력 및 마모 상태 • 차체의 기울어짐 • 후사경의 위치 및 청결 • 차체의 청결 • 반사기 및 번호판의 오염, 손상 여부 • 휠 너트의 조임 상태 • 파워스티어링 오일 및 브레이크 액의 양과 상태 • 차체에서 오일이나 연료, 냉각수 등의 누출 여부 및 라디에이터 캡과 연료탱크 캡의 체결상태 • 각종 등화의 작동상태

구분	점검 내용
출발 전 확인사항	• 엔진 시동 시 배터리 출력 여부 • 시동 시 소음 및 시동 여부 • 각종 계기장치 및 등화장치의 작동 상태 • 브레이크, 엑셀레이터 페달 작동 상태 • 브레이크 공기압 상태 및 공기압 충전 여부 • 후사경의 위치와 각도 • 클러치 작동 상태 및 동력 전달/차단 상태 • 엔진소리의 잡음 여부

운행 중 유의사항	• 조향장치의 작동상태 • 제동장치의 작동상태 및 제동 시 쏠림 여부 • 각종 계기장치의 정상위치 여부 • 엔진의 이상음 발생 여부 • 차체의 흔들림 및 진동 여부 • 클러치 작동 상태 및 동력 전달/차단 상태 • 차내에서의 과도한 연료/오일 등의 냄새 여부

구분	점검 내용
외관점검	• 차체의 기울어짐 및 굴곡이나 손상된 곳 또는 부품이 없어진 곳은 없는가? • 각종 등화는 이상 없이 잘 작동되는가? • 후드(보닛)의 고리가 빠지지는 않았는가? • 휠 너트가 빠져 없거나 풀리지는 않았는가?
엔진점검	• 냉각수, 엔진오일의 이상소모는 없는가? • 배터리액이 넘쳐 흐르지는 않았는가? • 배선이 흐트러지거나, 빠지거나 잘못된 곳은 없는가? • 오일이나 냉각수가 새는 곳은 없는가?
하체점검	• 타이어는 정상으로 마모되고 있는가? • 볼트, 너트가 풀린 곳은 없는가? • 조향장치, 완충장치의 나사 풀림은 없는가? • 에어가 누설되는 곳은 없는가? • 각종 액체가 새는 곳은 없는가?

1 터보차저

① 터보차저는 고속 회전운동(수만 rpm 이상)을 하는 부품으로 회전부의 원활한 윤활과 터보차저에 이물질이 들어가지 않도록 하는 것이 중요하다.

② 시동 전 오일량을 확인하고 시동 후 오일압력이 정상적으로 상승되는지 확인한다.

③ 초기 시동 시 냉각된 엔진이 따뜻해질 때까지 3~10분 정도 공회전을 시켜주어 엔진이 정상적으로 가동할 수 있도록 운행 전 예비회전을 시켜준다.

④ 터보차저는 운행 중 고온 상태이므로 급속한 엔진 정지 시 열 방출이 안되기 때문에 터보차저 베어링부의 소착 등이 발생될 수 있으므로 충분한 공회전을 실시하여 터보차저의 온도를 식힌 후 엔진을 끄도록 한다.

⑤ 공회전 또는 워밍업 시의 무부하 상태에서 급가속을 하는 것도 터보차저 각부의 손상을 가져올 수 있으므로 이를 삼간다.

> ▶ 터보차저 장착차 점검요령
> 점검을 위하여 에어클리너 엘리먼트를 장착하지 않고 고속 회전시키는 것을 삼가야 하며, 압축기 날개 손상의 원인이 된다.
>
> ▶ 터보차저의 고장 원인
> • 윤활유 공급부족
> • 엔진오일 오염
> • 이물질 유입으로 인한 압축기 날개 손상 등

2 세차 시기

① 겨울철에 동결방지제(염화칼슘 등)를 뿌린 도로를 주행한 경우

② 해안지대를 주행하였을 경우

③ 진흙 및 먼지 등이 현저하게 붙어 있는 경우

④ 옥외에서 장시간 주차하였을 때

⑤ 매연이나 분진, 철분 등이 묻어 있는 경우

⑥ 타르, 모래, 콘크리트 가루 등이 묻어 있는 경우

⑦ 새의 배설물, 벌레 등이 붙어 있는 경우

3 세차할 때의 주의사항

① 엔진룸은 에어를 이용하여 세척 : 엔진룸에 있는 전기 배선에 수분이 침투할 경우 엔진제어장치의 오류가 발생할 수 있다.

② 겨울철에는 물기 완전히 제거 : 키 홀이나, 고무 부품들의 동결로 인하여 도어가 작동하지 않을 수 있다.

③ 기름 또는 왁스가 묻어 있는 걸레로 전면유리를 닦으면 야간에 빛이 반사되어 잘 보이지 않으므로 주의한다.

4 외장 손질

① 자동차 표면에 녹이 발생하거나, 부식되는 것을 방지하도록 깨끗이 세척한다.

② 소금, 먼지, 진흙 또는 다른 이물질이 퇴적되지 않도록 깨끗이 제거한다.

③ 자동차의 더러움이 심할 때에는 고무 제품의 변색을 예방하기 위해 가정용 중성세제 대신에 자동차 전용 세척제를 사용한다.

④ 범퍼나 차량 외부의 합성수지 부품이 더러워졌을 때에는 딱딱한 브러시나 수세미 대신 부드러운 브러시나 스펀지를 사용하여 닦아낸다.

⑤ 차량 외부의 합성수지 부품에 엔진오일, 방향제 등이 묻으면 변색이나 얼룩이 발생하므로 즉시 깨끗이 닦아낸다.

⑥ 차체의 먼지나 오물을 마른 걸레로 닦아내면 표면에 자국이 발생한다.

⑦ 차체 표면에 깊게 파인 자국이나 돌멩이 자국 등으로 노출된 금속 표면은 빨리 녹슬어 차의 표면을 크게 손상시킬 수 있다.

5 내장 손질

① 자동차 내장을 아세톤, 에나멜 및 표백제 등으로 세척할 경우에는 변색되거나 손상이 발생할 수 있다.

② 액상 방향제가 유출되어 계기판 부위나 인스트루먼트 패널 및 공기통풍구에 묻으면 액상 방향제의 고유 성분으로 인해 손상될 수 있다.

③ 실내등을 청소할 때에는 실내등이 꺼져있는지 확인하여 화상이나 전기충격을 받지 않도록 한다.

★★★★

1 자동차 일상점검 시 주의사항으로 옳지 않은 것은?

① 전기 배선을 만질 때에는 미리 배터리의 ⊖단자를 분리한다.

② 변속레버는 중립에 위치시킨 후 주차 브레이크를 풀어놓는다.

③ 환기가 잘 되는 곳에서 실시한다.

④ 경사가 없는 평탄한 곳에서 실시한다.

> 변속레버는 중립에 위치시킨 후 주차 브레이크를 당겨 놓아야 한다.

★★★

2 일상점검 항목 중 차의 외관 점검과 관련이 가장 적은 것은?

① 등록번호판

② 엔진

③ 바퀴

④ 램프

> 엔진은 엔진룸 내부 점검에 해당한다.

★★★

3 자동차 바퀴와 관련한 일상점검 내용이 아닌 것은?

① 트랜스미션 오일 급유 상태 확인

② 타이어 공기압 적정 여부

③ 휠 볼트 및 너트의 조임 상태

④ 타이어 이상 마모 또는 손상 여부

> 트랜스미션 오일 급유 상태 확인은 자동차 바퀴와 관련한 일상점검 내용이 아니다.

★★★★

4 운행 전 점검사항 중 엔전점검 사항이 아닌 것은?

① 휠 너트 조임 상태의 양호 여부

② 엔진오일 및 냉각수 양

③ 배선이 벗겨져 있거나 연결부에서의 합선 등 누전의 염려가 없는지 여부

④ 각종 벨트 장력

> 휠 너트 조임 상태의 양호 여부 운행 후 외관점검 사항에 해당한다.

★★★★

5 운행 후 자동차 외관점검과 관련이 없는 것은?

① 차체가 기울지 않았는지 여부

② 후드의 고리가 빠지지는 않았는지 여부

③ 차체에 부품이 없어진 곳은 없는지 여부

④ 에어가 누설되는 곳은 없는지 여부

> 에어가 누설되는 곳은 없는지 여부는 운행 후 하체점검에 해당한다.

★★★★

6 터보차저 관리요령이 아닌 것은?

① 공회전이 필요 없으며, 시동 후 급가속을 해도 문제가 없다.

② 공회전, 무부하 상태에서는 급가속을 삼간다.

③ 회전부의 원활한 윤활과 터보차저에 이물질이 들어가지 않도록 한다.

④ 시동 전 오일량을 확인하고 시동 후 오일압력이 정상적으로 상승하는지 확인한다.

> 터보차저는 운행 중 고온 상태이므로 급속한 엔진 정지 시 열 방출이 안되기 때문에 터보차저 베어링부의 소착 등이 발생될 수 있으므로 충분한 공회전을 실시하여 터보차저의 온도를 식힌 후 엔진을 끄도록 한다.

★★★★

7 자동차 터보차저의 고장 원인으로 가장 거리가 먼 것은?

① 윤활유 공급부족

② 엔진오일 오염

③ 트랜스미션 오일 오염

④ 이물질 유입

> 터보차저의 고장은 대부분 윤활유 공급부족, 엔진오일 오염, 이물질 유입으로 인한 압축기 날개 손상 등에 의해 발생한다.

★★★★

8 자동차 터보차저의 주요 고장 원인이 아닌 것은?

① 공기압축기 고장

② 윤활유 공급 부족

③ 엔진오일 오염

④ 이물질 유입

> 공기압축기 고장은 터보차저의 고장과 관련이 없다.

정답 ▶ 1② 2② 3① 4① 5④ 6① 7③ 8①

9 다음 중 세차할 때의 주의사항으로 옳은 것은? ★★★

① 왁스가 묻어 있는 걸레로 전면유리를 닦지 않는다.
② 겨울철에 세차하는 경우에는 물기를 제거하지 않아도 된다.
③ 엔진룸은 물을 이용하여 세척한다.
④ 엔진룸은 기름을 이용하여 세척한다.

겨울철에 세차하는 경우에는 물기를 완전히 제거하고, 엔진룸은 압축공기를 이용하여 세척한다.

10 자동차의 세차 시기로 가장 거리가 먼 것은? ★★★

① 해안지대를 주행하였을 경우
② 겨울철에 염화칼슘을 뿌린 도로를 주행하였을 경우
③ 새의 배설물, 벌레 등이 붙어 있는 경우
④ 장거리 운전을 한 경우

장거리 운전은 세차와 거리가 멀다.

11 에어클리너 엘리멘트를 장착하지 않고 엔진을 고속 회전시킬 경우 자동차 터보차저에서 쉽게 손상될 수 있는 부분은? ★★★★

① 압축기 날개
② 중간냉각기
③ 압축기 베어링
④ 압축기 바디

점검을 위하여 에어클리너 엘리먼트를 장착하지 않고 고속 회전시키는 것을 삼가야 하며, 압축기 날개 손상의 원인이 된다.

12 자동차 외부의 합성수지 부품이 더러워졌을 경우 무엇을 사용하여 닦아내는 것이 가장 좋은가? ★★

① 에나멜
② 스펀지
③ 딱딱한 브러시
④ 수세미

범퍼나 차량 외부의 합성수지 부품이 더러워졌을 때에는 딱딱한 브러시나 수세미 대신에 부드러운 브러시나 스펀지를 사용하여 닦아낸다.

정답 ▶ 9 ① 10 ④ 11 ① 12 ②

압축천연가스(CNG) 자동차

 1 CNG 연료의 특징

① 주성분 : 메탄(CH_4)

② 탄소량이 가장 작고, 상온에서는 기체인 탄화수소계 연료

③ 에탄 등의 경질 파라핀계 탄화수소(탄소와 수소의 화합물을 총칭)를 약간 함유

④ 가스 상태에서의 천연가스를 액화하면 부피가 1/600로 줄어든다.

2 자동차 연료로서 천연가스의 특징

① 메탄을 주성분으로(83~99%)하는 탄소량이 적은 탄화수소연료이다.

② 메탄 이외에 소량의 에탄(C_2H_2), 프로판(C_3H_8), 부탄(C_4H_{10}) 등이 함유되어 있다.

③ 메탄의 비등점은 -162℃이고, 상온에서는 기체이다.

④ 단위 에너지당 연료 용적은 경유 연료를 1로 하였을 때 CNG는 3.7배, LNG는 1.65배이다.

⑤ 옥탄가가 비교적 높고(RON : 120~136), 세탄가는 낮다. 따라서 오토 사이클 엔진에 적합한 연료이다.

⑥ 가스 상태로 엔진내부로 흡입되어 혼합기 형상이 용이하고, 희박연소가 가능하다.

⑦ -20℃ ~ -30℃의 저온인 대기 온도에서도 가스 상태로서 저온 시동성이 우수하다.

⑧ 불완전 연소로 인한 입자상 물질의 생성이 적다.

⑨ 탄소량이 적으므로 발열량당 CO_2 배출량이 적다.

⑩ 유황분을 포함하지 않으므로 SO_2 가스를 방출하지 않는다.

⑪ 탄화수소 연료 중의 탄소수가 적고 독성도 낮다.

⑫ 부품 재료의 내식성 등의 재료 특성은 가솔린, 경유와 유사한 특성을 갖는다.

 3 천연가스 형태별 종류

① LNG(액화천연가스) : 천연가스를 액화시켜 부피를 현저히 작게 만들어 저장, 운반 등 사용상의 효용성을 높이기 위한 액화가스

② CNG(압축천연가스) : 천연가스를 고압으로 압축하여 고압 압력용기에 저장한 기체상태의 연료

▶ LPG(액화석유가스) : 프로판과 부탄을 섞어서 제조된 가스로서 석유 정제과정의 부산물로 이루어진 혼합가스(LPG는 천연가스의 형태별 종류는 아님)

4 압축천연가스 자동차 점검 시 주의사항

① 가스누출 냄새가 나면 주변의 화재원인 물질을 제거하고 전기장치의 작동을 피한다.

• 가스가 누출될 때 주변에 화기가 없으면 화재가 발생하지 않지만, 주변에 담뱃불, 모닥불이 있거나 정전기로 인한 스파크가 발생하면 화재위험이 있다.

• 버스 내에서 금연한다.

② 압축천연가스 누출 시에는 고압가스의 급격한 압력 팽창으로 주위의 온도가 급강하여 가스가 직접 피부에 접촉하면 동상이나 부상이 발생할 수 있다.

③ 평소 승·하차 시 가스냄새를 확인한다.

④ 운전자는 가스라인과 용기밸브와의 연결부분의 이상 유무를 운행 전·후에 눈으로 직접 확인하는 자세가 필요하다.

⑤ 계기판의 'CNG' 램프가 점등되면 가스 연료량의 부족으로 엔진의 출력이 낮아져 정상적인 운행이 불가능할 수 있으므로 가스를 재충전한다.

⑥ 엔진정비 및 가스필터 교환, 연료라인 정비를 할 때에는 배관 내 가스를 모두 소진시켜 엔진이 자동으로 정지된 후 작업을 한다.

⑦ 엔진시동이 걸린 상태에서 엔진오일 라인, 냉각수 라인, 가스연료 라인 등의 파이프나 호스를 조이거나 풀어서는 아니 된다.

⑧ 차량에 별도의 전기장치를 장착하고자 하는 경우에는 압축천연가스와 관련된 부품의 전기배선을 이용해서는 아니 된다.

⑨ 교통사고나 화재사고가 발생하면 시동을 끈 후 계기판의 스위치 중 메인 스위치와 비상차단 스위치를 끄고 대피한다.

⑩ 가스를 충전할 때에는 승객이 없는 상태에서 엔진시동을 끄고 가스를 주입한다. 주입 완료 후 충전도어의 닫힌 상태를 확인하여야 한다.

⑪ 장시간 주·정차 시 반드시 환기나 통풍이 잘 되는 곳에 주·정차한다.

⑫ 가스 주입구 도어가 열리면 엔진시동이 걸리지 않도록 되어 있으므로 임의로 배관이나 밸브 실린더 보호용 덮개를 제거하지 않는다.

⑬ 가스 공급라인 등 연결부에서 가스가 누출될 때 등의 조치요령
- 차량 부근으로 화기 접근을 금하고, 엔진시동을 끈 후 메인 전원스위치를 차단한다.
- 탑승하고 있는 승객을 안전한 곳으로 대피시킨 후 누설부위를 비눗물 또는 가스검진기 등으로 확인한다.
- 스테인리스 튜브 등 가스공급라인의 몸체가 파열된 경우에는 교환한다.
- 커넥터 등 연결부위에서 가스가 새는 경우에는 새는 부위의 너트를 조금씩 누출이 멈출 때까지 반복해서 조금씩 조여 준다. 만약 계속해서 가스가 누출되면 사람의 접근을 차단하고 실린더 내의 가스가 모두 배출될 때까지 기다린다.

5 CNG 자동차의 구조

(1) 연료의 흐름

① 천연가스 충전소의 충전노즐에서 자동차의 주입구(리셉터클), 체크밸브를 거쳐 용기에 저장

② 저장된 용기의 연료는 배관라인을 따라서 고압의 상태를 저압으로 조정하여 엔진의 연소실로 주입

(2) 연료장치의 구성품

구성품	점검 내용
용기	고압의 CNG를 충전
압력방출장치	과도한 온도 또는 온도와 압력을 함께 감지하여 작동되며, 실린더의 파열을 방지하기 위해 가스를 배출시켜 주는 일회용 소모성 장치
과류방지밸브	유량이 설계 설정값을 초과하는 경우 자동으로 흐름을 차단하거나 제한
리셉터클	CNG 연료주입 노즐과 결합하여 차량에 연료를 보내주는 역할
기타	자동 실린더 밸브, 수동 실린더 밸브, 체크밸브, 플렉시블 연료호스, CNG 필터, 압력조정기, 가스/공기 혼소기, 압력계 등

1 브레이크 조작

① 브레이크를 밟을 때 2~3회에 나누어 밟게 되면 안정된 성능을 얻을 수 있고, 뒤따라오는 자동차에게 제동정보를 제공함으로써 후미추돌을 방지할 수 있다.

② 내리막길에서 계속 풋 브레이크를 작동시키면 브레이크 파열, 브레이크의 일시적인 작동불능 등의 우려가 있다.

③ 고속 주행 상태에서 엔진 브레이크를 사용할 때에는 주행 중인 단보다 한 단계 낮은 저단으로 변속하면서 서서히 속도를 줄인다.(한 번에 여러 단을 급격히 낮추게 되면 변속기 및 엔진에 치명적인 손상을 가할 수 있다.)

④ 주행 중에 제동할 때에는 핸들을 붙잡고 기어가 들어가 있는 상태에서 제동한다.

⑤ 내리막길에서 운행할 때 기어를 중립에 두고 탄력 운행을 하지 않는다.(엔진 및 배기 브레이크의 효과가 나타나지 않으며, 제동공기압의 감소로 제동력이 저하될 수 있다.)

2 ABS(Anti-lock Brake System) 조작

① ABS 장치 : 급제동할 때 또는 미끄러운 도로에서 제동할 때에 구르던 바퀴가 잠기면서 노면 위에서 미끄러지는 현상을 방지하여 핸들의 조향성능을 유지시켜 주는 장치

② 급제동할 때 ABS가 정상적으로 작동하기 위해서는 브레이크 페달을 힘껏 밟고 버스가 완전히 정지할 때까지 계속 밟고 있어야 한다.

③ ABS 차량은 급제동할 때에도 핸들조향이 가능하다.

④ ABS 차량이라도 옆으로 미끄러지는 위험은 방지할 수 없으며, 자갈길이나 평평하지 않은 도로 등 접지면이 부족한 경우에는 일반 브레이크보다 제동거리가 더 길어질 수도 있다.

⑤ ABS 경고등은 키 스위치를 ON 하면 일반적으로 3초 동안 점등(자가진단)된 후 ABS가 정상이면 경고등은 소등된다. 만약 계속 점등된다면 점검이 필요하다.

3 차바퀴가 빠져 헛도는 경우

① 차바퀴가 빠져 헛도는 경우에 엔진을 급회전시키면 바퀴가 헛돌면서 더 깊이 빠질 수 있다.

② 변속레버를 '전진'과 'R(후진)' 위치로 번갈아 두면서 가속페달을 부드럽게 밟으면서 탈출을 시도한다.

③ 필요 시 납작한 돌, 나무 또는 타이어의 미끄럼을 방지할 수 있는 물건을 타이어 밑에 놓은 다음 자동차를 앞뒤로 반복하여 움직이면서 탈출을 시도한다.

④ 타이어 밑에 물건을 놓은 상태에서 갑자기 출발하면 타이어 밑에 놓았던 물건이 튀어나오거나 타이어 회전 또는 갑작스런 움직임으로 자동차 주위에 서 있던 사람들이 다칠 수 있으므로 주위 사람은 안전지대로 피한 다음 시동을 건다.

⑤ 진흙이나 모래 속을 빠져나오기 위해 무리하게 엔진 회전수를 올리면 엔진손상, 과열, 변속기 손상 및 타이어가 손상될 수 있다.

4 경제적인 운행방법

① 급발진, 급가(감)속 및 급제동 금지
② 경제속도 준수
③ 불필요한 공회전 금지
④ 에어컨은 필요한 경우에만 작동
⑤ 불필요한 화물 적재 금지
⑥ 창문을 열고 고속주행 금지
⑦ 올바른 타이어 공기압 유지
⑧ 목적지를 확실하게 파악한 후 운행

5 험한 도로 주행

① 요철이 심한 도로에서 감속 주행하여 차체의 아래 부분이 충격을 받지 않도록 주의한다.

② 비포장도로, 눈길, 빙판길, 진흙탕 길을 주행할 때에는 속도를 낮추고 제동거리를 충분히 확보한다.

③ 제동할 때에는 자동차가 멈출 때까지 브레이크 페달을 펌프질 하듯이 가볍게 위아래로 밟아준다.

④ 눈길, 진흙길, 모랫길인 경우에는 2단 기어를 사용하여 차바퀴가 헛돌지 않도록 천천히 가속한다.

⑤ 얼음, 눈, 모랫길에 빠졌을 때에는 타이어체인 또는 미끄러지지 않는 물건을 바퀴 아래에 놓아 구동력이 발생하도록 한다.

⑥ 비포장도로와 같은 험한 도로를 주행할 때에는 저단 기어로 가속페달을 일정하게 밟고 기어변속이나 가속은 피한다.

6 야간 운행

① 마주 오는 차량과 교행 시 전조등을 변환빔(하향등)으로 변환하여 교행하는 운전자의 눈부심을 방지한다.

② 비가 내리면 전조등 불빛이 노면에 흡수되거나 젖은 장애물에 반사되어 더욱 보이지 않으므로 주의한다.

③ 차량흐름, 지형판단이 둔해지고 차량 속도감이 빨리 느껴지므로 주의 운행해야 한다.

④ 일반도로 운행 시 라이트 현혹으로 앞 식별이 되지 않으므로 주의해야 하며 검은색의 사람 및 전방주시를 철저히 해야 한다.

⑤ 야간운행 시에는 주간보다 시계가 불량하므로 특히 유의하여 운행하여야 한다.

7 악천후 시 주행

① 비가 내릴 때에는 노면이 미끄러우므로 급제동을 피하고, 차간 거리를 충분히 유지한다.

② 브레이크 라이닝이 물에 젖으면 제동력이 떨어지므로 물이 고인 곳을 주행했을 때에는 여러 번에 걸쳐 브레이크를 짧게 밟아 브레이크를 건조시킨다.

③ 노면이 젖어있는 도로를 주행한 후에는 브레이크를 건조시키기 위해 앞차와의 안전거리를 확보하고 서행하는 동안 여러 번에 걸쳐 브레이크를 밟아준다.

④ 안개가 끼었거나 기상조건이 좋지 않아 시계가 불량할 경우에는 속도를 줄이고, 미등 및 안개등 또는 전조등을 점등하고 운행한다.

⑤ 폭우가 내릴 경우에는 시야확보가 어려우므로 충분한 제동거리를 확보할 수 있도록 감속한다.

8 터널 통과방법

① 선글라스를 벗고 운전한다.

② 터널내 조명등 고장이 자주 발생하므로 라이트를 켜고 운행하여야 하며 상대차량에게 나의 위치를 확인시켜 주어야 한다.

③ 터널에서는 차로변경을 하여서는 안 된다.

④ 터널 내에서는 암순응, 명순응 현상이 심하다.

⑤ 터널 통과 후 급커브 지역이 많으므로 사고 위험에 대해서 미연에 예측운행을 하여야 한다.

⑥ 겨울철 차량의 하체부분에 결빙된 눈덩이가 떨어져 사고를 유발할 수 있으므로 항상 주의하여야 한다.

⑦ 터널 입구에는 타이어에 묻은 눈이 떨어져 빙판이 되기 쉬우므로 주의 운행하여야 한다.

9 겨울철 운행

① 엔진시동 후에는 적당한 워밍업을 한 후 운행한다. 엔진이 냉각된 채로 운행하면 엔진 고장이 발생할 수 있다.

② 눈길이나 빙판에서는 타이어의 접지력이 약해지므로 가속페달이나 핸들을 급하게 조작하면 위험하다.

③ 내리막길에서는 엔진브레이크를 사용하면 방향조작에 도움이 된다. 오르막길에서는 한번 멈추면 다시 출발하기 어려우므로 차간거리를 유지하면서 서행한다.

④ 배터리와 케이블 상태를 점검한다. 날씨가 추우면 배터리 용량이 저하되어 시동이 잘 걸리지 않을 수 있다.

⑤ 차의 하체 부위에 있는 얼음 덩어리를 운행 전에 제거한다.

⑥ 엔진의 시동을 작동하고 각종 페달이 정상적으로 작동되는지 확인한다.

⑦ 겨울철 오버히트가 발생하지 않도록 주의한다. 겨울철에 냉각수 통에 부동액이 없는 경우나 부동액 농도가 낮을 경우 엔진 내부가 얼어 냉각수가 순환하지 않으면 오버히트가 발생하게 된다.

⑧ 자동차에 스노타이어를 장착할 경우에는 동일 규격의 타이어를 장착하여야 하며, 스노타이어를 장착하고 건조한 도로를 주행하면 일반타이어보다 마찰력이 작아 제동거리가 길어질 수 있으므로 주의한다.

⑨ 후륜구동 자동차는 뒷바퀴에 타이어 체인을 장착하여야 한다.

⑩ 타이어 체인을 장착한 경우에는 30km/h 이내 또는 체인 제작사에서 추천하는 규정속도 이하로 주행하며, 체인이 차체나 섀시에 닿는 소리가 들리면 즉시 자동차를 멈추고 체인 상태를 점검한다.

⑪ 도어나 연료주입구가 얼어서 열리지 않을 경우에는 도어나 연료주입구의 주위를 두드리거나 더운물을 부어 얼어붙은 것을 녹여준다. 부은 물을 방치하면 다시 얼게 되므로 완전히 닦아준다.

10 눈길 운행

① 눈 내리는 도로를 운행할 때는 최대한의 시야를 확보하여 운행하여야 하며, 눈길에서는 감속 운행한다.

② 앞바퀴보다 뒷바퀴가 큰 저항을 받기 때문에 저속기어로 기어변속을 하지 않고 운행한다.

③ 오르막 운행 시 내리막길의 상황을 사전에 예측하여 감속운행하고 오르막길에 사용한 저속기어를 내리막에서도 변속하지 말고 운행하여야 한다.

④ 앞바퀴에 대한 저항은 적설량과 핸들의 움직임이 클수록 커지므로 핸들의 움직임을 최소화한다.

⑤ 눈길에서는 차로변경, 급제동, 급핸들 조작을 하여서는 안 된다.

⑥ 오르막길에서는 사전에 저속기어로 천천히 일정한 속도를 유지하면서 오르막길을 운행해야 하며, 기어변속 시 차량이 정지되면 출발이 어려워 뒤로 미끄러지게 될 수 있으므로 기어변속을 하지 않고 운행한다.

⑦ 고속도로는 눈이 오는 즉시 제설장비가 설치되지만 지방도로는 제설장비의 설치시기가 늦어지기 때문에 오르막 정상과 기온차가 크므로 고개입구에 비가 오면 정상에는 눈이 내린다는 예측운행으로 침착하게 안전운행 하여야 한다.

⑧ 다져진 눈길은 쌓이는 눈길보다 더욱 더 미끄러지기 쉬우므로 안전운전을 하여야 하며, 기어변속 시 미끄러짐이 심하므로 사전에 감속 운행하여 충분한 안전거리 확보 및 급제동을 삼가고 주의력을 집중시켜 운행하여야 한다.

⑨ 장거리 운전자는 항상 기상정보, 도로상황 등 교통정보를 이용하여 교통흐름을 파악한 후 운행한다.

⑩ 교량 및 응달진 곳은 눈이 녹지 않고 빙판길이 될 수 있으니 주의해야 한다.

11 빙판길 운행방법

① 최대한의 시야를 확보한 후 운행하며, 구동력을 크게 작용하면 타이어가 잘 미끄러지므로 2단 출발 운행하여야 한다.

② 주행 시에는 저속운행을 하여야 하며, 가속페달을 밟아주는 정도를 미세하게 조작하여 운행한다.

③ 충분한 안전거리 확보 및 급브레이크 사용 및 기어변

속은 절대 삼가며, 정지할 때는 엔진 브레이크와 저속기어를 병행 사용하여 정지시켜야 한다.

④ 미끄러운 빙판길에서는 기술이 통하지 않으므로 멀리 보고 예측운행을 하여야 한다.

⑤ 빙판길에서는 차로 변경을 되도록 삼가며 평상시보다 2배 이상 거리를 확보한 후 미세하게 핸들을 조작하면서 차로를 변경한다.

⑥ 사각지점 통과 시 차량이 정체되어 있다는 생각으로 최악의 상태를 예상하여야 한다.

⑦ 빙판길 교량 커브길 통과 시 가속페달을 조작하지 않고 현 속도를 그대로 유지하면서 통과한다.

⑧ 눈길에서는 차로변경, 급제동, 급핸들 조작을 하지 않는다.

⑨ 오르막길에서는 사전에 저속기어로 천천히 일정한 속도를 유지하면서 오르막길을 운행하여야 하며 기어변속 시 차량이 정지되면 출발이 어려워 뒤로 미끄러지게 되어 뒤 차량과 충돌 위험이 있으므로 기어변속을 하지 않고 운행한다.

⑩ 다져진 눈길은 쌓이는 눈길보다 더욱 미끄러지기 쉬우므로 조심하며 사전에 감속운행하여 충분한 안전거리 확보 및 급제동을 삼가고 주의력을 집중시켜 운행하여야 한다.

⑪ 장거리 운전자는 항상 기상정보, 도로상황 등 교통정보를 이용하여 교통흐름을 파악한 후 운행한다.

⑫ 교량 및 응달진 곳은 눈이 녹지 않고 빙판길이 되어 있으니 주의해야 한다.

12 전용차로 운행방법

① 전용차로를 진입하기 위해서는 사전에 신호를 넣고 뒤 차량의 방해가 되지 않도록 진입한다.

② 가속이 되지 않은 상태에서 진입하면 뒤차에 추돌 당하기 쉬우므로 충분한 거리를 확보하고 진입한다.

③ 전용차로 주행 중에는 당사 및 대형차 뒤를 운행할 때에는 시야가 확보되지 않으므로 충분한 안전거리를 유지해야 한다.

④ 정체 중일 때에는 대향차량의 수신호를 잘 받아야 한다.

⑤ 휴게소 및 인터체인지 진입 시 사전에 도로 상황을 파악하고 진입 시도를 하여야 한다.

⑥ 진입 후에는 반드시 차량흐름을 파악한 후 휴게소 및 인터체인지를 통과하여야 한다.

⑦ 정체되는 구간에서는 운전자의 심리상 급차로 변경 또는 급진입하는 차량이 있으므로 항상 전방주시를 철저히 하고 사각지점, I/C, 휴게소 부근에서는 방어운전 할 수 있는 마음의 자세를 갖고 운행하여야 한다.

⑧ 전용차로 운행 시 눈의 주시점을 우측 승용차에 둔다.

⑨ 전용차로 운행 시 2차로에서 추돌사고 시 후미 승용 차량이 전용차로로 급진입 할 수 있으므로 감속 운행해야 한다.

⑩ 일몰 시 소형 승합차, 승용차 등이 전용차로로 급진입을 예상해야 한다.

⑪ 2, 3차로의 정체현상이 발생될 때에는 급진입할 수 있으므로 도로흐름에 맞추어 감속 운행해야 한다.

⑫ 분기점과 전용차로가 만나는 지점은 취약지점이므로 전용차로를 진행 중인 차량의 흐름에 방해가 되지 않도록 급진입을 삼가고, 타 차량이 급진입할 수 있다는 예상을 하며 감속운행하고 양보하는 운전을 해야 한다.

13 공사구간 운행방법

① 사전에 공사구간 표시판이 있으면 감속해야 한다.

② 갓길이 없으며 급커브 길이다.

③ 공사구간은 시작과 끝의 구간이 위험하다.

④ 공사구간은 임시우회 도로로 선형설계가 되어 있지 않아 위험하므로 감속운행하여야 한다.

⑤ 충분한 안전거리와 차로 변경을 해서는 안 된다.

⑥ 공사구간은 병목현상으로 차량정체를 대비하여 주의 운행하여야 한다.

14 교량 통과 방법

① 교량 위에는 지열을 받지 못하므로 항시 결빙되어 빙판현상이 발생되므로, 브레이크 조작 및 가속페달 조작에 유의한다.

② 바람이 심하게 불며 강풍, 돌풍 등을 예상하여 운행한다.

③ 교량 위에서는 온도차이가 10~25℃ 차이가 나므로 안전운행 하여야 한다.

④ 전방주시 철저, 안전거리 확보, 급제동 및 핸들조작에 유의하여야 한다.

15 고속도로 운행

① 운행 전 점검 : 연료, 냉각수, 엔진오일, 각종 벨트, 타이어 공기압 등 점검
② 고속도로를 벗어날 경우에는 미리 출구를 확인하고 방향지시등을 작동시킨다.

③ 터널의 출구 부분을 나올 경우에는 바람의 영향으로 차체가 흔들릴 수 있으므로 속도를 줄인다.
④ 고속으로 운행할 경우 풋 브레이크만을 많이 사용하면 브레이크 장치가 과열되어 브레이크 기능이 저하되므로 엔진브레이크와 함께 효율적으로 사용한다.
⑤ 고인 물을 통과한 경우에는 서행하면서 브레이크를 부드럽게 몇 번에 걸쳐 밟아 브레이크를 건조시켜 준다.

예상문제 새로운 출제기준에 따른 예상유형을 파악하기!

★★★★
1 천연가스 연료의 특성으로 옳지 않은 것은?

① 독성이 높다.
② 아황산가스(SO_2)를 방출하지 않는다.
③ 저온 시동성이 우수하다.
④ 이산화탄소(CO_2) 배출량이 적다.

> 천연가스는 독성이 낮다.

★★★★
2 프로판과 부탄을 섞어서 제조된 가스로서 석유 정제과정의 부산물로 이루어진 혼합가스는?

① 액화석유가스
② 액화천연가스
③ 압축천연가스
④ 직분식정제가스

> 프로판과 부탄을 섞어서 제조된 가스로서 석유 정제과정의 부산물로 이루어진 혼합가스는 액화석유가스이다.

★★★★★
3 CNG를 연료로 사용하는 자동차의 계기판에 'CNG' 램프가 점등되면 취해야 할 조치사항으로 맞는 것은?

① 엔진을 정지시킨다.
② 승객을 대피시킨다.
③ 비상차단 스위치를 끈다.
④ 가스를 재충전한다.

> 계기판에 'CNG' 램프가 점등되면 가스 연료량의 부족으로 엔진의 출력이 낮아져 정상적인 운행이 불가능할 수 있으므로 가스를 재충전한다.

★★★
4 천연가스를 액화시켜 부피를 작게 만들어 사용상의 효율을 높이기 위한 액화가스는?

① LNG
② LPG
③ CNG
④ CPG

> 천연가스를 액화시켜 부피를 현저히 작게 만들어 저장, 운반 등 사용상의 효용성을 높이기 위한 액화가스는 LNG(액화천연가스)이다.

정답 1① 2① 3④ 4①

5 천연가스를 고압으로 압축하여 고압압력용기에 저장한 기체상태의 연료를 무엇이라 하는가?

① CNG
② 혼합가스
③ LPG
④ LNG

천연가스를 고압으로 압축하여 고압압력용기에 저장한 기체상태의 연료는 CNG(압축천연가스)이다.

6 가스공급라인 등 연결부에서 가스가 누출될 때의 조치요령에 대한 설명 중 틀린 것은?

① 엔진시동을 끈 후 메인 전원스위치를 차단한다.
② 스테인레스 튜브 등 가스공급라인의 몸체가 파열된 경우에는 수리하여 재활용한다.
③ 차량 부근으로 화기 접근을 금한다.
④ 누설부위를 비눗물 또는 가스검진기 등으로 확인한다.

스테인리스 튜브 등 가스공급라인의 몸체가 파열된 경우에는 교환한다.

7 자동차 운행 시 브레이크 조작 요령에 대한 설명으로 잘못된 것은?

① 사고 위험 등 위급상황을 제외하고는 급제동을 피한다.
② 주행 중에는 기어가 들어가 있는 상태에서 제동한다.
③ 내리막길에서는 계속 풋 브레이크를 작동시킨다.
④ 내리막길에서 기어를 중립에 두는 탄력운행을 하지 않는다.

내리막길에서 계속 풋 브레이크를 작동시키면 브레이크 파열, 브레이크의 일시적인 작동불능 등의 우려가 있다.

8 다음 중 자동차의 경제적인 운행방법이 아닌 것은?

① 창문 열고 고속주행
② 경제속도 준수
③ 급가속 금지
④ 적정한 타이어 공기압 유지

경제적인 운행을 위해서는 창문을 열고 고속주행하는 것은 좋지 않다.

9 겨울철 운행 시 차량 점검사항에 대한 설명 중 맞지 않는 것은?

① 눈길이나 빙판에서는 타이어의 접지력이 강하므로 안전거리를 평소보다 짧게 유지한다.
② 배터리와 케이블 상태를 점검한다.
③ 엔진의 시동을 작동하고 각종 페달이 정상적으로 작동되는지 확인한다.
④ 겨울철 오버히트가 발생되지 않도록 주의한다.

눈길이나 빙판에서는 타이어의 접지력이 약해지므로 가속페달이나 핸들을 급하게 조작하면 위험하며, 평소보다 안전거리를 길게 유지한다.

10 험한 도로 주행 시 주의할 사항이 아닌 것은?

① 비포장, 눈길 등을 주행할 때에는 속도를 낮추고 제동거리를 충분히 확보한다.
② 요철이 심한 도로에서는 차체의 아랫부분이 충격을 받지 않도록 주의한다.
③ 눈길, 진흙길 등인 경우 2단 기어를 사용하여 차바퀴가 헛돌지 않도록 천천히 가속한다.
④ 비포장도로와 같은 험한 도로를 주행할 때에는 고단기어로 변속하여 가속한다.

비포장도로와 같은 험한 도로를 주행할 때에는 저단기어로 가속페달을 일정하게 밟고 기어변속이나 가속은 피한다.

11 고속도로를 운행할 때 자동차의 안전운행 요령으로 적합하지 않는 것은?

① 고속도로를 벗어날 경우 미리 출구를 확인하고 방향지시등을 작동시킨다.
② 연료, 냉각수, 타이어, 공기압 등을 운행 전에 점검한다.
③ 고속도로에서 운행할 때에는 풋 브레이크만 사용하여야 한다.
④ 터널 출구 부분을 나올 때에는 속도를 줄인다.

고속으로 운행할 경우 풋 브레이크만을 많이 사용하면 브레이크 장치가 과열되어 브레이크 기능이 저하되므로 엔진브레이크와 함께 효율적으로 사용한다.

chapter 02

02 자동차장치 사용 요령

Main
Key
Point

[예상문항 : 3문제] 이 섹션에서는 도어 및 연료 주입구 개폐, 경고등 등에서 출제됩니다. 크게 어려운 내용은 없으니 예상문제 위주로 학습하시기 바랍니다.

01 자동차 키 및 도어

1 자동차 키의 사용

① 차를 떠날 때에는 짧은 시간일지라도 안전을 위해 반드시 키를 뽑아 지참한다.

② 자동차 키에는 시동키와 화물실 전용키 2종류가 있다.

③ 시동키 스위치가 "ST"에서 "ON" 상태로 되돌아오지 않게 되면 시동 후에도 스타터가 계속 작동되어 스타터 손상 및 배선의 과부하로 화재의 원인이 된다.

④ 시동키를 꽂지 않았더라도 키를 차안에 두고 어린이들만 차내에 남겨 두지 않는다.
  • 어른들의 행동을 모방하여 시동키를 작동시킬 수 있다.
  • 차 안의 다른 조작 스위치 등을 작동시킬 수 있다.
  • 차를 조작하여 심각한 신체 상해를 초래할 수 있다.

2 도어의 개폐

(1) 차 밖에서 도어 개폐

① 키를 이용하여 도어를 닫고 열 수 있으며, 잠그고 해제할 수 있다.

② 도어 개폐 스위치에 키를 꽂고 오른쪽으로 돌리면 열리고 왼쪽으로 돌리면 닫힌다.

③ 키 홈이 얼어 열리지 않을 때에는 가볍게 두드리거나 키를 뜨겁게 하여 연다.

④ 도어 개폐 시에는 도어 잠금 스위치의 해제 여부를 확인한다.

(2) 차 안에서 도어 개폐

① 차내 개폐 버튼을 사용하여 도어를 열고 닫는다.

② 주행 중에는 도어를 개폐하지 않는다.

③ 도어를 개폐할 때에는 후방으로부터 오는 차량(오토바이) 및 보행자 등에 주의한다.

(3) 차를 떠날 때 도어 개폐

① 차에서 떠날 때에는 엔진을 정지시키고 도어를 반드시 잠근다.

② 엔진시동을 끈 후 자동도어 개폐조작을 반복하면 에어탱크의 공기압이 급격히 저하된다.

③ 장시간 자동으로 문을 열어 놓으면 배터리가 방전될 수 있다.

(4) 화물실 도어 개폐

① 화물실 도어는 화물실 전용키를 사용한다.

② 도어를 열 때에는 키를 사용하여 잠금상태를 해제한 후 도어를 당겨 연다.

③ 도어를 닫은 후에는 키를 사용하여 잠근다.

3 연료 주입구 개폐

(1) 연료 주입구 개폐 절차

① 연료 주입구에 키 홈이 있는 차량은 키를 꽂아 잠금 해제시킨 후 연료주입구 커버를 연다.

② 시계 반대방향으로 돌려 연료 주입구 캡을 분리한다.

③ 연료를 보충한다.

④ 연료 주입구 캡을 닫으려면 시계방향으로 돌린다.

⑤ 연료 주입구 커버를 닫고 가볍게 눌러 원위치 시킨 후 확실하게 닫혔는지 확인한 다음 키 홈이 있는 차량은 키를 이용하여 잠근다.

(2) 연료 주입구 개폐할 때의 주의사항

① 연료 캡을 열 때에는 연료에 압력이 가해져 있을 수 있으므로 천천히 분리한다.

② 연료 캡에서 연료가 새거나 바람 빠지는 소리가 들리면 연료 캡을 완전히 분리하기 전에 이런 상황이 멈출 때까지 대기한다.

③ 연료를 충전할 때에는 항상 엔진을 정지시키고 연료 주입구 근처에 불꽃이나 화염을 가까이 하지 않는다.

④ 엔진 후드(보닛) 개폐

① 대형버스의 경우 일반적으로 엔진계통의 점검·정비가 용이하도록 자동차 후방에 엔진룸이 있다.

② 도어를 닫은 후에는 확실히 닫혔는지 확인한다. 키홈이 장착되어 있는 자동차는 키를 사용하여 잠근다.

③ 엔진 시동 상태에서 시스템 점검이 필요한 경우를 제외하고는 엔진 시동을 끄고 키를 뽑고 나서 엔진룸을 점검한다.

④ 엔진 시동 상태에서 점검 및 작업을 해야 할 경우에는 넥타이, 손수건, 목도리 및 옷소매 등이 엔진 또는 라디에이터 팬 가까이 닿지 않도록 주의한다.

02 운전석 및 안전장치

① 운전석

(1) 사용 요령

① 운행 전에 좌석의 전·후 간격, 각도, 높이를 조절한다.

→ 운행 중 좌석을 조절하면 순간적으로 운전능력을 상실하게 되어 사고발생의 원인이 될 수 있다.

② 운전석 시트 주변에 있는 움직이는 물건이 페달 밑으로 들어가면 브레이크, 클러치 또는 가속페달의 조작이 어려워 사고발생 원인이 될 수 있다.

(2) 운전석 전·후 위치 조절 순서

① 좌석 쿠션 아래에 있는 조절 레버를 당긴다.

② 좌석을 전·후 원하는 위치로 조절한다.

③ 조절 레버를 놓으면 고정된다.

④ 조절 후에는 좌석을 앞·뒤로 가볍게 흔들어 고정되었는지 확인한다.

(3) 운전석 등받이 각도 조절 순서

① 등을 앞으로 약간 숙인 후 좌석에 있는 등받이 각도 조절 레버를 당긴다.

② 좌석에 기대어 원하는 위치까지 조절한다.

③ 조절 레버에서 손을 놓으면 고정된다.

④ 조절이 끝나면 등받이 및 조절 레버가 고정되었는지 확인한다.

(4) 머리지지대 조절 및 분리

(※머리지지대가 좌석과 일체형인 자동차도 있음)

① 머리지지대는 자동차의 좌석에서 등받이 맨 위쪽의 머리를 지지하는 부분을 말한다.

② 머리지지대는 사고 발생 시 머리와 목을 보호하는 역할을 한다.

③ 머리지지대의 높이는 머리지지대 중심부분과 운전자의 귀 상단이 일치하도록 조절한다.

④ 운전석에서 머리지지대와 머리 사이는 주먹하나 사이가 될 수 있도록 한다.

⑤ 머리지지대를 제거한 상태에서의 주행은 머리나 목의 상해를 초래할 수 있다.

⑥ 머리지지대를 분리하고자 할 때에는 잠금해제 레버를 누른 상태에서 머리지지대를 위로 당겨 분리한다.

② 안전장치

(1) 히터 사용 중 발열, 저온 및 화상 등의 위험이 발생할 수 있는 승객

① 유아, 어린이, 노인, 신체가 불편하거나 기타 질병이 있는 승객

② 피부가 연약한 승객

③ 피로가 누적된 승객

④ 술을 많이 마신 승객

⑤ 수면제 또는 감기약 등을 복용한 승객(졸음을 유발)

(2) 안전벨트

① 안전벨트 착용은 충돌이나 급정차 시 전방으로 움직이는 것을 제한하여 차 내부와의 충돌을 막아 심각한 부상이나 사망의 위험을 감소시킨다.

② 안전벨트 착용 방법

㉠ 안전벨트를 착용할 때에는 좌석 등받이에 기대어 똑바로 앉는다.

㉡ 안전벨트가 꼬이지 않도록 주의한다.

㉢ 어깨벨트는 어깨 위와 가슴 부위를 지나도록 한다.

㉣ 허리벨트는 골반 위를 지나 엉덩이 부위를 지나도록 한다.

㉤ 안전벨트에 별도의 보조장치를 장착하지 않는다.

→ 안전벨트의 보호효과 감소

㉥ 안전벨트를 복부에 착용하지 않는다.

→ 충돌 시 강한 복부 압박으로 장파열 등의 신체 위해를 가할 수 있다.

1 계기판 용어

① 속도계 : 차량의 단위 시간당 주행거리
② 회전계(타코미터) : 엔진의 분당 회전수(rpm)
③ 수온계 : 엔진 냉각수의 온도
④ 연료계 : 연료탱크에 남아있는 연료의 잔류량을 나타낸다. 동절기에는 연료를 가급적 충만한 상태를 유지한다. → 연료 탱크 내부의 수분침투를 방지하는데 효과적
⑤ 주행거리계 : 차량의 주행한 총거리(km 단위)
⑥ 엔진오일 압력계 : 엔진 오일의 압력
⑦ 공기 압력계 : 브레이크 공기 탱크 내의 공기압력
⑧ 전압계 : 배터리의 충전 및 방전 상태

2 경고등 및 표시등

명칭	내용
주행빔(상향등) 작동 표시등	전조등이 주행빔(상향등)일 때 점등
안전벨트 미착용 경고등	시동키 「ON」 했을 때 안전벨트를 착용하지 않으면 경고등이 점등
연료잔량 경고등	연료의 잔류량이 적을 때 경고등이 점등
엔진오일 압력 경고등	엔진 오일이 부족하거나 유압이 낮아지면 경고등이 점등
ABS 표시등	• ABS는 각 브레이크 제동력을 전기적으로 제어하여 미끄러운 노면에서 타이어의 로크를 방지하는 장치 • ASR은 한쪽 바퀴가 빙판 또는 진흙탕에 빠져 공회전하는 경우 공회전하는 바퀴에 일시적으로 제동력을 가해 회전수를 낮게 하고 출발이 용이하도록 하는 장치 • ASR 경고등은 차량 속도가 5~7 km/h에 도달하여 소등되면 정상
브레이크 에어 경고등	• 키가 "ON" 상태에서 AOH 브레이크 장착 차량의 에어 탱크에 공기압이 4.5±0.5 kg/㎠ 이하가 되면 점등
비상경고 표시등	비상경고등 스위치를 누르면 점멸

명칭	내용
배터리 충전 경고등	벨트가 끊어졌을 때나 충전장치가 고장났을 때 경고등이 점등
주차 브레이크 경고등	주차 브레이크가 작동되어 있을 경우에 경고등이 점등
배기 브레이크 표시등	배기 브레이크 스위치를 작동시키면 배기 브레이크가 작동중임을 표시
제이크 브레이크 표시등	제이크 브레이크가 작동중임을 표시
엔진 정비 지시등	• 시동키를 「ON」 하면 약 2~3초간 점등 후 소등 • 엔진의 전자제어장치나 배기가스 제어에 관계되는 각종 센서에 이상이 있을 때 점등
엔진 예열작동 표시등	엔진 예열상태에서 점등되고 예열이 완료되면 소등
냉각수 경고등	냉각수가 규정 이하일 경우에 경고등 점등
수온 경고등	엔진 냉각수 온도가 과도하게 높아지면 경고등 점등
에어클리너 먼지 경고등	에어클리너 내에 먼지가 일정량 이상이 되면 점등
사이드미러 열선 작동 표시등	키 스위치 「ON」 상태에서 사이드미러 서리 제거 스위치를 작동시키면 점등
ECS 표시등 감쇠력 가변식 쇽업쇼버	• 배터리 릴레이 스위치를 「ON」 하면 SOFT와 HARD 표시등이 점등되고 ECS 장치에 이상이 없으면 약 3초 후에 소등 • ECS의 SOFT 모드를 선택하면 SOFT 표시등이 점등 : 노면이 울퉁불퉁한 비포장 도로에서는 차 높이를 높여 차체를 보호 • ECS의 HARD 모드를 선택하면 HARD 표시등이 점등 : 고속 주행이 가능한 도로에서는 차 높이를 낮추어 공기 저항을 줄여줌으로써 주행 안정성을 높임
자동 그리스 작동 표시등	자동 그리스 장치가 작동되면 점등되었다가 소등
자동 정속 주행 표시등	자동 정속 주행 장치를 사용하게 되면 표시등이 점등되어 작동중임을 표시하며, 작동을 해제시키면 소등

❸ 경고음

명칭	내용
수온 경고음	• 발생 : 엔진 냉각수 온도가 과도하게 높아지면 경고음이 울림 • 조치 : 냉각수량과 벨트의 이상 유무와 엔진 오일량 및 오일 상태를 점검 • 차단 : 경고음은 주차 브레이크 노브를 당겨 놓으면 멈춤
냉각수량 경고음	• 발생 : 냉각수가 규정 이하일 경우 경고음이 울림 • 조치 : 냉각계통의 누수 유무를 점검 • 차단 : 경고음은 주차·브레이크 노브를 당겨 놓으면 멈춤
엔진오일 압력 경고음	• 발생 : 엔진오일 압력이 규정 이하일 경우 경고음이 울림 • 조치 : 윤활계통의 누유 유무를 점검
브레이크 에어 경고음	• 발생 : 키 「ON」 인 상태에서 AOH 브레이크 장착 차량의 에어탱크에 공기압이 $4.5\pm0.5\text{kg/cm}^2$ 이하가 되면 경고음이 울림 • 차단 : 경고음은 주차 브레이크 노브를 당겨 놓으면 멈춤

04 스위치

❶ 전조등

(1) 전조등 스위치 조절

① 1단계 : 차폭등, 미등, 번호판등, 계기판등
② 2단계 : 차폭등, 미등, 번호판등, 계기판등, 전조등

(2) 전조등 사용 시기

① 변환빔(하향) : 마주오는 차가 있거나 앞차를 따라갈 경우
② 주행빔(상향) : 야간 운행 시 시야확보를 원할 경우(마주오는 차 또는 앞 차가 없을 때에 한하여 사용)
③ 상향점멸 : 다른 차의 주의를 환기시킬 경우(스위치를 2~3회 정도 당겨 올린다)

❷ 와이퍼

① 와셔액 탱크가 비어 있을 경우에 와이퍼를 작동시키면 와이퍼 모터가 손상된다.
② 겨울철에 와이퍼가 얼어붙어 있는 경우 와이퍼를 작동시키면 와이퍼 링크가 이탈하거나 모터가 손상될 수 있다. 동절기에 워셔액을 사용하면 유리창에 워셔액이 얼어붙어 시야를 가릴 수 있다.
③ 엔진 냉각수 또는 부동액을 와셔액으로 사용하면 차량 도장부분의 손상은 물론 운행 도중 시야를 가려 사고를 유발할 수 있다.
④ 유리창이 건조할 때 와이퍼 작동 금지
⑤ 유리창과 와이퍼를 세척할 때 가솔린, 신나와 같은 유기용제 사용 금지

❸ 전자제어 현가장치 시스템(ECS)

① 차고센서로부터 ECS ECU(Electronic control unit)가 자동차 높이의 변화를 감지하여 ECS 솔레노이드 밸브를 제어함으로써 에어 스프링의 압력과 자동차 높이를 조절하는 전자제어 서스펜션 시스템을 말한다. 종류로는 유압식과 공기압식 등이 있다.
② 주요 기능
 • 차량 주행 중에 에어 소모가 감소한다.
 • 차량 하중 변화에 따른 차량 높이 조정이 자동으로 빠르게 이루어진다.
 • 도로조건이나 기타 주행조건에 따라서 운전자가 스위치를 조작하여 차량의 높이를 조정할 수 있다.
 • 안전성이 확보된 상태에서 차량의 높이 조정 및 닐링(Kneeling ; 차체의 앞부분을 내려가게 만드는 차체 기울임 시스템) 기능을 할 수 있다.
 • 자기진단 기능이 있어 정비성이 용이하고 안전하다.

❹ 기타

① 방향지시등 : 평상시보다 빠르게 작동하면 방향지시등의 전구가 끊어진 것이므로 교환하여야 한다.
② 야간에 맞은편 도로로 주행 중인 차량을 발견하면 상향등을 하향등으로 신속하게 전환하여야 한다.(상향등은 순간적으로 맞은편 도로 운전자의 시야를 방해한다)

1 대형버스인 경우 자동차를 떠날 때 도어 개폐 방법 및 주의사항으로 부적절한 것은?

① 엔진시동을 끈 후 자동도어 개폐조작을 반복하면 에어탱크의 공기압이 급격히 저하된다.
② 엔진을 정지시키고 도어를 반드시 잠근다.
③ 차를 떠나는 시간이 짧은 경우에는 키를 차에 두고 간다.
④ 장시간 문을 열어 놓으면 배터리가 방전될 수 있다.

차를 떠날 때에는 짧은 시간일지라도 안전을 위해 반드시 키를 뽑아 지참한다.

2 화물실 도어 개폐 방법으로 옳지 않은 것은?

① 화물실 전용키를 사용하여 도어를 개폐한다.
② 도어를 열 때에는 키를 사용하여 잠금상태를 해제한다.
③ 도어를 닫은 후에는 키를 사용하여 잠근다.
④ 시동키를 사용하여 도어를 개폐한다.

화물실 도어는 화물실 전용키를 사용한다.

3 버스에서 엔진시동을 끈 후 자동도어 개폐조작을 반복하면 발생할 수 있는 문제는?

① 에어탱크의 공기압이 충전된다.
② 배터리가 충전된다.
③ 자동차 시동장치가 작동된다.
④ 에어탱크의 공기압이 급격히 저하된다.

엔진시동을 끈 후 자동도어 개폐조작을 반복하면 에어탱크의 공기압이 급격히 저하된다.

4 연료 주입구 개폐에 대한 설명으로 옳지 않은 것은?

① 시계 방향으로 돌려 연료 주입구 캡을 분리한다.
② 연료 주입구 커버를 닫고 가볍게 눌러 원위치 시킨 후 확실하게 닫혔는지 확인한다.
③ 연료 주입구에 키 홈이 있는 차량은 키를 꽂아 잠금을 해제시킨다.
④ 연료 주입구 캡을 닫으려면 시계방향으로 돌린다.

시계 반대방향으로 돌려 연료 주입구 캡을 분리한다.

5 연료 주입구를 개폐할 때의 주의사항으로 맞지 않는 것은?

① 연료 주입구 근처에는 불꽃이나 화염을 가까이 하지 않는다.
② 연료 캡을 닫을 때에는 반시계방향으로 돌린다.
③ 연료 캡을 열 때에는 천천히 분리한다.
④ 연료를 충전할 때에는 항상 엔진을 정지시킨다.

연료 캡을 닫을 때에는 시계방향으로 돌린다.

6 엔진 보닛(후드) 개폐에 대한 설명 중 틀린 것은?

① 도어를 닫은 후에는 확실히 닫혔는지 확인한다.
② 엔진 시동 상태에서 점검 및 작업 시 넥타이, 옷소매 등이 엔진 또는 라디에이터 팬 가까이 닿지 않도록 주의한다.
③ 엔진 시동 상태에서 시스템 점검이 필요한 경우를 제외하고는 엔진 시동을 끄고 키를 뽑은 후 엔진룸을 점검한다.
④ 엔진의 열을 식히기 위해서는 항상 보닛을 열고 운행하여야 한다.

운행 시에는 보닛이 닫혀 있어야 한다.

7 엔진 후드(보닛) 개폐와 관련하여 잘못 설명한 것은?

① 엔진 시동 상태에서 점검해야 할 경우 넥타이, 손수건, 옷소매 등이 엔진 또는 라이데이터 팬 가까이 닿지 않도록 주의한다.
② 대형버스의 경우 일반적으로 엔진계통의 점검 정비가 용이하도록 엔진룸은 사용자의 후방에 있다.
③ 엔진 후드(보닛)을 닫은 후에는 확실히 닫혔는지 확인한다.
④ 항상 엔진이 시동된 상태에서 점검하여야 효과적으로 점검할 수 있다.

엔진 시동 상태에서 시스템 점검이 필요한 경우를 제외하고는 엔진 시동을 끄고 키를 뽑고 나서 엔진룸을 점검한다.

정답　1 ③　2 ④　3 ④　4 ①　5 ②　6 ④　7 ④

8 자동차의 좌석에서 등받이 맨 위쪽의 머리를 지지하는 부분으로 충돌사고 발생 시 머리와 목을 보호하는 역할을 하는 것은?

① 안전벨트
② 에어백
③ 머리지지대
④ 어깨벨트

> 머리지지대는 자동차의 좌석에서 등받이 맨 위쪽의 머리를 지지하는 부분을 말하며, 사고 발생 시 머리와 목을 보호하는 역할을 한다.

9 안전벨트 착용 시 적절하지 않은 방법은?

① 좌석 등받이에 기대어 똑바로 앉는다.
② 안전벨트가 꼬이지 않도록 주의한다.
③ 허리벨트는 복부 부위를 지나도록 한다.
④ 어깨벨트는 어깨 위와 가슴 부위를 지나도록 한다.

> 허리벨트는 골반 위를 지나 엉덩이 부위를 지나도록 한다.

10 자동차의 계기판 용어에 대한 설명으로 잘못된 것은?

① 회전계(타코미터) : 자동차의 단위 시간당 주행거리를 나타낸다.
② 수온계 : 엔진 냉각수의 온도를 나타낸다.
③ 주행거리계 : 자동차가 주행한 총거리를 나타낸다.
④ 전압계 : 배터리의 충전 및 방전 상태를 나타낸다.

> 회전계(타코미터)는 엔진의 분당 회전수(rpm)를 나타낸다.

11 자동차 계기판에서 엔진 냉각수의 온도를 나타내는 것은?

① 전압계
② 수온계
③ 속도계
④ 공기압력계

> 엔진 냉각수의 온도를 나타내는 것은 수온계이다.

12 자동차 계기판에서 자동차의 시간당 주행거리를 나타내는 것은?

① 속도계
② 전압계
③ 수온계
④ 연료계

> 자동차의 시간당 주행거리를 나타내는 것은 속도계이다.

13 와셔액 탱크가 비어 있을 때 와이퍼를 작동시키면 일어날 수 있는 문제로 가장 알맞은 것은?

① 와이퍼 링크 이탈
② 와이퍼 모터 손상
③ 유리창 균열
④ 차량 도장부분 손상

> 와셔액 탱크가 비어 있을 경우에 와이퍼를 작동시키면 와이퍼 모터가 손상된다.

14 엔진의 전자제어 장치나 배기가스 제어에 관계되는 각종 센서에 이상이 있을 때 점등되는 것은?

① 엔진 예열작동 지시등
② 배터리 충전 지시등
③ 엔진 정비 지시등
④ 냉각수 보충 지시등

> 엔진의 전자제어 장치나 배기가스 제어에 관계되는 각종 센서에 이상이 있을 때 점등되는 것은 엔진 정비 지시등이다.

15 노면의 상태와 운전 조건에 따라 차체 높이를 변화시킬 수 있는 장치는?

① 다중 연료 분사 시스템
② 전자제어 현가장치 시스템
③ 차체 자세제어 시스템
④ 자동 정숙주행 시스템

> 노면 상태와 운전 조건에 따라 차체 높이를 변화시켜, 주행 안전성과 승차감을 동시에 확보하기 위한 장치는 전자제어 현가장치 시스템(ECS)이다.

정답 ▶ 8 ③ 9 ③ 10 ① 11 ② 12 ① 13 ② 14 ③ 15 ②

16 자동차 장치 중 와이퍼의 사용 요령에 대한 설명으로 잘못된 것은?

① 와셔액 탱크가 비어 있을 경우에 와이퍼를 작동시키면 와이퍼 모터가 손상될 수 있다.
② 동절기에 워셔액을 사용하면 유리창에 워셔액이 얼어붙어 시야를 가릴 수 있다.
③ 부동액을 와셔액으로 사용하면 도장부분의 손상을 유발할 수 있다.
④ 겨울철 와이퍼가 얼어 붙어있는 경우에는 모터의 힘으로 작동시키면 와이퍼 이탈을 예방할 수 있다.

겨울철에 와이퍼가 얼어붙어 있는 경우, 와이퍼를 작동시키면 와이퍼 링크가 이탈하거나 모터가 손상될 수 있다.

17 엔진 냉각수가 규정 이하일 경우 울리는 경고음은?

① 수온 경고음
② 부동액 경고음
③ 와셔액 경고음
④ 냉각수량 경고음

엔진 냉각수가 규정 이하일 경우 울리는 경고음은 냉각수량 경고음이다.

18 자동차의 스위치 사용 및 점검에 대한 설명 중 알맞은 것은?

① 마주오는 차가 있거나 앞차를 따라갈 경우에는 상향등을 사용한다.
② 전자제어 현가장치 시스템은 자기진단 기능을 보유하고 있어 정비성이 용이하고 안전하다.
③ 와이퍼 세척은 가솔린이나 신나와 같은 유기용제를 사용하여 세척한다.
④ 전자제어 현가장치 시스템은 도로조건이나 기타 주행조건에 따라서 자동으로 차량의 높이가 조정된다.

① 마주오는 차가 있거나 앞차를 따라갈 경우에는 하향등을 사용한다.
③ 와이퍼를 세척할 때 가솔린, 신나와 같은 유기용제를 사용하지 않는다.
④ 전자제어 현가장치 시스템은 도로조건이나 기타 주행조건에 따라서 운전자가 스위치를 조작하여 차량의 높이를 조정할 수 있다.

19 자동차 스위치에 대한 설명 중 틀린 것은?

① 전조등스위치는 맞은편 차량을 발견하면 신속하게 하향등으로 전환하여야 한다.
② 차폭등, 미등, 번호판등, 계기판등은 전조등 스위치 1단계에서 점등된다.
③ 와셔액 탱크가 비어 있거나 유리창이 건조할 때 와이퍼 작동을 금지한다.
④ 방향지시등이 평상시보다 빠르게 작동하면 방향지시등 작동 스위치를 교환해야 한다.

평상시보다 빠르게 작동하면 방향지시등의 전구가 끊어진 것이므로 방향지시등을 교환하여야 한다.

20 자동차 높이의 변화를 감지하여 ECS 솔레노이드 밸브를 제어함으로써 에어스프링 압력과 자동차 높이를 조절하는 시스템은?

① 전자제어 커먼레일 시스템
② 전자제어 인젝션 시스템
③ 전자제어 연료분사 시스템
④ 전자제어 현가장치 시스템

자동차 높이의 변화를 감지하여 ECS 솔레노이드 밸브를 제어함으로써 에어스프링 압력과 자동차 높이를 조절하는 시스템은 전자제어 현가장치 시스템이다.

정답 **16** ④ **17** ④ **18** ② **19** ④ **20** ④

자동차 응급조치 요령

[예상문항 : 3문제] 이 섹션에서는 진동과 소리에 따른 고장 원인, 냄새에 따른 고장 원인, 배출가스 색에 따른 고장 원인, 엔진 오버히트, 장치별 응급조치 등에서 골고루 출제되고 있으니 전반적으로 학습하시기 바랍니다.

01 상황별 응급조치

1 진동과 소리에 따른 고장 원인

명칭	내용
엔진	엔진의 회전수에 비례하여 '쇠가 마주치는 소리'가 날 때가 있다. 거의 이런 이음은 밸브 장치에서 나는 소리로, 밸브 간극 조정으로 고쳐질 수 있다.
팬 벨트	가속 페달을 힘껏 밟는 순간 '끼익!' 하는 소리가 나는 경우가 많은데, 이때는 팬 벨트 또는 기타의 V밸트가 이완되어 걸려 있는 풀리와의 미끄러짐에 의해 일어난다.
클러치	클러치를 밟고 있을 때 '달달달' 떨리는 소리와 함께 차체가 떨리고 있다면, 이것은 클러치 릴리스 베어링의 고장이다.
브레이크	브레이크 페달을 밟아 차를 세우려고 할 때 바퀴에서 '끽!' 하는 소리가 나는 경우를 많이 경험할 것이다. 이것은 브레이크 라이닝의 마모가 심하거나 라이닝이 불량한 경우 일어나는 현상이다.
조향장치	핸들이 어느 속도에 이르면 극단적으로 흔들린다. 특히 일정한 속도에서 핸들에 진동이 일어나면 앞바퀴 불량이 원인일 때가 많다. 앞 차륜 정렬(휠 얼라인먼트)이 흐트러졌다든가 바퀴 자체의 휠 밸런스가 맞지 않을 때 주로 일어난다.
바퀴	주행 중 하체 부분에서 비틀거리는 흔들림이 일어나는 때가 있다. 특히 커브를 돌았을 때 휘청거리는 느낌이 들 때, 바퀴의 휠 너트의 이완이나 공기 부족일 때가 많다.

명칭	내용
완충(현가)장치	비포장 도로의 울퉁불퉁한 험한 노면을 달릴 때 '딱각딱각' 하는 소리나 '쿵쿵' 하는 소리가 날 때에는 완충장치인 쇽업소버의 고장으로 볼 수 있다.

2 냄새와 열 발생에 따른 고장 원인

명칭	내용
전기 장치	고무 같은 것이 타는 냄새가 날 때는 바로 차를 세워야 한다. 대개 엔진실 내의 전기 배선 등의 피복이 벗겨져 합선에 의해 전선이 타면서 나는 냄새가 대부분인데, 보닛을 열고 잘 살펴보면 그 부위를 발견할 수 있다.
브레이크 장치	치과 병원에서 이를 갈 때 나는 단내가 심하게 나는 경우는 주브레이크의 간격이 좁든가, 주차 브레이크를 당겼다 풀었으나 완전히 풀리지 않았을 경우이다. 또한 긴 언덕길을 내려갈 때 계속 브레이크를 밟는다면 이러한 현상이 일어나기 쉽다.
바퀴	바퀴마다 드럼에 손을 대보면 어느 한쪽만 뜨거울 경우가 있는데, 이때는 브레이크 라이닝 간격이 좁아 브레이크가 끌리기 때문이다.

3 배출가스 색에 따른 고장 원인

자동차 후부에 장착된 머플러(소음기) 파이프에서 배출되는 가스의 색을 자세히 살펴보면 엔진 상태를 알 수 있다.

색상	원인
무색	• 완전 연소시 배출 가스의 색은 정상 상태에서 무색 또는 약간 엷은 청색을 띤다.
검은색	• 농후한 혼합 가스가 들어가 불완전 연소되는 경우 • 원인 　- 초크 고장 　- 에어 클리너 엘리먼트의 막힘 　- 연료 장치 고장 등
백색	• 엔진 안에서 다량의 엔진 오일이 실린더 위로 올라와 연소되는 경우 • 원인 　- 헤드 개스킷 파손 　- 밸브의 오일 씰 노후 　- 피스톤 링 마모 등

4 엔진시동이 걸리지 않는 경우

① 시동모터가 회전하지 않을 때
　→ 배터리 방전 상태, 배터리 단자의 연결 상태 점검

② 시동모터는 회전하나 시동이 걸리지 않을 때
　→ 연료유무 점검

③ 배터리가 방전되어 있을 때
　㉠ 주차 브레이크를 작동시켜 차량이 움직이지 않도록 한다.
　㉡ 변속기는 '중립'에 위치시킨다.
　㉢ 보조 배터리를 사용하는 경우에는 점프 케이블을 연결한 후 시동을 건다.
　㉣ 타 차량의 배터리에 점프 케이블을 연결하여 시동을 거는 경우에는 타 차량의 시동을 먼저 건 후 방전된 차량의 시동을 건다.
　㉤ 시동이 걸린 후 배터리가 일부 충전되면 점프 케이블의 '-'단자를 분리한 후 '+'단자를 분리한다.
　㉥ 방전된 배터리가 충분히 충전되도록 일정시간 시동을 걸어둔다.

> ▶ **점프 시 주의사항**
> • 점프 케이블의 양극(+)과 음극(-)이 서로 닿는 경우에는 불꽃이 발생하여 위험하므로 서로 닿지 않도록 한다.
> • 방전된 배터리가 얼었거나 배터리액이 부족한 경우에는 점프 도중에 배터리의 파열 및 폭발이 발생할 수 있다.

④ 전기장치에 고장이 있을 때
　• 퓨즈의 단선 여부 점검
　• 규정된 용량의 퓨즈만을 사용하여 교체 : 높은 용량의 퓨즈로 교체한 경우에는 전기 배선 손상 및 화재 발생의 원인 제공

5 엔진 오버히트가 발생하는 경우

(1) 오버히트가 발생하는 원인
　① 냉각수가 부족한 경우
　② 엔진 내부가 얼어 냉각수가 순환하지 않는 경우

(2) 엔진 오버히트가 발생할 때의 징후
　① 운행중 수온계가 H 부분을 가리키는 경우
　② 엔진출력이 갑자기 떨어지는 경우
　③ 노킹소리가 들리는 경우

> ▶ **노킹**(Knocking) : 압축된 공기와 연료 혼합물의 일부가 내연기관의 실린더에서 비정상적으로 폭발할 때 나는 날카로운 소리

(3) 엔진 오버히트가 발생할 때의 안전조치
　① 비상경고등을 작동한 후 도로 가장자리로 안전하게 이동하여 정차한다.
　② 여름에는 에어컨, 겨울에는 히터의 작동을 중지시킨다.
　③ 엔진이 작동하는 상태에서 보닛을 열어 엔진을 냉각시킨다.
　④ 엔진을 충분히 냉각시킨 다음에는 냉각수의 양 점검, 라디에이터 호스 연결부위 등의 누수여부 등을 확인한다.
　⑤ 특이한 사항이 없다면 냉각수를 보충하여 운행하고, 누수나 오버히트가 발생할 만한 문제가 발견된다면 점검을 받아야 한다.

> ▶ **주의사항**
> 차를 길 가장자리로 이동하여 엔진시동을 즉시 끄게 되면 수온이 급상승하여 엔진이 고착될 수 있다.

6 타이어에 펑크가 난 경우

① 운행 중 타이어가 펑크 났을 경우에는 핸들이 돌아가지 않도록 견고히 잡고, 비상경고등을 작동시킨다.
  → 한 쪽으로 쏠리는 현상 예방

② 가속페달에서 발을 떼어 속도를 서서히 감속시키면서 길 가장자리로 이동한다.
  → 급브레이크를 밟게 되면 양쪽 바퀴의 제동력 차이로 자동차가 회전하는 것을 예방

③ 브레이크를 밟아 차를 도로 옆 평탄하고 안전한 장소에 주차한 후 주차브레이크를 당겨 놓는다.

④ 고장자동차의 표지를 설치하는 경우 후방에서 접근하는 자동차의 운전자가 확인할 수 있는 위치에 설치한다.

⑤ 잭을 사용하여 차체를 들어 올릴 때 자동차가 밀려나가는 현상을 방지하기 위해 교환할 타이어의 대각선에 있는 타이어에 고임목을 설치한다.

> ▶ 잭 사용 시 주의사항
> • 잭을 사용할 때에는 평탄하고 안전한 장소에서 사용한다.
> • 잭을 사용하는 동안에 시동을 걸면 위험하다.
> • 잭으로 차량을 올린 상태에서 차량 하부로 들어가면 위험하다.
> • 잭을 사용할 때에 후륜의 경우에는 리어 액슬 아랫부분에 설치한다.

7 기타 응급조치요령

(1) 풋 브레이크가 작동하지 않는 경우
  고단 기어에서 저단 기어로 한 단씩 줄여 감속한 뒤에 주차 브레이크를 이용하여 정지한다.

(2) 견인자동차로 견인하는 경우
  ① 구동되는 바퀴를 들어 올려 견인되도록 한다.
  ② 견인되기 전에 주차 브레이크를 해제한 후 변속레버를 중립(N)에 놓는다.
  ③ 에어 서스펜션 장착 차량의 견인 시 차체를 들어올릴 때에는 에어스프링이 이탈되지 않도록 주의한다.

(3) 일반 자동차로 견인하는 경우
  ① 견인 로프는 5m 이내로 한다.
  ② 견인 속도
  • 총중량 2,000kg 미만인 자동차를 총중량이 그의 3배 이상인 자동차로 견인하는 경우 : 매시 30km 이내
  • 기타 및 이륜자동차가 견인하는 경우 : 매시 25킬로미터 이내

---

02 장치별 응급조치

1 엔진계통 응급조치요령

(1) 시동모터가 작동되나 시동이 걸리지 않는 경우

추정 원인	조치 사항
• 연료가 떨어졌다. • 예열작동이 불충분하다. • 연료필터가 막혀 있다.	• 연료를 보충한 후 공기빼기를 한다. • 예열시스템을 점검한다. • 연료필터를 교환한다.

(2) 시동모터가 작동되지 않거나 천천히 회전하는 경우

추정 원인	조치 사항
• 배터리가 방전되었다. • 배터리 단자의 부식, 이완, 빠짐 현상이 있다. • 접지 케이블이 이완되어 있다. • 엔진오일의 점도가 너무 높다.	• 배터리를 충전하거나 교환한다. • 배터리 단자의 부식부분을 깨끗하게 처리하고 단단하게 고정한다. • 접지 케이블을 단단하게 고정한다. • 적정 점도의 오일로 교환한다.

(3) 저속 회전하면 엔진이 쉽게 꺼지는 경우

추정 원인	조치 사항
• 공회전 속도가 낮다. • 에어클리너 필터가 오염되었다. • 연료필터가 막혀있다. • 밸브 간극이 비정상이다.	• 공회전 속도를 조절한다. • 에어클리너 필터를 청소 또는 교환한다. • 연료필터를 교환한다. • 밸브 간극을 조정한다.

(4) 엔진오일의 소비량이 많은 경우

추정 원인	조치 사항
• 사용되는 오일이 부적당하다. • 엔진오일이 누유되고 있다.	• 규정에 맞는 엔진오일로 교환한다. • 오일 계통을 점검하여 풀려 있는 부분은 다시 조인다.

(5) 연료소비량이 많은 경우

추정 원인	조치 사항
• 연료누출이 있다. • 타이어 공기압이 부족하다. • 클러치가 미끄러진다. • 브레이크가 제동된 상태에 있다.	• 연료계통을 점검하고 누출부위를 정비한다. • 적정 공기압으로 조정한다. • 클러치 간극을 조정하거나 클러치 디스크를 교환한다. • 브레이크 라이닝 간극을 조정한다.

(6) 배기가스가 검은색인 경우

추정 원인	조치 사항
• 에어클리너 필터가 오염되었다. • 밸브 간극이 비정상이다.	• 에어클리너 필터 청소 또는 교환한다. • 밸브 간극을 조정한다.

(7) 엔진이 과열된 경우(오버히트)

추정 원인	조치 사항
• 냉각수 부족 또는 누수되고 있다. • 팬벨트의 장력이 지나치게 느슨하다.(워터펌프 작동이 원활하지 않아 냉각수 순환이 불량해지고 엔진 과열) • 냉각팬이 작동되지 않는다. • 라디에이터 캡의 장착이 불완전하다. • 서모스탯(온도조절기)*이 정상 작동하지 않는다.	• 냉각수 보충 또는 누수 부위를 수리한다. • 팬벨트 장력을 조정한다. • 냉각팬 전기배선 등을 수리한다. • 라디에이터 캡을 확실하게 장착한다. • 서모스탯을 교환한다.

*서모스탯 : 밀폐된 공간의 온도를 일정하게 유지시키기 위해 온도 변화를 감지하여 그 차이를 자동적으로 조정해 주는 장치

② 조향계통 응급조치요령

(1) 핸들이 무거운 경우

추정 원인	조치 사항
• 앞바퀴의 공기압이 부족하다. • 파워스티어링 오일이 부족하다.	• 적정 공기압으로 조정한다. • 파워스티어링 오일을 보충한다.

(2) 스티어링 휠(핸들)이 떨리는 경우

추정 원인	조치 사항
• 타이어의 무게중심이 맞지 않는다. • 휠 너트(허브 너트)가 풀려 있다. • 타이어 공기압이 각 타이어마다 다르다. • 타이어가 편마모 되어 있다.	• 타이어를 점검하여 무게중심을 조정한다. • 규정 토크*로 조인다. • 적정 공기압으로 조정한다. • 타이어를 교환한다.

*규정 토크 : 주어진 회전축을 중심으로 회전시키는 능력

③ 제동계통 응급조치요령

(1) 브레이크 제동효과가 나쁜 경우

추정 원인	조치 사항
• 공기압이 과다하다. • 공기누설*이 있다. • 라이닝 간극 과다 또는 마모상태가 심하다. • 타이어 마모가 심하다.	• 적정 공기압으로 조정한다. • 브레이크 계통을 점검하여 풀려 있는 부분은 다시 조인다. • 라이닝 간극을 조정 또는 라이닝을 교환한다. • 타이어를 교환한다.

*공기누설 : 타이어 공기가 빠져나가는 현상

(2) 브레이크가 편제동 되는 경우

추정 원인	조치 사항
• 좌우 타이어 공기압이 다르다. • 타이어가 편마모 되어 있다. • 좌우 라이닝 간극이 다르다.	• 적정 공기압으로 조정한다. • 편마모된 타이어를 교환한다. • 라이닝 간극을 조정한다.

④ 전기계통 응급조치요령

(1) 배터리가 자주 방전되는 경우

추정 원인	조치 사항
• 배터리 단자의 벗겨짐, 풀림, 부식이 있다. • 팬벨트가 느슨하게 되어 있다. • 배터리액이 부족하다. • 배터리 수명이 다 되었다.	• 배터리 단자의 부식부분을 제거하고 조인다. • 팬벨트의 장력을 조정한다. • 배터리액을 보충한다. • 배터리를 교환한다.

★★★★

1 핸들이 어느 속도에 이르면 극단적으로 흔들리는 현상이 나타나는 것은 주로 어떤 부분의 고장을 뜻하는가?

① 브레이크 부분
② 엔진 부분
③ 조향장치 부분
④ 완충장치 부분

핸들이 어느 속도에 이르면 극단적으로 흔들리는 현상이 나타나는 것은 조향장치의 고장을 뜻한다.

★★★★

2 비포장 도로를 달릴 때 '딱각딱각'하는 소리나 '쿵쿵'하는 소리가 날 때 주로 어느 장치 부분의 고장을 뜻하는가?

① 현가장치
② 전기장치
③ 제동장치
④ 동력전달장치

비포장 도로의 울퉁불퉁한 험한 노면을 달릴 때 '딱각딱각' 하는 소리나 '쿵쿵' 하는 소리가 날 때에는 현가장치인 쇽업소버의 고장으로 볼 수 있다.

★★★★

3 엔진 오버히트가 발생할 때의 안전조치로 적당하지 않는 것은?

① 비상경고등을 작동한 후 도로 가장자리로 안전하게 이동하여 정차한다.
② 엔진이 작동하는 상태에서 보닛을 열어 엔진을 냉각시킨다.
③ 여름에는 에어컨, 겨울에는 히터의 작동을 중지시킨다.
④ 엔진이 과열된 상태에서 최대한 빨리 냉각수의 양을 점검한다.

엔진을 충분히 냉각시킨 다음에 냉각수의 양을 점검하고, 라디에이터 호스 연결부위 등의 누수여부 등을 확인한다.

★★★★

4 자동차의 견인이 필요한 경우의 응급조치요령으로 옳지 않은 것은?

① 구동이 되는 바퀴를 들어 올려 견인되도록 한다.
② 에어 서스펜션 장착 차량의 견인을 위해 차체를 들어 올릴 때에는 에어스프링이 이탈되지 않도록 주의한다.
③ 일반자동차로 견인할 경우 견인 로프는 7m 이내로 한다.
④ 견인되기 전에 주차브레이크를 해제한 후 변속레버를 중립에 놓는다.

일반자동차로 견인할 경우 견인 로프는 5m 이내로 한다.

★★★★

5 엔진이 과열되어 오버히트를 하는 경우 추정 원인으로 적절하지 않은 것은?

① 냉각수 누수로 부족한 경우
② 서모스탯(온도조절기)이 정상 작동하지 않는다.
③ 연료필터가 막혀 있다.
④ 냉각팬이 작동하지 않는다.

연료필터가 막혀 있는 것은 시동모터가 작동되나 시동이 걸리지 않는 경우의 추정원인에 해당한다.

★★★

6 잭을 이용하여 타이어를 교체할 경우 주의사항으로 올바른 것은?

① 잭을 사용할 때에 후륜의 경우에는 리어 액슬 아랫부분에 설치한다.
② 잭을 사용하는 동안에 시동을 걸어도 된다.
③ 잭으로 차량을 올린 상태에서 차량 하부에 들어가도 된다.
④ 잭을 사용할 때는 비탈길에서 사용해도 된다.

② 잭을 사용하는 동안에 시동을 걸면 위험하다.
③ 잭으로 차량을 올린 상태에서 차량 하부에 들어가면 위험하다.
④ 잭을 사용할 때에는 평탄하고 안전한 장소에서 사용한다.

정답 ▶ 1③ 2① 3④ 4③ 5③ 6①

7 스티어링 휠(핸들)이 떨리는 이유로 가장 거리가 먼 것은?

① 좌·우 라이닝 간극이 다르다.
② 타이어의 무게 중심이 맞지 않는다.
③ 휠 너트가 풀려있다.
④ 타이어가 편마모 되어 있다.

좌·우 라이닝 간극은 스티어링 휠 떨림과 관련이 없다.

8 브레이크 제동효과가 나쁜 경우 추정할 수 있는 원인이 아닌 것은?

① 공기압이 과다하다.
② 브레이크 계통에 공기 누설이 있다.
③ 좌우 라이닝 간극이 다르다.
④ 타이어 마모가 심하다.

③ 라이닝 간극 과다 또는 마모상태가 심하다.

9 브레이크 제동효과가 나쁜 경우의 추정원인이 아닌 것은?

① 공기압이 과다하다.
② 파워스티어링 오일이 부족하다.
③ 타이어의 마모가 심하다.
④ 라이닝 간격이 과다하다.

파워스티어링 오일 부족은 브레이크 제동효과와 관련이 없다.

10 에어클리너가 오염되면 배기가스의 색깔은?

① 흰색
② 청색
③ 검은색
④ 노란색

에어클리너가 오염되면 배기가스의 색깔은 검은색이다.

04 | 자동차의 구조 및 특성

Main Key Point

[예상문항 : 4문제] 이 장에서는 클러치, 변속기, 타이어, 스프링, 휠 얼라인먼트 등에서 많이 출제됩니다. 필수 암기 내용과 문제 위주로 학습하시기 바랍니다.

01 동력전달장치(엔진)

① 자동차의 주행과 주행에 필요한 보조 장치들을 작동시키기 위한 동력을 발생시키는 장치
② 동력발생장치에서 발생한 동력을 주행상황에 맞는 적절한 상태로 변화를 주어 바퀴에 전달하는 장치

■ 클러치

(1) 개념

엔진의 동력을 변속기에 전달하거나 차단하는 역할을 하며, 엔진 시동을 작동시킬 때나 기어를 변속할 때에는 동력을 끊고, 출발할 때에는 엔진의 동력을 서서히 연결하는 일을 한다.

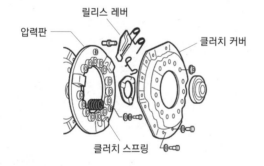

압력판 · 릴리스 레버 · 클러치 커버 · 클러치 스프링

(2) 클러치의 필요성

① 엔진을 작동시킬 때 엔진을 무부하 상태로 유지한다.
② 변속기의 기어를 변속할 때 엔진의 동력을 일시 차단한다.
③ 관성운전을 가능하게 한다.

▶ 관성운전
• 주행 중 내리막길이나 신호등을 앞에 두고 가속페달에서 발을 떼면 특정속도로 떨어질 때까지 연료공급이 차단되고 관성력에 의해 주행하는 운전
• 가속페달에서 발을 떼면 특정 속도로 떨어질 때까지 연료공급이 차단되는 현상을 퓨얼 컷(Fuel cut)이라 한다.

(3) 클러치의 구비조건

① 냉각이 잘 되어 과열하지 않을 것
② 구조가 간단하고, 다루기 쉬우며 고장이 적을 것
③ 회전력 단속 작용이 확실하며, 조작이 쉬울 것
④ 회전부분의 평형이 좋을 것
⑤ 회전관성이 적을 것

(4) 클러치 미끄러짐

1) 증상
출발 또는 주행 중 가속을 하였을 때 엔진의 회전속도는 상승하지만 출발이 잘 안되거나 주행속도가 올라가지 않는 경우를 말한다.

2) 클러치가 미끄러지는 원인
① 클러치 페달의 자유간극(유격)이 없을 경우
② 클러치 디스크의 마멸이 심할 경우
③ 클러치 디스크에 오일이 묻어 있을 경우
④ 클러치 스프링의 장력이 약할 경우

3) 클러치가 미끄러질 때의 영향
① 연료 소비량이 증가한다.
② 엔진이 과열한다.
③ 등판능력이 감소한다.
④ 구동력이 감소하여 출발이 어렵고, 증속이 잘 되지 않는다.

4) 클러치 차단이 잘 안되는 원인
① 클러치 페달의 자유간극이 클 경우
② 릴리스 베어링이 손상되었거나 파손된 경우
③ 클러치 디스크의 흔들림이 클 경우
④ 유압장치에 공기가 혼입된 경우
⑤ 클러치 구성부품이 심하게 마멸된 경우

2 변속기

(1) 개념

도로의 상태, 주행속도, 적재 하중 등에 따라 변하는 구동력에 대응하기 위해 엔진과 추진축 사이에 설치되어 엔진의 출력을 자동차 주행속도에 알맞게 회전력과 속도로 바꾸어서 구동바퀴에 전달하는 장치

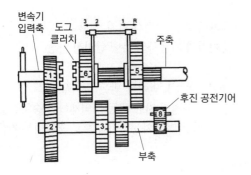

(2) 변속기의 필요성

① 엔진과 차축 사이에서 회전력을 변환시켜 전달한다.
② 엔진을 시동할 때 엔진을 무부하 상태로 한다.
③ 자동차를 후진시키기 위해 필요하다.

(3) 변속기의 구비조건

① 가볍고, 단단하며, 다루기 쉬울 것
② 조작이 쉽고, 신속·확실하며, 작동 시 소음이 적을 것
③ 연속석으로 또는 자동적으로 변속이 될 것
④ 동력전달 효율이 좋을 것

(4) 자동변속기의 장단점

장점	① 기어변속이 자동으로 이루어져 운전이 편리하다. ② 발진과 가·감속이 원활하여 승차감이 좋다. ③ 조작 미숙으로 인한 시동 꺼짐이 없다. ④ 유체가 댐퍼 역할을 하기 때문에 충격이나 진동이 적다.
단점	① 구조가 복잡하고 가격이 비싸다. ② 차를 밀거나 끌어서 시동을 걸 수 없다. ③ 유체에 의한 동력손실이 있다.

(5) 자동변속기의 오일 색깔

색깔	증상
정상	투명도가 높은 붉은색
갈색	가혹한 상태에서 사용되거나, 장시간 사용한 경우
투명도가 없어지고 검은 색을 띨 때	자동변속기 내부의 클러치 디스크의 마멸분말에 의한 오손, 기어가 마멸된 경우
니스 모양으로 된 경우	오일이 매우 높은 고온에 노출된 경우
백색	오일에 수분이 다량으로 유입된 경우

3 타이어

(1) 주요 기능

① 자동차의 하중 지탱
② 엔진의 구동력 및 브레이크의 제동력을 노면에 전달
③ 노면으로부터 전달되는 충격 완화
④ 자동차의 진행방향을 전환 또는 유지

(2) 타이어의 구조 및 형상에 따른 종류

1) 튜브리스 타이어(튜브 없는 타이어)

① 자동차의 고속화에 따라 고속주행 중에 펑크 사고 위험에서 운전자와 차를 보호하고자 하는 목적으로 개발
② 튜브 대신 타이어 내면에 공기 투과성이 적은 특수고무(이너라이너)를 붙여 타이어와 림(rim)으로부터 공기가 새지 않도록 되어 있고 주행 중에 못에 찔려도 공기가 급격히 빠지지 않는다.
③ 튜브 타이어에 비해 공기압 유지 성능이 좋다.
④ 못에 찔려도 공기가 급격히 새지 않는다.
⑤ 타이어 내부의 공기가 직접 림에 접촉하고 있기 때문에 주행 중에 발생하는 열의 발산이 좋아 발열이 적다.
⑥ 튜브 물림 등 튜브로 인한 고장이 없다.
⑦ 튜브 조립이 없으므로 펑크 수리가 간단하고, 작업능률이 향상된다.
⑧ 림이 변형되면 타이어와의 밀착이 불량하여 공기가 새기 쉽다.
⑨ 유리 조각 등에 의해 손상되면 수리하기가 어렵다.

2) 바이어스 타이어

① 바이어스 타이어의 카커스는 1 플라이씩 서로 번갈아 가면서 코드의 각도가 다른 방향으로 엇갈려 있어 코드가 교차하는 각도는 지면에 닿는 부분에서 원주방향에 대해 40도 전후로 되어 있다.

② 전반적으로 성능이 안정적이지만, 현재는 타이어의 주류에서 서서히 그 자리를 레이디얼 타이어에게 물려주고 있다.

3) 레이디얼 타이어

① 카커스를 구성하는 코드가 타이어의 원주방향에 대해 직각으로 즉 타이어의 측면에서 보면 원의 중심에서 방사상으로 비드에서 비드를 직각으로 배열한 상태이고 구조의 안정성을 위하여 트레드 고무층 바로 밑에 원주방향에 가까운 각도로 코드를 배치한 벨트로 단단히 조여져 있다.

② 접지면적이 크다.

③ 타이어 수명이 길다.

④ 트레드가 하중에 의한 변형이 적다.

⑤ 회전할 때에 구심력이 좋다.

⑥ 스탠딩웨이브 현상이 잘 일어나지 않는다.

⑦ 고속으로 주행할 때에는 안전성이 크다.

⑧ 충격을 흡수하는 강도가 적어 승차감이 좋지 않다.

⑨ 저속으로 주행할 때에는 조향 핸들이 다소 무겁다.

4) 스노타이어

① 눈길에서 미끄러짐이 적게 주행할 수 있도록 제작된 타이어로 바퀴가 고정되면 제동거리가 길어진다.

② 스핀을 일으키면 견인력이 감소하므로 출발을 천천히 해야 한다.

③ 구동 바퀴에 걸리는 하중을 크게 해야 한다.

④ 트레드 부가 50% 이상 마멸되면 제 기능을 발휘하지 못한다.

---

02 완충(현가)장치

1 개념

① 주행 중 노면으로부터 발생하는 진동이나 충격을 완화시켜 차체나 각 장치에 직접 전달하는 것을 방지하는 장치

② 역할
- 차체나 화물의 손상 방지
- 승차감과 자동차의 주행 안전성 향상

③ 구성
- 쇽업소버 : 노면에서 받는 충격을 완화시키는 스프링과 스프링의 자유 진동을 억제하여 승차감을 향상
- 스태빌라이저 : 자동차가 옆으로 흔들리는 것을 방지

2 주요 기능

① 자동차의 적정한 높이 유지

② 상·하 방향이 유연하여 차체가 노면에서 받는 충격 완화

③ 올바른 휠 얼라인먼트 유지

④ 차체의 무게 지탱

⑤ 타이어의 접지상태 유지

⑥ 주행방향 조정

3 완충장치의 구성

(1) 스프링 <필수암기>

차체와 차축 사이에 설치되어 주행 중 노면에서의 충격이나 진동을 흡수하여 차체에 전달되지 않게 하는 장치

종류	특징
판 스프링	• 적당히 구부린 띠 모양의 스프링 강을 몇 장 겹쳐 그 중심에서 볼트로 조인 것 • 버스나 화물차에 사용 • 스프링 자체의 강성으로 차축을 정해진 위치에 지지할 수 있어 구조가 간단 • 판간 마찰에 의한 진동의 억제작용이 큼 • 내구성이 큼 • 판간 마찰이 있기 때문에 작은 진동은 흡수가 곤란

종류	특징
코일 스프링	• 스프링 강을 코일 모양으로 감아서 제작한 것 • 단위중량당 에너지 흡수율이 판 스프링보다 크고 유연하기 때문에 승용차에 많이 사용 • 외부의 힘을 받으면 비틀려짐 • 판 스프링과 같이 판간 마찰작용이 없기 때문에 진동에 대한 감쇠 작용을 못하며, 옆 방향 작용력에 대한 저항력도 없음 • 차축을 지지할 때는 링크기구나 쇽업소버를 필요로 하고 구조가 복잡
토션바 스프링	• 비틀었을 때 탄성에 의해 원위치하려는 성질을 이용한 스프링 강의 막대 • 스프링의 힘은 바의 길이와 단면적에 따라 결정되며 코일 스프링과 같이 진동의 감쇠작용이 없어 쇽업소버를 병용해야 된다. • 단위중량당 에너지 흡수율이 다른 스프링에 비해 가장 크기 때문에 가볍게 할 수 있고, 구조도 간단하다. • 설치방식에는 차체에 평행하게 설치하는 세로방식과 차체에 직각으로 설치하는 가로방식이 있다. 세로방식이 바의 길이에 제한이 없고 설치장소를 크게 차지하지 않는 장점이 있어 많이 사용된다. 토션바 스프링은 좌·우가 구분되어 있어 바꾸어 설치하지 않도록 한다.
공기 스프링	• 공기의 탄성을 이용한 스프링 • 다른 스프링에 비해 유연한 탄성을 얻을 수 있고, 노면으로부터의 작은 진동도 흡수 • 승차감이 우수하기 때문에 장거리 주행 자동차 및 대형버스에 사용 • 차량무게의 증감에 관계없이 언제나 차체의 높이를 일정하게 유지 • 스프링의 세기가 하중에 거의 비례해서 변화하기 때문에 짐을 실었을 때나 비었을 때의 승차감에는 차이가 없다. • 구조가 복잡하고 제작비가 비싸다.

(2) 쇽업소버
① 노면에서 발생한 스프링의 진동을 재빨리 흡수하여 승차감을 향상시키고 동시에 스프링의 피로를 줄이기 위해 설치하는 장치
② 움직임을 멈추려고 하지 않는 스프링에 대하여 역방향으로 힘을 발생시켜 진동의 흡수를 앞당긴다.

③ 스프링이 수축하려고 하면 쇽업소버는 수축하지 않도록 하는 힘을 발생시키고, 반대로 스프링이 늘어나려고 하면 늘어나지 않도록 하는 힘을 발생시키는 작용을 하므로 스프링의 상·하 운동에너지를 열에너지로 변환
④ 노면에서 발생하는 진동에 대해 일정 상태까지 그 진동을 정지시키는 힘인 감쇠력이 좋아야 한다.

(3) 스태빌라이저
① 좌·우 바퀴가 동시에 상·하 운동을 할 때에는 작용을 하지 않으나 좌·우 바퀴가 서로 다르게 상·하 운동을 할 때 작용하여 차체의 기울기를 감소시켜 주는 장치
② 커브길에서 자동차가 선회할 때 원심력 때문에 차체가 기울어지는 것을 감소시켜 차체가 롤링(좌·우 진동)하는 것을 방지
③ 토션바의 일종으로 양끝이 좌·우의 로어 컨트롤 암에 연결되며, 가운데는 차체에 설치

03 조향장치

조향장치는 자동차의 진행 방향을 운전자가 의도하는 바에 따라서 임의로 조작할 수 있는 장치이며 조향 핸들을 조작하면 조향 기어에 그 회전력이 전달되며 조향 기어에 의해 감속하여 앞바퀴의 방향을 바꿀 수 있도록 되어 있다.

1 조향장치의 구비조건
① 조향 조작이 주행 중의 충격에 영향을 받지 않을 것
② 조작이 쉽고, 방향 전환이 원활하게 이루어질 것
③ 진행방향을 바꿀 때 섀시 및 바디 각 부에 무리한 힘이 작용하지 않을 것
④ 고속주행에서도 조향 조작이 안정적일 것
⑤ 조향 핸들의 회전과 바퀴 선회 차이가 크지 않을 것
⑥ 수명이 길고 정비하기 쉬울 것

② 고장 원인

(1) 조향 핸들이 무거운 원인
   ① 타이어의 공기압이 부족하다.
   ② 조향기어의 톱니바퀴가 마모되었다.
   ③ 조향기어 박스 내의 오일이 부족하다.
   ④ 앞바퀴의 정렬 상태가 불량하다.
   ⑤ 타이어의 마멸이 과다하다.

(2) 조향 핸들이 한 쪽으로 쏠리는 원인
   ① 타이어의 공기압이 불균일하다.
   ② 앞바퀴의 정렬 상태가 불량하다.
   ③ 쇽업소버의 작동 상태가 불량하다.
   ④ 허브 베어링의 마멸이 과다하다.

③ 동력조향장치

(1) 개념
   자동차의 대형화 및 저압 타이어의 사용으로 앞바퀴의 접지압력과 면적이 증가하여 신속한 조향이 어렵게 됨에 따라 가볍고 원활한 조향조작을 위해 엔진의 동력으로 오일펌프를 구동시켜 발생한 유압을 이용하여 조향 핸들의 조작력을 경감시키는 장치

(2) 장점
   ① 조향 조작력이 작아도 된다.
   ② 노면에서 발생한 충격 및 진동을 흡수한다.
   ③ 앞바퀴의 시미 현상(바퀴가 좌우로 흔들리는 현상)을 방지할 수 있다.
   ④ 조향조작이 신속하고 경쾌하다.
   ⑤ 앞바퀴가 펑크 났을 때 조향핸들이 갑자기 꺾이지 않아 위험도가 낮다.

(3) 단점
   ① 기계식에 비해 구조가 복잡하고 값이 비싸다.
   ② 고장이 발생한 경우에는 정비가 어렵다.
   ③ 오일펌프 구동에 엔진의 출력이 일부 소비된다.

④ 휠 얼라인먼트

(1) 개념
   ① 자동차의 앞부분을 지지하는 앞바퀴는 어떤 기하학적인 각도 관계를 가지고 설치되어 있으며, 여기에는 캠버, 캐스터, 토인, 조향축(킹핀) 경사각 등이 있다.
   ② 충격이나 사고, 부품 마모, 하체 부품의 교환 등에 따라 이들 각도가 변화하게 되면 주행 중에 각종 문제를 야기할 수 있다.
   ③ 이러한 각도를 수정하는 일련의 작업을 휠 얼라인먼트(차륜 정렬)라 한다.

(2) 역할
   ① 조향핸들의 조작을 확실하게 하고 안전성을 준다 : 캐스터의 작용
   ② 조향핸들에 복원성을 부여한다 : 캐스터와 조향축(킹핀) 경사각의 작용
   ③ 조향핸들의 조작을 가볍게 한다 : 캠버와 조향축(킹핀) 경사각의 작용
   ④ 타이어 마멸을 최소로 한다 : 토인의 작용

(3) 휠 얼라인먼트가 필요한 시기
   ① 자동차 하체가 충격을 받았거나 사고가 발생한 경우
   ② 타이어를 교환한 경우
   ③ 핸들의 중심이 어긋난 경우
   ④ 타이어 편마모가 발생한 경우
   ⑤ 자동차가 한쪽으로 쏠림현상이 발생한 경우
   ⑥ 자동차에서 롤링(좌·우 진동)이 발생한 경우
   ⑦ 핸들이나 자동차의 떨림이 발생한 경우

(4) 캠버(Camber)
   ① 자동차를 앞에서 보았을 때 앞바퀴가 수직선에 대해 어떤 각도를 두고 설치되어 있는 것
   ② 종류

정의 캠버	바퀴의 윗부분이 바깥쪽으로 기울어진 상태
0의 캠버	바퀴의 중심선이 수직일 때
부의 캠버	바퀴의 윗부분이 안쪽으로 기울어진 상태

③ 기능
  • 조향축(킹핀) 경사각과 함께 조향핸들의 조작을 가볍게 함
  • 수직 방향 하중에 의한 앞 차축의 휨을 방지
  • 하중을 받았을 때 앞바퀴의 아래쪽이 벌어지는 것 (부(-)의 캠버)을 방지

(5) 캐스터(Caster)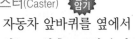
① 자동차 앞바퀴를 옆에서 보았을 때 앞 차축을 고정하는 조향축(킹핀)이 수직선과 어떤 각도를 두고 설치되어 있는 것
② 종류

정의 캐스터	조향축 윗부분이 자동차의 뒤쪽으로 기울어진 상태
0의 캐스터	조향축의 중심선이 수직선과 일치된 상태
부의 캐스터	조향축의 윗부분이 앞쪽으로 기울어진 상태

③ 기능
  • 주행 중 조향 바퀴에 방향성을 부여
  • 조향하였을 때 직진 방향으로의 복원력을 줌

(6) 토인(Toe-in)
① 자동차 앞바퀴를 위에서 내려다보면 양쪽 바퀴의 중심선 사이의 거리가 앞쪽이 뒤쪽보다 약간 작게 되어 있는 것
② 기능
  • 앞바퀴를 평행하게 회전
  • 타이어 마멸과 앞바퀴가 옆방향으로 미끄러지는 것을 방지
  • 조향 링키지의 마멸에 의해 토아웃(Toe-out) 되는 것을 방지

(7) 조향축(킹핀) 경사각
① 캠버와 함께 조향핸들의 조작을 가볍게 한다.
② 캐스터와 함께 앞바퀴에 복원성을 부여하여 직진 방향으로 쉽게 되돌아가게 한다.
③ 앞바퀴가 시미 현상을 일으키지 않도록 한다.
  └▷ 바퀴가 좌우로 흔들리는 현상

04 제동장치

1 공기식 브레이크
엔진으로 공기압축기를 구동하여 발생한 압축공기를 동력원으로 사용하는 방식으로 버스나 트럭 등 대형 차량에 주로 사용

(1) 구조

구조	특징
공기 압축기	• 엔진 회전력을 이용하여 압축공기를 만들며 실린더 헤드에 언로더 밸브가 설치되어 압력 조정기와 함께 공기 탱크 내의 압력을 일정하게 유지 • 필요 이상으로 압축기가 구동되는 것을 방지
공기 탱크	• 사이드 멤버에 설치되어 압축된 공기를 저장 • 탱크 내의 공기압력 : $5 \sim 7 kg/cm^2$ • 탱크에 안전밸브가 설치되어 탱크 내의 압력이 규정압력 이상이 되면 자동으로 대기중에 방출하여 안전을 유지
브레이크 밸브	• 페달을 밟으면 플런저가 배출 밸브를 눌러 공기 탱크의 압축공기가 앞 브레이크 체임버와 릴레이 밸브에 보내져 브레이크 작용을 함
릴레이 밸브	• 브레이크 밸브에서 공기를 공급하면 배출 밸브는 닫고 공기 밸브를 열어 뒤 브레이크 체임버에 압축공기를 보낸다. • 막 위에 작용되는 공기 압력이 막 아래에 작용하는 압력과 평형이 이루어지면 공급밸브 스프링에 의해 공급밸브를 닫아 브레이크 체임버로 가는 공기를 차단한다. • 브레이크 밸브의 공기가 배출되면 배출밸브를 열어 브레이크 체임버에 작용한 압축공기를 완전히 배출하여 브레이크를 푼다.
퀵 릴리스 밸브	• 브레이크 밸브와 브레이크 체임버 사이에 설치 • 페달을 놓으면 브레이크 밸브에서 공기가 배출되므로 공기입구 압력이 대기압으로 되어 스프링 힘으로 밸브가 제자리로 되돌아가며, 이때 배출구를 열어 브레이크 체임버 내에 공기를 속히 배출시킨다. • 즉, 브레이크 체임버 내의 공기가 브레이크 밸브까지 가지 않고 배출되므로 브레이크 작용이 신속히 해제된다.

구조	특징
브레이크 체임버	• 각 바퀴마다 설치되어 있으며, 다이어프램 한 쪽 면에는 푸시로드가 설치되어 브레이크가 작동되지 않을 때에는 리턴 스프링에 의해 한쪽으로 밀려져 있다. • 브레이크 페달을 밟아 압축공기가 들어오면 스프링 장력을 이기고 다이어프램이 푸시로드를 밀어 브레이크 캠을 작동시켜 브레이크 작용을 하게 된다. • 페달을 놓으면 다이어프램 리턴 스프링에 의해 제자리로 돌아와 브레이크 작용이 풀리게 된다.
저압 표시기	• 공기식 브레이크의 공기 압력이 규정보다 낮은 것을 알려주는 기능 • 저압표시 장치에서 붉은색의 경고등을 점등하고 동시에 부저를 울리게 함
체크 밸브	• 탱크 내의 압력이 규정 값이 되어 공기압축기에서 압축공기가 공급되지 않을 때에는 밸브를 닫아 탱크 내의 공기가 새지 않도록 한다.

(2) 공기식 브레이크의 장·단점
  ① 자동차 중량에 제한을 받지 않는다.
  ② 공기가 다소 누출되어도 제동성능이 현저하게 저하되지 않아 안전도가 높다.
  ③ 베이퍼 록 현상이 발생할 염려가 없다.
  ④ 페달을 밟는 양에 따라 제동력이 조절된다.
  ⑤ 압축공기의 압력을 높이면 더 큰 제동력을 얻을 수 있다.
  ⑥ 구조가 복잡하고 유압 브레이크보다 값이 비싸다.
  ⑦ 엔진출력을 사용하므로 연료소비량이 많다.

(3) 유압 배력 브레이크와 공기 브레이크의 비교

구분	유압 배력 브레이크	공기 브레이크
차량 중량	제한을 받는다.	제한을 받지 않는다.
오일 및 공기의 누설	누설되면 유압이 현저하게 저하되어 위험하다.	다소 누출되어도 제동성능이 현저하게 저하되지 않는다.
마찰열	베이퍼 록이 발생한다.	베이퍼 록의 발생 염려가 없다.

구분	유압 배력 브레이크	공기 브레이크
제동력	페달의 밟는 힘에 따라 변화한다.	페달의 밟은 양에 따라 변화한다.
에너지 소비	에너지 소비가 작다.	공기압축기 구동에 많은 에너지가 소비된다.
정비성	구조가 간단하여 정비하기 쉽다.	구조가 복잡하여 정비하기 어렵다.
경제성	저가이다.	비교적 고가이다.

2 ABS (Anti-lock Brake System)
  ① 개념 : 자동차 주행 중 제동할 때 타이어의 고착 현상을 미연에 방지하여 노면에 달라붙는 힘을 유지하므로 사전에 사고의 위험성을 감소시키는 예방 안전장치
  ② ABS의 특징
    • 바퀴의 미끄러짐이 없는 제동 효과를 얻을 수 있다.
    • 자동차의 방향 안정성, 조종성능을 확보해 준다.
    • 앞바퀴의 고착에 의한 조향 능력 상실을 방지한다.
    • 노면이 비에 젖더라도 우수한 제동효과를 얻을 수 있다.

3 감속 브레이크
  ① 개념
    • 제3의 브레이크로 풋 브레이크의 보조로 사용
    • 풋 브레이크를 자주 사용할 경우 베이퍼 록이나 페이드 현상이 발생할 가능성이 높아지면서 개발
  ② 장점
    • 풋 브레이크를 사용하는 횟수가 줄기 때문에 주행할 때의 안전도가 향상되고, 운전자의 피로를 줄일 수 있다.
    • 브레이크 슈, 드럼 혹은 타이어의 마모를 줄일 수 있다.
    • 눈, 비 등으로 인한 타이어 미끄럼을 줄일 수 있다.
    • 클러치 사용횟수가 줄게 됨에 따라 클러치 관련 부품의 마모가 감소한다.
    • 브레이크가 작동할 때 이상 소음을 내지 않으므로 승객에게 불쾌감을 주지 않는다.

③ 종류

구조	특징
엔진 브레이크	• 엔진의 회전 저항을 이용 • 언덕길을 내려갈 때 가속 페달을 놓거나 저속기어를 사용하면 회전저항에 의한 제동력이 발생
제이크 브레이크	• 엔진 내 피스톤 운동을 억제시키는 브레이크 • 일부 피스톤 내부의 연료분사를 차단하고 강제로 배기밸브를 개방하여 작동이 줄어든 피스톤 운동량만큼 엔진의 출력이 저하되어 제동력이 발생

구조	특징
배기 브레이크	• 배기관 내에 설치된 밸브를 통해 배기가스 또는 공기를 압축한 후 배기 파이프 내의 압력이 배기 밸브 스프링 장력과 평형이 될 때까지 높게 하여 제동력 발생
리타터 브레이크	• 별도의 오일 사용 • 기어 자체에 작은 터빈(자동변속기) 또는 별도의 리타터용 터빈(수동변속기)이 장착 • 유압을 이용하여 동력이 전달되는 회전방향과 반대로 터빈을 작동시켜 제동력을 발생 • 풋 브레이크를 사용하지 않고 80~90%의 제동력을 얻을 수 있으나, 엔진의 저속회전 시(낮은 RPM)에서는 제동력이 낮음

chapter 02

예상문제 새로운 출제기준에 따른 예상유형을 파악하기!

★★★★
1 다음 중 클러치의 필요성에 대한 설명으로 옳지 않은 것은?

① 엔진을 작동시킬 때 엔진을 무부하 상태로 유지한다.
② 엔진의 작동을 원활하게 한다.
③ 관성운전을 가능하게 한다.
④ 변속기의 기어를 변속할 때 엔진의 동력을 일시 차단한다.

클러치는 엔진의 동력을 변속기에 전달하거나 차단하는 역할을 하며, 엔진 시동을 작동시킬 때나 기어를 변속할 때에는 동력을 끊고, 출발할 때에는 엔진의 동력을 서서히 연결하는 일을 한다.

★★★
2 변속기의 필요성에 대한 설명 중 해당되지 않는 것은?

① 자동차를 급제동할 때 필요하다.
② 엔진과 차축 사이에서 회전력을 변환시켜 전달한다.
③ 엔진을 시동할 때 엔진을 무부하 상태로 한다.
④ 자동차를 후진시키기 위하여 필요하다.

변속기는 자동차의 급제동과는 거리가 멀다.

★★★
3 다음은 타이어의 주요 기능을 설명한 것이다. 가장 거리가 먼 것은?

① 자동차의 높이를 적절히 유지한다.
② 엔진의 구동력 및 브레이크의 제동력을 노면에 전달하는 기능을 한다.
③ 노면으로부터 전달되는 충격을 완화시키는 기능을 한다.
④ 자동차의 하중을 지탱하는 기능을 한다.

자동차의 적정한 높이를 유지하는 기능을 하는 것은 현가장치이다.

★★★★
4 자동변속기 오일이 정상인 경우 색깔은?

① 갈색
② 녹색
③ 붉은색
④ 노란색

자동변속기 오일이 정상인 경우 투명도가 높은 붉은색이다.

정답 1 ② 2 ① 3 ① 4 ③

★★★★

5 주행 중 노면으로부터 발생하는 진동이나 충격을 완화시켜 차체 내 각 장치에 직접 전달되는 것을 방지하는 장치를 무엇이라 하는가?

① 현가장치
② 동력전달장치
③ 조향장치
④ 제동장치

주행 중 노면으로부터 발생하는 진동이나 충격을 완화시켜 차체 내 각 장치에 직접 전달되는 것을 방지하는 장치는 현가장치이다.

★★★★

6 자동차의 완충(현가)장치인 스프링 중 스프링 강을 코일 모양으로 감아서 제작한 것으로 외부의 힘을 받으면 비틀려지는 것은?

① 공기 스프링
② 토션바 스프링
③ 코일 스프링
④ 판 스프링

스프링 강을 코일 모양으로 감아서 제작한 것으로 외부의 힘을 받으면 비틀려지는 것은 코일 스프링이다.

★★★★

7 공기의 탄성을 이용한 스프링으로 승차감이 우수하기 때문에 장거리 주행 자동차 및 대형버스에 사용되는 스프링은?

① 코일 스프링
② 공기 스프링
③ 토션바 스프링
④ 판 스프링

공기의 탄성을 이용한 스프링은 공기 스프링이다. 다른 스프링에 비해 유연한 탄성을 얻을 수 있고, 노면으로부터의 작은 진동도 흡수하며, 승차감이 우수하기 때문에 장거리 주행 자동차 및 대형버스에 사용된다.

★★★★

8 커브길에서 자동차가 선회할 때 원심력 때문에 차체가 기울어지는 것을 감소시켜 차체가 좌·우 진동하는 것을 방지하는 장치는?

① 스태빌라이저   ② 압력조정기
③ 안전밸브   ④ 타이로드

커브길에서 자동차가 선회할 때 원심력 때문에 차체가 기울어지는 것을 감소시켜 차체가 좌·우 진동하는 것을 방지하는 장치는 스태빌라이저이다.

★★★★

9 자동차의 완충(현가)장치 중에서 승차감을 향상시키고 스프링의 피로를 줄이며 상·하 방향의 움직임을 멈추려고 하지 않는 스프링에 대하여 역방향으로 힘을 발생시켜 진동을 흡수하는 장치는 무엇인가?

① 쇽업소버
② 스태빌라이저
③ 판 스프링
④ 코일 스프링

자동차의 완충(현가)장치 중에서 승차감을 향상시키고 스프링의 피로를 줄이며 상·하 방향의 움직임을 멈추려고 하지 않는 스프링에 대하여 역방향으로 힘을 발생시켜 진동을 흡수하는 장치는 쇽업소버이다.

★★★★

10 엔진으로 공기압축기를 구동하여 발생한 압축공기를 동력원으로 사용하는 방식으로 주로 버스나 트럭 등 대형차량에 주로 사용하는 브레이크는?

① 엔진 브레이크
② 유압 배력식 브레이크
③ 감속 브레이크
④ 공기 브레이크

엔진으로 공기압축기를 구동하여 발생한 압축공기를 동력원으로 사용하는 방식으로 주로 버스나 트럭 등 대형차량에 주로 사용하는 브레이크는 공기 브레이크이다.

★★★★

11 자동차를 앞에서 보았을 때 앞바퀴가 수직선에 대해 어떤 각도를 두고 설치되어 있는 것으로 조향축 경사각과 함께 조향핸들의 조작을 가볍게 하고, 수직 방향 하중에 의한 앞 차축의 휨을 방지하는 기능을 하는 것은?

① 캐스터
② 킹핀
③ 캠버
④ 바운싱

캠버는 자동차를 앞에서 보았을 때 앞바퀴가 수직선에 대해 어떤 각도를 두고 설치되어 있는 것으로 조향축(킹핀) 경사각과 함께 조향핸들의 조작을 가볍게 하고, 수직 방향 하중에 의한 앞 차축의 휨을 방지하며, 하중을 받았을 때 앞바퀴의 아래쪽이 벌어지는 것(부의 캠버)을 방지하는 기능을 한다.

정답 **5** ① **6** ③ **7** ② **8** ① **9** ① **10** ④ **11** ③

★★★★★

12 다음 중 자동차 조향장치의 캠버에 대한 설명으로 틀린 것은?

① 자동차의 수평 방향 하중에 의한 앞 차축의 휨을 방지한다.
② 자동차를 앞에서 보았을 때 앞바퀴가 수직선에 대하여 어떤 각도를 두고 설치되어 있는 것을 말한다.
③ 하중을 받았을 때 앞바퀴의 아래쪽이 벌어지는 것(부의 캠버)을 방지한다.
④ 조향축(킹핀) 경사각과 함께 조향핸들의 조작을 가볍게 한다.

> 캠버는 수직 방향 하중에 의한 앞 차축의 휨을 방지한다.

★★★★★

13 자동차의 조향장치인 캠버의 기능이 아닌 것은?

① 조향축 경사각과 함께 조향핸들의 조작을 가볍게 한다.
② 수직 방향 하중에 의한 앞 차축의 휨을 방지한다.
③ 하중을 받았을 때 앞바퀴의 아래쪽이 벌어지는 것을 방지한다.
④ 앞바퀴가 옆방향으로 미끄러지는 것을 방지한다.

> 앞바퀴가 옆방향으로 미끄러지는 것을 방지하는 기능을 하는 장치는 토인이다.

★★★★

14 자동차 앞바퀴를 옆에서 보았을 때 앞 차축을 고정하는 조향축이 수직선과 어떤 각도를 두고 설치되어 있는 것은 무엇인가?

① 토인
② 캐스터
③ 킹핀
④ 캠버

> 자동차 앞바퀴를 옆에서 보았을 때 앞 차축을 고정하는 조향축이 수직선과 어떤 각도를 두고 설치되어 있는 것은 캐스터이다.

★★★★

15 조향핸들의 복원성을 부여하는 것은?

① 캐스터와 킹핀
② 캠버와 캐스터
③ 캐스터와 토인
④ 킹핀과 토인

> 조향핸들의 복원성을 부여하는 것은 캐스터와 조향축(킹핀) 경사각의 작용이다.

★★★★★

16 다음 중 자동차 조향장치의 캐스터에 대한 설명으로 옳지 않은 것은?

① 자동차를 옆에서 보았을 때 앞 차축을 고정하는 조향축이 수직선과 어떤 각도를 두고 설치되어 있는 것을 말한다.
② 조향축 윗부분이 자동차의 뒤쪽으로 기울어진 상태를 '부의 캐스터'라 한다.
③ 주행 중 조향바퀴에 방향성을 부여한다.
④ 조향하였을 때에는 직진 방향으로의 복원력을 준다.

> 조향축 윗부분이 자동차의 뒤쪽으로 기울어진 상태를 정의 캐스터라 한다.

★★★★

17 조향 핸들이 무거운 원인이 아닌 것은?

① 허브 베어링이 마멸되었다.
② 조향기어의 톱니바퀴가 마모되었다.
③ 앞바퀴의 정렬 상태가 불량하다.
④ 타이어의 공기압이 부족하다.

> 허브 베어링의 마멸이 과다한 것은 조향 핸들이 한 쪽으로 쏠리는 원인이다.

★★★★

18 공기식 브레이크의 구성품 중 엔진의 동력으로 압축공기를 만들며 실린더 헤드에 언로더 밸브가 설치되어 공기 탱크 내의 압력을 일정하게 유지하고 필요 이상으로 압축기가 구동되는 것을 방지하는 것은?

① 브레이크 밸브
② 공기 압축기
③ 공기 탱크
④ 브레이크 체임버

> 공기식 브레이크의 구성품 중 엔진의 동력으로 압축공기를 만들며 실린더 헤드에 언로더 밸브가 설치되어 공기 탱크 내의 압력을 일정하게 유지하고 필요 이상으로 압축기가 구동되는 것을 방지하는 것은 공기압축기이다.

정답 12 ① 13 ④ 14 ② 15 ① 16 ② 17 ① 18 ②

19 ★★★★ 공기식 브레이크에서 탱크 내의 압력이 규정 값이 되어 공기 압축기에서 압축공기가 공급되지 않을 때 밸브를 달아 탱크 내의 공기가 새지 않도록 하는 것은?

① 브레이크 체임버
② 체크밸브
③ 퀵릴리스 밸브
④ 저압 표시기

> 공기식 브레이크에서 탱크 내의 압력이 규정 값이 되어 공기 압축기에서 압축공기가 공급되지 않을 때 밸브를 달아 탱크 내의 공기가 새지 않도록 하는 것은 체크밸브이다.

20 ★★★★ 브레이크 밸브와 브레이크 체임버 사이에 설치하는 밸브로 페달을 놓으면 브레이크 밸브에서 공기가 배출되므로 공기입구 압력이 대기압으로 되어 스프링 힘으로 밸브가 제자리로 되돌아가는 밸브는?

① 체크 밸브
② 퀵 릴리스 밸브
③ 브레이크 밸브
④ 릴레이 밸브

> 브레이크 밸브와 브레이크 체임버 사이에 설치되는 밸브는 퀵 릴리스 밸브이다.

21 ★★★ ABS의 특징에 대한 설명으로 옳지 않은 것은?

① 앞바퀴의 고착에 의한 조향 능력 상실을 방지한다.
② 바퀴의 미끄러짐이 없는 제동 효과를 얻을 수 있다.
③ 자동차의 방향 안정성을 확보해 준다.
④ 노면이 비에 젖으면 제동효과가 반감된다.

> ABS는 노면이 비에 젖더라도 우수한 제동효과를 얻을 수 있다.

22 ★★★ ABS의 특징에 해당되지 않는 것은?

① 자동차의 방향 안정성, 조종성능을 확보해 준다.
② 엔진 출력을 증가시켜 준다.
③ 앞바퀴의 고착에 의한 조향 능력 상실을 방지한다.
④ 바퀴의 미끄러짐이 없는 제동 효과를 얻을 수 있다.

> ABS는 제동 시 미끄러지는 것을 방지하여 자동차의 방향 안정성, 조종성능을 확보하는 역할을 하며 엔진출력의 증가와는 무관하다.

23 ★★ 자동차가 주행 중 제동할 때 타이어의 고착현상을 미연에 방지하여 사고의 위험성을 감소시키는 예방 안전장치를 무엇이라 하는가?

① 타이어 압력 모니터링 시스템(TPMS)
② 에어백 시스템
③ 안티록 브레이크 시스템(ABS)
④ 스마트 크루즈 컨트롤(SCC)

> 자동차 주행 중 제동할 때 타이어의 고착 현상을 미연에 방지하여 노면에 달라붙는 힘을 유지하므로 사전에 사고의 위험성을 감소시키는 예방 안전장치는 ABS이다.

24 ★★ 다음 중 유압 배력식 브레이크의 특징이 아닌 것은?

① 차량 중량의 제한을 받는다.
② 베이퍼 록의 발생 염려가 없다.
③ 제동액이 누설되면 유압이 현저하게 저하되어 위험하다.
④ 비교적 저가이다.

> 내리막길에서의 잦은 제동은 마찰열을 유발시켜 유압 브레이크 내 오일이 끓어 기포가 발생하는 베이퍼 록이 나타날 수 있다.

05 자동차 검사 및 보험

The qualification Test of bus driving

 Main **Key** Point

[예상문항 : 2문제] 이 섹션에서는 자동차검사 유효기간, 정기검사, 튜닝검사 등에서 출제됩니다. 예상문제 위주로 학습하시기 바랍니다.

01 자동차 검사

▌1 자동차검사의 필요성

① 자동차 결함으로 인한 교통사고 예방으로 국민의 생명보호
② 자동차 배출가스로 인한 대기환경 개선
③ 불법개조 등 안전기준 위반 차량 색출로 운행질서 및 거래질서 확립
④ 자동차보험 미가입 자동차의 교통사고로부터 국민피해 예방

▌2 자동차 종합검사 (배출가스 검사 + 안전도 검사)

(1) 개념

① 자동차 정기검사와 배출가스 정밀검사 또는 특정경유자동차 배출가스 검사의 검사항목을 하나의 검사로 통합하고 검사 시기를 자동차 정기검사 시기로 통합하여 한 번의 검사로 모든 검사가 완료되도록 함으로써 자동차검사로 인한 국민의 불편을 최소화하고 편익을 도모하기 위해 시행

② 아래 분야에 해당하는 자동차 종합검사를 받은 경우에는 자동차 정기검사, 배출 가스 정밀검사 및 특정경유자동차검 사를 받은 것으로 본다.

• 자동차의 동일성 확인 및 배출가스 관련 장치 등의 작동 상태 확인을 관능검사 및 기능검사로 하는 공통 분야
• 자동차 안전검사 분야 　　　　　　　　　　→ 사람의 감각기관으로
• 자동차 배출가스 정밀검사 분야 　　　　　　　자동차의 상태를 확인하는 검사

(2) 대상자동차 및 검사 유효기간

검사 대상		적용 차령	검사 유효기간
승용자동차	비사업용	차령이 4년 초과인 자동차	2년
	사업용	차령이 2년 초과인 자동차	1년
경형·소형의 승합 및 화물자동차	비사업용	차령이 3년 초과인 자동차	1년
	사업용	차령이 2년 초과인 자동차	1년
사업용 대형화물자동차		차령이 2년 초과인 자동차	6개월
사업용 대형승합자동차		차령이 2년 초과인 자동차	차령 8년까지는 1년, 이후부터는 6개월
그 밖의 자동차	비사업용	차령이 3년 초과인 자동차	차령 5년까지는 1년, 이후부터는 6개월
	사업용	차령이 2년 초과인 자동차	차령 5년까지는 1년, 이후부터는 6개월

chapter 02

1. 검사 유효기간이 6개월인 자동차의 경우 자동차 배출가스 정밀검사는 1년마다 받는다.
2. 사업용 자동차란 여객자동차 운수사업 또는 화물자동차 운수사업에 사용되는 자동차를 말한다.
3. 최초로 종합검사를 받아야 하는 날은 위 표의 적용차령 후 처음으로 도래하는 정기검사 유효 기간 만료일로 한다. 다만, 자동차가 정기검사를 받지 아니하여 정기검사기간이 경과된 상태에서 적용차령이 도래한 자동차가 최초로 종합검사를 받아야 하는 날은 적용차령 도래일로 한다.
4. 정기검사 유효기간이 연장 또는 유예된 상태에서 위 표의 적용 차령의 대상이 된 경우에는 정기검 사기간 내에 정기검사를 받을 수 있다. 이 경우 최초로 종합검사를 받아야 하는 날은 위 표의 적용차령의 대상이 된 후 두 번째로 도래하는 정기검사 유효기간 만료일로 한다.

(3) 자동차 종합검사 유효기간

1) 검사 유효기간 계산 방법

① 신규등록을 하는 경우 : 신규등록일부터 계산

② 종합검사기간 내에 종합검사를 신청하여 적합 판정을 받은 경우 : 직전 검사 유효기간 마지막 날의 다음 날부터 계산

③ 종합검사기간 전 또는 후에 자동차 종합검사를 신청하여 적합 판정을 받은 경우 : 종합검사를 받은 날의 다음 날부터 계산

④ 재검사 결과 적합 판정을 받은 경우 : 종합검사를 받은 것으로 보는 날의 다음 날부터 계산

2) 자동차 소유자가 종합검사를 받아야 하는 기간

① 자동차 종합검사 유효기간의 마지막 날 전후 각각 31일 이내에 받아야 한다.
　　└▶검사 유효기간을 연장하거나 검사를 유예한 경우에는 그 연장 또는 유예된 기간의 마지막 날

② 소유권 변동 또는 사용본거지 변경 등의 사유로 종합검사의 대상이 된 자동차 중 정기검사의 기간 중에 있거나 정기검사의 기간이 지난 자동차는 변경등록을 한 날부터 62일 이내에 종합검사를 받아야 한다.

(4) 자동차 종합검사 재검사기간

① 종합검사기간 내에 종합검사를 신청한 경우 : 부적합 판정을 받은 날부터 자동차 종합검사기간 만료 후 10일까지

② 종합검사기간 전 또는 후에 종합검사를 신청한 경우 : 부적합 판정을 받은 날의 다음 날부터 10일 이내

③ 종합검사기간 내에 종합검사를 신청하였으나 최고속도제한장치의 미설치, 무단 해체·해제 및 미작동으로 부적합 판정을 받은 경우 : 부적합 판정을 받은 날부터 10일 이내

④ 자동차 종합검사 재검사기간 내에 적합 판정을 받은 자동차 : 자동차 종합검사 결과표 또는 자동차기능 종합진단서를 받은 날에 자동차 종합검사를 받은 것으로 본다.

⑤ 자동차 종합검사 결과 부적합 판정을 받은 자동차의 소유자가 재검사기간 내에 재검사를 신청하지 않은 경우(재검사기간 내에 말소등록을 한 경우는 제외) 또는 재검사기간 내에 재검사를 신청하였으나 그 기간 내에 적합 판정을 받지 못한 경우 종합검사를 받지 않은 것으로 본다.

⑥ 종합검사 결과 부적합 판정을 받은 자동차가 특정경유자동차의 배출허용기준에 맞는지에 대한 검사가 면제되는 경우 자동차 배출가스 정밀검사 분야에 대해서는 재검사기간 내에 적합 판정을 받은 것으로 본다.

(5) 자동차 종합검사를 받지 않은 경우의 과태료 부과기준

① 자동차 종합검사를 받아야 하는 기간만료일부터 30일 이내인 경우 : 4만원

② 자동차 종합검사를 받아야 하는 기간만료일부터 30일을 초과 114일 이내인 경우 : 4만원에 31일째부터 계산하여 3일 초과 시마다 2만원을 더한 금액

③ 자동차 종합검사를 받아야 하는 기간만료일부터 115일 이상인 경우 : 60만원

⑹ 자동차 종합검사 유효기간 연장

  1) 검사 유효기간 연장사유에 해당하는 경우

    ① 전시·사변 또는 이에 준하는 비상사태로 인하여 관할지역에서 자동차 종합검사 업무수행 할 수 없다고 판단되는 경우(대상 자동차, 유예기간 및 대상 지역 등이 공고된 경우만 해당)

    ② 자동차를 도난당한 경우 또는 자동차 소유자가 폐차를 하려는 경우

    ③ 사고발생으로 인하여 자동차를 장기간 정비할 필요가 있는 경우

    ④ 형사소송법 등에 따라 자동차가 압수되어 운행할 수 없는 경우

    ⑤ 운전 면허 취소 등으로 인하여 자동차를 운행할 수 없는 경우

    ⑥ 그 밖에 부득이한 사유로 자동차를 운행할 수 없다고 인정되는 경우

  2) 자동차 종합검사 유효기간 연장 및 유예를 위한 서류

    ① 자동차등록증(위 1)항 ②만 해당)

    ② 자동차의 도난, 사고, 압류, 등록번호판 영치 등 부득이한 사유가 있는 경우

      • 경찰관서에서 발급하는 도난신고확인서

      • 시장·군수·구청장, 경찰서장, 소방서장, 보험사 등이 발행한 사고사실증명서류

      • 정비업체에서 발행한 정비예정증명서

      • 행정처분서

      • 시장·군수·구청장(읍·면·동 이장 포함)이 확인한 섬 지역 장기체류 확인서

      • 병원입원 또는 해외출장 등 그 밖의 부득이한 사유가 있는 경우에는 그 사유를 객관적으로 증명할 수 있는 서류

    ③ 자동차 소유자가 폐차를 하는 경우 : 폐차인수증명서

③ 자동차 정기검사(안전도 검사)

  ① 개념

    • 종합검사 시행지역 외 지역에 대하여 안전도 분야에 대한 검사 시행

    • 배출가스검사는 공회전상태에서 배출가스 측정

  ② 검사유효기간

구분		검사유효기간
비사업용 승용자동차 및 피견인자동차		2년(신조차로서 신규검사를 받은 것으로 보는 자동차의 최초 검사유효기간은 4년)
사업용 승용자동차		1년(신조차로서 신규검사를 받은 것으로 보는 자동차의 최초 검사유효기간은 2년)
경형·소형의 승합 및 화물자동차		1년
사업용 대형화물자동차	차령이 2년 이하인 경우	1년
	차령이 2년 초과된 경우	6월
중형 승합자동차 및 사업용 대형 승합자동차	차령이 8년 이하인 경우	1년
	차령이 8년 초과된 경우	6월
그 밖의 자동차	차령이 5년 이하인 경우	1년
	차령이 5년 초과된 경우	6월

주) 10인 이하를 운송하기에 적합하게 제작된 자동차(제2조제1항제2호 가목 내지 다목에 해당하는 자동차를 제외한다)로서 2000년 12월 31일 이전에 등록된 승합자동차의 경우에는 승용자동차의 검사유효기간을 적용한다.

③ 사업용 대형 승합자동차 검사 기관

검사업무의 범위	자동차종합정비업자	소형자동차종합정비업자
	차령이 6년을 초과한 사업용 대형 승합자동차를 제외한 모든 자동차에 대한 정기검사	승용자동차와 경형 및 소형의 승합·화물·특수자동차에 대한 정기검사

④ 검사방법 및 항목 : 종합검사의 안전도 검사 분야의 검사방법 및 검사항목과 동일

⑤ 정기검사 미시행에 따른 과태료
- 정기검사를 받아야 하는 기간만료일부터 30일 이내인 경우 : 4만원
- 정기검사를 받아야 하는 기간만료일부터 30일을 초과 114일 이내인 경우 : 4만원에 31일째부터 계산하여 3일 초과시마다 2만원을 더한 금액
- 정기검사를 받아야 하는 기간만료일부터 115일 이상인 경우 : 60만원

4 튜닝검사

① 개념

튜닝의 승인을 받은 날부터 45일 이내에 한국교통안전공단 자동차검사소에서 안전기준 적합여부 및 승인받은 내용대로 변경하였는가에 대하여 검사를 받아야 하는 일련의 행정절차

② 튜닝승인신청 구비 서류
- 튜닝승인신청서 : 자동차소유자가 신청, 대리인인 경우 소유자(운송회사)의 위임장 및 인감증명서 첨부 필요
- 튜닝 전·후의 주요제원 대비표 : 제원변경이 있는 경우만 해당
- 튜닝 전·후의 자동차의 외관도 : 외관도 및 설계도면에 변경내용이 정확히 표시·기재되어 있어야 함(외관변경이 있는 경우에 한함) └→축간거리, 승객좌석간 거리 등
- 튜닝하고자 하는 구조·장치의 설계도 : 특수한 장치 등을 설치할 경우 장치에 대한 상세도면 또는 설계도 포함

▶ 튜닝승인은 승인신청 접수일부터 10일 이내에 처리되며, 구조변경승인 신청 시 신청서류의 미비, 기재내용 오류 및 변경내용이 관련법령에 부적합한 경우 접수가 반려 또는 취소될 수 있음

③ 구조·장치 변경승인 불가 항목
- 총중량이 증가되는 튜닝
- 승차정원 또는 최대적재량의 증가를 가져오는 승차장치 또는 물품적재장치의 튜닝
- 튜닝 전보다 성능 또는 안전도가 저하될 우려가 있는 경우의 튜닝

④ 튜닝검사 신청 서류
- 자동차등록증
- 튜닝승인서
- 튜닝 전·후의 주요제원대비표
- 튜닝 전·후의 자동차 외관도(외관의 변경이 있는 경우)
- 튜닝하려는 구조·장치의 설계도

⑤ 벌칙 : 1년 이하의 징역 또는 1천만원 이하의 벌금
- 시장·군수·구청장의 승인을 받지 아니하고 자동차에 튜닝을 한 자
- 튜닝된 자동차인 것을 알면서 이를 운행한 자

⑥ 튜닝승인 대상 항목 등

구분	승인 대상	승인 불필요 대상
구조	• 길이·너비 및 높이 　(범퍼, 라디에이터그릴 등 경미한 외관변경의 경우 제외) • 총중량	• 최저지상고 및 중량분포 • 최대안전경사각도 • 최소회전반경 • 접지부분 및 접지압력
장치	• 원동기(동력발생장치) 및 동력전달장치 • 주행장치(차축에 한함) • 조향장치 / 제동장치 / 연료장치 • 차체 및 차대 / 연결장치 및 견인장치 • 승차장치 및 물품적재장치 • 소음방지장치 • 배기가스발산방지장치 • 전조등·번호등·후미등·제동등·차폭등· 　후퇴등 기타 등화장치 • 내압용기 및 그 부속장치 • 기타 자동차의 안전 운행에 필요한 장치로서 　국토교통부령이 정하는 장치	• 조종장치 • 완충장치 • 전기·전자장치 • 창유리 • 경음기 및 경보장치 • 방향지시등 기타 지시장치 • 후사경·창닦이기 기타 시야를 확보하는 장치 • 후방 영상장치 및 후진경고음 발생장치 • 속도계·주행거리계 기타 계기 • 소화기 및 방화장치

※ 공통사항 : 자동차관리법 제29조제1항에 따른 자동차안전기준에 적합하여야 함

5 임시검사

(1) 임시검사를 받는 경우
　① 불법튜닝 등에 대한 안전성 확보를 위한 검사
　② 사업용 자동차의 차령연장을 위한 검사
　③ 자동차 소유자의 신청을 받아 시행하는 검사

(2) 임시검사 신청서류
　① 자동차 검사 신청서
　② 자동차등록증
　③ 자동차점검·정비·검사 또는 원상복구명령서

6 신규검사

(1) 개념 : 신규등록을 하고자 할 때 받는 검사

(2) 신규검사를 받아야 하는 경우
　① 여객자동차 운수사업법에 의하여 면허, 등록, 인가 또는 신고가 실효하거나 취소되어 말소한 경우
　② 자동차를 교육·연구목적으로 사용하는 등 대통령령이 정하는 사유에 해당하는 경우
　　• 자동차 자기인증을 하기 위해 등록한 자
　　• 국가간 상호인증 성능시험을 대행할 수 있도록 지정된 자
　　• 자동차 연구개발 목적의 기업부설연구소를 보유한 자
　　• 해외자동차업체와 계약을 체결하여 부품개발 등의 개발업무를 수행하는 자
　　• 전기자동차 등 친환경·첨단미래형 자동차의 개발·보급을 위하여 필요하다고 국토교통부장관이 인정하는 자

③ 자동차의 차대번호가 등록원부상의 차대번호와 달라 직권 말소된 자동차

④ 속임수나 그 밖의 부정한 방법으로 등록되어 말소된 자동차

⑤ 수출을 위해 말소한 자동차

⑥ 도난당한 자동차를 회수한 경우

(3) 신규검사 신청서류

① 신규검사 신청서

② 출처증명서류 – 말소사실증명서 또는 수입신고서, 자기인증 면제확인서

③ 제원표(이미 자기인증된 자동차와 같은 제원의 자동차인 경우 생략 가능)

7 내압용기검사

(1) 개념 : 제조·수리 또는 수입한 내압용기를 판매하거나 사용하기 전 실시하는 검사

(2) 검사기간

1) 내압용기 정기검사

다음의 어느 하나에 해당하는 날부터 비사업용 승용자동차의 경우 4년, 그 밖의 자동차의 경우 3년의 기간이 경과할 때마다 실시

→ 다만, 해당자동차에 장착된 내압용기의 정기검사 유효기간이 각각 다른 경우 가장 먼저 도래하는 정기검사 유효 기간에 따른다.

• 내압용기 장착검사를 받은 경우 : 신규등록한 날

• 내압용기 정기검사를 받은 경우 : 다음의 구분에 따른 날

내압용기 정기검사의 기간 이내에 정기검사를 받은 경우	정기검사 유효기간 만료일의 다음날
이 외의 기간에 정기검사를 받은 경우	정기검사를 받은 날의 다음날

• 내압용기 수시검사를 받은 경우 : 수시검사를 받은 날

• 구조변경검사를 받은 경우 : 구조변경검사를 받은 날

▶ 정기검사의 검사기간은 그 유효기간 만료일 전후 각각 46일 이내로 한다. 이 경우 해당 검사기간 이내에 적합판정을 받은 경우에는 정기검사 유효기간의 만료일에 정기검사를 받은 것으로 본다.

2) 내압용기 수시검사

손상의 발생, 내압용기검사 각인 또는 표시의 훼손, 충전할 고압가스 종류의 변경, 그 밖에 국토교통부령으로 정하는 사유가 발생한 경우 실시

▶ 국토교통부령으로 정하는 사유
• 내압용기를 교체한 경우
• 자동차 소유자 또는 그 사용에 관한 정당한 권리를 가진 자가 신청하는 경우
• 자동차의 전복, 화재, 추락 등 국토교통부장관이 정하여 고시하는 사고가 발생한 경우

■ 자동차 보험 및 공제 미가입에 따른 과태료

① 자동차 운행으로 다른 사람이 사망하거나 부상한 경우에 피해자(피해자가 사망한 경우에는 손해배상을 받을 권리를 가진 자)에게 책임보험금을 지급할 책임을 지는 책임보험이나 책임공제에 미가입한 경우 (※ 사업용 자동차)

> • 가입하지 아니한 기간이 10일 이내인 경우 : 3만원
> • 가입하지 아니한 기간이 10일을 초과한 경우 : 3만원에 11일째부터 1일마다 8천원을 가산한 금액
> • 최고 한도금액 : 자동차 1대당 100만원

② 책임보험 또는 책임공제에 가입하는 것 외에 자동차의 운행으로 다른 사람의 재물이 멸실되거나 훼손된 경우에 피해자에게 사고 1건당 2천만원의 범위에서 사고로 인하여 피해자에게 발생한 손해액을 지급할 책임을 지는 보험업법에 따른 보험이나 여객자동차 운수사업법에 따른 공제에 미가입한 경우 (※ 사업용 자동차)

> • 가입하지 아니한 기간이 10일 이내인 경우 : 5천원
> • 가입하지 아니한 기간이 10일을 초과한 경우 : 5천원에 11일째부터 1일마다 2천원을 가산한 금액
> • 최고 한도금액 : 자동차 1대당 30만원

③ 책임보험 또는 책임공제에 가입하는 것 외에 자동차 운행으로 인하여 다른 사람이 사망하거나 부상한 경우에 피해자에게 책임보험 및 책임공제의 배상책임한도를 초과하여 피해자 1명당 1억원 이상의 금액 또는 피해자에게 발생한 모든 손해액을 지급할 책임을 지는 보험업법에 따른 보험이나 여객자동차 운수사업법에 따른 공제에 미가입한 경우

> • 가입하지 아니한 기간이 10일 이내인 경우 : 3만원
> • 가입하지 아니한 기간이 10일을 초과한 경우 : 3만원에 11일째부터 1일마다 8천원을 가산한 금액
> • 최고 한도금액 : 자동차 1대당 100만원

chapter **02**

1 자동차검사의 필요성이 아닌 것은?

① 자동차 결함으로 인한 교통사고 사전 예방
② 자동차 배출가스로 인한 대기오염 최소화
③ 자동차세 납부 여부를 확인하여 정부 재원 확보
④ 불법개조 등 안전기준 위반 차량 색출로 운행질서 확립

> 자동차검사는 자동차세 납부 여부와는 거리가 멀다.

2 소유권 변동 또는 사용본거지 변경 등으로 자동차종합검사 대상이 된 자동차 중 자동차 정기검사 기간이 지난 자동차는 변경등록을 한 날부터 며칠 이내에 종합검사를 받아야 하는가?

① 15일
② 5일
③ 31일
④ 62일

> 소유권 변동 또는 사용본거지 변경 등의 사유로 종합검사의 대상이 된 자동차 중 정기검사의 기간 중에 있거나 정기검사의 기간이 지난 자동차는 변경등록을 한 날부터 62일 이내에 종합검사를 받아야 한다.

3 자동차 종합검사를 받아야 하는 기간만료일부터 30일 이내인 경우 얼마의 과태료가 부과되는가?

① 2만원
② 3만원
③ 4만원
④ 5만원

4 차령이 5년 초과인 사업용 소형 승합자동차의 종합검사 유효기간은?

① 1년
② 2년
③ 3년
④ 6개월

> 차령이 2년 초과인 사업용 소형 승합자동차의 종합검사 유효기간은 1년이다.

5 자동차 정기검사의 검사유효기간이 나머지 셋과 다른 것은?

① 차령이 8년 초과인 비사업용 소형 화물자동차
② 차령이 8년 초과인 사업용 대형 승합자동차
③ 차령이 5년 초과인 사업용 소형 승합자동차
④ 차령이 5년 초과인 사업용 승용자동차

> ① 차령이 8년 초과인 비사업용 소형 화물자동차 – 1년
> ② 차령이 8년 초과인 사업용 대형 승합자동차 – 6월
> ③ 차령이 5년 초과인 사업용 소형 승합자동차 – 1년
> ④ 차령이 5년 초과인 사업용 승용자동차 – 1년

6 튜닝승인을 받은 날부터 며칠 이내에 한국교통안전공단 자동차검사소에서 튜닝검사를 받아야 하는가?

① 45일   ② 30일
③ 35일   ④ 50일

> 튜닝검사는 튜닝의 승인을 받은 날부터 45일 이내에 한국교통안전공단 자동차검사소에서 안전기준 적합여부 및 승인받은 내용대로 변경하였는가에 대하여 검사를 받아야 하는 일련의 행정절차이다.

7 책임보험이나 책임공제에 미가입한 경우 가입하지 아니한 기간이 10일 이내이면 과태료 금액은 얼마인가?

① 2만원   ② 3만원
③ 5만원   ④ 30만원

> • 가입하지 아니한 기간이 10일 이내인 경우 : 3만원
> • 가입하지 아니한 기간이 10일을 초과한 경우 : 3만원에 11일째부터 1일마다 8천원을 가산한 금액

8 자동차 책임보험이나 책임공제에 가입하지 아니한 기간이 10일을 초과한 경우 1일마다 가산되는 금액은?

① 2만원   ② 1만원
③ 8천원   ④ 3만원

> 책임보험이나 책임공제에 가입하지 아니한 기간이 10일을 초과한 경우 1일마다 8천원이 가산된다.

정답   1 ③   2 ④   3 ③   4 ①   5 ②   6 ①   7 ②   8 ③

출제문항수
25

CHAPTER

03

안전운행요령

01 교통사고 요인과 운전자의 자세

Main
Key
Point

[예상문항 : 2문제] 이 섹션에서는 인간요인의 종류, 대형자동차의 특성, 버스 사고의 유형에서 출제됩니다. 예상문제 위주로 학습하시기 바랍니다.

01 교통사고의 제요인

① 인간요인, 차량요인, 환경요인이 복합적으로 영향을 미친다.
② 교통사고 요인의 복합적 연쇄과정에서 가장 기여도가 큰 요인은 **인간요인**이다.

> ▶ **연쇄과정** : 차량 운전 중 교통사고 직전 행동이나 상황이 다음 행동과 상황의 원인 및 결과로 끊임없이 이어지는 과정

③ **인간요인의 종류**

구분		종류
신체·생리적 요인		• 피로, 음주, 약물, 신경성 질환 등
태도	운전 태도	• 교통법규 및 단속에 대한 인식 • 속도지향성 • 자기중심성
	사고에 대한 태도	• 운전상황에서의 위험에 대한 경험 • 사고발생확률에 대한 믿음 • 사고의 심리적 측면
사회 환경적 요인		• 근무환경 • 직업에 대한 만족도 • 주행환경에 대한 친숙성
운전기술 요인		• 차로유지 및 대상의 회피와 같은 두 과제의 처리에 있어 주의를 분할하거나 이를 통합하는 능력 등

> ▶ 인간에 의한 직접적 실수가 사고원인의 90% 차지
> ▶ 운전자의 실수 : 인지 실수 > 의사결정 실수 > 반응 실수
> ▶ 운전 중의 위험사태 판단과 관련된 능력은 개인차가 있지만 대체로 운전경험과 밀접한 관련이 있다.

02 버스 운전자로서의 기본자세

(1) 객관적·주관적 안전
① **객관적 안전** : 객관적으로 인정되는 안전
② **주관적 안전** : 실제의 안전 정도와 관계없이 운전자 스스로가 특정 상황에 대해 인식하는 안전의 정도
③ 초심자는 주관적 안전이 객관적 안전보다도 낮게 인식
④ 어느 정도 지나 운전에 대한 자신감을 갖게 되면 오히려 주관적 안전을 실제 객관적 안전의 정도보다 크게 지각함으로써 위험이 증가
⑤ 주행거리가 약 10만 km를 넘어 서게 되면 운전경험의 축적에 의해 주관적 안전과 객관적 안전이 균형

(2) 버스 운전자로서의 기본자세
① 다양한 사고요인에 대한 경험 습득
② 주관적 안전과 객관적 안전의 균형
③ 승객의 안전 책임 및 서비스에 대한 만족도 향상

03 버스 교통사고의 주요 특성

① 버스는 길이가 길고 중량이 무거워 **승용차의 10배 이상의 파괴력**을 갖는다.
② 버스의 운전석에서는 잘 볼 수 없는 부분이 넓어 주변의 승용차나 이륜차, 자전거를 못보고 진로를 변경하거나 속도를 올리는 것 등이 주요한 사고요인이 된다.
③ **내륜차가 커** 좌우회전 시 주변에 있는 물체와 접촉할 가능성이 높아진다.
④ 급가속, 급제동은 승객의 안전에 중요한 영향을 미치므로 부드러운 조작이 중요하다.

⑤ 버스 운전자는 승객들의 운전방해 행위에 쉽게 주의가 분산되어 사고 위험이 높다.

⑥ 버스정류장에서 승객의 승하차 관련 위험에 노출되어 있다.

 대형자동차의 일반적인 특성
- 주위에 운전자가 볼 수 없는 영역이 넓다.
- 정지거리가 상대적으로 길다.
- 점유공간이 상대적으로 넓다.
- 앞지르기 시간이 상대적으로 길다.

04 버스의 사고 10가지 유형

(유형 1) 회전, 급정거 등으로 인한 차내 승객 사고 – 사고 빈도 1위
① 버스 직진 또는 회전
② 커브, 타 차량 등으로 인한 급격한 차로변경 및 회전, 급정거 등
③ 전방 멀리까지의 교통상황 관찰 및 주의의 결여, 차간거리 유지

(유형 2) 동일방향 후미추돌사고
① 버스 직진 및 앞 차량 추돌
② 타 차량 등의 끼어들기로 인한 선행 차의 갑작스런 정지 또는 감속 등에 따른 위험 등
③ 급제동, 차로변경
④ 전방 멀리까지의 교통상황 관찰 및 주의의 결여, 차간거리유지 실패, 빗길 및 눈길 제동 방법 및 주행 방법 등에 대한 숙지의 미숙

(유형 3) 진로변경 중 접촉 사고
① 버스 직진
② 전방의 장애물, 교차로, 진입 등으로 인한 진로변경
③ 버스의 사각 지점에 들어 온 차량 등에 대한 관찰 및 주의의 결여, 진입간격 유지의 실패

(유형 4) 회전 중 주·정차, 진행 차량, 보행자 등과의 접촉사고
① 버스 좌회전 또는 우회전
② 회전 방향의 다른 차량 등에 대한 주의의 고착, 부적절한 속도
③ 회전 방향의 불법 주·정차 차량 또는 보행자 등에 대한 부주의

(유형 5) 승하차 시 사고
① 버스 정차 및 승하차
② 이륜차의 진행 시 하차 중인 승객의 위험
③ 버스 정차 위치, 버스 운전자의 개문에 대한 판단 착오, 정차차량 등으로 인한 시야 장애, 이륜차에 대한 주의 결여 등

(유형 6) 횡단 보행자 등과의 사고
① 버스 직진 중
② 횡단보도 부근, 이면도로 진출입부 주변 접근
③ 보행자, 자전거, 이륜차 등의 횡단에 대한 부주의

(유형 7) 가장자리 차로 진행 중 사고
① 버스 직진 중
② 가장자리 차로 주행, 장애물
③ 가장자리 차로의 주차차량, 보행자, 자전거, 이륜차 등에 대한 부주의
④ 우측방 주시 태만 주의

(유형 8) 교차로 신호위반 사고
① 버스 직진, 좌우회전
② 신호 바뀌기 전후
③ 조급함과 좌우 관찰의 결여, 신호에 대한 자의적 해석 등

(유형 9) 눈, 빗길 미끄러짐 사고
① 버스 직진 또는 회전
② 커브, 미끄러운 노면 등에서의 과속 등
③ 눈 또는 우천 시 젖은 노면에 대한 관찰 및 주의의 결여, 제동방법의 미숙 등

(유형 10) 1차사고로 인한 후속 사고
① 버스 직진
② 앞차 등의 근접 추종
③ 전방 상황에 대한 주의의 결여, 인지 지연, 조작미스 등

1 교통사고 요인의 복합적 연쇄과정에서 가장 기여도가 큰 요인은?

① 인간요인 ② 차량요인
③ 도로요인 ④ 기상요인

가장 기여도가 큰 요인은 인간요인이다.

2 차량 운전 중 교통사고 직전 행동이나 상황이 다음 행동과 상황의 원인 및 결과로 끊임없이 이어지는 과정을 무엇이라고 하는가?

① 연쇄과정 ② 반복과정
③ 숙련과정 ④ 반응과정

차량 운전 중 교통사고 직전 행동이나 상황이 다음 행동과 상황의 원인 및 결과로 끊임없이 이어지는 과정을 연쇄과정이라 한다.

3 인간에 의한 사고원인 중 신체요인에 해당되지 않는 것은?

① 피로
② 신경성질환 유무
③ 음주
④ 주행환경에 대한 친숙성

주행환경에 대한 친숙성은 사회 환경적 요인이다.

4 출근이 늦어져서 서두르다 느리게 가는 앞차를 추돌했다. 다음 중 사고에 가장 크게 작용한 요인은 무엇인가?

① 인간요인 ② 기상요인
③ 차량요인 ④ 도로요인

출근이 늦어져서 서두르다 앞차를 추돌한 것은 인간요인에 해당한다.

5 인간에 의한 사고 원인의 종류로서 적절치 않은 것은?

① 사회환경요인 ② 신체요인
③ 도로환경요인 ④ 태도요인

도로환경요인은 인간에 의한 사고원인에 해당하지 않는다.

6 교통사고 요인 중 인간에 의한 사고원인이 아닌 것은?

① 차량제작요인 ② 사회환경요인
③ 태도요인 ④ 신체요인

차량제작요인은 인간에 의한 사고원인에 해당하지 않는다.

7 사고원인으로서의 태도 요인이라 볼 수 없는 것은?

① 교통법규 및 단속에 대한 인식
② 속도 지향성
③ 주행환경 친숙성
④ 사고확률에 대한 믿음

주행환경 친숙성은 사회 환경적 요인에 해당한다.

8 실제의 안전 정도와 관계없이 운전자 스스로가 특정 상황에 대해 인식하는 안전은?

① 정신적 안전
② 주관적 안전
③ 객관적 안전
④ 물리적 안전

실제의 안전 정도와 관계없이 운전자 스스로가 특정 상황에 대해 인식하는 안전은 주관적 안전이다.

9 다음 중 버스 운전자로서의 기본자세에 해당되지 않는 것은?

① 주관적 안전인식 강화
② 다양한 사고요인에 대한 경험 습득
③ 주관적 안전과 객관적 안전의 균형
④ 승객의 안전 책임 및 서비스에 대한 만족도 향상

초심자는 주관적 안전이 객관적 안전보다 낮게 인식되지만, 어느 정도 지나 운전에 대한 자신감을 갖게 되면 오히려 주관적 안전을 실제 객관적 안전의 정도보다 크게 지각함으로써 위험이 증가한다. 운전경험의 축적을 통해 주관적 안전과 객관적 안전이 균형을 이루게 되면 사고 위험이 줄어든다.

정답 1① 2① 3④ 4① 5③ 6① 7③ 8② 9①

10 차의 운행 시 객관적 안전인식이 높은 사람은 어떤 사람인가?

① 자기 운전능력을 과소평가하는 사람
② 자기 운전능력을 과대평가하는 사람
③ 위험사태를 과소평가하는 사람
④ 실제의 위험을 그대로 평가하는 사람

객관적 안전인식이 높은 사람은 실제의 위험을 그대로 평가하는 사람이다.

11 버스의 주요 특성에 대한 설명으로 옳지 않은 것은?

① 운전석에서 볼 수 있는 부분이 승용차보다 넓다.
② 바퀴 크기가 승용차에 비해 크다.
③ 무게가 승용차에 비해 무겁다.
④ 내륜차가 승용차에 비해 크다.

버스는 운전석에서 볼 수 없는 부분이 승용차보다 넓다.

12 버스의 특성을 설명한 것 중 잘못된 것은?

① 버스의 무게는 승용차의 10배 이상이나 된다.
② 버스의 길이는 승용차의 2배 정도 길이이다.
③ 버스의 충격력은 시속 10km 이하의 낮은 속도에서도 보행자를 사망시킬 수 있다.
④ 버스는 도로상에서 점유하는 공간이 커서 충돌 시의 파괴력이 승용차에 비해 적다.

버스는 충돌 시의 파괴력이 승용차의 10배 이상이다.

13 버스 교통사고의 주요 요인이 되는 특성 중 맞지 않는 것은?

① 버스의 급가속, 급제동은 승객의 안전에 영향을 미친다.
② 버스정류장에서의 승객 승하차 관련 위험에 노출되어 있다.
③ 버스의 운전석에서는 잘 볼 수 없는 부분이 승용차 등에 비하여 적다.
④ 버스 운전자는 승객들의 운전방해 행위에 쉽게 주의가 분산된다.

버스의 운전석에서는 잘 볼 수 없는 부분이 넓어 주변의 승용차나 이륜차, 자전거를 못보고 진로를 변경하거나 속도를 올리는 것 등이 주요한 사고요인이 된다.

14 전방 멀리까지의 교통상황 관찰 및 주의의 결여, 차간거리 유지 실패 등이 주 원인인 사고는?

① 동일방향 후미추돌사고
② 좌회전 중 접촉사고
③ 횡단보행자 사고
④ 차내 승객사고

회전, 급정거 등으로 인한 차내 승객 사고는 전방 멀리까지의 교통상황 관찰 및 주의의 결여, 차간거리유지 실패 등이 주 원인으로 버스 사고 중 가장 빈도가 높은 사고이다.

15 버스의 동일방향 후미추돌사고 발생요인과 가장 관계가 적은 것은?

① 선행 차량과 차간거리 유지 실패
② 선행 차의 갑작스런 차로변경
③ 타 차량 등의 끼어들기로 인한 선행 차의 갑작스런 정지
④ 이륜차 등의 횡단에 대한 부주의

이륜차 등의 횡단에 대한 부주의는 후미추돌사고와는 거리가 멀다.

16 버스의 가장자리 차로 진행 중 사고와 가장 관계가 높은 운전자 과실은?

① 우측방 주시 태만
② 신호위반
③ 전방 주시 태만
④ 차간거리 미확보

버스가 가장자리 차로로 진행할 때는 우측방 주시 태만이 가장 관계가 높다.

17 버스 교통사고의 유형 중 교차로 신호위반 사고의 원인은 무엇인가?

① 제동방법 미숙
② 정차 차량 또는 보행자 등에 대한 부주의
③ 조작미스
④ 조급함과 신호에 대한 자의적 해석

교차로 신호위반 사고의 원인은 조급함과 좌우 관찰의 결여, 신호에 대한 자의적 해석이다.

chapter 03

02 운전자요인과 안전운행

 Main Key Point

[예상문항 : 2문제] 이 섹션에서는 동체시력, 야간시력, 대형자동차의 특성, 운행기록장치 등에서 출제됩니다. 예상문제 위주로 학습하시기 바랍니다.

01 시력과 운전

1 정지시력

① 일정 거리에서 일정한 시표를 보고 모양을 확인할 수 있는지를 가지고 측정하는 시력

② 측정 방법 : 란돌트 시표에 의한 측정

> ▶ 5m 거리에서 흰 바탕에 검정색으로 그려진 C링(직경 7.5mm)의 끊어진 부분(1.5mm)을 식별할 수 있을 때의 시력을 1.0으로 한다.

2 동체시력

① 움직이는 물체 또는 움직이면서 다른 자동차나 사람 등의 물체를 보는 시력

② 속도에 따른 동체시력(정지시력 1.2 기준)
  • 시속 50km 운전 시 : 0.7 이하
  • 시속 90km 운전 시 : 0.5 이하

 ③ 동체시력의 특성
  • 물체의 이동속도가 빠를수록 저하
  • 정지시력이 저하되면 동체시력도 저하
  • 조도(밝기)가 낮은 상황에서 쉽게 저하
  • 연령이 높을수록 저하
  • 장시간 운전에 의한 피로상태에서 저하

3 시야와 깊이지각

① 중심시 : 인간이 전방의 어떤 사물을 주시할 때, 그 사물을 분명하게 볼 수 있게 하는 눈의 영역

② 주변시 : 좌우로 움직이는 물체 등을 인식할 수 있게 하는 눈의 영역

③ 정지상태에서의 시야
  • 한쪽 눈 기준 : 약 160°
  • 양안 시야 : 약 180° ~ 200°

④ 시야에 영향을 주는 요건
  ㉠ 움직이는 상태에 있을 때는 움직이는 속도에 따라 축소되는 특성을 갖는다.

> ▶ 축소 범위
> • 시속 40km로 주행 중일 때 : 약 100°
> • 시속 100km로 주행 중일 때 : 약 40°

  ㉡ 한 곳에 주의가 집중되어 있을 때에 인지할 수 있는 시야 범위는 좁아지는 특성이 있다.

⑤ 깊이지각
  • 양안 또는 단안 단서를 이용하여 물체의 거리를 효과적으로 판단하는 능력
  • 조도가 낮은 상황에서 매우 저하
  • 입체시 : 깊이를 지각하는 능력
    (주·정차 시의 사고율과 관계)

4 야간시력

① 현혹현상 : 운행 중 갑자기 빛이 눈에 비치면 순간적으로 장애물을 볼 수 없는 현상으로 마주 오는 차량의 전조등 불빛을 직접 보았을 때 순간적으로 시력이 상실되는 현상

② 증발현상 : 야간에 대향차의 전조등 눈부심으로 인해 순간적으로 보행자를 잘 볼 수 없게 되는 현상으로 보행자가 교차하는 차량의 불빛 중간에 있게 되면 운전자가 순간적으로 보행자를 전혀 보지 못하는 현상

③ 위험 대처 방법
  • 대향차량의 전조등 불빛을 직접 보지 않고 멀리 도로 오른쪽 가장자리 방향을 바라보면서, 주변시로 다가오는 차를 계속해서 주시한다.
  • 불빛에 의해 순간적으로 앞을 잘 볼 수 없을 경우에는 속도를 줄인다.
  • 가파른 도로나 커브길 등에서는 주의를 한다.

1 피로가 운전에 미치는 영향

구분		피로현상	운전에 미치는 영향
정신적	주의력	주의 산만, 집중력 저하	교통표지를 간과하거나, 보행자를 알아보지 못한다.
	사고력·판단력	정신활동 둔화, 사고 및 판단력 저하	긴급 상황에 필요한 조치를 제대로 하지 못한다.
	지구력	긴장, 주의력 감소	운전에 필요한 몸과 마음상태를 유지할 수 없다.
	감정조절 능력	신경질적인 반응	사소한 일에도 당황하며, 판단을 잘못하기 쉽다. 준법정신 결여로 법규 위반
	의지력	자발적 행동 감소	당연히 해야 할 일을 태만하게 된다. (예 방향지시등 작동하지 않고 회전)
신체적	감각능력	빛에 민감, 작은 소음에도 과민반응	교통신호를 잘못보거나 위험신호를 제대로 파악하지 못한다.
	운동능력	손 또는 눈꺼풀이 떨리고, 근 체육이 경직	필요할 때에 손과 발이 제대로 움직이지 못해 신속성이 결여된다.
	졸음	시계변화가 없는 단조로운 도로에서 졸게 됨	평상시보다 운전능력이 현저하게 저하되고, 심하면 졸음운전을 하게 된다.

1 보행자 보호의 주의사항

① 시야가 차단된 상황에서 나타나는 보행자를 특히 조심한다.
② 차량신호가 녹색이라도 완전히 비워 있는지를 확인하지 않은 상태에서 횡단보도에 들어가서는 안 된다.
③ 신호에 따라 횡단하는 보행자의 앞뒤에서 압박하거나 재촉해서는 안 된다.
④ 회전할 때는 언제나 회전 방향의 도로를 건너는 보행자가 있을 수 있음을 유의한다.
⑤ 어린이보호구역 내에서는 특별히 주의한다.
⑥ 주거지역 내에서는 어린이의 존재 여부를 주의 깊게 관찰한다.
⑦ 맹인이나 장애인에게는 우선적으로 양보를 한다.

2 어린이통학버스의 특별보호

(1) 앞지르기 금지

어린이통학버스가 어린이나 영유아를 태우고 있다는 표시를 한 상태로 도로를 통행하는 때에는 앞지르기 금지

(2) 일시정지

① 어린이나 유아가 타고 내리는 중임을 나타내는 어린이통학버스가 정차한 차로와 그 차로의 바로 옆 차로를 통행하는 차의 운전자는 어린이통학버스에 이르기 전 일시정지하여 안전을 확인 후 서행
② 중앙선이 설치되지 아니한 도로와 편도 1차로인 도로의 반대방향에서 진행하는 차의 운전자는 어린이통학버스에 이르기 전 일시정지하여 안전을 확인한 후 서행

④ 자전거와 이륜자동차

(1) 경험이 있는 이륜차나 자전거 운전자들이 한 차선 내에서 위치를 자주 바꾸는 이유

① 전방 교통 상황을 분명히 살피기 위해서

② 위험을 회피하기 위해서

③ 운전자에게도 눈에 잘 띄게 하기 위해서

04 사업용자동차 위험운전행태 분석

① 운행기록장치

① 정의 : 자동차의 속도, 위치, 방위각, 가속도, 주행거리 및 교통사고 상황 등을 기록하는 자동차의 부속장치 중 하나인 전자식 장치

② 장착 의무
- 여객자동차운수사업법에 따른 여객자동차 운송사업자는 운행 차량에 운행기록장치 장착
- 버스의 경우 2012년 12월31일 이후 의무 장착

③ 장착 방법
- 장착 시 수평상태로 유지되도록 할 것
- 수평상태의 유지가 불가능할 경우 그에 따른 보정값을 만들어 수평상태와 동일한 운행기록을 표출할 수 있게 할 것

 ④ 전자식 운행기록장치의 구조
- 운행기록 관련신호를 발생하는 센서
- 신호를 변환하는 증폭장치
- 시간 신호를 발생하는 타이머
- 신호를 처리하여 필요한 정보로 변환하는 연산장치
- 정보를 가시화 하는 표시장치
- 운행기록을 저장하는 기억장치
- 기억장치의 자료를 외부기기에 전달하는 전송장치
- 분석 및 출력을 하는 외부기기

⑤ 운행기록의 보관 및 제출
- ㉠ 운행기록장치 장착의무자 : 운행기록장치에 기록된 운행기록을 **6개월** 동안 보관
- ㉡ 운송사업자
  - 교통행정기관 또는 한국교통안전공단이 교통안전점검, 교통안전진단 또는 교통안전관리규정의 심사 시 운행기록의 보관 및 관리 상태에 대한 확인을 요구할 경우 응할 것
  - 차량의 운행기록이 누락·훼손되지 않도록 배열

순서에 맞추어 운행기록장치 또는 저장장치에 보관할 것
  - 공단에 운행기록을 제출하고자 하는 경우에는 저장장치에 저장하여 인터넷을 이용하거나 무선통신을 이용하여 운행기록분석시스템으로 전송

▶ 다음의 사항을 고려하여 운행기록을 점검·관리할 것
- 운행기록의 보관, 폐기, 관리 등의 적절성
- 운행기록 입력자료 저장여부 확인 및 출력점검(무선통신 등으로 자동 전송하는 경우 포함)
- 운행기록장치의 작동불량 및 고장 등에 대한 차량운행 전 일상점검

- ㉢ 한국교통안전공단은 운송사업자가 제출한 운행기록 자료를 운행기록분석시스템에 보관, 관리하여야 하며, 1초 단위의 운행기록 자료는 6개월간 저장하여야 한다.

② 운행기록분석시스템의 활용

① 운행기록분석시스템은 자동차의 운행정보를 실시간으로 저장하여 시시각각 변화하는 운행상황을 자동적으로 기록할 수 있는 운행기록장치를 통해 자동차의 순간속도, 분당 엔진 회전수(RPM), 브레이크 신호, GPS, 방위각, 가속도 등의 운행기록 자료를 분석하여 운전자의 과속, 급감속 등 운전자의 위험행동을 과학적으로 분석하는 시스템

② 분석 결과를 운전자와 운수회사에 제공함으로써 운전자의 운전행태의 개선을 유도, 교통사고를 예방할 목적으로 구축

③ 운행기록분석시스템 분석항목
- 자동차의 운행경로에 대한 궤적의 표기
- 운전자별·시간대별 운행속도 및 주행거리의 비교
- 진로변경 횟수와 사고위험도 측정, 과속·급가속·급감속·급출발·급정지 등 위험운전 행동 분석
- 그 밖에 자동차의 운행 및 사고발생 상황의 확인

 ④ 운행기록분석결과의 활용
- 자동차의 운행관리
- 운전자에 대한 교육·훈련
- 운전자의 운전습관 교정
- 운송사업자의 교통안전관리 개선
- 교통수단 및 운행체계의 개선
- 교통행정기관의 운행계통 및 운행경로 개선
- 그 밖에 사업용 자동차의 교통사고 예방을 위한 교통안전정책의 수립

❸ 사업용자동차 운전자 위험운전 행태분석

위험운전행동		사고유형 및 안전운전 요령
과속유형	과속	• 버스 사고의 주요 원인 • 과속은 치사율을 높이고, 돌발 상황에 대처가 어려우며, 버스의 경우 특히 승차인원이 많아 대형사고로 연결 • 버스는 차체의 높이가 높기 때문에 과속을 하면 커브길, 고속도로 진출입램프에서 전도, 전복의 위험성이 크다.
	장기과속	• 버스는 장기 과속의 위험에 항상 노출되어 있어 운전자의 속도감각 저하, 거리감 저하를 가져올 수 있다. • 특히 야간의 경우 운전자의 시야가 좁아지는 만큼 장기과속으로 인한 사고위험이 커지므로 항상 규정속도 준수
급가속 유형	급가속	• 교차로를 통과하기 위해 무리하게 급가속을 하는 행동은 추돌 사고를 유발하고 돌발 상황의 대처를 어렵게 한다. • 황색신호에 무리한 교차로 진입을 하지 말고, 교차로 접근 시 미리 감속 • 버스의 경우 입석승객이 많고, 좌석승객도 안전띠를 매지 않기 때문에 급가속 행동은 차내 사고를 유발할 수 있으므로 정류장 등에서 차량 출발 시 천천히 가속
	급출발	• 내리막, 오르막길에서의 급출발은 시동을 꺼지게 하는 원인이 되며, 사고의 원인이 될 수도 있으므로 속도를 줄이고 서서히 출발
급회전 유형	급좌회전	• 급좌회전은 야간주행이나 비신호교차로, 교통섬이 있는 교차로에서 운전자가 방심하여 발생 • 교차로 접근 시 미리 감속하고, 모든 방향의 차량상황을 인지하고 신호에 따라 좌회전 • 특히 급좌회전, 꼬리 물기 등을 삼가고, 저속으로 회전하는 습관이 필요
	급우회전	• 버스의 급우회전은 다른 차량과의 충돌뿐 아니라 도로를 횡단하고 있는 횡단보도상의 보행자나 이륜차, 자전거와 사고를 유발 • 특히 속도를 줄이지 않고 회전을 하는 경우 전도, 전복위험이 크고 보행자 사고를 유발 • 버스는 회전 시 뒷바퀴가 앞바퀴보다 안쪽으로 회전하는 특징이 있으므로 횡단대기중인 보행자에 각별히 유의
	급U턴	• 버스의 경우 차체가 길어 속도가 느리므로 급U턴이 잘 발생하진 않지만, U턴 시에는 진행방향과 대향방향에서 오는 과속차량과의 충돌사고 위험성이 있다. • 차체가 길기 때문에 U턴 시 대향차로의 많은 공간이 요구되므로 대향차로 상의 과속차량에 유의

chapter 03

위험운전행동		사고유형 및 안전운전 요령
급진로 변경유형	급앞지르기	• 속도가 느린 상태에서 옆 차로로 진행하기 위해 진로변경을 시도하는 경우 급 앞지르기가 발생하기 쉽다. • 이 경우 진로변경 차로 상에서도 공간이 발생하여 후행차량도 급하게 진행하고자하는 운전심리가 있어 진로변경 중 접촉 사고가 발생될 수 있다. • 진로를 변경하고자 하는 차로의 전방뿐만 아니라 후방의 교통 상황도 충분하게 고려하고 반영하는 운전 습관이 중요하다.
	급진로변경	• 고속주행을 하는 고속도로나 간선도로 등에서 차체가 큰 버스의 급 진로변경은 연쇄추돌사고 등으로 연결되기 쉽다. • 고속주행을 하는 상태에서 추월 등을 시도하기 위해 진로를 급변경하는 경우 옆 차로 차량과의 측면 접촉사고들이 많이 발생될 수 있다. • 진로변경을 하고자 하는 경우 방향지시등을 켜고 차로를 천천히 변경하여 옆 차로에 뒤따르는 차량이 진로변경을 인지할 수 있도록 해야 하며, 차로의 전방뿐만 아니라 후방의 교통상황도 충분하게 고려해야 한다.

예상문제 새로운 출제기준에 따른 예상유형을 파악하기!

★★★

1 운전 중 발생하는 교통약자 등의 위험을 최소화하기 위해서 가장 중요한 것은?

① 신호 준수
② 안전한 도로공유
③ 통행방법 준수
④ 우선권 준수

어린이, 고령자, 임산부, 장애인 등의 교통약자의 위험을 최소화하기 위해서는 이들과 안전하게 도로를 공유하는 것이 중요하다.

★★★

2 제1종 운전면허 취득 시 두 눈을 동시에 뜨고 잰 정지시력의 기준은 얼마 이상이어야 하는가?

① 0.5
② 0.6
③ 0.8
④ 0.3

• 제1종 운전면허 : 두 눈을 동시에 뜨고 잰 시력이 0.8 이상, 양쪽 눈의 시력이 각각 0.5 이상
• 제2종 운전면허 : 두 눈을 동시에 뜨고 잰 시력이 0.5 이상, 한쪽 눈을 보지 못하는 사람은 0.6 이상

★★★★

3 동체시력의 특성을 설명한 것 중 틀린 것은?

① 야간의 동체시력은 고령자일수록 저하된다.
② 동체시력은 물체의 이동속도가 빠를수록 높아진다.
③ 동체시력은 정지시력과 어느 정도 비례 관계를 갖는다.
④ 동체시력은 조도(밝기)가 낮은 상황에서는 쉽게 저하된다.

동체시력은 물체의 이동속도가 빠를수록 저하된다.

★★★★

4 동체시력의 특성에 대한 설명으로 잘못된 것은?

① 물체의 이동속도가 빠를수록 저하된다.
② 정지시력이 저하되면 동체시력은 좋아진다.
③ 연령이 높을수록 저하된다.
④ 장시간 운전에 의한 피로상태에서 저하된다.

정지시력이 저하되면 동체시력도 저하된다.

정답 1② 2③ 3② 4②

5 어두운 터널을 벗어나 밝은 도로로 주행할 때 운전자가 일시적으로 주변의 눈부심으로 인해 물체가 보이지 않는 시각장애를 무엇이라 하는가?

① 심시력
② 동체시력
③ 명순응
④ 암순응

> 터널을 벗어나 밝은 곳으로 나오는 것은 명순응, 어두운 터널 안으로 들어가는 것은 암순응이다.

6 란돌트 시표에 의한 정지시력 측정은 몇 미터 거리에서 측정하는가?

① 5m   ② 15m
③ 25m   ④ 35m

> 정지시력을 측정하는 대표적인 방법은 란돌트 시표인데, 5m 거리에서 흰 바탕에 검정색으로 그려진 C링의 끊어진 부분을 식별할 수 있을 때의 시력을 1.0으로 한다.

7 야간에 대향차의 전조등 눈부심으로 인해 순간적으로 보행자를 잘 볼 수 없게 되는 현상으로 보행자가 교차하는 차량의 불빛 중간에 있게 되면 운전자가 순간적으로 보행자를 전혀 보지 못하는 현상을 말하는 것은?

① 현혹현상
② 명순응
③ 암순응
④ 증발현상

> 보행자가 교차하는 차량의 불빛 중간에 있게 되면 운전자가 순간적으로 보행자를 전혀 보지 못하는 현상은 증발현상이다.

8 정신적으로 피로한 상태에서 교통표지를 못 보거나 보행자를 알아보지 못하는 것과 관계 있는 것은?

① 지구력 저하
② 감정조절능력 저하
③ 주의력 저하
④ 판단력 저하

> 교통표지를 못 보거나 보행자를 알아보지 못하는 것은 주의력과 관계가 있다.

9 피로 상태에서 사소한 일에도 필요 이상의 신경질적인 반응을 보이는 것과 관계있는 것은?

① 주의력 저하
② 감정조절능력 저하
③ 판단력 저하
④ 지구력 저하

> 사소한 일에도 필요 이상의 신경질적인 반응을 보이는 것은 감정조절능력과 관련이 있다.

10 승용차와 비교한 대형자동차의 일반적인 특성으로 볼 수 없는 것은?

① 주위에 운전자가 볼 수 없는 영역이 넓다.
② 정지거리가 상대적으로 짧다.
③ 점유공간이 상대적으로 넓다.
④ 앞지르기 시간이 상대적으로 길다.

> 대형자동차의 정지거리가 상대적으로 길다.

11 다음 중 졸음운전을 할 수 있는 가능성이 높은 도로는?

① 교통량이 많은 국도
② 복잡한 시내도로
③ 시계변화가 없는 단조로운 도로
④ 커브가 많은 지방도로

> 시계변화가 없는 단조로운 도로에서는 평상시보다 운전능력이 현저하게 저하되고, 심하면 졸음운전을 하게 되므로 주의해야 한다.

12 졸음운전의 징후로 볼 수 없는 것은?

① 차선을 제대로 유지하지 못하고 차가 좌우로 조금씩 왔다 갔다 하는 것을 느낀다.
② 눈이 스르르 감기거나 전방을 제대로 주시할 수 없어진다.
③ 방향지시등을 작동하여 차로변경을 한다.
④ 지난 몇 km를 어떻게 운전해 왔는가 가물가물하다.

> 방향지시등을 작동하여 차로변경을 하는 것은 졸음운전의 징후로 볼 수 없다.

13 자전거·이륜자동차와의 도로 공유에 대한 설명으로 잘못된 것은?

① 야간에 가장자리 차로로 주행할 때는 자전거의 주행 여부에 주의한다.

② 차로 내에서 점유할 공간을 내준다.

③ 교차로에서는 자전거나 이륜차가 있는지 살필 필요가 없다.

④ 갑작스런 움직임에 대해 예측한다.

교차로에서는 특별히 자전거나 이륜차가 있는지 잘 살펴야 한다.

14 경험이 있는 이륜차나 자전거 운전자들이 한 차선 내에서 위치를 자주 바꾸는 이유로 적당하지 않은 것은?

① 운전자에게도 눈에 잘 띄게 하기 위해서

② 위험을 회피하기 위해서

③ 자동차와 동일 차로를 주행하기 위해서

④ 전방 교통 상황을 분명히 살피기 위해서

경험이 있는 이륜차나 자전거 운전자들은 한 차선 내에서 위치를 자주 바꾸는데, 전방 교통 상황을 분명히 살피면서, 위험을 회피하고, 운전자에게도 눈에 잘 띄게 하기 위함이다.

15 다음 중 전자식 운행기록장치의 구조와 관련 없는 것은?

① 신호를 변환하는 증폭장치

② 신호를 처리하여 필요한 정보로 변환하는 연산장치

③ 정보를 가시화하는 표시장치

④ 운행기록을 변환하는 변환장치

전자식 운행기록장치(Digital Tachograph)의 구조는 운행기록 관련신호를 발생하는 센서, 신호를 변환하는 증폭장치, 시간 신호를 발생하는 타이머, 신호를 처리하여 필요한 정보로 변환하는 연산장치, 정보를 가시화하는 표시장치, 운행기록을 저장하는 기억장치, 기억장치의 자료를 외부기기에 전달하는 전송장치, 분석 및 출력을 하는 외부기기로 구성된다.

16 다음 중 운행기록분석시스템을 통해 분석하여 제공하는 항목이 아닌 것은?

① 진로변경 횟수와 사고위험도 측정

② 차종별 운행속도 및 주행거리의 비교

③ 사고발생 상황의 확인

④ 자동차의 운행경로에 대한 궤적의 표기

운행기록분석시스템 분석항목
- 자동차의 운행경로에 대한 궤적의 표기
- 운전자별·시간대별 운행속도 및 주행거리의 비교
- 진로변경 횟수와 사고위험도 측정, 과속·급가속·급감속·급출발·급정지 등 위험운전 행동 분석
- 그 밖에 자동차의 운행 및 사고발생 상황의 확인

17 다음 중 사업용자동차 운전자의 위험운전 행태분석을 위한 위험운전행동 유형이 포함되지 않는 것은?

① 과속 유형

② 급회전 유형

③ 급감속 유형

④ 급진로변경 유형

사업용자동차 운전자 위험운전 행태분석에는 과속유형, 급가속유형, 급회전 유형, 급진로변경유형이 있다.

03 자동차요인과 안전운행

The qualification Test of bus driving

Main
Key
Point

[예상문항 : 3문제] 이 섹션에서는 원심력, 스탠딩 웨이브 현상, 수막현상, 베이퍼 록 현상, 모닝 록 현상, 내륜차 · 외륜차, 타이어 마모, 정지거리 등에서 골고루 출제됩니다. 개념을 확실히 이해하시기 바랍니다.

 01 자동차의 물리적 현상

1 원심력

① 차가 길모퉁이나 커브를 돌 때에 핸들을 돌리면 주행하던 차로나 도로를 벗어나려는 힘

② 차가 길모퉁이나 커브를 빠른 속도로 진입하면 타이어의 접지력보다 원심력이 더 크게 작용

③ 시속 50km로 커브를 도는 차는 시속 25km로 도는 차보다 4배의 원심력이 발생

④ 원심력은 속도가 빠를수록, 커브 반경이 작을수록, 차의 중량이 무거울수록 커지게 되며, 특히 속도의 제곱에 비례해서 커진다.

⑤ 커브길에서 안전하게 회전하려면 속도를 줄여야 한다.

 ▶ 원심력에 영향을 주는 요인
• 자동차의 속도 및 중량
• 평면곡선 반지름
• 타이어와 노면의 횡방향 마찰력
• 편경사

2 스탠딩 웨이브 현상

① 개념 : 타이어가 회전하면 타이어의 원주에서는 변형과 복원을 반복한다. 타이어의 회전속도가 빨라지면 접지부에서 받은 타이어의 변형(주름)이 다음 접지 시점까지도 복원되지 않고, 접지의 뒤쪽에 진동의 물결이 일어나는 현상

② 발생 조건 : 일반구조의 승용차용 타이어의 경우 시속 약 150km에서 발생

③ 예방책
• 속도를 낮추고, 공기압을 높인다.
• 과다 마모된 타이어나 재생타이어를 사용하지 않는다.

3 수막현상

▶ 수막현상이 발생하면 접지력, 조향력, 제동력을 상실하게 되며, 자동차는 관성력만으로 활주하게 된다.
▶ 물의 압력은 자동차 속도의 두 배 그리고 유체밀도에 비례한다.

① 개념 : 물이 고인 노면을 고속으로 주행할 때 그루브(타이어 홈) 사이에 있는 물을 배수하는 기능이 감소되어 타이어가 물의 저항에 의해 노면으로부터 떠올라 물 위를 미끄러지듯이 되는 현상

② 발생 조건 : 물깊이 2.5~10mm(자동차의 속도, 타이어의 마모 정도, 노면의 거침 등에 따라 다름)

③ 예방책
• 빗길에서 고속으로 주행하지 않는다.
• 마모된 타이어 교체 및 타이어의 공기압을 조금 높게 한다.
• 배수효과가 좋은 타이어를 사용한다.

• 60km/h로 주행 시 60km/h까지는 수막현상이 일어나지 않는다.

• 80km/h로 주행 시 타이어의 옆면으로 물이 파고들기 시작하여 부분적으로 수막 현상을 일으킨다.

• 100km/h로 주행 시 노면과 타이어가 분리되어 수막현상을 일으킨다.

【스탠딩 웨이브】

【수막현상】

4 페이드(Fade) 현상

① 비탈길을 내려갈 경우 브레이크를 반복하여 사용하면 마찰열이 라이닝에 축적되어 브레이크의 제동력이 저하되는 현상

② 브레이크 라이닝의 온도 상승으로 인해 라이닝면의 마찰계수가 저하되면서 발생

5 워터 페이드 현상

① 브레이크 마찰재가 물에 젖어 마찰계수가 작아져 브레이크의 제동력이 저하되는 현상

② 물이 고인 도로에 자동차를 정차시켰거나 수중 주행을 하였을 때 발생하며 브레이크가 전혀 작동되지 않을 수도 있다.

③ 브레이크 페달을 반복해 밟으면서 천천히 주행하면 열에 의해 서서히 브레이크가 회복된다.

6 베이퍼 록(Vapor Lock) 현상

① 개념 : 긴 내리막길에서 풋 브레이크를 지나치게 사용하면 차륜 부분의 마찰열 때문에 휠 실린더나 브레이크 파이프 속에서 브레이크액이 기화되고, 브레이크 호스 내에 공기가 유입된 것처럼 기포가 발생하여 브레이크 페달을 밟아도 스펀지를 밟는 것 같고 유압이 제대로 전달되지 않아 브레이크가 작동하지 않는 현상

② 베이퍼 록의 주요 원인
  • 긴 내리막길에서 계속 풋 브레이크를 사용하여 브레이크 드럼이 과열되었을 때
  • 브레이크 드럼과 라이닝 간격이 작아 라이닝이 끌리게 됨에 따라 드럼이 과열되었을 때
  • 불량한 브레이크액을 사용하였을 때
  • 브레이크액의 변질로 비등점이 저하되었을 때

③ 예방책 : 엔진브레이크를 사용하여 저단 기어를 유지하면서 풋 브레이크 사용을 줄인다.

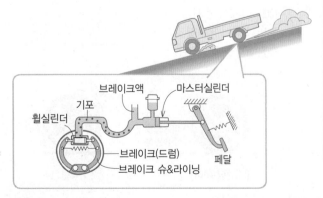

7 모닝 록 현상

① 비가 자주 오거나 습도가 높은 날 또는 오랜 시간 주차한 후 브레이크 드럼에 미세한 녹이 발생하는 현상

② 브레이크 드럼과 라이닝, 브레이크 패드와 디스크의 마찰계수가 높아져 평소보다 브레이크가 지나치게 예민하게 작동

③ 서행하면서 브레이크를 몇 번 밟아 주게 되면 녹이 자연히 제거

8 내륜차와 외륜차

(1) 내륜차 : 앞바퀴 안쪽과 뒷바퀴 안쪽 궤적 간의 차이

① 전진주차를 위해 주차공간으로 진입도중 차의 뒷부분이 주차되어 있는 차와 충돌할 수 있다.

② 커브길의 원활한 회전을 위해 확보한 공간으로 끼어든 이륜차나 소형승용차를 발견하지 못한 충돌사고가 발생할 수 있다.

③ 보도 위에 서 있는 보행자를 차의 뒷부분으로 스치고 지나가거나, 보행자의 발등을 뒷바퀴가 타고 넘어갈 수 있다.

(2) 외륜차 : 앞바퀴 바깥쪽과 뒷바퀴 바깥쪽 궤적 간의 차이

① 후진주차를 위해 주차공간으로 진입도중 차의 앞부분이 다른 차량이나 물체와 충돌할 수 있다.

② 버스가 1차로에서 좌회전하는 도중에 차의 뒷부분이 2차로에서 주행중이던 승용차와 충돌할 수 있다.

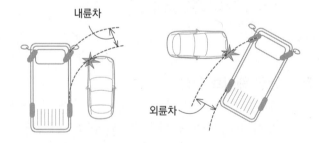

9 언더 스티어 및 오버 스티어

(1) 언더 스티어(Under steer)

① 코너링 상태에서 구동력이 원심력보다 작아 타이어가 그립의 한계를 넘어서 핸들을 돌린 각도만큼 라인을 타지 못하고 코너 바깥쪽으로 밀려나가는 현상

② 전륜구동차량에서 주로 발생

③ 원인
  • 핸들을 지나치게 꺾을 때
  • 과속, 브레이크 잠김 등

④ 타이어 그립이 떨어질수록 심하게 나타남

(2) 오버 스티어(Over steer)

① 코너링 시 핸들을 꺾었을 때 꺾은 범위보다 차량 앞쪽이 진행 방향의 안쪽(코너 안쪽)으로 더 돌아가려고 하는 현상

② 후륜구동 차량에서 주로 발생

③ 커브길 진입 전에 충분히 감속하여 예방

⑩ 자동차의 정지거리 🔖필수암기

구분	정의 및 특징
공주거리	• 운전자가 자동차를 정지시켜야 할 상황임을 인지하고 브레이크 페달로 발을 옮겨 브레이크가 작동을 시작하기 전까지 이동한 거리
공주시간	• 자동차가 공주거리만큼 진행한 시간
제동거리	• 운전자가 브레이크 페달에 발을 올려 브레이크가 작동을 시작하는 순간부터 자동차가 완전히 정지할 때까지 이동한 거리
제동시간	• 자동차가 완전히 정지하기 전까지 제동거리만큼 진행한 시간
정지거리	• 운전자가 위험을 인지하고 자동차를 정지시키려고 시작하는 순간부터 자동차가 완전히 정지할 때까지 이동한 거리 • 공주거리 + 제동거리
정지시간	• 정지거리 동안 자동차가 진행한 시간 • 공주시간 + 제동시간

▶ 정지거리에 영향을 미치는 요인
  • 운전자 요인 : 인지반응시간, 운행속도, 피로도, 신체적 특성 등
  • 자동차 요인 : 자동차의 종류, 타이어의 마모 정도, 브레이크의 성능 등
  • 도로 요인 : 노면종류, 노면상태 등

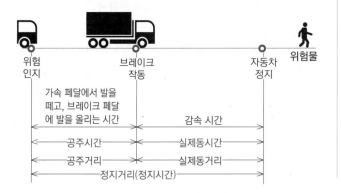

⑪ 타이어 마모에 영향을 주는 요소

요소	특징
타이어 공기압	• 타이어의 공기압이 낮으면 승차감은 좋아지나, 타이어 숄더 부분에 마찰력이 집중되어 타이어 수명이 짧아지게 된다. • 타이어의 공기압이 높으면 승차감이 나빠지며, 트레드 중앙부분의 마모가 촉진된다.
차의 하중	• 타이어에 걸리는 차의 하중이 커지면 공기압이 부족한 것처럼 타이어는 크게 굴곡되어 타이어의 마모를 촉진하게 된다. • 타이어에 걸리는 차의 하중이 커지면 마찰력과 발열량이 증가하여 타이어의 내마모성을 저하시키게 된다.
차의 속도	• 타이어가 노면과의 사이에서 발생하는 마찰력은 타이어의 마모를 촉진시킨다. • 속도가 증가하면 타이어의 내부온도도 상승하여 트레드 고무의 내마모성이 저하된다.
커브	• 차가 커브를 돌 때에는 관성에 의한 원심력과 타이어의 구동력 간의 마찰력 차이에 의해 미끄러짐 현상이 발생하면 타이어 마모를 촉진하게 된다. • 커브의 구부러진 상태나 커브구간이 반복될수록 타이어 마모는 촉진된다.
브레이크	• 고속주행 중에 급제동한 경우는 저속주행 중에 급제동한 경우보다 타이어 마모는 증가한다. • 브레이크를 밟는 횟수가 많으면 많을수록 또는 브레이크를 밟기 직전의 속도가 빠르면 빠를수록 타이어의 마모량은 커진다.
노면	• 포장도로는 비포장도로를 주행하였을 때보다 타이어 마모를 줄일 수 있다. • 콘크리트 포장도로는 아스팔트 포장도로보다 타이어 마모가 더 발생한다.
정비불량	• 타이어 휠의 정렬 불량이나 차량의 서스펜션 불량 등은 타이어의 자연스런 회전을 방해하여 타이어 이상마모 등의 원인이 된다.
기온	• 기온이 올라가는 여름철은 타이어 마모가 촉진되는 경향이 있다.
기타	• 운전자의 운전습관, 타이어의 트레드 패턴 등

1 자동차가 물이 고인 노면을 고속으로 주행할 때 타이어는 물을 배수하는 기능이 감소되어 물의 저항에 의해 노면으로부터 떠올라 물위를 미끄러지듯이 되는 현상을 무엇이라고 하는가?

① 수막 현상
② 페이드 현상
③ 스탠딩 웨이브 현상
④ 베이퍼 록 현상

물이 고인 노면을 고속으로 주행할 때 그루브(타이어 홈) 사이에 있는 물을 배수하는 기능이 감소되어 타이어가 물의 저항에 의해 노면으로부터 떠올라 물 위를 미끄러지듯이 되는 현상은 수막 현상이다.

2 수막현상에 대한 설명으로 가장 적절한 것은?

① 타이어 접지면 앞쪽에서 들어오는 물의 압력에 의해 타이어가 노면으로부터 떠올라 물위를 미끄러지는 현상
② 비오는 날 내리막길에서 브레이크의 반복 사용에 의해 제동력이 떨어지는 현상
③ 저속주행 시 타이어 뒤쪽에 발생한 얇은 수막으로 인해 뒤쪽으로 물보라를 일으키는 현상
④ 습도가 높은 날 오랜 시간 주차한 후에 브레이크 드럼에 미세한 녹이 발생하는 현상

수막현상은 물이 고인 노면을 고속으로 주행할 때 그루브(타이어 홈) 사이에 있는 물을 배수하는 기능이 감소되어 타이어가 물의 저항에 의해 노면으로부터 떠올라 물 위를 미끄러지듯이 되는 현상이다.

3 수막현상을 예방하기 위한 조치로 부적절한 것은?

① 공기압을 평상시보다 높게 한다.
② 물이 고인 곳을 고속으로 주행하지 않는다.
③ 주행 중 핸들조작으로 직진을 피한다.
④ 과다 마모된 타이어를 사용하지 않는다.

수막현상이 발생하면 제동력은 물론 모든 타이어는 본래의 운동기능이 소실되어 핸들로 자동차를 통제할 수 없게 된다.

4 수막현상으로 잃게 되는 기능이 아닌 것은?

① 접지력
② 핸들 조향력
③ 제동력
④ 관성 주행력

수막현상이 발생하면 접지력, 조향력, 제동력을 상실하게 되며, 자동차는 관성력만으로 활주하게 된다.

5 비가 자주 오거나 습도가 높은 날 브레이크 드럼에 미세한 녹이 발생하고 마찰계수가 높아져 평소보다 브레이크가 지나치게 예민하게 작동하는 현상은?

① 수막현상
② 모닝 록 현상
③ 스탠딩 웨이브 현상
④ 베이퍼 록 현상

비가 자주오거나 습도가 높은 날 또는 오랜 시간 주차한 후에는 브레이크 드럼에 미세한 녹이 발생하게 되는데 이러한 현상을 모닝 록(Morning Lock)이라 한다. 모닝 록 현상이 발생하였을 때 평소의 감각대로 브레이크를 밟게 되면 급제동이 되어 사고가 발생할 수 있다.

6 평소의 감각대로 브레이크를 밟았으나 급제동이 되어 사고가 발생할 수 있는 현상은?

① 수막현상
② 워터 페이드 현상
③ 모닝 록 현상
④ 베이퍼 록 현상

7 긴 내리막길에서 브레이크 과다 사용을 피하고 엔진브레이크를 사용하여 속도를 줄이는 이유와 관계 없는 것은?

① 모닝 록 방지
② 베이퍼 록 방지
③ 페이드 방지
④ 제동력 저하 방지

모닝 록은 비가 자주오거나 습도가 높은 날 또는 오랜 시간 주차한 후에는 브레이크 드럼에 미세한 녹이 발생하여 브레이크가 지나치게 예민하게 작동하는 현상으로 내리막길에서의 엔진브레이크 사용과는 무관하다.

8 다음 중 베이퍼 록 현상이 발생하는 주요 원인에 해당하지 않는 것은?

① 브레이크 드럼과 라이닝 간격이 작아 라이닝이 끌리게 됨에 따라 드럼이 과열되었을 때
② 고속으로 주행하여 타이어의 회전속도가 빨라졌을 때
③ 긴 내리막길에서 계속 브레이크를 사용하여 브레이크 드럼이 과열되었을 때
④ 브레이크 액의 변질로 비등점이 저하되었을 때

베이퍼 록의 주요 원인
• 긴 내리막길에서 계속 풋 브레이크를 사용하여 브레이크 드럼이 과열되었을 때
• 브레이크 드럼과 라이닝 간격이 작아 라이닝이 끌리게 됨에 따라 드럼이 과열되었을 때
• 불량한 브레이크액을 사용하였을 때
• 브레이크액의 변질로 비등점이 저하되었을 때

정답 1① 2① 3③ 4④ 5② 6③ 7① 8②

9 차량이 회전할 때 외륜차란? ★★★

① 앞바퀴 안쪽과 뒷바퀴 안쪽의 궤적의 차
② 앞바퀴 바깥쪽과 뒷바퀴 안쪽의 궤적의 차
③ 앞바퀴 안쪽과 뒷바퀴 바깥쪽의 궤적의 차
④ 앞바퀴 바깥쪽과 뒷바퀴 바깥쪽의 궤적의 차

앞바퀴 바깥쪽과 뒷바퀴 바깥쪽의 궤적의 차를 외륜차라 한다.

10 타이어 마모에 대한 설명 중 **틀린** 것은? ★★★

① 운전자의 운전습관, 타이어의 트레드 패턴 등도 타이어 마모에 영향을 미친다.
② 아스팔트 포장도로는 콘크리트 포장도로보다 타이어 마모가 더 발생한다.
③ 타이어 공기압이 높으면 승차감이 나빠지며, 트레드 중앙 부분의 마모가 촉진된다.
④ 타이어에 걸리는 차의 하중이 커지면 공기압이 부족한 것처럼 타이어는 크게 굴곡되어 타이어의 마모를 촉진하게 된다.

콘크리트 포장도로는 아스팔트 포장도로보다 타이어 마모가 더 발생한다.

11 운전자가 브레이크로 발을 옮겨 브레이크가 작동을 시작하기 전까지 작동한 거리를 무엇이라 하는가? ★★★★

① 성지거리   ② 공주서리
③ 제동거리   ④ 안전거리

운전자가 브레이크로 발을 옮겨 브레이크가 작동을 시작하기 전까지 작동한 거리를 공주거리라 한다.

12 정지거리를 설명한 것으로 부적절한 것은? ★★★★

① 공주시간과 제동시간을 합한 시간 동안 진행 거리
② 정지시간 동안 자동차가 진행한 거리
③ 브레이크 페달에 발을 올려 브레이크가 작동을 시작하는 순간부터 자동차가 완전히 정지할 때까지 이동한 거리
④ 운전자가 위험을 인지한 순간부터 반응하여 자동차가 완전히 정지할 때까지 이동한 거리

브레이크 페달에 발을 올려 브레이크가 작동을 시작하는 순간부터 자동차가 완전히 정지할 때까지 이동한 거리는 제동거리이다.

13 운전자가 브레이크 페달에 발을 올려 브레이크가 작동을 시작하는 순간부터 자동차가 완전히 정지하기 전까지 제동거리만큼 진행한 시간을 무엇이라 하는가? ★★★★

① 정지거리   ② 공주시간
③ 제동시간   ④ 정지시간

자동차가 완전히 정지하기 전까지 제동거리만큼 진행한 시간을 제동시간이라 한다.

14 운전자가 제동을 시작하여 자동차가 완전히 정지할 때까지 진행한 시간을 무엇이라 하는가? ★★★★

① 제동시간   ② 정지시간
③ 공주시간   ④ 정지거리

제동을 시작하여 자동차가 완전히 정지할 때까지 진행한 시간을 제동시간이라 한다.

15 정지거리에 직접적으로 영향을 미치는 요인으로 볼 수 없는 것은? ★★★★

① 인지반응 속도   ② 운행속도
③ 타이어의 마모 정도   ④ 운전자의 키

정지거리에 영향을 미치는 요인
• 운전자 요인 : 인지반응시간, 운행속도, 피로도, 신체적 특성 등
• 자동차 요인 : 자동차의 종류, 타이어의 마모 정도, 브레이크의 성능 등
• 도로 요인 : 노면종류, 노면상태 등

16 운전 중 정지거리에 영향을 주는 운전자 요인이 <u>아닌</u> 것은? ★★★★

① 운행속도   ② 인지반응속도
③ 피로도   ④ 브레이크 성능

브레이크 성능은 자동차 요인에 해당한다.

17 운전 중 정지거리에 차이가 발생할 수 있는 요인이 <u>아닌</u> 것은? ★★★★

① 노면상태   ② 운행속도
③ 타이어의 마모 정도   ④ 운행기록계 부착

운행기록계 부착은 정지거리에 영향을 미치는 요인이 아니다.

정답   9 ④   10 ②   11 ②   12 ③   13 ③   14 ①   15 ④   16 ④   17 ④

04 도로요인과 안전운행

Main
Key
Point

[예상문항 : 7문제] 이 섹션에서는 도로의 안전시설, 부대시설을 포함한 도로 관련 용어를 확실히 학습하시기 바랍니다. 회전교차로 특징을 묻는 문제가 자주 출제되니 확실히 이해하도록 합니다.

01 용어의 정의 및 설명

용어	정의 및 설명
가변차로	• 방향별 교통량이 특정시간대에 현저하게 차이가 발생하는 도로에서 교통량이 많은 쪽으로 차로 수가 확대될 수 있도록 신호기에 의하여 차로의 진행방향을 지시하는 차로 • 차량의 운행속도를 향상시켜 구간 통행시간 감축 • 차량의 지체를 감소시켜 에너지 소비량과 배기가스 배출량 감소 • 가로변 주·정차 금지, 좌회전 통행 제한, 충분한 신호시설의 설치, 차선 도색 등 노면표시에 대한 개선이 필요
양보차로	• 양방향 2차로 앞지르기 금지구간에서 자동차의 원활한 소통을 도모하고, 도로 안전성을 제고하기 위해 길어깨(갓길) 쪽으로 설치하는 저속 자동차의 주행차로 • 저속 자동차로 인해 동일 진행방향 뒤차의 속도 감소를 유발시키고, 반대 차로를 이용한 앞지르기가 불가능한 경우 원활한 소통을 위해 설치
앞지르기 차로	• 저속 자동차로 인한 뒤차의 속도 감소를 방지하고, 반대차로를 이용한 앞지르기가 불가능할 경우 원활한 소통을 위해 도로 중앙 측에 설치하는 고속 자동차의 주행차로 • 앞지르기차로는 2차로 도로에서 주행속도를 확보하기 위해 오르막차로와 교량 및 터널구간을 제외한 구간에 설치
오르막차로	오르막구간에서 저속 자동차와의 안전사고를 예방하기 위하여 저속 자동차와 다른 자동차를 분리하여 통행시키기 위해 설치하는 차로

용어	정의 및 설명
회전차로	• 교차로 등에서 자동차가 우회전, 좌회전 또는 유턴을 할 수 있도록 직진차로와는 별도로 설치하는 차로 • 종류 : 좌회전차로, 우회전차로, 유턴차로 등
변속차로	• 고속 주행하는 자동차가 감속하여 다른 도로로 유입할 경우 또는 저속의 자동차가 고속주행하고 있는 자동차들 사이로 유입할 경우에 본선의 다른 고속 자동차의 주행을 방해하지 않고 안전하게 감속 또는 가속하도록 설치하는 차로(감속차로, 가속차로) • 설치 장소 : 고속도로의 인터체인지 연결로, 휴게소 및 주유소의 진입로, 공단진입로, 상위 도로와 하위도로가 연결되는 평면교차로 등 차량이 유출입이 잦은 곳
차로 수	양방향 차로의 수를 합한 것 └→ 오르막차로, 회전차로, 변속차로 및 양보차로를 제외
측대	운전자의 시선을 유도하고 옆 부분의 여유를 확보하기 위하여 중앙분리대 또는 길어깨에 차로와 동일한 구조로 차로와 접속하여 설치하는 부분
주·정차대	자동차의 주차 또는 정차에 이용하기 위하여 차도에 설치하는 도로의 부분
분리대	자동차의 통행 방향에 따라 분리하거나 성질이 다른 같은 방향의 교통을 분리하기 위하여 설치하는 도로의 부분이나 시설물
편경사	평면곡선부에서 자동차가 원심력에 저항할 수 있도록 하기 위하여 설치하는 횡단경사

용어	정의 및 설명
시거(視距)	• 운전자가 자동차 진행방향에 있는 장애물 또는 위험 요소를 인지하고 제동하여 정지하거나 또는 장애물을 피해서 주행할 수 있는 거리 • 주행상의 안전과 쾌적성을 확보하는 데 중요한 요소(정지시거, 앞지르기시거)
상충	2개 이상의 교통류가 동일한 도로공간을 사용하려 할 때 발생되는 교통류의 교차, 합류 또는 분류되는 현상
도류화	• 자동차와 보행자를 안전하고 질서있게 이동시킬 목적으로 회전차로, 변속 차로, 교통섬, 노면표시 등을 이용하여 상충하는 교통류를 분리시키거나 통제하여 명확한 통행경로를 지시해 주는 것 • 교차로 내에서 주행경로를 명확히 하기 위해 설치
교통섬	자동차의 안전하고 원활한 교통처리나 보행자 도로 횡단의 안전을 확보하기 위하여 교차로 또는 차도의 분기점 등에 설치하는 섬 모양의 시설
교통약자	장애인, 고령자, 임산부, 영유아를 동반한 사람, 어린이 등 생활함에 있어 이동에 불편을 느끼는 사람

▶ 도류화의 기능
• 안전성과 쾌적성 향상
• 두 개 이상 자동차 진행방향이 교차하지 않도록 통행경로 제공
• 자동차가 합류, 분류 또는 교차하는 위치와 각도를 조정
• 교차로 면적을 조정함으로써 자동차 간에 상충되는 면적 감소
• 자동차가 진행해야 할 경로를 명확히 제공
• 보행자 안전지대를 설치하기 위한 장소를 제공
• 자동차의 통행속도를 안전한 상태로 통제
• 분리된 회전차로는 회전차량의 대기장소를 제공

▶ 교통섬의 기능
• 도로교통의 흐름을 안전하게 유도
• 보행자가 도로를 횡단할 때 대피섬 제공
• 신호등, 도로표지, 안전표지, 조명 등 노상시설의 설치장소 제공

02 도로의 선형과 교통사고

1 평면선형과 교통사고

① 도로의 곡선반경이 작을수록 사고발생 위험 증가
② 평면곡선 도로를 주행할 때에는 원심력에 의해 곡선 바깥쪽으로 진행하려는 힘을 받게 되므로 평면 곡선 구간 진입 전에 충분히 속도를 줄일 것

③ 곡선반경이 작은 도로에서는 고속으로 주행할 때 차량 전도 위험이 증가
④ 도심지나 저속운영 구간 등 편경사가 설치되어 있지 않은 평면곡선 구간에서 고속으로 곡선부를 주행할 때 주의할 것
⑤ 곡선부에서 차량의 이탈사고를 방지하기 위해 방호 울타리 설치

2 종단선형과 교통사고

① 종단경사(오르막 내리막 경사)가 커짐에 따라 자동차 속도 변화가 커 사고 발생 증가
② 내리막길에서의 사고율이 더 높다.
③ 종단경사가 변경되는 부분에 종단곡선 설치
④ 종단곡선의 정점(산꼭대기, 산등성이)에서는 전방에 대한 시거가 단축되어 불안감 조성
⑤ 양호한 선형조건에서 제한되는 시거가 불규칙적으로 나타나면 사고율이 높다.

03 도로의 횡단면과 교통사고

도로의 횡단면에는 차도, 중앙분리대, 길어깨(갓길), 주·정차대, 자전거도로, 보도 등이 있으며, 일반적으로 횡단면 구성은 지역특성(주택지역 또는 공업지역 등), 교통수요(차로 폭, 차로 수 등), 도로의 기능(이동로, 접근로 등), 도로 이용자(자동차, 보행자 등) 등을 반영하여 계획된다.

1 차로와 교통사고

① 횡단면의 차로폭이 넓을수록 운전자의 안정감이 높지만, 차로폭이 과다하게 넓으면 과속의 우려가 있다.
② 차선을 설치한 경우에는 설치하지 않은 경우보다 교통사고 발생률이 낮다.

2 중앙분리대와 교통사고

① 차량 간의 정면충돌을 방지하기 위해 도로면보다 높게 콘크리트 방호벽 또는 방호울타리를 설치하는 것을 말하며, 분리대와 측대로 구성
② 정면충돌사고를 차량단독사고로 변환시킴으로써 사고로 인한 위험 감소
③ 중앙분리대의 폭이 넓을수록 대향차량과의 충돌 위험은 감소

▶ 중앙분리대의 기능
- 중앙선 침범에 의한 정면충돌 사고를 방지하고, 도로 중심축의 교통 마찰을 감소시켜 원활한 교통소통을 유지
- 광폭분리대의 경우 사고 및 고장차량이 정지할 수 있는 여유 공간을 제공
- 유턴을 방지하여 교통 혼잡이 발생하지 않음
- 도로표지 및 기타 교통관제시설 등을 설치할 수 있는 공간을 제공
- 평면교차로가 있는 도로에서는 폭이 충분할 때 좌회전 차로로 활용할 수 있어 교통소통에 유리
- 보행자에게는 안전섬 기능
- 야간 주행 시 전조등 불빛에 의한 눈부심 방지

❸ 길어깨(갓길)와 교통사고

① 도로를 보호하고 비상시에 이용하기 위하여 차도와 연결하여 설치하는 도로의 부분
② 길어깨가 넓으면 차량의 이동공간이 넓고, 시계가 넓으며, 고장차량을 주행차로 밖으로 이동시킬 수 있어 안전 확보가 용이
③ 길어깨 폭이 넓은 곳이 좁은 곳보다 교통사고 감소

 ▶ 길어깨의 기능
- 고장차가 대피할 수 있는 공간을 제공하여 교통 혼잡 방지
- 도로 측방의 여유 폭은 교통의 안전성과 쾌적성 확보
- 도로관리 작업공간이나 지하매설물 등을 설치할 수 있는 장소 제공
- 곡선도로의 시거가 증가하여 교통의 안전성 확보
- 보도가 없는 도로에서는 보행자의 통행 장소로 제공

 ▶ 포장된 길어깨의 장점
- 긴급자동차의 원활한 주행
- 차도 끝의 처짐이나 이탈 방지
- 물의 흐름으로 인한 노면 패임 방지
- 보도가 없는 도로에서 보행의 편의 제공

❹ 교량과 교통사고

① 교량 접근도로의 폭에 비해 교량의 폭이 좁으면 사고 위험이 증가
② 교량 접근도로의 폭과 교량의 폭이 같을 때에는 사고 위험이 감소
③ 교량 접근도로의 폭과 교량의 폭이 서로 다른 경우에도 안전표지, 시선유도시설, 접근 도로에 노면표시 등을 설치하면 사고 감소효과가 있음

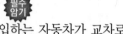

❶ 회전교차로의 정의 및 특징

(1) 정의

회전교차로란 교통류가 신호등 없이 교차로 중앙의 원형교통섬을 중심으로 회전하여 교차부를 통과하도록 하는 평면교차로의 일종이다.

(2) 회전교차로의 특징

① 회전교차로로 진입하는 자동차가 교차로 내부의 회전차로에서 주행하는 자동차에게 양보한다.
② 일반적인 교차로에 비해 상충 횟수가 적다.
③ 교차로 진입은 저속으로 운영하여야 한다.
④ 교차로 진입과 대기에 대한 운전자의 의사결정이 간단하다.
⑤ 교통상황의 변화로 인한 운전자 피로를 줄일 수 있다.
⑥ 신호교차로에 비해 유지관리 비용이 적게 든다.
⑦ 인접 도로 및 지역에 대한 접근성을 높여 준다.
⑧ 사고빈도가 낮아 교통안전 수준을 향상시킨다.
⑨ 지체시간이 감소되어 연료 소모와 배기가스를 줄일 수 있다.

❷ 회전교차로 기본 운영 원리

① 회전교차로에 진입하는 자동차는 회전 중인 자동차에게 양보한다.
② 회전차로 내부에서 주행 중인 자동차를 방해할 우려가 있을 때에는 진입하지 않는다.
③ 회전차로 내에 여유 공간이 있을 때까지 양보선에서 대기한다.
④ 접근차로에서 정지 또는 지체로 인해 대기하는 자동차가 발생할 수 있다.
⑤ 교차로 내부에서 회전 정체는 발생하지 않는다.
⑥ 회전교차로에 진입할 때에는 충분히 속도를 줄인 후 진입한다.
⑦ 회전교차로를 통과할 때에는 모든 자동차가 중앙교통섬을 중심으로 시계 반대방향으로 회전하며 통행한다.

🔞 회전교차로와 로터리의 차이점

(1) 로터리(교통서클)의 개념

① 교통이 복잡한 네거리 같은 곳에 교통정리를 위하여 원형으로 만들어 놓은 교차로

② 진입하는 자동차에게 통행우선권이 있음

③ 상대적으로 높은 속도로 진입할 수 있고, 로터리 내에서 통행속도가 높아 교통사고가 빈번히 발생

(2) 회전교차로와 로터리의 차이점

구분	회전교차로	로터리
진입방식	• 진입자동차가 양보 • 회전자동차에게 통행우선권	• 회전자동차가 양보 • 진입자동차에게 통행우선권
진입부	• 저속 진입	• 고속 진입
회전부	• 고속으로 회전차로 운행 불가 • 소규모 회전반지름 위주	• 고속으로 회전차로 운행 가능 • 대규모 회전반지름 위주
분리교통섬	• 감속 또는 방향분리를 위해 필수 설치	• 선택 설치

🔢 회전교차로 설치를 통한 교차로 서비스 향상

(1) 교통소통 측면

교통량이 상대적으로 많은 비신호 교차로 또는 교통량이 적은 신호 교차로에서 지체가 발생할 경우 교통소통 향상을 목적으로 설치

(2) 교통안전 측면

교차로 안전성 향상을 위해 다음에 해당하는 교차로에 설치

① 교통사고 잦은 곳으로 지정된 교차로

② 교차로의 사고유형 중 직각 충돌사고 및 정면 충돌사고가 빈번하게 발생하는 교차로

③ 주도로와 부도로의 통행 속도차가 큰 교차로

④ 부상, 사망사고 등의 심각도가 높은 교통사고 발생 교차로

(3) 도로미관 측면

교차로 미관 향상을 위해 설치

(4) 비용절감 측면

교차로 유지관리 비용을 절감하기 위해 설치

05 도로의 안전시설

🔢 시선유도시설

① 개념 : 주간 또는 야간에 운전자의 시선을 유도하기 위해 설치된 안전시설

 ② 종류

종류	의미
시선유도 표지	직선 및 곡선 구간에서 운전자에게 전방의 도로조건이 변화되는 상황을 반사체를 사용하여 안내해 줌으로써 안전하고 원활한 차량주행을 유도하는 시설물
갈매기 표지	급한 곡선 도로에서 운전자의 시선을 명확히 유도하기 위해 곡선 정도에 따라 갈매기표지를 사용하여 운전자의 원활한 차량주행을 유도하는 시설물
표지병	야간 및 악천후에 운전자의 시선을 명확히 유도하기 위해 도로 표면에 설치하는 시설물
시인성 증진 안전시설	장애물 표적표지, 구조물 도색 및 빗금표지, 시선유도봉

🔢 과속방지시설

① 도로 구간에서 낮은 주행 속도가 요구되는 일정지역에서 통행 자동차의 과속 주행을 방지하기 위해 설치하는 시설

② 설치 장소

• 학교, 유치원, 어린이 놀이터, 근린공원, 마을 통과지점 등으로 자동차의 속도를 저속으로 규제할 필요가 있는 구간

• 보·차도의 구분이 없는 도로로서 보행자가 많거나 어린이의 놀이로 교통사고 위험이 있다고 판단되는 구간

• 공동주택, 근린 상업시설, 학교, 병원, 종교시설 등 자동차의 출입이 많아 속도규제가 필요하다고 판단되는 구간

• 자동차의 통행속도를 30km/h 이하로 제한할 필요가 있다고 인정되는 구간

❸ 충격흡수시설

① 주행 차로를 벗어난 차량이 도로상의 구조물 등과 충돌하기 전에 자동차의 충격에너지를 흡수하여 정지하도록 하거나, 자동차의 방향을 교정하여 본래의 주행 차로로 복귀시켜주는 기능을 한다.

→ 다리를 받치는 기둥
→ 다리의 양쪽 끝을 받치는 기둥

② 교각 및 교대, 지하차도 기둥 등 자동차의 충돌이 예상되는 장소에 설치하여 자동차가 구조물과의 직접적인 충돌로 인한 사고 피해를 줄이기 위해 설치

❹ 방호울타리

① 개념 : 주행중에 진행 방향에서 이탈하는 것을 방지하거나 차량이 구조물과 직접 충돌하는 것을 방지하여 탑승자의 상해 및 자동차의 파손을 최소한도로 줄이고 자동차를 정상 진행 방향으로 복귀시키도록 설치된 시설

② 기능
- 자동차의 차도 이탈 방지
- 탑승자의 상해 및 자동차의 파손 감소
- 자동차를 정상적인 진행방향으로 복귀
- 운전자의 시선 유도
- 보행자의 무단횡단 방지

③ 종류

종류	의미
노측용 방호울타리	자동차가 도로 밖으로 이탈하는 것을 방지하기 위하여 도로의 길어깨(갓길)측에 설치하는 방호울타리
중앙분리대용 방호울타리	왕복방향으로 통행하는 자동차들이 대향 차도 쪽으로 이탈하는 것을 방지하기 위해 도로 중앙의 분리대 내에 설치하는 방호울타리
보도용 방호울타리	자동차가 도로 밖으로 벗어나 보도를 침범하여 일어나는 교통사고로부터 보행자 등을 보호하기 위하여 설치하는 방호울타리
교량용 방호울타리	교량 위에서 자동차가 차도로부터 교량 바깥, 보도 등으로 벗어나는 것을 방지하기 위해서 설치하는 방호울타리

❺ 도로반사경

① 운전자의 시거 조건이 양호하지 못한 장소에서 거울면을 통해 사물을 비추어줌으로써 운전자가 적절하게 전방의 상황을 인지하고 안전한 행동을 취할 수 있도록 하기 위해 설치하는 시설

② 교차하는 자동차, 보행자, 장애물 등을 가장 잘 확인할 수 있는 위치에 설치

단일로의 경우	곡선반경이 작아 시거가 확보되지 않는 장소
교차로의 경우	비신호 교차로에서 교차로 모서리에 장애물이 위치해 있어 운전자의 좌우 시거가 제한되는 장소

❻ 조명시설

① 도로이용자가 안전하고 불안감 없이 통행할 수 있도록 적절한 조명환경을 확보해줌으로써 운전자에게 심리적 안정감을 제공하는 동시에 운전자의 시선을 유도

② 주요 기능
- 교통안전에 도움
- 운전자 및 보행자의 불안감 해소
- 운전자의 피로 감소
- 범죄 방지 및 감소
- 운전자의 심리적 안정감 및 쾌적감 제공
- 운전자의 시선 유도를 통해 보다 편안하고 안전한 주행 여건 제공

❼ 기타 안전시설

종류	특징
미끄럼방지 시설	특정한 구간에서 노면의 미끄럼 저항이 낮아진 곳이나 도로선형이 불량한 구간에서 노면의 미끄럼 저항을 높여 제동거리를 짧게 하거나, 운전자의 주의를 환기시켜 자동차의 안전주행을 확보해 주는 시설

종류	특징
노면요철 포장	졸음운전 또는 운전자의 부주의로 인해 차로를 이탈하는 것을 방지하기 위해 노면에 인위적인 요철을 만들어 자동차가 통과할 때 타이어에서 발생하는 마찰음과 차체의 진동을 통해 운전자의 주의를 환기시켜 자동차가 원래의 차로로 복귀하도록 유도하는 시설
긴급제동 시설	제동장치에 이상이 발생하였을 때 자동차가 안전한 장소로 진입하여 정지하도록 함으로써 도로이탈 및 충돌사고 등으로 인한 위험을 방지하는 시설

06 도로의 부대시설

1 버스정류시설

(1) 개념

① 노선버스가 승객의 승·하차를 위하여 전용으로 이용하는 시설물

② 이용자의 편의성과 버스가 무리 없이 진출입할 수 있는 위치에 설치

(2) 종류

종류	의미
버스정류장	버스승객의 승·하차를 위하여 본선 차로에서 분리하여 설치된 띠 모양의 공간
버스정류소	버스승객의 승·하차를 위하여 본선의 오른쪽 차로를 그대로 이용하는 공간
간이버스정류장	버스승객의 승·하차를 위하여 본선 차로에서 분리하여 최소한의 목적을 달성하기 위하여 설치하는 공간

(3) 버스정류장 또는 정류소 위치에 따른 종류

종류	의미
교차로 통과 전 정류장 또는 정류소	진행방향 앞에 있는 교차로를 통과하기 전에 있는 정류장
교차로 통과 후 정류장 또는 정류소	진행방향 앞에 있는 교차로를 통과한 다음에 있는 정류장
도로구간 내 정류장 또는 정류소	교차로와 교차로 사이에 있는 단일로의 중간에 있는 정류장

(4) 중앙버스전용차로의 버스정류소 위치에 따른 장·단점

① 교차로 통과 전(Near-side) 정류소

장점	• 교차로 통과 후 버스전용차로 상의 교통량이 많을 때 발생할 수 있는 혼잡을 최소화 • 버스가 출발할 때 교차로를 가속거리로 이용 가능
단점	• 버스전용차로에 있는 자동차와 좌회전하려는 자동차의 상충이 증가 • 교차로 통과 전 버스전용차로 오른쪽에 정차한 자동차들의 시야가 제한받을 수 있음

② 교차로 통과 후(Far-side) 정류소

장점	• 버스전용차로 상에 있는 자동차와 좌회전하려는 자동차의 상충이 최소화 • 교차로가 버스전용차로 상에 있는 차량의 감속에 이용
단점	• 출·퇴근 시간대에 버스전용차로 상에 버스들이 교차로까지 대기할 수 있음 • 버스정류장에 대기하는 버스로 인해 횡단하는 자동차들은 시야를 제한받을 수 있음

③ 도로구간 내(Mid-block) 정류소(횡단보도 통합형)

장점	• 버스를 타고자 하는 사람이 진·출입 동선이 일원화되어 가고자 하는 방향의 정류장으로의 접근이 편리
단점	• 정류장 간 무단으로 횡단하는 보행자로 인해 사고 발생 위험

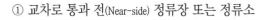(5) 가로변 버스정류장 또는 정류소 위치에 따른 장·단점

① 교차로 통과 전(Near-side) 정류장 또는 정류소

장점	• 일반 운전자가 보행자 및 접근하는 버스의 움직임 확인이 용이 • 버스에 승차하려는 사람이 횡단보도에 인접한 버스 접근이 용이
단점	• 정차하려는 버스와 우회전하려는 자동차가 상충될 수 있음 • 횡단하는 보행자가 정차되어 있는 버스로 인해 시야를 제한받을 수 있음

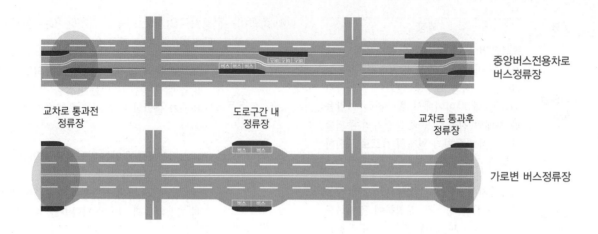

중앙버스전용차로
버스정류장

교차로 통과전
정류장

도로구간 내
정류장

교차로 통과후
정류장

가로변 버스정류장

② 교차로 통과 후(Far-side) 정류장 또는 정류소

장점	• 우회전하려는 자동차 등과의 상충을 최소화
단점	• 정차하려는 버스로 인해 교차로 상에 대기차량 발생

③ 도로구간 내(Mid-block) 정류장 또는 정류소

장점	• 자동차와 보행자 사이에 발생할 수 있는 시야제한이 최소화
단점	• 정류장 주변에 횡단보도가 없는 경우 버스 승객의 무단횡단에 따른 사고 위험 • 도로 건너편에 있는 승객은 버스 탑승을 위해 정류장 최단거리에 있는 횡단보도까지 우회

② 비상주차대

① 우측 길어깨(갓길)의 폭이 협소한 장소에서 고장 난 차량이 도로에서 벗어나 대피할 수 있도록 제공되는 공간
② 설치 장소
  • 고속도로에서 길어깨(갓길) 폭이 2.5m 미만으로 설치되는 경우
  • 길어깨를 축소하여 건설되는 긴 교량의 경우
  • 긴 터널의 경우

③ 휴게시설

① 출입이 제한된 도로에서 안전하고 쾌적한 여행을 하기 위해 장시간의 연속주행으로 인한 운전자의 생리적 욕구 및 피로 해소와 주유 등의 서비스를 제공하는 장소
② 규모에 따른 휴게시설의 종류

종류	특징
일반휴게소	• 사람과 자동차가 필요로 하는 서비스를 제공할 수 있는 시설 • 주차장, 녹지 공간, 화장실, 급유소, 식당, 매점 등으로 구성
간이휴게소	• 짧은 시간 내에 차의 점검 및 운전자의 피로회복을 위한 시설 • 주차장, 녹지 공간, 화장실 등으로 구성
화물차 전용휴게소	• 화물차 운전자를 위한 전용 휴게소 • 식당, 숙박시설, 샤워실, 편의점 등으로 구성
쉼터휴게소 (소규모 휴게소)	• 운전자의 생리적 욕구만 해소하기 위한 시설 • 최소한의 주차장, 화장실, 휴식공간으로 구성

1 ★★★ 교통량이 많은 쪽으로 차로수를 확대하도록 신호기에 의해 차로의 진행방향을 지시하는 차로는?

① 교통섬　　　　　② 분리대
③ 가변차로　　　　④ 중앙차로

교통량이 많은 쪽으로 차로수를 확대하도록 신호기에 의해 차로의 진행방향을 지시하는 차로는 가변차로이다.

2 ★★★ 운전자의 시선을 유도하고 옆 부분의 여유를 확보하기 위하여 중앙분리대 또는 길어깨에 차로와 동일한 구조로 차로와 접속하여 설치하는 부분을 무엇이라 하는가?

① 주정차대　　　　② 분리대
③ 측대　　　　　　④ 교통섬

측대란 운전자의 시선을 유도하고 옆 부분의 여유를 확보하기 위하여 중앙분리대 또는 길어깨에 차로와 동일한 구조로 차로와 접속하여 설치하는 부분을 말한다.

3 ★★★ 양방향 2차로 앞지르기 금지구간에서 자동차의 원활한 소통을 도모하고, 도로 안전성을 제고하기 위해 길어깨(갓길) 쪽으로 설치하는 저속 자동차의 주행차로를 무엇이라 하는가?

① 회전차로　　　　② 가변차로
③ 양보차로　　　　④ 앞지르기차로

양방향 2차로 앞지르기 금지구간에서 자동차의 원활한 소통을 도모하고, 도로 안전성을 제고하기 위해 길어깨(갓길) 쪽으로 설치하는 저속 자동차의 주행차로를 양보차로라 한다.

4 ★★★ 2차로 도로에서 주행속도를 확보하기 위해 설치되는 차로는?

① 회전차로
② 가변차로
③ 앞지르기차로
④ 오르막차로

앞지르기차로는 2차로 도로에서 주행속도를 확보하기 위해 오르막차로와 교량 및 터널구간을 제외한 구간에 설치한다.

5 ★★★ 교차로 내에서 주행경로를 명확히 하기 위해 자동차가 합류, 분류 또는 교차하는 위치와 각도를 조정해 주는 것을 무엇이라 하는가?

① 노면표시
② 유도
③ 도류화
④ 분리

교차로 내에서 주행경로를 명확히 하기 위해 자동차가 합류, 분류 또는 교차하는 위치와 각도를 조정해 주는 것을 도류화라고 한다.

6 ★★★ 사고발생 위험과 도로 곡선반경의 관계로 옳은 것은?

① 곡선반경과 사고발생 위험은 관련이 없다.
② 곡선반경이 작을수록 사고발생 위험이 감소한다.
③ 곡선반경이 작을수록 사고발생 위험이 증가한다.
④ 곡선반경이 클수록 사고발생 위험이 증가한다.

도로의 곡선반경이 작을수록 사고발생 위험이 증가한다.

7 ★★★ 평면곡선도로 진입 전 주의사항은?

① 고속으로 주행한다.
② 속도를 줄인다.
③ 바깥쪽으로 진행한다.
④ 차로를 벗어난다.

평면곡선 도로를 주행할 때에는 원심력에 의해 곡선 바깥쪽으로 진행하려는 힘을 받게 되므로 평면 곡선구간 진입 전에 충분히 속도를 줄여야 한다.

8 ★★★ 평면곡선 도로를 주행할 때에는 원심력에 의해 곡선 바깥쪽으로 진행하려는 힘을 받게 된다. 이때의 원심력과 관련이 없는 것은?

① 편경사
② 시선유도시설
③ 평면곡선 반지름
④ 타이어와 노면의 횡방향 마찰력

원심력은 자동차의 속도 및 중량, 평면곡선 반지름, 타이어와 노면의 횡방향 마찰력, 편경사와 관련이 있다.

정답 1③ 2③ 3③ 4③ 5③ 6③ 7② 8②

chapter 03

9 곡선부에 설치된 방호울타리의 주요 기능이 아닌 것은?

① 자동차의 차도 이탈 방지
② 탑승자 상해 감소
③ 운전자의 시선 분산
④ 자동차의 파손 감소

곡선부 등에서 차량의 이탈사고를 방지하기 위해 설치하는 방호울타리는 운전자의 시선을 분산시키는 것이 아니라 운전자의 시선을 유도하는 기능을 한다.

10 곡선부 등에 설치하는 방호울타리의 주요기능이 아닌 것은?

① 탑승자의 상해 및 자동차의 파손을 감소시키는 것
② 자동차의 차도 이탈을 방지하는 것
③ 자동차를 정상적인 진행방향으로 복귀시키는 것
④ 자동차의 진행경로를 안내하는 것

방호울타리는 자동차의 진행경로를 안내하는 기능을 하지는 않는다.

11 종단곡선의 정점에서 나타날 수 있는 현상으로 옳은 것은?

① 자동차의 속도변화가 크게 된다.
② 원심력에 의해 도로 바깥쪽으로 튕겨 나가게 된다.
③ 전방에 대한 시거가 단축된다.
④ 편경사가 커지게 된다.

종단곡선의 정점(산꼭대기, 산등성이)에서는 전방에 대한 시거가 단축되어 운전자에게 불안감을 조성할 수 있다.

12 포장된 길어깨의 장점으로 틀린 것은?

① 긴급자동차의 주행을 원활하게 한다.
② 차도 끝의 처짐이나 이탈을 방지한다.
③ 보도가 없는 도로에서 보행자의 보행을 금지할 수 있다.
④ 물의 흐름으로 인한 노면 패임을 방지한다.

포장된 길어깨는 보도가 없는 도로에서 보행의 편의를 제공한다.

13 차로폭에 대한 설명 중 옳지 않은 것은?

① 차로폭이 넓을수록 운전자의 안정감이 증진된다.
② 일반적으로 차로폭이 넓을수록 교통사고예방 효과가 있다.

③ 차로폭이 과다하게 넓으면 과속에 의한 교통사고가 발생할 수 있다.
④ 차로폭이 과다하게 넓으면 운전자의 경각심이 고취된다.

차로폭이 과다하게 넓으면 운전자의 경각심이 줄어들어 과속의 우려가 있다.

14 교량과 교통사고와의 관계에 대한 설명 중 맞지 않는 것은?

① 교량의 폭, 교량 접근도로의 형태 등이 교통사고와 밀접한 관련이 있다.
② 교량 접근도로의 폭과 교량의 폭이 같을 때에는 사고 위험이 감소한다.
③ 교량 접근도로의 폭과 교량의 폭이 서로 다른 경우에도 안전표지, 시선유도시설 등을 설치하면 운전자의 경각심을 불러 일으켜 사고 감소효과가 발생할 수 있다.
④ 교량 접근도로의 폭에 비해 교량의 폭이 좁으면 사고 위험이 감소한다.

교량 접근도로의 폭에 비해 교량의 폭이 좁으면 사고 위험이 증가한다.

15 교량 접근도로의 폭과 교량의 폭이 서로 다른 경우에 설치하는 시설로서 부적절한 것은?

① 안전표지
② 긴급제동시설
③ 시선유도시설
④ 접근도로의 노면표시

교량 접근도로의 폭과 교량의 폭이 서로 다른 경우에도 안전표지, 시선유도시설, 접근 도로에 노면표시 등을 설치하면 사고 감소효과가 있다.

16 교통소통 측면에서의 회전교차로 설치 목적으로 맞는 것은?

① 사고발생 빈도가 높거나 심각도가 높은 사고가 발생하는 등의 교차로 안전에 문제가 될 경우
② 교차로 미관 향상을 위해
③ 교차로 유지관리 비용을 절감하기 위해
④ 교통량이 상대적으로 많은 비신호 교차로 또는 교통량이 적은 신호 교차로에서 지체가 발생할 경우

교통소통 측면에서 교통량이 상대적으로 많은 비신호 교차로 또는 교통량이 적은 신호 교차로에서 지체가 발생할 경우 교통소통 향상을 위해 회전교차로를 설치한다.

17 회전교차로(Roundabout)를 설명한 것 중 맞는 것은?

① 교차로에서 회전 중인 자동차는 진입 자동차에게 양보해야 한다.
② 신호에 따라 중앙의 원형교통섬을 중심으로 회전하여 교차부를 통과하도록 하는 평면교차로이다.
③ 회전교차로를 통과할 때에는 중앙교통섬을 중심으로 시계 방향으로 회전하며 통행한다.
④ 신호등 없이 중앙의 원형교통섬을 중심으로 회전하여 교차부를 통과하도록 하는 평면교차로이다.

> ① 진입 자동차가 회전 중인 자동차에게 양보해야 한다.
> ② 신호등 없이 중앙의 원형교통섬을 중심으로 회전하여 교차부를 통과하도록 하는 평면교차로이다.
> ③ 중앙교통섬을 중심으로 시계 반대방향으로 회전하며 통행한다.

18 다음 중 회전교차로의 특징으로 잘못된 것은?

① 회전교차로로 진입하는 자동차가 교차로 내부의 회전차로에서 주행하는 자동차에게 양보한다.
② 신호등이 있는 교차로에 비해 유지관리 비용이 많이 든다.
③ 회전교차로로 진입하는 자동차가 교차로 내부의 회전차로에서 주행하는 자동차에게 양보한다.
④ 교차로 진입과 대기에 대한 운전자의 의사결정이 간단하다.

> 회전교차로는 신호등이 있는 교차로에 비해 유지관리 비용이 적게 든다.

19 회전교차로(Roundabout)의 일반적인 특징을 설명한 것으로 틀린 것은?

① 신호교차로에 비해 유지관리비용이 적게 든다.
② 신호등이 없는 교차로에 비해 상충 횟수가 많다.
③ 회전교차로로 진입하는 자동차가 교차로 내부의 회전차로에서 주행하는 자동차에게 양보한다.
④ 교차로 진입과 대기에 대한 운전자의 의사결정이 간단하다.

> 회전교차로는 신호등이 없는 교차로에 비해 상충 횟수가 적다.

20 회전교차로 진입 방법으로 맞지 않는 것은?

① 회전교차로에 진입할 때에는 충분히 속도를 높인 후 진입한다.
② 회전교차로에 진입하는 자동차는 회전 중인 자동차에게 양보한다.
③ 회전차로 내에 여유 공간이 있을 때까지 양보선에서 대기한다.
④ 회전차로 내부에서 주행 중인 자동차를 방해할 우려가 있을 때에는 진입하지 않는다.

> 회전교차로에 진입할 때에는 충분히 속도를 줄인 후 진입한다.

21 회전교차로 진·출입 방법으로 틀린 것은?

① 회전교차로로 진입하는 자동차가 교차로 내부의 회전차로에서 주행하는 자동차에게 양보한다.
② 중앙교통섬을 중심으로 시계 반대방향으로 회전하며 통행한다.
③ 회전교차로에 진입할 때에는 충분히 속도를 줄인 후 진입한다.
④ 교차로로 진입하는 자동차에게 통행우선권이 있다.

> 회전교차로 내부의 회전차로에서 주행하는 자동차에게 통행우선권이 있다.

22 직선 및 곡선구간에서 운전자에게 전방의 도로조건이 변화되는 상황을 반사체를 사용하여 안내해 줌으로써 원활한 주행을 유도하는 시설물은?

① 표지병　　　　　② 갈매기표지
③ 시선유도표지　　④ 중앙분리대

> 직선 및 곡선구간에서 운전자에게 전방의 도로조건이 변화되는 상황을 반사체를 사용하여 안내해 줌으로써 원활한 주행을 유도하는 시설물은 시선유도표지이다.

23 직선 및 곡선 구간에서 운전자에게 전방의 도로선형이나 기하조건이 변화되는 상황을 반사체를 사용하여 안내해 줌으로써 안전하고 원활한 차량주행을 유도하는 시설물은 무엇인가?

① 시선유도표지
② 중앙분리대
③ 갈매기표지
④ 표지병

chapter 03

24 운전자의 시거 조건이 양호하지 못한 장소에서 운전자가 적절하게 전방의 상황을 인지하고 안전한 행동을 취할 수 있도록 하기 위해 설치하는 시설을 무엇이라 하는가?

① 도로반사경　　　② 시선유도표지
③ 표지병　　　　　④ 갈매기표지

운전자의 시거 조건이 양호하지 못한 장소에서 운전자가 적절하게 전방의 상황을 인지하고 안전한 행동을 취할 수 있도록 하기 위해 설치하는 시설을 도로반사경이라 한다.

25 도로 구간의 낮은 주행속도가 요구되는 일정지역에서 통행 자동차의 과속 주행을 방지하기 위해 설치하는 시설을 무엇이라 하는가?

① 긴급제동시설
② 충격흡수시설
③ 방호울타리
④ 과속방지시설

도로 구간의 낮은 주행속도가 요구되는 일정지역에서 통행 자동차의 과속 주행을 방지하기 위해 설치하는 시설을 과속방지시설이라 한다.

26 충격흡수시설에 대한 설명으로 틀린 것은?

① 충돌 예상 장소에 설치
② 사람과의 직접적 충돌로 인한 사고피해 감소
③ 도로상 구조물과 충돌하기 전 자동차 충격에너지 흡수
④ 본래 주행차로로 복귀

충격흡수시설은 주행 차로를 벗어난 차량이 도로상의 구조물 등과 충돌하기 전에 자동차의 충격에너지를 흡수하여 정지하도록 하거나, 자동차의 방향을 교정하여 본래의 주행 차로로 복귀시켜주는 기능을 한다.

27 주행 차로를 벗어난 차량이 도로상의 구조물 등과 충돌하기 전에 자동차의 충격에너지를 흡수하여 정지하도록 하는 시설로 주로 교각이나 교대, 지하차도의 기둥 등에 설치하는 시설은 무엇인가?

① 방호울타리
② 과속방지시설
③ 충격흡수시설
④ 긴급제동시설

주행 차로를 벗어난 차량이 도로상의 구조물 등과 충돌하기 전에 자동차의 충격에너지를 흡수하여 정지하도록 하는 시설로 주로 교각이나 교대, 지하차도의 기둥 등에 설치하는 시설은 충격흡수시설이다.

28 야간 및 악천후에 운전자의 시선을 명확히 유도하기 위해 도로 표면에 설치하는 시설물은?

① 시선유도표지
② 중앙분리대
③ 갈매기표지
④ 표지병

야간 및 악천후에 운전자의 시선을 명확히 유도하기 위해 도로 표면에 설치하는 시설물을 표지병이라 한다.

29 조명시설의 본래 기능으로 볼 수 없는 것은?

① 주변이 밝아짐에 따라 교통안전에 도움이 된다.
② 운전자의 피로가 감소한다.
③ 편안하고 안전한 주행여건을 제공한다.
④ 주행속도를 높인다.

조명시설은 운전자에게 심리적 안정감을 제공해 주는데, 주행속도를 높이는 기능을 하지는 않는다.

30 다음 중 제동장치에 이상이 발생하였을 때 자동차가 안전한 장소로 진입하여 정지하도록 함으로써 위험을 방지하는 시설은?

① 긴급제동시설
② 미끄럼방지시설
③ 방호울타리
④ 충격흡수시설

제동장치에 이상이 발생하였을 때 자동차가 안전한 장소로 진입하여 정지하도록 함으로써 위험을 방지하는 시설은 긴급제동시설이다.

31 버스정류시설 중 버스승객의 승·하차를 위하여 본선 차로에서 분리하여 설치된 띠 모양의 공간을 의미하는 것은?

① 버스정류장(Bus Bay)
② 버스정류소(Bus Stop)
③ 버스터미널(Bus Terminal)
④ 간이버스정류장

버스승객의 승·하차를 위하여 본선 차로에서 분리하여 설치된 띠 모양의 공간을 의미하는 버스정류시설은 버스정류장이다.

정답 ▶ 24 ①　25 ④　26 ②　27 ③　28 ④　29 ④　30 ①　31 ①

32 우회전하려는 자동차와의 상충을 최소화할 수 있는 가로변 버스정류소는?

① 가로변 도로구간 내 정류소
② 가로변 교차로 통과 전 정류소
③ 가로변 간이버스정류장
④ 가로변 교차로 통과 후 정류소

우회전하려는 자동차와의 상충을 최소화할 수 있는 가로변 버스정류소는 교차로 통과 후 정류소이다.

33 교차로 통과 후 버스전용차로상의 교통량이 많을 때 발생할 수 있는 혼잡을 최소화할 수 있는 중앙버스 전용차로의 정류소는?

① 교차로 통과 후 정류소
② 도로구간 내 정류소
③ 교차로 통과 전 정류소
④ 간이버스 정류소

교차로 통과 후 버스전용차로상의 교통량이 많을 때 발생할 수 있는 혼잡을 최소화할 수 있는 장점을 지닌 정류소는 교차로 통과 전 정류소이다.

34 정차하려는 버스와 교차로에서 우회전하려는 자동차가 상충될 단점이 있는 가로변 버스정류소는?

① 가로변 교차로 통과 전 정류소
② 가로변 도로구간 내 정류소
③ 가로변 교차로 통과 후 정류소
④ 가로변 도로구간 외 정류소

가로변 교차로 통과 전 정류소는 일반 운전자가 보행자 및 접근하는 버스의 움직임 확인이 용이한 반면, 정차하려는 버스와 우회전하려는 자동차가 상충될 수 있는 단점이 있다.

35 평면곡선부에서 자동차가 원심력에 저항할 수 있도록 하기 위하여 설치하는 횡단경사를 무엇이라 하는가?

① 편경사
② 종단경사
③ 측대
④ 시거

평면곡선부에서 자동차가 원심력에 저항할 수 있도록 하기 위하여 설치하는 횡단경사를 '편경사'라고 한다.

36 가로변 버스정류장에서 도로구간 내(Mid-block) 정류장의 단점은?

① 정차버스와 우회전 차량의 상충이 증가한다.
② 버스대기열이 교차로 통행까지 방해할 수 있다.
③ 좌회전 차량과의 상충이 증가한다.
④ 무단횡단 보행자로 인한 사고위험이 증가한다.

도로구간 내(Mid-block) 정류장의 단점
• 정류장 주변에 횡단보도가 없는 경우 버스 승객의 무단횡단에 따른 사고 위험
• 도로 건너편에 있는 승객은 버스 탑승을 위해 정류장 최단거리에 있는 횡단보도까지 우회

37 우측 길어깨(갓길)의 폭이 협소한 장소에서 고장 난 차량이 도로에서 벗어나 대피할 수 있도록 제공되는 공간을 무엇이라 하는가?

① 과속방지시설
② 비상주차대
③ 긴급제동시설
④ 가변차로

우측 길어깨(갓길)의 폭이 협소한 장소에서 고장 난 차량이 도로에서 벗어나 대피할 수 있도록 제공되는 공간을 비상주차대라 한다.

38 규모에 따른 휴게시설의 종류로 볼 수 없는 것은?

① 고속도로 휴게소
② 간이휴게소
③ 화물차 전용휴게소
④ 일반휴게소

규모에 따른 휴게시설의 종류
일반휴게소, 간이휴게소, 화물차 전용휴게소, 쉼터휴게소

39 가로변 버스정류장에서 교차로 통과 후(Far-side) 정류장의 단점은?

① 정차버스와 우회전 차량의 상충이 증가한다.
② 좌회전 차량과의 상충이 증가한다.
③ 무단횡단 보행자로 인한 사고위험이 증가한다.
④ 정차하려는 버스로 인해 교차로 상에 대기차량이 발생할 수 있다.

교차로 통과 후 정류장은 정차하려는 버스로 인해 교차로 상에 대기차량이 발생할 수 있다.

정답 32 ④ 33 ③ 34 ① 35 ① 36 ④ 37 ② 38 ① 39 ④

05 안전운전의 기술

Main Key Point

[예상문항 : 11문제] 이 섹션에서는 상황별 안전운전, 방어운전 등에서 많은 문제들이 출제됩니다. 어려운 내용은 아니니 점수를 많이 확보할 수 있도록 합니다.

01 인지, 판단의 기술

▶ 안전 운전 필수과정 : 확인, 예측, 판단, 실행 과정

1 확인

① 주행차로를 중심으로 전방의 먼 곳을 살핀다.

② 가까운 곳은 좌우로 번갈아 보면서 도로 주행 상황까지 탐색한다.

③ 후사경과 사이드미러를 주기적으로 살펴 좌우와 뒤에서 접근하는 차량들의 상태를 파악한다.

④ 가장 중요한 것은 습관적으로 도로 전방의 한 곳에 고정되기 쉬운 눈동자를 계속 움직여 교통상황을 파악하는 것이다.

▶ 주의의 고착 : 선택적 주시과정에서 어느 한 물체에 시선을 뺏겨 오래 머무르는 현상
▶ 주의의 분산 : 운전과 무관한 물체에 대한 정보 등을 선택적으로 받아들이는 현상

2 예측

① 운전 중에 확인한 정보를 모으고, 사고가 발생할 수 있는 지점을 판단하는 것

② 전체적으로 살펴본다.

3 판단

(1) 위험감행성(risk-taking)

① 어떤 행동을 할 때 나타나는 위험성의 주관적 확률이 0이 아님에도 불구하고, 그 행동을 수행하는 것

② 예시

• 앞지르기를 할 때 대향차로에서 자동차가 다가오고 있어 위험을 느끼면서도 앞지르기를 하는 경우

• 커브길에서 속도가 높아 위험하다고 느끼면서도 그대로 속도를 떨어뜨리지 않고 진행하는 경우

(2) 회피 운전행동

행동 특성	예측 회피 운전행동	지연 회피 운전행동
① 적응유형	사전 적응적	사후 적응적
② 위험접근속도	저속 접근	고속 접근
③ 행동통제	조급하지 않음	조급함
④ 각성수준	낮은 각성상태	높은 각성상태
⑤ 사고 관여율	낮은 사고 관여율	높은 사고 관여율
⑥ 위험 감내성	비 감내성	감내성
⑦ 성격 유형	내향적	외향적
⑧ 인지-정서 취약성	인지요인 취약성	정서요인 취약성
⑨ 도로안전 전략 민감성	인지적 접근	정서적 접근

▶ 대중 수송의 책임을 지는 버스 운전자로서는 위험운전에 따른 높은 각성수준 유지가 가능하지 않으며, 위험 대처에도 한계가 있으므로 기본적인 전략으로 예측 회피 운전을 해야 한다.

(3) 예측회피 운전의 기본적 방법

구분	회피방법
속도(가·감속)	동시에 자전거 운전자, 보행자, 앞에서 다가오는 차와 같은 위험상황에서는 속도를 줄여야 한다.
위치 바꾸기 (진로변경)	사고 상황이 발생할 경우를 대비해서 주변에 긴급 상황 발생 시 회피할 수 있는 완충 공간을 확보하면서 운전한다.
다른 운전자에게 신호하기	방향지시등, 전조등, 미등, 제동등, 비상등, 경적 등을 활용하여 다른 사람에게 자신의 의도를 알려주거나, 주의를 환기시켜 준다.

1 운전 중에 전방을 멀리 본다.

(1) 개념

① 직진, 회전, 후진 등에 관계없이 항상 진행 방향 멀리 바라본다.

② 시선은 전방 먼 쪽에 두되, 바로 앞 도로 부분을 내려다보지 않도록 한다.

③ 30m 앞쪽을 보고 있을 경우 좌우 1.5m 정도의 시야를 확보하지만, 300m의 전방을 보고 있을 경우에는 좌우 15m 정도의 시야를 확보

④ 일반적으로 20~30초 전방까지 본다.

 ▶ **20~30초 전방의 의미**
  • 도시 : 시속 40~50km의 속도에서 교차로 하나 이상의 거리
  • 고속도로 및 국도 : 시속 80~100km의 속도에서 500~800m 앞의 거리

(2) 전방 가까운 곳을 보고 운전할 때의 징후들

① 교통의 흐름에 맞지 않을 정도로 너무 빠르게 차를 운전한다.

② 차로의 한편으로 치우쳐서 주행한다.

③ 우회전, 좌회전 차량 등에 대한 인지가 늦어서 급브레이크를 밟는다든가, 회전차량에 진로를 막혀버린다.

④ 우회전할 때 넓게 회전한다.

⑤ 시인성이 낮은 상황에서 속도를 줄이지 않는다.

2 전체적으로 살펴본다.

(1) 시야 확보가 적은 징후들

① 급정거

② 앞차에 바짝 붙어 가는 경우

③ 좌·우회전 등의 차량에 진로를 방해받음

④ 반응이 늦은 경우

⑤ 빈번하게 놀라는 경우

⑥ 급차로 변경 등이 많을 경우

3 눈을 계속해서 움직인다.

(1) 시야 고정이 많은 운전자의 특성

① 위험에 대응하기 위해 경적이나 전조등을 좀처럼 사용하지 않는다.

② 더러운 창이나 안개에 개의치 않는다.

③ 거울이 더럽거나 방향이 맞지 않는데도 개의치 않는다.

④ 정지선 등에서 정지 후, 다시 출발할 때 좌우를 확인하지 않는다.

⑤ 회전하기 전에 뒤를 확인하지 않는다.

⑥ 자기 차를 앞지르려는 차량의 접근 사실을 미리 확인하지 못한다.

4 다른 사람들이 자신을 볼 수 있게 한다.

① 회전 또는 차로 변경 시 미리 신호를 보낸다.

② 어두울 때는 주차등이 아니라 전조등을 사용한다.

③ 비가 올 때는 전조등을 사용한다.

④ 보행자나 자전거 운전자에게 경고를 보내기 위해 경적을 사용할 때는 30m 이상의 거리에서 미리 경적을 울려야 한다.

5 차가 빠져나갈 공간을 확보한다.

(1) 차량 간 거리를 항상 유지해야 하는 의심스러운 상황

① 주행로 앞쪽으로 고정물체나 장애물이 있는 것으로 의심되는 경우

② 전방 신호등이 일정시간 계속 녹색일 경우(신호가 곧 바뀔 것을 알려 줌)

③ 주차차량 옆을 지날 때 그 차의 운전자가 운전석에 있는 경우

④ 반대 차로에서 다가오는 차가 좌회전을 할 수도 있는 경우

⑤ 다른 차가 옆 도로에서 너무 빨리 나올 경우

⑥ 진출로에서 나오는 차가 자신을 보지 못할 경우

⑦ 담장이나 수풀, 빌딩, 혹은 주차 차량들로 인해 시야 장애를 받을 경우

(2) 뒤차가 바짝 붙어 오는 상황을 피하는 방법

① 가능하면 뒤차가 지나갈 수 있게 차로를 변경한다.

② 가능하면 속도를 약간 내서 뒤차와의 거리를 늘린다.

③ 브레이크 페달을 가볍게 밟아서 제동등이 들어오게 하여 속도를 줄이려는 의도를 뒤차가 알 수 있게 한다.

④ 정지할 공간을 확보할 수 있게 점진적으로 속도를 줄인다. 이렇게 해서 뒤차가 추월할 수 있게 만든다.

1 기본적인 사고 회피 방법

(1) 정면충돌사고
① 전방의 도로 상황을 파악하여 내 차로로 들어오거나 앞지르려고 하는 차나 보행자에 대해 주의한다.
② 정면으로 마주칠 때 핸들조작은 오른쪽으로 한다.
③ 속도를 줄인다.
④ 오른쪽으로 방향을 조금 틀어 공간을 확보한다. 필요하다면 차도를 벗어나 길 가장자리 쪽으로 주행한다.

(2) 후미 추돌사고
① 앞차에 대한 주의를 늦추지 않는다. 제동등, 방향지시기 등을 활용한다.
② 상황을 멀리까지 살펴본다. 앞차 너머의 상황을 살핌으로써 앞차 운전자를 갑자기 행동하게 만드는 상황과 그로 인해 자신이 위협받게 되는 상황을 파악한다.
③ 앞차와 최소한 3초 정도의 추종거리를 유지한다.
④ 상대보다 더 빠르게 속도를 줄인다.

(3) 단독사고
① 심신이 안정된 상태에서 운전한다.
② 낯선 곳을 주행할 때는 사전에 주행정보를 수집한다.

(4) 미끄러짐 사고
① 다른 차량 주변으로 가깝게 다가가지 않는다.
② 수시로 브레이크 페달을 작동해서 제동이 제대로 되는지를 살펴본다.
③ 제동상태가 나쁠 경우 도로 조건에 맞춰 속도를 낮춘다.

(5) 차량 결함 사고
브레이크와 타이어 결함 사고가 대표적이다. 이 경우 대처 방법은 다음과 같다.

① 차의 앞바퀴가 터지는 경우 핸들을 단단하게 잡아 차가 한쪽으로 쏠리는 것을 막고, 의도한 방향을 유지한 다음 속도를 줄인다.
② 뒷바퀴의 바람이 빠지면 차의 후미가 좌우로 흔들리는 것을 느낄 수 있다. 이때 차가 한쪽으로 미끄러지는 것을 느끼면 핸들 방향을 그 방향으로 틀어주며 대처한다. 이때 핸들을 과도하게 틀면 안 되며, 페달은 나누어 밟아서 안전한 곳에 멈춘다.
③ 브레이크 고장 시에는 브레이크 페달을 반복해서 빠르고 세게 밟으면서 주차 브레이크도 세게 당기고 기어도 저단으로 바꾼다.
④ 브레이크를 계속 밟아 열이 발생하여 듣지 않는 페이딩 현상이 일어나면 차를 멈추고 브레이크가 식을 때까지 기다려야 한다.

2 시인성, 시간, 공간의 관리
① 차를 정지시켜야 할 때 필요한 시간과 거리는 속도의 제곱에 비례한다.
② 도로상의 위험을 발견하고 운전자가 반응하는 시간은 문제 발견(인지) 후, 0.5초에서 0.7초 정도이다
③ 시간을 효율적으로 다루는 기본 원칙
• 주행중 20~30초 전방을 탐색한다.
• 위험 수준을 높일 수 있는 장애물이나 조건을 12~15초 전방까지 확인한다.

> ▶ 12~15초 전방 전방의 의미
> • 도시 : 200m 정도의 거리
> • 고속도로 : 400m 정도의 거리

• 자신의 차와 앞차 간에 최소한 2~3초의 추종거리를 유지한다.

> ▶ 시간을 다루는 데 특히 중요한 것은 앞차를 뒤따르는 추종거리이다. 운전자가 앞차가 갑자기 멈춰서는 것 등을 발견하고 회피 시도를 할 수 있기 위해서는 적어도 2~3초 정도의 거리가 필요하다.

④ 정지거리는 속도의 제곱에 비례한다.
⑤ 속도를 2배 높이면 정지에 필요한 거리는 4배 필요하다.
⑥ 비가 오면 노면의 마찰력이 감소하기 때문에 정지거리가 늘어난다.
⑦ 노면의 마찰력이 가장 낮아지는 시점은 비오기 시작한 지 5~30분 이내이다.

04 시가지 도로에서의 방어 운전

1 교차로에서의 방어운전

① 신호는 운전자의 눈으로 직접 확인한 후 선신호에 따라 진행하는 차가 없는지 확인하고 출발한다.

② 신호에 따라 진행하는 경우에도 신호를 무시하고 갑자기 달려드는 차 또는 보행자가 있다는 사실에 주의한다.

③ 좌·우회전할 때에는 방향지시등을 정확히 점등한다.

④ 성급한 우회전은 횡단하는 보행자와 충돌할 위험이 증가한다.

⑤ 통과하는 앞차를 맹목적으로 따라가면 신호를 위반할 가능성이 높다.

⑥ 교통정리가 행하여지고 있지 않고 좌·우를 확인할 수 없거나 교통이 빈번한 교차로에 진입할 때에는 일시정지하여 안전을 확인한 후 출발한다.

⑦ 내륜차에 의한 사고에 주의한다.
  • 우회전 시 : 뒷바퀴로 자전거나 보행자를 치지 않도록 주의
  • 좌회전 시 : 정지해 있는 차와 충돌하지 않도록 주의

▶ 전체 교통사고의 절반 이상이 교차로에서 발생하며, 그 중 상당수는 신호 교차로에서 발생한다.

2 교차로 황색신호에서의 방어운전

① 멈출 수 있도록 감속하여 접근

② 정지선 바로 앞에 정지

③ 이미 교차로 안으로 진입한 경우에는 신속히 교차로 밖으로 빠져 나간다.

④ 교차로 부근에는 무단 횡단하는 보행자 등 위험요인이 많으므로 돌발 상황에 대비한다.

⑤ 딜레마구간에 도달하기 전에 속도를 줄여 신호가 변경되면 바로 정지할 수 있도록 준비
  • 급정지할 경우에는 뒤 차량이 후미를 추돌할 수 있으며, 차내 안전사고가 발생할 가능성이 높아진다.
  • 정지선을 초과하여 횡단보도에 정지하면 보행자의 통행에 방해가 된다.
  • 딜레마구간을 계속 진행하여 황색신호가 끝날 때까지 교차로를 통과하지 못하면 다른 신호를 받고 정상 진입하는 차량과 충돌할 위험이 증가한다.

▶ 딜레마 구간
신호기가 설치되어 있는 교차로에서 운전자가 황색신호를 인식하였으나 정지선 앞에 정지할 수 없어 계속 진행하여 황색신호가 끝날 때까지 교차로를 빠져나오지 못한 경우에 황색 신호의 시작지점에서부터 끝난 지점까지 차량이 존재하고 있는 구간

3 시가지 이면도로에서의 방어운전

(1) 이면도로의 위험성

① 주택가나 동네길, 학교 앞 도로로 보행자의 횡단이나 통행이 많다.

② 길가에서 뛰노는 어린이들이 많아 어린이들과의 접촉사고가 발생할 가능성이 높다.

(2) 주의사항

① 항상 보행자의 출현 등 돌발 상황에 대비한 방어운전을 한다.
  • 차량의 속도를 줄인다.
  • 자동차나 어린이가 갑자기 출현할 수 있다는 생각을 가지고 운전한다.
  • 언제라도 곧 정지할 수 있는 마음의 준비를 갖춘다.

② 위험한 대상물은 계속 주시한다.
  • 돌출된 간판 등과 충돌하지 않도록 주의
  • 위험스럽게 느껴지는 자동차나 자전거, 손수레, 보행자 등을 발견하였을 때에는 움직임을 주시하면서 운행
  • 자전거나 이륜차가 통행하고 있을 때에는 통행공간을 배려하면서 운행
  • 자전거나 이륜차의 갑작스런 회전 등에 대비
  • 주·정차된 차량이 출발하려고 할 때에는 감속하여 안전거리 확보

1 안전운전을 위한 기술 중 예측회피 운전의 기본방법은?

① 고속도로가 아닌 일반도로에서는 안전거리를 확보하지 않아도 된다.
② 위험 시 비상등 또는 경적을 활용하여 다른 운전자에게 신호해 준다.
③ 사고가 빈번히 발생하는 지역은 신속히 통과한다.
④ 사람이 없는 도로에서는 신호등을 무시한다.

예측회피 운전의 기본방법 : 속도 가속·감속, 위치 바꾸기, 다른 운전자에게 신호하기

2 위험에 대한 신중한 운전자(위험 회피자)는 운전자의 행동특성에 즉각 예측 회피반응 집단과 지연 회피반응 집단으로 구분이 가능하다. 이 중 예측 회피반응 집단의 행동특성으로 옳지 않은 것은?

① 인지적 접근
② 사전 적응적
③ 위험에 대한 저속 접근
④ 위험에 대한 감내성

예측 회피반응 집단은 위험에 대한 비 감내성의 특성을 가진다.

3 대중 수송의 책임을 지는 버스 운전자의 운전행동 유형 전략으로 적절한 행동특성은?

① 고속 접근
② 정서적 접근
③ 지연 회피 운전행동
④ 예측 회피 운전행동

대중 수송의 책임을 지는 버스 운전자로서는 위험운전에 따른 높은 각성수준 유지가 가능하지 않으며, 위험 대처에도 한계가 있으므로 기본적인 전략으로 예측 회피 운전을 해야 한다.

4 미국의 운전 전문가 해롤드 스미스가 제안한 안전운전의 5가지 기본 기술 중 '운전중에 전방을 멀리 본다'는 의미로 옳지 않은 것은?

① 가능한 한 시선은 전방 먼 쪽에 두되, 바로 앞 도로 부분을 내려보도록 한다.
② 일반적으로 20~30초 전방까지 본다.

③ 고속도로와 국도 등에서는 대략 시속 80~100km의 속도에서 약 500~800m 앞의 거리를 살핀다.
④ 도시에서는 대략 시속 40~50km의 속도에서 교차로 하나 이상의 거리 전방을 본다.

가능한 한 시선은 전방 먼 쪽에 두되, 바로 앞 도로 부분을 내려다보지 않도록 한다.

5 주행 중 교통상황을 확인하기 위한 방법에 대한 설명으로 잘못된 것은?

① 도로 전방의 먼 곳에 시선을 고정하여 교통상황을 파악한다.
② 주행차로를 중심으로 전방의 먼 곳을 살핀다.
③ 가까운 곳은 좌우로 번갈아 보면서 도로 주행 상황까지 탐색한다.
④ 후사경과 사이드미러를 주기적으로 살펴 좌우와 뒤에서 접근하는 차량들의 상태를 파악한다.

습관적으로 도로 전방의 한 곳에 고정되기 쉬운 눈동자를 계속 움직여 교통상황을 파악하는 것이 가장 중요하다.

6 주행 중 안전운전에 가장 좋은 차량의 위치 선정 방법은?

① 단독 주행보다는 차량 대열 안에서 운전한다.
② 앞·뒤차와 일정 거리를 유지하며 주행한다.
③ 앞·뒤 및 좌·우의 빈 공간을 확보하며 주행한다.
④ 좌·우로 빠져나갈 빈 공간을 확보하며 주행한다.

만일의 사태를 대비하여 운전자는 주행 시 앞·뒤뿐만 아니라 좌·우로 안전 공간을 확보하도록 노력해야 한다.

7 선택적 주시과정에서 어느 한 물체에 시선을 뺏겨 오래 머무르는 현상을 무엇이라 하는가?

① 주의의 고착
② 주의의 확인
③ 주의의 분산
④ 주의의 환기

선택적 주시과정에서 어느 한 물체에 시선을 뺏겨 오래 머무르는 현상 주의의 고착이라 한다.

정답 1② 2④ 3④ 4① 5① 6③ 7①

8 ****　차량 간 거리를 항상 유지해야 하는 의심스러운 상황이 아닌 것은?

① 주행로 앞쪽으로 고정물체나 장애물이 있는 것으로 의심되는 경우
② 전방 신호등이 일정시간 계속 적색일 경우
③ 주차차량 옆을 지날 때 그 차의 운전자가 운전석에 있는 경우
④ 담장이나 수풀, 빌딩 혹은 주차 차량들로 인해 시야장애를 받을 경우

> 전방 신호등이 일정시간 계속 녹색일 경우 의심스러운 상황에 해당한다.

9 *　운전 중 시야 확보가 적을 때 발생하는 현상이 아닌 것은?

① 급차로 변경
② 안전거리 확보
③ 급정거
④ 좌·우회전 차량에 진로를 방해받음

> 운전 중 시야 확보가 적을 때는 안전거리 확보가 어렵다.

10 ***　브레이크와 타이어 등 차량결함 사고발생 시 대처방법으로 옳지 않은 것은?

① 앞, 뒤 브레이크가 동시에 고장 시 브레이크 페달을 반복해서 빠르고 세게 밟으면서 주차 브레이크도 세게 딩기고 기어도 저단으로 바꾼다.
② 차의 앞바퀴가 터지는 경우 핸들을 단단하게 잡아 차가 한쪽으로 쏠리는 것을 막고, 의도한 방향을 유지한 다음 속도를 줄인다.
③ 뒷바퀴의 바람이 빠져 차가 한쪽으로 미끄러지는 것을 느끼면 핸들 방향을 미끄러지는 반대방향으로 틀어주며 대처한다.
④ 페이딩 현상이 일어나면 차를 멈추고 브레이크가 식을 때까지 기다린다.

> 뒷바퀴의 바람이 빠지면 차의 후미가 좌우로 흔들리는 것을 느낄 수 있다. 이때 차가 한쪽으로 미끄러지는 것을 느끼면 핸들 방향을 그 방향으로 틀어주며 대처한다. 이때 핸들을 과도하게 틀면 안 되며, 페달은 나누어 밟아서 안전한 곳에 멈춘다.

11 ***　다음 중 눈, 비 올 때의 미끄러짐 사고를 예방하기 위한 방어운전법이 아닌 것은?

① 제동상태가 나쁠 경우 도로 조건에 맞춰 속도를 낮춘다.
② 다른 차량 주변으로 가깝게 다가가지 않는다.
③ 제동이 제대로 되는지를 수시로 살펴본다.
④ 앞차와의 거리를 좁혀 앞차의 궤적을 따라 간다.

> 눈, 비 올 때의 미끄러짐 사고를 예방하기 위해서는 다른 차량 주변으로 가깝게 다가가지 않아야 한다.

12 ***　속도를 2배 높이면 정지에 필요한 거리는 몇 배가 되는가?

① 1배　　　　　② 4배
③ 3배　　　　　④ 2배

> 속도를 2배 높이면 정지에 필요한 거리는 4배 필요하다.

13 ****　방어운전을 위해 시간을 효율적으로 다루는 기본원칙으로 틀린 것은?

① 자신의 차와 앞차 간에 최소한 2~3초의 추종거리를 유지한다.
② 위험 수준을 높일 수 있는 장애물이나 조건을 12~15초로 전방까지 확인한다.
③ 주변 시설물 등을 활용해 시간 간격을 판단한다.
④ 안전한 주행경로 선택을 위해 주행 중 10~20초 전방을 탐색한다.

> 안전한 주행경로 선택을 위해 주행 중 20~30초 전방을 탐색한다.

14 ****　주행 중 방어운전자로서 앞차의 추종거리는 최소한 어느 정도로 유지하는 것이 바람직한가?

① 0.5초 정도의 거리
② 5~10초 정도의 거리
③ 2~3초 정도의 거리
④ 1초 정도의 거리

> 앞차의 추종거리는 최소 2~3초 정도의 거리를 유지한다.

정답 ▶ 8 ②　9 ②　10 ③　11 ④　12 ②　13 ④　14 ③

15 방어운전에 대한 설명으로 <u>바르지 않은 것은?</u>

① 방어운전은 교통조건 등을 예측하고 판단하는 것이다.

② 방어운전은 교통조건에 맞는 운전을 실행하는 것이다.

③ 연료소비와는 관련이 없다.

④ 사고를 회피할 수 있다.

교통상황을 미리 예측하는 방어운전을 하게 되면 급제동을 해야 할 상황을 만들지 않으므로 연료소비와도 관련이 있다고 할 수 있다.

16 시가지 도로에서의 시인성 다루기 방법으로 <u>부적합한 것은?</u>

① 1~2블록 전방의 상황과 길의 양쪽 부분을 모두 탐색한다.

② 빌딩이나 주차장 등의 입구나 출구에 대해서도 주의한다.

③ 예정보다 빨리 회전하거나 한쪽으로 붙을 때는 자신의 의도를 신호로 알린다.

④ 교차로에 접근할 때는 언제든지 신호와 앞차량에만 집중한다.

교차로에 접근할 때는 언제든지 후사경과 사이드 미러를 이용해서 차들을 살펴본다.

17 교차로에서의 운전방법으로 <u>옳지 않은 것은?</u>

① 신호를 확인한 후 선신호에 따라 진행하는 차가 없는지 확인하고 출발한다.

② 회전할 때에는 방향지시등을 정확히 점등한다.

③ 횡단하는 보행자를 무시하고 우회전한다.

④ 교통이 빈번한 교차로에 진입할 때에는 일시정지하여 안전을 확인한 후 출발한다.

우회전 시에는 횡단하는 보행자가 없는지 확인한 후 우회전해야 한다.

18 교차로에서의 방어운전에 대한 설명으로 <u>옳지 않은 것은?</u>

① 교차로 진입 전 황색신호일 때 신속히 통과한다.

② 우회전일 때에는 뒷바퀴로 자전거나 보행자를 치지 않도록 주의한다.

③ 좌회전할 때에는 정지해 있는 차와 충돌하지 않도록 주의한다.

④ 교통이 빈번한 교차로에 진입할 때에는 일시정지하여 안전을 확인한 후 출발한다.

교차로 진입 전 황색신호일 때는 정지선 바로 앞에 정지하여야 한다.

19 우리나라 전체 교통사고의 절반 이상이 발생하는 지점으로 특히 운전에 주의해야 할 곳은?

① 주택가

② 학교 앞

③ 고가도로

④ 교차로

전체 교통사고의 절반 이상이 교차로에서 발생하며, 그 중 상당수는 신호 교차로에서 발생한다.

20 어린이보호구역이 있는 시가지 이면도로에서의 돌발상황에 대한 방어운전 방법으로 가장 <u>적합하지 않은 것은?</u>

① 시속 40km 정도로 주행한다.

② 자동차나 어린이가 갑자기 출현할 수 있다는 생각을 가지고 운전한다.

③ 위험한 대상물이 있는지 계속 살펴본다.

④ 언제라도 곧 정지할 수 있는 마음의 준비를 갖춘다.

어린이보호구역에서의 제한속도는 시속 30km 이하이다.

정답 **15** ③ **16** ④ **17** ③ **18** ① **19** ④ **20** ①

05 지방 도로에서의 방어 운전

1 커브길

(1) 커브길 주행방법

> • 슬로우-인, 패스트-아웃 : 커브길에 진입할 때에는 속도를 줄이고, 진출할 때에는 속도를 높인다.
> • 아웃-인-아웃 : 차로 바깥쪽에서 진입하여 안쪽, 바깥쪽 순으로 통과한다.

① 커브길에 진입하기 전에 경사도나 도로의 폭을 확인하고 엔진 브레이크를 작동시켜 속도를 줄인다.
② 엔진 브레이크만으로 속도가 충분히 줄지 않으면 풋 브레이크를 사용하여 회전 중에 더 이상 감속하지 않도록 줄인다.
③ 감속된 속도에 맞는 기어로 변속한다.
④ 회전이 끝나는 부분에 도달하였을 때에는 핸들을 바르게 한다.
⑤ 가속 페달을 밟아 속도를 서서히 높인다.

(2) 커브길 주행 시의 주의 사항

① 커브길에서는 부득이한 경우가 아니면 급핸들 조작이나 급제동은 하지 않는다.
② 회전 중에 발생하는 가속은 원심력을 증가시켜 도로이탈의 위험이 발생하고, 감속은 차량의 무게중심이 한쪽으로 쏠려 차량의 균형이 쉽게 무너질 수 있으므로 불가피한 경우가 아니면 가속이나 감속은 하지 않는다.
③ 중앙선을 침범하거나 도로의 중앙선으로 치우친 운전을 하지 않는다.
④ 시야가 제한되어 있다면 주간에는 경음기, 야간에는 전조등을 사용하여 내 차의 존재를 반대 차로 운전자에게 알린다.
⑤ 급커브길 등에서의 앞지르기는 대부분 규제표지 및 노면표시 등 안전표지로 금지하고 있으나, 금지표지가 없다고 하더라도 전방의 안전이 확인 안 되는 경우에는 절대 하지 않는다.
⑥ 겨울철 커브길은 노면이 얼어있는 경우가 많으므로 사전에 충분히 감속하여 안전사고가 발생하지 않도록 주의한다.

2 언덕길

(1) 내리막길에서의 방어운전

① 내리막길을 내려갈 때에는 엔진 브레이크로 속도를 조절하는 것이 바람직하다.
② 엔진 브레이크를 사용하면 페이드 현상 및 베이퍼 록 현상을 예방하여 운행 안전도를 높일 수 있다.
③ 도로의 오르막길 경사와 내리막길 경사가 같거나 비슷한 경우라면, 변속기 기어의 단 수도 오르막과 내리막에서 동일하게 사용하는 것이 바람직하다.
④ 커브길을 주행할 때와 마찬가지로 경사길 주행 중간에 불필요하게 속도를 줄이거나 급제동하는 것은 주의해야 한다.
⑤ 비교적 경사가 가파르지 않은 긴 내리막길을 내려갈 때에 운전자의 시선은 먼 곳을 바라보고, 무심코 가속 페달을 밟아 순간 속도를 높일 수 있으므로 주의해야 한다.

> ▶ 내리막길에서 기어 변속 방법
> • 클러치 및 변속 레버의 작동을 신속하게 한다.
> • 변속할 때 전방이 아닌 다른 방향으로 시선을 놓치지 않도록 주의한다.
> • 왼손은 핸들을 조정하고, 오른손과 양발은 신속히 움직인다.

> ▶ 배기 브레이크의 효과
> • 브레이크액의 온도상승 억제에 따른 베이퍼 록 현상을 방지한다.
> • 드럼의 온도상승을 억제하여 페이드 현상을 방지한다.
> • 브레이크 사용 감소로 라이닝의 수명을 연장시킬 수 있다.

(2) 오르막길에서의 안전운전 및 방어운전

① 정차할 때는 앞차가 뒤로 밀려 충돌할 가능성이 있으므로 충분한 차간거리를 유지한다.
② 오르막길의 정상 부근은 시야가 제한되는 사각지대로, 반대 차로의 차량이 앞에 다가 올 때까지는 보이지 않을 수 있으므로 서행하며 위험에 대비한다.
③ 정차해 있을 때에는 가급적 풋 브레이크와 핸드 브레이크를 동시에 사용한다.
④ 뒤로 미끄러지는 것을 방지하기 위해 정지하였다가 출발할 때에 핸드 브레이크를 사용하면 도움이 된다.
⑤ 오르막길에서 부득이하게 앞지르기 할 때에는 힘과 가속이 좋은 저단 기어를 사용하는 것이 안전하다.
⑥ 언덕길에서 올라가는 차량과 내려오는 차량이 교차할 때에는 내려오는 차량에게 통행 우선권이 있으므로 올라가는 차량이 양보하여야 한다.

❸ 철길 건널목 방어운전

(1) 주요 사고요인

건널목 신호를 무시하고 통과하는 것이 주원인이다.

(2) 철길 건널목에서의 방어운전

① 철길건널목에 접근할 때에는 속도를 줄여 접근한다.
② 일시정지 후에는 철도 좌·우의 안전을 확인한다.
③ 건널목을 통과할 때에는 기어를 변속하지 않는다.
④ 건널목 건너편 여유 공간을 확인한 후에 통과한다.
⑤ 차단기가 내려져 있거나 내려지고 있을 때, 경보음이 울리고 있을 때, 건널목 건너편이 혼잡하여 건널목을 완전히 통과할 수 없게 될 우려가 있을 때에는 진입하지 않는다.

(3) 철길 건널목 통과 중에 시동이 꺼졌을 때의 조치방법

① 즉시 동승자를 대피시키고, 차를 건널목 밖으로 이동시키기 위해 노력한다.
② 철도공무원, 건널목 관리원이나 경찰에게 알리고 지시에 따른다.
③ 건널목 내에서 움직일 수 없을 때에는 열차가 오고 있는 방향으로 뛰어가면서 옷을 벗어 흔드는 등 기관사에게 위급상황을 알려 열차가 정지할 수 있도록 안전조치를 취한다.

---

06 고속도로에서의 방어 운전

❶ 고속도로에서의 시인성, 시간, 공간의 관리

(1) 시인성 다루기

① 20~30초 전방을 탐색해서 도로주변에 차량, 장애물, 동물, 심지어는 보행자 등이 없는가를 살핀다.
② 진출입로 부근의 위험이 있는지에 대해 주의한다.
③ 주변에 있는 차량의 위치를 파악하기 위해 자주 후사경과 사이드미러를 보도록 한다.
④ 차로 변경이나, 고속도로 진입, 진출 시에는 진행하기에 앞서 항상 자신의 의도를 신호로 알린다.
⑤ 가급적이면 하향(변환빔) 전조등을 켜고 주행한다.
⑥ 속도를 늦추거나 앞지르기 또는 차선변경을 하고 있는지를 살피기 위해 앞 차량의 후미등을 살피도록 한다.

⑦ 가급적 대형차량이 전방 또는 측방 시야를 가리지 않는 위치를 잡아 주행한다.
⑧ 속도제한이 있음을 알게 하거나 진출로가 다가왔음을 알려주는 도로표지를 항상 신경을 쓰도록 한다.

(2) 시간 다루기

① 확인, 예측, 판단 과정을 이용하여 12~15초 전방 안에 있는 위험상황을 확인한다.
② 항상 속도와 추종거리를 조절해서 비상시에 멈추거나 회피핸들 조작을 하기 위한 적어도 4~5초의 시간을 가져야 한다.
③ 고속도로 등에 진입 시에는 항상 본선 차량이 주행중인 속도로 차량의 대열에 합류하려고 해야 한다.
④ 고속도로를 빠져나갈 때는 가능한 한 빨리 진출 차로로 들어가야 한다. 진출 차로에 실제로 진입할 때까지는 차의 속도를 낮추지 말고 주행하여야 한다.
⑤ 가깝게 몰려다니는 차 사이에서 주행하는 것을 피하기 위해 속도를 조절하도록 한다.
⑥ 차의 속도를 유지하는 데 어려움을 느끼는 차를 주의해서 살핀다.
⑦ 주행하게 될 고속도로 및 진출입로를 확인하는 등 사전에 주행경로 계획을 세운다.

(3) 공간 다루기

① 자신과 다른 차량이 주행하는 속도, 도로, 기상조건등에 맞도록 차의 위치를 조절한다.
② 다른 차량과의 합류 시, 차로변경 시, 진입차선을 통해 고속도로로 들어갈 때, 적어도 4초의 간격을 허용하도록 한다.
③ 차로를 변경하기 위해서는 핸들을 점진적으로 튼다.
④ 여러 차로를 가로지를 필요가 있다면 매번 신호를 하면서 한 번에 한 차로씩 옮겨간다.
⑤ 차들이 고속도로에 진입해 들어 올 여지를 준다. 만일 옆 차로가 비었을 경우는 진입 램프에 접근하기 전에 차로를 변경한다.
⑥ 차 뒤로 바짝 붙는 차량이 있을 경우는 안전한 경우에 한해 다른 차로로 변경하여 앞으로 가게 한다. 동시에 앞차를 뒤따르는 추종거리를 증가시킨다.
⑦ 앞지르기를 마무리 할 때 앞지르기 한 차량의 앞으로 너무 일찍 들어가지 않도록 한다.

⑧ 트럭 등 폭이 넓은 차량을 앞지를 때는 차량과의 사이에 측면의 공간이 좁아진다는 점을 유의한다.
⑨ 고속도로의 차로 수가 갑자기 줄어드는 장소를 조심한다. 특히 교량, 터널 등 차로가 줄어드는 곳에서는 속도를 줄이고 조심스럽게 진입한다.

② 고속도로 진출입부에서의 방어운전

(1) 사고위험 요인
① 교통량이 많은 경우
② 진출입 차선이 짧은 경우
③ 진출입 차선이 커브로 되어 있는 경우

(2) 진입부에서의 안전운전
① 본선 진입 의도를 다른 차량에게 방향지시등으로 알린다.
② 본선 진입 전 충분히 가속하여 본선 차량의 교통흐름을 방해하지 않도록 한다.
③ 진입을 위한 가속차로 끝부분에서 감속하지 않도록 주의한다.
④ 고속도로 본선을 저속으로 진입하거나 진입 시기를 잘못 맞추면 추돌사고 등 교통사고가 발생할 수 있다.

(3) 진출부에서의 안전운전
① 본선 진출의도를 다른 차량에게 방향지시등으로 알린다.
② 진출부 진입 전에 본선 차량에게 영향을 주지 않도록 주의한다.
③ 본선 차로에서 천천히 진출부로 진입하여 출구로 이동한다.

07 앞지르기

① 앞지르기 순서 및 방법
① 앞지르기 금지장소 여부를 확인한다.
② 전방의 안전을 확인하는 동시에 후사경으로 좌측 및 좌후방을 확인하다.
③ 좌측 방향지시등을 켠다.
④ 최고속도의 제한범위 내에서 가속하여 진로를 서서히 좌측으로 변경한다.

⑤ 차가 일직선이 되었을 때 방향지시등을 끈 다음 앞지르기 당하는 차의 좌측을 통과한다.
⑥ 앞지르기 당하는 차를 후사경으로 볼 수 있는 거리까지 주행한 후 우측 방향지시등을 켠다.
⑦ 진로를 서서히 우측으로 변경한 후 차가 일직선이 되었을 때 방향지시등을 끈다.

> ▶ 방향지시등 작동 순서
> 좌측방향지시등 점등 → 끔 → 우측방향지시등 점등 → 끔

② 앞지르기를 해서는 안 되는 경우
① 앞차가 좌측으로 진로를 바꾸려고 하거나 다른 차를 앞지르려고 할 때
② 앞차의 좌측에 다른 차가 나란히 가고 있을 때
③ 뒤차가 자기 차를 앞지르려고 할 때
④ 마주 오는 차의 진행을 방해하게 될 염려가 있을 때
⑤ 앞차가 교차로나 철길건널목 등에서 정지 또는 서행하고 있을 때
⑥ 앞차가 경찰공무원 등의 지시에 따르거나 위험방지를 위하여 정지 또는 서행하고 있을 때
⑦ 어린이통학버스가 어린이 또는 유아를 태우고 있다는 표시를 하고 도로를 통행할 때

③ 앞지르기할 때 발생하기 쉬운 사고 유형
① 최초 진로를 변경할 때에는 동일방향 좌측 후속 차량 또는 나란히 진행하던 차량과의 충돌
② 중앙선을 넘어 앞지르기할 때에는 반대 차로에서 횡단하고 있는 보행자나 주행하고 있는 차량과의 충돌
③ 앞지르기를 하고 있는 중에 앞지르기 당하는 차량이 좌회전하려고 진입하면서 발생하는 충돌
④ 앞지르기를 시도하기 위해 앞지르기 당하는 차량과의 근접주행으로 인한 후미 추돌
⑤ 앞지르기한 후 주행차로로 재진입하는 과정에서 앞지르기 당하는 차량과의 충돌

❹ 앞지르기할 때의 방어운전

(1) 자신의 차가 다른 차를 앞지르기 할 때

① 앞지르기에 필요한 속도가 그 도로의 최고속도 범위 이내 일 때 앞지르기를 시도한다 (과속은 금물이다).

② 앞지르기에 필요한 충분한 거리와 시야가 확보되었을 때 앞지르기를 시도한다.

③ 앞차가 앞지르기를 하고 있는 때는 앞지르기를 시도하지 않는다.

④ 앞차의 오른쪽으로 앞지르기하지 않는다.

⑤ 점선으로 되어있는 중앙선을 넘어 앞지르기 하는 때에는 대향차의 움직임에 주의한다.

(2) 다른 차가 자신의 차를 앞지르기 할 때

① 앞지르기를 시도하는 차가 원활하게 주행차로로 진입할 수 있도록 속도를 줄여준다. 앞지르기를 시도하는 차가 안전하고 신속하게 앞지르기를 완료할 수 있도록 함으로써 자신의 차와의 충돌 위험을 줄일 수 있기 때문이다.

② 앞지르기 금지 장소 등에서도 앞지르기를 시도하는 차가 있다는 사실을 항상 염두에 두고 방어운전을 한다.

1 지방도로의 커브길 주행방법으로 옳지 않은 것은? ★★

① 커브길에 진입하기 전에 경사도나 도로의 폭을 확인한다.

② 엔진 브레이크를 작동시켜 속도를 줄인다.

③ 감속된 속도에 맞는 기어로 변속한다.

④ 차가 없을 때에는 과속하여도 된다.

> 커브길에서 차가 없더라도 과속하면 안 된다.

2 내리막길을 내려갈 때 페이드(Fade) 현상 및 베이퍼 록(Vapor lock) 현상을 예방하여 운행 안전도를 높일 수 있는 주행 방법은? ★★★★

① 기어중립과 풋브레이크를 이용한 감속 주행

② 풋브레이크를 이용한 감속 주행

③ 저단기어 변속 등 엔진브레이크를 이용한 감속 주행

④ 기어 중립을 이용한 탄력 주행

> 내리막길을 내려갈 때에는 엔진 브레이크로 속도를 조절하는 것이 바람직하다. 엔진 브레이크를 사용하면 페이드(Fade) 현상 및 베이퍼 록(Vapor lock) 현상을 예방하여 운행 안전도를 높일 수 있다.

3 철길 건널목 교통사고에 대한 설명으로 가장 적절한 것은? ★★★★

① 철길 건널목에서 자동차의 고장이 주원인이다.

② 철길 건널목에서 열차의 미정지가 주원인이다.

③ 차단기나 경보용 고장이 사고의 주원인이다.

④ 자동차의 차단기가 있는 건널목 신호무시 통과가 주원인이다.

> 철길 건널목 교통사고는 차단기가 있는 건널목 신호무시 통과가 주원인이다.

4 철길 건널목에서의 방어운전 방법으로 옳지 않은 것은? ★★★★

① 건널목 중간에서 저단 기어로 변속한다.

② 교통정체로 인해 건널목을 통과하지 못할 때에는 건널목에 진입하지 않는다.

③ 철길 건널목에 속도를 줄여 접근한다.

④ 건널목 정지선에 일시정지 후 안전 여부를 확인한다.

> 건널목 중간에서는 기어를 변속하면 안 된다.

정답 ▶ 1④ 2③ 3④ 4①

5 주의표지판이 있는 철길건널목에 접근할 때에 가장 적절한 행동은?

① 속도를 높여 통과하되, 건널목 건너편이 혼잡한 경우는 철길에 멈출 수 있으므로 진입하지 않는다.

② 경고음이 있거나 차단기가 내려가려 할 때는 재빠르게 통과한다.

③ 경고음이 없거나 차단기가 올라가 있는 경우는 그대로 진행한다.

④ 속도를 줄여 정지선에 멈출 수 있도록 준비한다.

철길 건널목을 알리는 주의표지판을 확인하게 되면 속도를 줄여 정지선에 멈출 수 있도록 준비한다. 차단기가 내려져 있거나 내려지고 있을 때, 경보음이 울리고 있을 때, 건널목 건너편이 혼잡하여 건널목을 완전히 통과할 수 없게 될 우려가 있을 때에는 진입하지 않는다.

6 고속도로에서 안전운행 요령으로 틀린 것은?

① 가급적이면 상향 전조등을 켜고 주행한다.

② 대향차량이 전방 또는 측방 시야를 가리지 않는 위치를 잡아 주행하도록 한다.

③ 차로를 변경하거나 고속도로를 빠져나가려 할 때는 더욱 신경을 쓴다.

④ 앞차량의 후미등을 잘 살피도록 한다.

고속도로에서는 가급적 하향 전조등을 켜고 주행한다.

7 고속도로에서의 방어운전 방법으로 옳지 않은 것은?

① 차로를 변경하기 위해서는 핸들을 점진적으로 튼다.

② 고속으로 주행하기 때문에 차로 변경 시 신호하지 않아도 된다.

③ 교량, 터널 등 차로가 줄어드는 곳에서는 속도를 줄이고 주의하여 진입한다.

④ 여러 차로를 가로지를 필요가 있을 경우에도 한 번에 한 차로씩 옮겨간다.

차로 변경 시에는 반드시 신호를 해야 한다.

8 고속도로 진출입부에서 사고 위험성을 증가시키는 요인이 아닌 것은?

① 교통량이 많은 경우

② 진입과 진출이 동시에 이루어지는 경우

③ 진출입 차선이 긴 경우

④ 커브로 되어 있는 경우

고속도로 진출입 차선이 짧은 경우 사고 위험이 높아진다.

9 고속도로 진입부에서의 안전운전 방법으로 적절하지 않은 것은?

① 본선 진입 전 충분히 가속하여 본선 차량의 교통 흐름을 방해하지 않도록 한다.

② 본선차로의 차량 진행 상황을 살피면서 진입 시기를 조절하도록 한다.

③ 진입을 위한 가속차로의 끝부분에서는 감속하여 진입한다.

④ 본선 진입의도를 다른 차량에게 방향지시등으로 알린다.

진입을 위한 가속차로 끝부분에서 감속하지 않도록 주의한다.

10 고속도로 진출부에서의 안전운전에 대한 설명으로 잘못된 것은?

① 본선 차로에서 천천히 진출부로 진입하여 출구로 이동한다.

② 본선 진출 의도를 다른 차량에게 방향지시등으로 알린다.

③ 한 번에 여러 차로를 변경하여 진출한다.

④ 진출부 진입 전에 충분히 감속하여 진출이 용이하도록 한다.

차로를 변경하기 위해서는 핸들을 점진적으로 틀어야 하며, 만일 여러 차로를 가로지를 필요가 있다면 매번 신호를 하면서 한 번에 한 차로씩 옮겨간다.

11 고속도로에서 시간을 다루는 전략으로 부적절한 것은?

① 고속도로를 빠져나갈 때는 본선에서 충분히 속도를 늦추어 진출 차로로 들어가야 한다.

② 주행하게 될 고속도로 및 진출입로를 확인하는 등 사전에 주행경로 계획을 세운다.

③ 비상시 정지나 회피핸들 조작을 위해 속도와 추종거리에 있어 적어도 4~5초의 시간을 유지한다.

④ 차의 속도를 유지하는데 어려움을 느끼는 차를 주의하여 미리 차의 위치와 속도를 조절한다.

고속도로를 빠져나갈 때는 가능한 한 빨리 진출 차로로 들어가야 한다. 진출 차로에 실제로 진입할 때까지는 차의 속도를 낮추지 말고 주행하여야 한다.

정답 ▶ 5 ④ 6 ① 7 ② 8 ③ 9 ③ 10 ③ 11 ①

12 ****
고속도로에서 안전한 공간확보를 위한 방어운전 방법으로 바르지 않은 것은?

① 가속, 제동, 핸들조작 등을 하는데 공간의 여지를 두도록 한다.
② 만일 여러 차로를 가로지를 경우, 매번 신호를 하면서 한 번에 한 차로씩 옮겨간다.
③ 다른 차량과의 합류 시, 차로변경 시 적어도 2초의 간격을 허용하도록 한다.
④ 차로를 변경하기 위해서는 핸들을 점진적으로 튼다.

다른 차량과의 합류 시, 차로변경 시 적어도 4초의 간격을 허용하도록 한다.

13 **
운전자가 앞서가는 다른 차의 좌측면을 지나서 그 차의 앞으로 진행하는 것을 무엇이라 하는가?

① 앞지르기
② 끼어들기
③ 차로변경
④ 진로변경

앞서가는 다른 차의 좌측면을 지나서 그 차의 앞으로 진행하는 것을 앞지르기라고 한다.

14 ***
앞지르기 과정 중 방향지시등 작동 순서로 맞게 표현된 것은?

① 좌측방향지시등 점등 → 우측방향지시등 점등 → 끔
② 우측방향지시등 점등 → 좌측방향지시등 점등 → 끔
③ 좌측방향지시등 점등 → 끔 → 우측방향지시등 점등 → 끔
④ 우측방향지시등 점등 → 끔 → 좌측방향지시등 점등 → 끔

앞지르기 과정 중 방향지시등 작동 순서
• 좌측 방향지시등을 켠다.
• 최고속도의 제한범위 내에서 가속하여 진로를 서서히 좌측으로 변경한다.
• 차가 일직선이 되었을 때 방향지시등을 끈 다음 앞지르기 당하는 차의 좌측을 통과한다.
• 앞지르기 당하는 차를 후사경으로 볼 수 있는 거리까지 주행한 후 우측 방향지시등을 켠다.
• 진로를 서서히 우측으로 변경한 후 차가 일직선이 되었을 때 방향지시등을 끈다.

15 ***
앞지르기 할 경우 차량의 속도로 맞는 것은?

① 주행하고 있는 도로의 제한속도 20km/h 초과까지
② 주행하고 있는 도로의 제한속도와 관계없다.
③ 주행하고 있는 도로의 제한속도 30km/h 초과까지
④ 주행하고 있는 도로의 최고속도 제한범위 내

앞지르기는 최고속도의 제한범위 내에서 해야 한다.

16 **
다른 차가 자신의 차를 앞지르기 할 때의 방어운전에 대한 설명으로 옳지 않은 것은?

① 앞지르기 금지장소 등에서도 앞지르기를 시도하는 차가 있다는 사실을 염두에 두고 방어운전을 한다.
② 앞지르기 금지장소에서 뒤 차량이 앞지르기를 시도한 경우 앞 차량과의 간격을 좁혀 시도를 막는다.
③ 앞지르기를 시도하는 차가 원활하게 본선으로 진입할 수 있도록 속도를 줄여준다.
④ 앞지르기를 시도하는 차가 원활하게 앞으로 재진입할 수 있도록 앞차와의 간격을 벌려준다.

앞지르기 금지장소에서 뒤 차량이 앞지르기를 시도한 경우 앞 차량과의 간격을 좁히면 큰 사고로 이어질 수 있으므로 앞지르기를 시도하는 차가 원활하게 앞으로 진입할 수 있도록 간격을 벌려준다.

정답 **12** ③ **13** ① **14** ③ **15** ④ **16** ②

1 야간운전

(1) 야간운전의 위험성

① 야간에는 가시거리가 100m 이내인 경우 최고속도를 50% 정도 감속하여 운행한다.

② 야간에는 운전자의 좁은 시야로 인해 앞차와의 차간거리를 좁혀 근접 주행하는 경향이 있으므로 주의한다.

③ 마주 오는 대향차의 전조등 불빛으로 인해 도로 보행자의 모습을 볼 수 없게 되는 증발현상과 운전자의 눈 기능이 순간적으로 저하되는 현혹현상 등이 발생할 수 있다.

　→ 이럴 때에는 약간 오른쪽을 바라보며 대향차의 전조등 불빛을 정면으로 보지 않도록 한다.

④ 원근감과 속도감이 저하되어 과속으로 운행하는 경향이 발생할 수 있다.

(2) 야간의 안전운전

① 해가 지기 시작하면 곧바로 전조등을 켜 다른 운전자들에게 자신을 알린다.

② 승합자동차는 야간에 운행할 때에 실내조명등을 켜고 운행한다.

③ 선글라스를 착용하고 운전하지 않는다.

④ 커브길에서는 상향등과 하향등을 적절히 사용하여 자신이 접근하고 있음을 알린다.

⑤ 대향차의 전조등을 직접 바라보지 않는다.

⑥ 자동차가 서로 마주보고 진행하는 경우에는 전조등 불빛의 방향을 아래로 향하게 한다.

⑦ 밤에 앞차의 바로 뒤를 따라갈 때에는 전조등 불빛의 방향을 아래로 향하게 한다.

⑧ 장거리를 운행할 때에는 운행계획에 휴식시간을 포함시켜 세운다.

⑨ 밤에 고속도로 등에서 자동차를 운행할 수 없게 되었을 때에는 후방에서 접근하는 자동차의 운전자가 확인할 수 있는 위치에 고장자동차 표지를 설치하고 사방 500m 지점에서 식별할 수 있는 적색의 섬광신호·전기제등 또는 불꽃신호를 추가로 설치하는 등 조치를 취하여야 한다.

⑩ 전조등이 비추는 범위의 앞쪽까지 살핀다.

⑪ 앞차의 미등만 보고 주행하지 않는다. 앞차의 미등만 보고 주행하게 되면 도로변에 정지하고 있는 자동차까지도 진행하고 있는 것으로 착각하게 되어 위험을 초래하게 된다.

2 안개길 운전

(1) 안개길 운전의 위험성

① 안개로 인해 운전시야 확보가 곤란하다.

② 주변의 교통안전표지 등 교통정보 수집이 곤란하다.

③ 다른 차량 및 보행자의 위치 파악이 곤란하다.

(2) 안개길 안전운전

① 전조등, 안개등, 비상점멸표시등을 켜고 운행한다.

② 가시거리가 100m 이내인 경우에는 최고속도를 50% 정도 감속하여 운행한다.

③ 앞차와의 차간거리를 충분히 확보하고, 앞차의 제동이나 방향지시등의 신호를 예의 주시하며 운행한다.

④ 앞을 분간하지 못할 정도의 짙은 안개로 운행이 어려울 때에는 차를 안전한 곳에 세우고 잠시 기다린다. 이때에는 지나가는 차에게 내 차량의 위치를 알릴 수 있도록 미등과 비상점멸표시등(비상등) 등을 점등시켜 충돌사고 등이 발생하지 않도록 조치한다.

⑤ 커브길 등에서는 경음기를 울려 자신이 주행하고 있다는 것을 알린다.

> ▶ **고속도로에서 안개지역을 통과할 때 주의사항**
> • 도로전광판, 교통안전표지 등을 통해 안개 발생구간을 확인한다.
> • 갓길에 설치된 안개시정표지를 통해 시정거리 및 앞차와의 거리를 확인한다.
> • 중앙분리대 또는 갓길에 설치된 반사체인 시선유도표지를 통해 전방의 도로선형을 확인한다.
> • 도로 갓길에 설치된 노면요철포장의 소음 또는 진동을 통해 도로이탈을 확인하고 원래 차로로 신속히 복귀하여 평균 주행속도보다 감속하여 운행한다.

3 빗길 운전

(1) 빗길 운전의 위험성

① 비로 인해 운전시야 확보가 곤란하다.

② 타이어와 노면 사이의 마찰력이 감소하여 정지거리가 길어진다.

③ 수막현상 등으로 인해 조향조작 및 브레이크 기능이 저하될 수 있다.

chapter **03**

④ 보행자의 주의력이 약해지는 경향이 있다.

⑤ 젖은 노면에 토사가 흘러내려 진흙이 깔려 있는 곳은 다른 곳보다 더욱 미끄럽다.

(2) 빗길 안전운전

① 비가 내려 노면이 젖어있는 경우에는 최고속도의 20%를 줄인 속도로 운행한다.

② 폭우로 가시거리가 100m 이내인 경우에는 최고속도의 50%를 줄인 속도로 운행한다.

③ 물이 고인 길을 통과할 때에는 속도를 줄여 저속으로 통과한다.

④ 물이 고인 길을 벗어난 경우에는 브레이크를 여러 번 나누어 밟아 마찰열로 브레이크 패드나 라이닝의 물기를 제거한다.

⑤ 보행자 옆을 통과할 때에는 속도를 줄여 흙탕물이 튀기지 않도록 주의한다.

⑥ 공사현장의 철판 등을 통과할 때에는 사전에 속도를 충분히 줄여 미끄러지지 않도록 천천히 통과하여야 하며, 급브레이크를 밟지 않는다.

⑦ 급출발, 급핸들, 급브레이크 등의 조작은 미끄러짐이나 전복사고의 원인이 되므로 엔진브레이크를 적절히 사용하고, 브레이크를 밟을 때에는 페달을 여러 번 나누어 밟는다.

09 경제운전

1 경제운전의 기본적인 방법

① 가·감속을 부드럽게 한다.

② 불필요한 공회전을 피한다.

③ 급회전을 피한다. 차가 전방으로 나가려는 운동에너지를 최대한 활용해서 부드럽게 회전한다.

④ 일정한 차량속도를 유지한다.

2 경제운전의 효과

① 차량관리비용, 고장수리 비용, 타이어 교체비용 등의 감소 효과

② 고장수리 작업 및 유지관리 작업 등의 시간 손실 감소 효과

③ 공해배출 등 환경문제의 감소 효과

④ 교통안전 증진 효과

⑤ 운전자 및 승객의 스트레스 감소 효과

3 경제운전에 영향을 미치는 요인

(1) 교통상황

① 속도를 높이거나 낮춘 만큼 에너지소모량도 증가하며, 반대로 일정 속도를 유지하면 가속저항이 제로가 되어 그만큼 에너지 소모량도 감소한다.

② 부드러운 가속 즉, 불필요한 가속과 제동을 피하는 것이 에너지 소모량을 최소화하는 것이다.

③ 미리 교통상황을 예측하고 차량을 부드럽게 움직일 필요가 있다.

(2) 도로조건

젖은 노면은 구름저항을 증가시키며, 경사도는 구배저항에 영향을 미침으로써 연료소모를 증가시킨다.

(3) 기상조건

① 맞바람은 공기저항을 증가시켜 연료소모율을 높인다.

② 기온이 높아지면 에어컨을 작동시키지 않는 조건에서는 연료 소모율이 감소한다.

(4) 차량의 타이어

① 바퀴가 닳아서 홈의 깊이가 얕아져 있으면 그 만큼 구름저항이 커진다.

② 타이어 공기압이 낮으면 트레드가 구실을 못하게 되며, 차량의 안정성이 낮아진다.

③ 공기압이 너무 높으면 접지력이 떨어지고, 타이어 손상 가능성도 높아진다.

④ 적정공기압일 때 제동거리도 최소화되며, 노면에 대한 주행 및 제동력의 전달이 가장 좋아지고 타이어의 내구성도 최대가 된다.

⑤ 타이어의 공기압이 적정압력보다 15~20% 낮으면 연료 소모량은 약 5~8% 증가한다.

(5) 엔진

엔진 효율은 연료소모율을 결정하므로 정기적인 점검을 통해 효율을 높일 수 있도록 한다.

(6) 공기역학

① 버스가 유선형일수록 연료소모율을 낮출 수 있다.

② 주행 중 창문을 열 경우 공기저항이 증가하여 연료소모율을 높일 수 있다.

4 주행방법과 연료소모율

(1) 시동 및 출발

① 적정한 공회전 시간은 여름은 20~30초, 겨울은 1~2분 정도가 적당하다.

② 엔진이 차가운 상태에서 갑자기 엔진속도를 고속으로 올리면 엔진이 더워져 있을 때보다 엔진의 마모율이 높아진다.

③ 교차로나 철길 건널목 등 비교적 대기 시간이 1분 이상으로 긴 곳에서는 시동을 껐다가 다시 출발하는 것이 바람직하다.

(2) 속도

① 경제운전을 위해서는 일정 속도로 주행하는 것이 중요하다.

② 일정 속도란 평균속도가 아니고, 도중에 가·감속이 없는 속도를 의미한다.

③ 가·감속과 제동을 자주하며 공격적인 운전으로 평균시속 40km를 유지하는 것이 시속 40km의 일정속도로 주행할 때보다 연료소모가 훨씬 많다.

(3) 기어변속

① 기어를 적절히 변속하는 것도 경제운전에서 매우 중요한 요소이다.

② 기어변속은 엔진 회전속도가 2000~3000 RPM 상태에서 고단 기어 변속이 바람직하다.

③ 경제운전을 위해서는 반드시 저단 기어 상태에서 차를 멈출 필요는 없으며, 가능한 한 빨리 고단 기어로 변속하는 것이 좋다.

④ 기어 변속 시 반드시 순차적으로 해야 하는 것은 아니다.

(4) 제동과 관성 주행

교차로에 접근할 때 가속페달에서 발을 떼고 관성으로 운전하는 것이 좋다.

(5) 교통류에의 합류와 분류

지선에서 차량속도가 높은 본선으로 합류할 때는 강한 가속이 필수적이다. 이 경우는 경제운전보다 안전이 더 중요하다.

(6) 위험예측운전

자기 차 앞과 뒤의 교통상황, 대향차, 교차로 접근 차량, 앞지르기와 후진 차량 등에 대한 적절히 관찰한다.

(7) 경제운전과 방어운전

방어운전은 다른 도로이용자의 행동과 도로, 교통조건 등을 예측, 판단해서 그 조건에 맞는 운전을 실행하는 것으로, 방어운전인 동시에 경제운전이 될 수도 있다.

10 기본 운행 수칙

1 출발, 정지, 주차

(1) 출발하고자 할 때

① 후사경이 제대로 조정되어 있는지 확인한다.

② 시동을 걸 때에는 기어가 들어가 있는지 확인한다. 기어가 들어가 있는 상태에서는 클러치를 밟지 않고 시동을 걸지 않는다.

③ 주차브레이크가 채워진 상태에서는 출발하지 않는다.

④ 운행을 시작하기 전에 제동등이 점등되는지 확인한다.

⑤ 정류소에서 출발할 때에는 문을 완전히 닫은 상태에서 방향지시등을 작동시켜 도로주행 의사를 표시한 후 출발한다.

⑥ 출발 후 진로변경이 끝나기 전에 신호를 중지하지 않는다.

⑦ 출발 후 진로변경이 끝난 후에도 신호를 계속하고 있지 않는다.

(2) 정지할 때

① 정지할 때에는 미리 감속하여 급정지로 인한 타이어 흔적이 발생하지 않도록 한다(엔진브레이크 및 저단 기어 변속 활용).

② 정지할 때까지 여유가 있는 경우에는 브레이크페달을 가볍게 2~3회 나누어 밟는 '단속조작'을 통해 정지한다.

③ 미끄러운 노면에서는 제동으로 인해 차량이 회전하지 않도록 주의한다.

(3) 주차할 때

① 주행차로로 주차된 차량의 일부분이 돌출되지 않도록 주의한다.

② 경사가 있는 도로에 주차할 때에는 밀리는 현상을 방지하기 위해 바퀴에 고임목 등을 설치하여 안전 여부를 확인한다.

③ 도로에서 차가 고장이 일어난 경우에는 안전한 장소로 이동한 후 고장자동차의 표지(비상삼각대)를 설치한다.

② 주행, 추종, 진로변경

(1) 주행하고 있을 때

① 곡선반경이 작은 도로나 과속방지턱이 설치된 도로에서는 감속하여 안전하게 통과한다.

② 주행하는 차들과 제한속도를 넘지 않는 범위 내에서 속도를 맞추어 주행한다.

③ 핸들을 조작할 때마다 상체가 한쪽으로 쏠리지 않도록 왼발은 발판에 놓아 상체 이동을 최소화시킨다.

④ 신호대기 중에 기어를 넣은 상태에서 클러치와 브레이크페달을 밟아 자세가 불안정하게 만들지 않는다.

⑤ 신호대기 등으로 잠시 정지하고 있을 때에는 주차브레이크를 당기거나, 브레이크페달을 밟아 차량이 미끄러지지 않도록 한다.

⑥ 급격한 핸들조작으로 타이어가 옆으로 밀리는 경우, 핸들 복원이 늦어 차로를 이탈하는 경우, 운전조작 실수로 차체가 균형을 잃는 경우 등이 발생하지 않도록 주의한다.

(2) 앞차를 뒤따라가고 있을 때

① 앞차가 급제동할 때 후미를 추돌하지 않도록 안전거리를 유지한다.

② 적재상태가 불량하거나, 적재물이 떨어질 위험이 있는 자동차에 근접하여 주행하지 않는다.

(3) 다른 차량과의 차간거리 유지

① 앞 차량에 근접하여 주행하지 않는다. 앞 차량이 급제동할 경우 안전거리 미확보로 인해 앞차의 후미를 추돌하게 된다.

② 좌·우측 차량과 일정거리를 유지한다.

③ 다른 차량이 차로를 변경하는 경우에는 양보하여 안전하게 진입할 수 있도록 한다.

(4) 진로변경 및 주행차로를 선택할 때

① 급차로 변경을 하지 않는다.

② 일반도로에서 차로를 변경하는 경우에는 그 행위를 하려는 지점에 도착하기 전 30m(고속도로에서는 100m) 이상의 지점에 이르렀을 때 방향지시등을 작동시킨다.

③ 도로노면에 표시된 백색 점선에서 진로를 변경한다.

④ 터널 안, 교차로 직전 정지선, 가파른 비탈길 등 백색 실선이 설치된 곳에서는 진로를 변경하지 않는다.

⑤ 진로변경이 끝날 때까지 신호를 계속 유지하고, 진로변경이 끝난 후에는 신호를 중지한다.

> ▶ 진로변경 위반에 해당하는 경우
> • 두 개의 차로에 걸쳐 운행하는 경우
> • 한 차로로 운행하지 않고 두 개 이상의 차로를 지그재그로 운행하는 행위
> • 갑자기 차로를 바꾸어 옆 차로로 끼어드는 행위
> • 여러 차로를 연속적으로 가로지르는 행위
> • 진로변경이 금지된 곳에서 진로를 변경하는 행위 등

③ 앞지르기

(1) 편도 1차로 도로 등에서 앞지르기하고자 할 때

① 앞지르기 할 때에는 반드시 반대방향 차량, 추월차로에 있는 차량, 뒤쪽 및 앞 차량과 의 안전 여부를 확인한 후 시행한다.

② 제한속도를 넘지 않는 범위 내에서 시행한다.

③ 앞 차량의 좌측 차로를 통해 앞지르기를 한다.

④ 앞차가 다른 자동차를 앞지르고자 할 때에는 앞지르기를 시도하지 않는다.

⑤ 앞차의 좌측에 다른 차가 나란히 가고 있는 경우에는 앞지르기를 시도하지 않는다.

 필수 암기 ▶ 앞지르기 금지 장소
> • 도로의 구부러진 곳
> • 오르막길의 정상부근
> • 급한 내리막길
> • 교차로, 터널 안, 다리 위

④ 교차로 통행

(1) 좌·우로 회전할 때

① 회전이 허용된 차로에서만 회전하고, 회전하고자 하는 지점에 이르기 전 30m(고속도로에서는 100m) 이상의 지점에 이르렀을 때 방향지시등을 작동시킨다.

② 좌회전 차로가 2개 설치된 교차로에서 좌회전할 때에는 1차로(중·소형승합자동차), 2차로(대형승합자동차) 통행기준을 준수한다.

③ 대향차가 교차로를 통과하고 있을 때에는 완전히 통과시킨 후 좌회전한다.

④ 우회전할 때에는 내륜차 현상으로 인해 보도를 침범하지 않도록 주의한다.

⑤ 우회전하기 직전에는 직접 눈으로 또는 후사경으로 오른쪽 옆의 안전을 확인하여 충돌이 발생하지 않도록 주의한다.

⑥ 회전할 때에는 원심력이 발생하여 차량이 이탈하지 않도록 감속하여 진입한다.

⑤ 차량점검

① 운행시작 전 또는 종료 후에는 차량상태를 철저히 점검한다.

② 운행 중간 휴식시간에는 차량의 외관 및 적재함에 실려 있는 화물의 보관 상태를 확인한다.

③ 운행 중에 차량의 이상이 발견된 경우에는 즉시 관리자에게 연락하여 조치를 받는다.

11 계절별 안전운전

① 봄철

(1) 교통사고 위험요인 – 도로조건

① 이른 봄에는 일교차가 심해 새벽에 결빙된 도로가 발생할 수 있다.

② 날씨가 풀리면서 겨우내 얼어있던 땅이 녹아 지반 붕괴로 인한 도로의 균열이나 낙석 위험이 크다.

③ 지반이 약한 도로의 가장자리를 운행할 때에는 도로변의 붕괴 등에 주의해야 한다.

④ 황사현상에 의한 모래바람은 운전자 시야 장애요인이 되기도 한다.

② 여름철

(1) 교통사고 위험요인 – 도로조건

① 갑작스런 악천후 및 무더위 등으로 운전자의 시각적 변화와 긴장·흥분·피로감이 복합적 요인으로 작용하여 교통사고를 일으킬 수 있다.

② 장마, 소나기 등 변덕스런 기상 변화로 인해 젖은 노면과 물이 고인 노면 등은 미끄러우므로 급제동이 발생하지 않도록 주의한다.

(2) 자동차 관리

구분	점검사항
냉각장치	• 냉각수의 양, 냉각수가 새는 부분이 없는지, 팬벨트의 장력은 적절한지 수시로 확인
타이어 마모상태	• 타이어가 많이 마모되었을 때에는 빗길에 잘 미끄러지고, 제동거리도 길어지며, 고인 물을 통과할 때 수막현상이 발생하여 사고 위험이 높아진다. • 노면과 접촉하는 트레드 홈 깊이가 최저 1.6mm 이상이 되는지 확인하고, 적정공기압 유지
차량 내부 습기 제거	• 폭우 등으로 물에 잠긴 차량은 각종 배선의 수분을 완전히 제거하지 않은 상태에서 시동을 걸면 전기장치의 합선이나 퓨즈가 단선될 수 있으므로 우선적으로 습기를 제거해야 한다. • 습기를 제거할 때에는 배터리 분리 후 작업한다.

와이퍼 작동상태	• 점검사항 : 와이퍼가 정상적으로 작동되는지, 유리면과 접촉하는 와이퍼 블레이드가 닳지 않았는지, 노즐의 분출구가 막히지 않았는지, 노즐의 분사 각도는 양호한지 그리고 워셔액은 충분한지 등 점검
	• 와이퍼가 미 작동 시 퓨즈의 단선 여부를 확인하고, 정상이라면 와이퍼 배선 점검
	• 와이퍼 교체시기
	  - 와이퍼 블레이드가 지나간 자리에 얼룩이 남을 때
	  - 차 유리에 맺힌 물기가 제대로 닦이지 않을 때
	  - 와이퍼가 지나갈 때 드르륵 하면서 튕기는 소리가 날 때
	  - 고속으로 주행 시 와이퍼에서 바람소리가 날 때

구분	점검사항
에어컨 관리	• 차가운 바람이 적게 나오거나 나오지 않을 때에는 엔진룸 내의 팬 모터가 작동되는지 확인한다. 모터가 돌지 않는다면 퓨즈가 단선되었는지, 배선에 문제가 있는지, 통풍구에 먼지가 쌓여 통로가 막혔는지 점검한다. • 에어컨은 압축된 냉매가스가 순환하면서 주위로부터 열을 빼앗는 원리로 냉매 가스가 부족하면 냉각능력이 떨어지고 압축기 등 다른 부품에 영향을 주게 되므로 냉매가스의 양이 적절한지 점검 • 에어컨을 오랫동안 사용 하지 않으면 압축기 내부가 산화되어 부식되기 쉽다.
브레이크	• 여름철 장거리 운전 뒤에는 브레이크 패드와 라이닝, 브레이크액 등을 점검하여 제동거리가 길어지는 현상을 방지하여야 한다.
전기배선	• 여름철 외부의 높은 온도와 엔진룸의 열기로 배선테이프의 접착제가 녹아 테이프가 풀리면 전기장치에 고장이 발생할 수 있으므로 엔진룸 등의 연결부위의 배선테이프 상태를 점검한다. • 전선의 피복이 벗겨져 있을 때 습도가 높으면 누전이 발생하여 화재로 이어질 수 있다.

3 가을철

(1) 교통사고 위험요인 - 도로조건

추석 귀성객 등으로 전국 도로가 교통량이 증가하여 지·정체가 발생하지만 다른 계절에 비해 도로조건은 양호한 편이다.

(2) 자동차 관리

구분	점검사항
세차 및 곰팡이 제거	• 바닷가 등을 운행한 차량은 염분이 차체를 부식시키므로 깨끗이 씻어내고 페인트가 벗겨진 곳은 녹이 슬지 않도록 조치 • 도어와 트렁크를 활짝 열고, 진공청소기 및 곰팡이제거제 등을 사용하여 차 내부 바닥에 쌓인 먼지 및 곰팡이 제거

구분	점검사항
히터 및 서리 제거 장치	• 여름내 사용하지 않았던 히터 등의 장치를 작동시켜 정상적으로 작동되는지 확인 • 기온이 낮아지면 유리창에 서리가 끼게 되므로 열선의 연결부분이 이탈하지 않았는지, 열선이 정상적으로 작동하는지 미리 점검

▶ 장거리 운행 전 점검사항
  • 타이어 공기압은 적절한지, 타이어에 파손된 부위는 없는지, 예비 타이어는 이상 없는지 점검
  • 엔진룸 도어를 열어 냉각수와 브레이크액의 양을 점검하고, 엔진오일의 양 및 상태 등에 대한 점검을 병행하며, 팬벨트의 장력은 적정한지 점검
  • 전조등 및 방향지시등과 같은 각종 램프의 작동 여부 점검
  • 운행 중에 발생하는 고장이나 점검에 필요한 휴대용 작업등 예비부품 등 준비

4 겨울철

(1) 교통사고 위험요인 - 도로조건

① 겨울철에는 내린 눈이 잘 녹지 않고 쌓이며, 적은 양의 눈이 내려도 바로 빙판길이 될 수 있기 때문에 자동차 간의 충돌·추돌 또는 도로 이탈 등의 사고가 발생할 수 있다.

② 먼 거리에서는 도로의 노면이 평탄하고 안전해 보이지만 실제로는 빙판길인 구간이나 지점을 접할 수 있다.

(2) 안전운행 및 교통사고 예방

1) 출발할 때

① 도로가 미끄러울 때에는 급출발하거나 갑작스런 동작을 하지 않고, 부드럽게 천천히 출발하면서 도로 상태를 느끼도록 한다.

② 미끄러운 길에서는 기어를 2단에 넣고 출발하는 것이 구동력을 완화시켜 바퀴가 헛도는 것을 방지할 수 있다.

③ 핸들이 한쪽 방향으로 꺾여 있는 상태에서 출발하면 앞바퀴의 회전각도로 인해 바퀴가 헛도는 결과를 초래할 수 있으므로 앞바퀴를 직진 상태로 변경한 후 출발한다.

④ 체인은 구동바퀴에 장착하고, 과속으로 심한 진동 등이 발생하면 체인이 벗겨지거나 절단될 수 있으므로 주의한다.

2) 주행할 때

미끄러운 도로에서의 제동할 때에는 정지거리가 평소보다 2배 이상 길어질 수 있기 때문에 주의한다.

① 주행 중에 차체가 미끄러질 때에는 핸들을 미끄러지는 방향으로 틀어주면 스핀 현상을 방지할 수 있다.
② 눈이 내린 후 타이어자국이 나 있을 때에는 타이어자국 위를 달리면 미끄러짐을 예방할 수 있으며, 기어는 저단으로 주행한다.
③ 미끄러운 오르막길에서는 서행 차가 정상에 오르는 것을 확인한 후 올라가야 하며, 도중에 정지하는 일이 없도록 밑에서부터 탄력을 받아 일정한 속도로 기어변속 없이 한 번에 올라가야 한다.

(3) 자동차관리

1) 월동장비 점검

① 스크래치 : 유리에 끼인 성에를 제거할 수 있도록 비치한다.
② 스노타이어 또는 차량의 타이어에 맞는 체인을 구비하고, 체인의 절단이나 마모 부분은 없는지 점검한다.

2) 냉각장치 점검

① 냉각수의 동결을 방지하기 위해 부동액의 양 및 점도를 점검한다. 냉각수가 얼어붙으면 엔진과 라디에이터에 치명적인 손상을 초래할 수 있다.
② 냉각수를 점검할 때에는 뜨거운 냉각수에 손을 데일 수 있으므로 엔진이 완전히 냉각될 때까지 기다렸다가 냉각장치 뚜껑을 열어 점검한다.

3) 정온기(온도조절기, thermostat) 상태 점검

① 실린더헤드 물 재킷 출구 부분에 설치
② 냉각수의 온도에 따라 냉각수 통로를 개폐하여 엔진의 온도를 알맞게 유지하는 장치
③ 엔진이 차가울 때는 냉각수가 라디에이터로 흐르지 않도록 차단하고, 실린더 내에서만 순환되도록 하여 엔진의 온도가 빨리 적정온도에 도달하도록 한다.
④ 정온기가 고장으로 열려 있다면 엔진의 온도가 적정수준까지 올라가는데 많은 시간이 필요함에 따라 엔진의 워밍업 시간이 길어지고, 히터의 기능이 떨어지게 된다.

1 고속도로 교통사고 특성

① 치사율이 높다.
② 운전자 전방주시 태만과 졸음운전으로 인한 2차(후속) 사고 발생 가능성이 높다.
③ 졸음운전 가능성이 높다.
④ 화물차, 버스 등 대형차량의 안전운전 불이행으로 대형사고가 발생한다.
⑤ 운전 중 휴대폰 사용, DMB 시청 등 기기사용 증가로 인해 교통사고 발생 가능성이 더욱 높아지고 있다.

2 고속도로 안전운전 방법

(1) 전방주시

고속도로 교통사고 원인의 대부분은 전방주시 의무를 게을리 한 탓이다. 운전자는 앞차의 뒷부분만 봐서는 안되며 앞차의 전방까지 시야를 두면서 운전한다.

(2) 진입은 안전하게 천천히, 진입 후 가속은 빠르게

① 고속도로에 진입할 때는 방향지시등으로 진입 의사를 표시한 후 가속차로에서 충분히 속도를 높이고 주행하는 다른 차량의 흐름을 살펴 안전을 확인한 후 진입한다.
② 진입한 후에는 빠른 속도로 가속해서 교통흐름에 방해가 되지 않도록 한다.

(3) 주변 교통흐름에 따라 적정속도 유지

(4) 주행차로로 주행

① 앞차를 추월할 경우 앞지르기 차로를 이용하며 추월이 끝나면 주행차로로 복귀한다.
② 복귀할 때에는 뒤차와 거리가 충분히 벌어졌을 때 안전하게 차로를 변경한다.

(5) 전 좌석 안전띠 착용

교통사고로 인한 인명피해를 예방하기 위해 전 좌석 안전띠를 착용해야 한다.

(6) 후부 반사판 부착

① 후부반사판은 화물차나 특수차량 뒤편에 부착해야 하는 안전표지판으로 야간에 후방에서 주행 중인 자동차가 전방을 잘 식별할 수 있도록 도와준다.
② 차량 총중량 7.5톤 이상 및 특수 자동차는 의무 부착

chapter 03

❸ 교통사고 및 고장 발생 시 대처 요령

(1) 2차사고의 방지

고속도로 2차 사고 치사율은 일반 사고보다 6배 높아 사망사고로 이어질 가능성이 높다.

(2) 2차 사고 예방 안전 행동요령

① 신속히 비상등을 켜고 다른 차의 소통에 방해가 되지 않도록 갓길로 차량을 이동시킨다(트렁크를 열어 위험을 알리는 것도 좋은 방법).

② 차량 이동이 어려운 경우 탑승자들은 안전조치 후 신속하고 안전하게 가드레일 바깥 등의 안전한 장소로 대피한다.

③ 후방에서 접근하는 차량의 운전자가 쉽게 확인할 수 있도록 고장자동차의 표지(안전삼각대)를 한다.

④ 야간에는 적색 섬광신호 · 전기제등 또는 불꽃 신호를 추가로 설치한다.

⑤ 경찰관서(112), 소방관서(119) 또는 한국도로공사 콜센터(1588-2504)로 연락하여 도움을 요청한다.

(3) 부상자의 구호

① 사고 현장에 의사, 구급차 등이 도착할 때까지 부상자에게는 가제나 깨끗한 손수건으로 지혈하는 등 가능한 응급조치를 한다.

② 함부로 부상자를 움직여서는 안 되며, 특히 두부에 상처를 입었을 때에는 움직이지 말아야 한다. 그러나 2차사고의 우려가 있을 경우에는 부상자를 안전한 장소로 이동시킨다.

(4) 경찰공무원등에게 신고

① 사고 발생 장소, 사상자 수, 부상 정도, 그 밖의 조치 상황을 경찰공무원이 현장에 있을 때에는 경찰공무원에게, 경찰공무원이 없을 때에는 가장 가까운 경찰관서에 신고한다.

② 사고 발생 신고 후 사고 차량의 운전자는 경찰공무원이 말하는 부상자 구호와 교통안전상 필요한 사항을 지켜야 한다.

> ▶ 고속도로 2504 긴급견인 서비스(1588-2504, 한국도로공사 콜센터)
> • 고속도로 본선, 갓길에 멈춰 2차사고가 우려되는 소형차량을 안전지대(휴게소, 영업소, 쉼터 등)까지 견인하는 제도로서 한국도로공사에서 비용을 부담하는 무료서비스
> • 대상차량 : 승용차, 16인 이하 승합차, 1.4톤 이하 화물차

❹ 도로터널 안전운전

(1) 터널 안전운전 수칙

① 터널 진입 전 입구 주변에 표시된 도로정보를 확인한다.

② 터널 진입 시 라디오를 켠다.

③ 선글라스를 벗고 라이트를 켠다.

④ 교통신호를 확인한다.

⑤ 안전거리를 유지한다.

⑥ 차선을 바꾸지 않는다.

⑦ 비상시를 대비하여 피난연결통로, 비상주차대의 위치를 확인한다.

(2) 터널 내 화재 시 행동요령

① 운전자는 차량과 함께 터널 밖으로 신속히 이동한다.

② 터널 밖으로 이동이 불가능한 경우 최대한 갓길 쪽으로 정차한다.

③ 엔진을 끈 후 키를 꽂아둔 채 신속하게 하차한다.

④ 비상벨을 누르거나 비상전화로 화재 발생을 알려줘야 한다.

⑤ 사고 차량의 부상자에게 도움을 준다.(비상전화 및 휴대폰 사용)

⑥ 터널에 비치된 소화기나 설치되어 있는 소화전으로 조기 진화를 시도한다.

⑦ 조기 진화가 불가능할 경우 젖은 수건이나 손등으로 코와 입을 막고 낮은 자세로 화재 연기를 피해 유도등을 따라 신속히 터널 외부로 대피한다.

❺ 운행 제한 차량 단속

(1) 운행 제한차량 종류

① 차량의 축하중 10톤, 총중량 40톤을 초과한 차량

② 적재물을 포함한 차량의 길이(16.7m), 폭(2.5m), 높이(4m)를 초과한 차량

③ 다음에 해당하는 적재 불량 차량
• 편중적재, 스페어 타이어 고정 불량
• 덮개를 씌우지 않았거나 묶지 않아 결속 상태가 불량한 차량
• 액체 적재물 방류차량, 견인 시 사고 차량 파손품 유포 우려가 있는 차량
• 기타 적재 불량으로 인하여 적재물 낙하 우려가 있는 차량

(2) 운행 제한 벌칙

내용	벌칙
• 도로관리청의 차량 회차, 적재물 분리 운송, 차량 운행중지 명령에 따르지 아니한 자	2년 이하 징역 또는 2천만원 이하 벌금
• 적재량 측정을 위한 공무원의 차량 동승 요구 및 관계서류 제출요구 거부한 자 • 적재량 재측정 요구에 따르지 아니한 자	1년 이하 징역 또는 1천만원 이하 벌금
• 총중량 40톤, 축하중 10톤, 폭 2.5m, 높이 4m, 길이 16.7m를 초과하여 운행제한을 위반한 운전자 • 임차한 화물적재차량이 운행제한을 위반하지 않도록 관리하지 아니한 임차인 • 운행제한 위반의 지시·요구 금지를 위반한 자	500만원 이하 과태료

(3) 과적차량 제한 사유
① 고속도로의 포장균열, 파손, 교량의 파괴
② 저속주행으로 인한 교통소통 지장
③ 핸들 조작의 어려움, 타이어 파손, 전·후방 주시 곤란
④ 제동장치의 무리, 동력연결부의 잦은 고장 등 교통 사고 유발

(4) 운행제한차량 통행이 도로포장에 미치는 영향
① 축하중 10톤 : 승용차 7만대 통행과 같은 도로파손
② 축하중 11톤 : 승용차 11만대 통행과 같은 도로파손
③ 축하중 13톤 : 승용차 21만대 통행과 같은 도로파손
④ 축하중 15톤 : 승용차 39만대 통행과 같은 도로파손

1 야간의 안전운전 요령에 대한 설명으로 적절하지 않은 것은?

① 전조등이 비추는 범위의 앞쪽까지 살핀다.
② 대향차의 전조등을 직접 바라보지 않는다.
③ 해가 지기 시작하면 곧바로 전조등을 켠다.
④ 앞차의 미등만 보고 주행한다.

앞차의 미등만 보고 주행하지 않는다. 앞차의 미등만 보고 주행하게 되면 도로변에 정지하고 있는 자동차까지도 진행하고 있는 것으로 착각하게 되어 위험을 초래하게 된다.

2 야간에 안전운전을 위해 특별히 주의해야 할 사항과 거리가 먼 것은?

① 어두운 색의 옷차림을 한 보행자의 확인에 더욱 세심한 주의를 기울인다.
② 밤에 앞차의 바로 뒤를 따라갈 때에는 전조등 불빛의 방향을 아래로 향하게 한다.
③ 자동차가 서로 마주보고 진행하는 경우에는 전조등 불빛의 방향을 아래로 향하게 한다.
④ 대향차의 전조등 불빛이 강할 때는 선글라스를 착용하고 운전한다.

야간에 선글라스를 착용하는 것은 위험하며, 대향차의 전조등을 직접 바라보지 않아야 한다.

3 짙은 안개로 인해 가시거리가 짧을 때 가장 안전한 운전방법은?

① 전조등이나 안개등을 켜고 자신의 위치를 알리며 운전한다.
② 앞차와의 거리를 좁혀 앞차를 따라 운전한다.
③ 전방이 잘 보이지 않을 때에는 중앙선을 넘어가도 된다.
④ 안개 구간은 속도를 내서 빨리 빠져나간다.

안개 구간에서는 전조등을 켜서 자신의 위치를 알리고, 속도를 줄이고 앞차와의 거리를 충분히 확보하고 운전한다.

4 다음 중 안개 낀 도로를 주행할 때 바람직한 운전방법과 거리가 먼 것은?

① 전조등, 안개등, 비상점멸표시등을 켜고 운행한다.
② 앞 차에게 나의 위치를 알려주기 위해 반드시 상향등을 켠다.

③ 안전거리를 확보하고 속도를 줄인다.
④ 습기가 맺혀 있을 경우 와이퍼를 작동해 시야를 확보한다.

상향등은 안개 속 물 입자들로 인해 산란하기 때문에 켜지 않고 하향등 또는 안개등을 켜도록 한다.

5 빗길 운전의 위험성에 대한 설명으로 옳지 않은 것은?

① 타이어와 노면 사이의 마찰력이 감소하여 정지거리가 짧아진다.
② 경음기를 울려도 빗소리로 인해 보행자가 잘 듣지 못할 수도 있다.
③ 보행자는 우산을 받쳐 들고 노면을 바라보며 걷는 경향이 있다.
④ 자동차나 신호기에 대한 주의력이 평상시보다 떨어질 수 있다.

타이어와 노면 사이의 마찰력이 감소하여 정지거리가 길어진다.

6 폭우로 가시거리가 100m 이내인 경우의 안전운행 속도는?

① 최고속도의 30% 감속
② 최고속도의 20% 감속
③ 제한속도 범위 주행
④ 최고속도의 50% 감속

폭우로 가시거리가 100m 이내인 경우에는 최고속도의 50%를 줄인 속도로 운행한다.

7 빗길 안전운전에 대한 설명으로 옳지 않은 것은?

① 물이 고인 길을 통과할 때에는 속도를 줄여 저속으로 통과한다.
② 보행자 옆을 통과할 때에는 속도를 줄여 흙탕물이 튀기지 않도록 주의한다.
③ 물이 고인 길을 벗어난 경우에는 브레이크를 여러 번 나누어 밟지 않는다.
④ 공사현장의 철판 등을 통과할 때에는 사전에 속도를 충분히 줄여 미끄러지지 않도록 천천히 통과한다.

물이 고인 길을 벗어난 경우에는 브레이크를 여러 번 나누어 밟아 마찰열로 브레이크 패드나 라이닝의 물기를 제거한다.

정답 1④ 2④ 3① 4② 5① 6④ 7③

8 경제운전의 기본적인 방법으로 적절하지 않은 것은?

① 급회전을 피한다.
② 가·감속을 부드럽게 한다.
③ 일정한 차량속도를 유지한다.
④ 출발 전 충분히 예열한다.

> 예열은 경제운전과는 거리가 멀다.

9 경제운전에 영향을 미치는 요인 중 속도와 에너지 소모량과의 관계를 가장 잘 설명한 것은?

① 속도를 높이면 에너지 소모량은 증가하고, 속도를 낮추면 감소한다.
② 속도를 높이면 에너지 소모량은 감소하고, 속도를 낮추면 증가한다.
③ 속도와 에너지 소모량과의 직접적인 관계는 없다.
④ 속도를 높이거나 낮춘 만큼 에너지 소모량은 증가한다.

> 속도를 높이거나 낮춘 만큼 에너지소모량도 증가하며, 반대로 일정 속도를 유지하면 가속저항이 제로가 되어 그만큼 에너지 소모량도 감소한다.

10 교차로에 접근할 때 경제운전 방법으로 옳은 것은?

① 가속페달에서 발을 떼고 관성으로 운전한다.
② 빨리 통과하기 위하여 과속으로 주행한다.
③ 속도에 상관없이 무조건 저단 기어를 사용한다.
④ 교통상황에 상관없이 교차로 500m 전방부터 서행한다.

> 교차로에 접근할 때는 가속페달에서 발을 떼고 관성으로 차를 운전하면 연료 소모를 줄일 수 있다.

11 연료소모율을 낮추기 위한 운전방법으로 적절하지 않은 것은?

① 교차로 전에서 관성주행이 가능한 경우에는 제동을 피하는 것이 좋다.
② 경제운전을 위해서는 일정 속도로 주행하는 것이 매우 중요하다.
③ 본선으로 합류할 때는 강한 가속이 필수적이다.
④ 대기시간이 1분 이상으로 긴 곳에서는 시동을 껐다가 다시 출발한다.

> 본선으로 합류할 때는 강한 가속이 필요하지만, 연료소모율을 낮추는 방법은 아니다.

12 경제운전을 위한 기어변속 방법으로 잘못된 것은?

① 기어변속은 엔진 회전속도가 2000~3000 RPM 상태에서 고단 기어 변속이 바람직하다.
② 경제운전을 위해서는 반드시 저단 기어 상태에서 차를 멈추어야 한다.
③ 기어 변속 시 반드시 순차적으로 해야 하는 것은 아니다.
④ 기어를 적절히 변속하는 것도 경제운전에서 매우 중요한 요소이다.

> 경제운전을 위해서는 반드시 저단 기어 상태에서 차를 멈출 필요는 없으며, 가능한 한 빨리 고단 기어로 변속하는 것이 좋다.

13 연료소모율이 적은 차를 구입할 때 고려해야 할 사항으로 거리가 먼 것은?

① 차의 유선형 유무   ② 차량 색상
③ 차량 무게   ④ 차량의 연비

> 차량 색상은 연료소모율과 관련이 없다.

14 지선에서 차량속도가 높은 본선으로 합류할 때는 안전 측면에서 어떤 것이 바람직한가?

① 갓길을 활용하여 부드러운 가속으로 천천히 본선에 합류한다.
② 다소 속도가 처지더라도 부드러운 가속으로 본선에 합류한다.
③ 기어를 변속해서 가속 후 서서히 본선에 합류한다.
④ 강한 가속으로 본선의 차량 속도로 합류한다.

> 지선에서 차량속도가 높은 본선으로 합류할 때는 강한 가속이 필수적이다. 이 경우는 경제운전보다 안전이 더 중요하다.

15 자동차를 출발할 때의 기본 운행 수칙에 대한 설명으로 옳지 않은 것은?

① 후사경이 제대로 조정되어 있는지 확인한다.
② 출발할 때에는 전방만 확인한다.
③ 운행을 시작하기 전에 제동등이 점등되는지 확인한다.
④ 운전석은 운전자의 체형에 맞게 조절하여 운전자세가 자연스럽도록 한다.

> 주차상태에서 출발할 때에는 차량의 사각지점을 고려하여 전·후, 좌·우의 안전을 직접 확인한다.

정답 8 ④ 9 ④ 10 ① 11 ③ 12 ② 13 ② 14 ④ 15 ②

16 다음 중 정류소에서 출발할 때 가장 우선적으로 해야 하는 것은?

① 기어변속을 한다.　　② 방향지시등을 작동한다.
③ 차문을 닫는다.　　　④ 가속을 한다.

> 정류소에서 출발할 때에는 자동차 문을 완전히 닫은 상태에서 방향지시등을 작동시켜 도로주행 의사를 표시한 후 출발한다.

17 정지할 때 요령으로 적당하지 않은 것은?

① 급정지로 인한 타이어 흔적이 발생하지 않도록 한다.
② 정지할 때까지 여유가 있는 경우에는 브레이크 페달을 2~3회 나누어 밟는다.
③ 엔진브레이크 및 저단기어 변속을 활용한다.
④ 미리 감속하여 연료가 소모되는 것을 방지한다.

> 정지할 때 미리 감속하는 이유는 연료가 소모되는 것을 방지하는 것이 아니라 급정지로 인한 타이어 흔적이 발생하지 않도록 하는 것이다.

18 감정의 통제가 필요할 때에 대한 설명으로 적절하지 않은 것은?

① 술이나 약물의 영향이 있는 경우에는 관리자에게 배차 변경을 요청한다.
② 주변사람의 사망, 이혼 등으로 인한 슬픔의 감정이 지속될 때는 관리자와 상의해서 운전을 피한다.
③ 운행 중 다른 운전자의 나쁜 운전행태에 대해 감정적으로 대응하지 않는다.
④ 우울하거나 침체되어 있을 때는 다소 속도를 내는 공격적 운전을 하면 기분전환이 된다.

> 우울한 상태에서는 가급적 운전을 피한다.

19 도로환경요인 중 특히 봄철에 나타나는 특성과 거리가 먼 것은?

① 본격적인 행락철을 맞이하여 교통수요가 많아진다.
② 포근하고 화창한 기후조건은 보행자나 운전자의 집중력을 떨어뜨린다.
③ 신학기를 맞이하여 학생들의 보행인구가 늘어난다.
④ 대기 온도와 습도의 상승으로 불쾌지수가 높아진다.

> 대기 온도와 습도의 상승으로 불쾌지수가 높아지는 계절은 여름철이다.

20 와이퍼의 교체시기에 대한 설명으로 틀린 것은?

① 와이퍼 블레이드가 지나간 자리에 얼룩이 남을 때
② 고속으로 주행 시 와이퍼에서 소리가 날 때
③ 차 유리에 맺힌 물기가 제대로 닦이지 않을 때
④ 와이퍼 퓨즈가 단선 되었을 때

> 와이퍼 교체시기
> • 와이퍼 블레이드가 지나간 자리에 얼룩이 남을 때
> • 차 유리에 맺힌 물기가 제대로 닦이지 않을 때
> • 와이퍼가 지나갈 때 드르륵 하면서 튕기는 소리가 날 때
> • 고속으로 주행 시 와이퍼에서 바람소리가 날 때

21 겨울철 안전운전에 대한 설명으로 옳지 않은 것은?

① 미끄러운 오르막길에서는 앞서가는 자동차가 정상에 오르는 것을 확인한 후 올라간다.
② 눈이 내린 후는 앞 차량의 타이어자국을 따라 주행한다.
③ 미끄러운 길 도중에 적절히 기어변속을 하여 대처한다.
④ 언덕길에서는 도중에 멈추지 않고 탄력을 받아 일정 속도로 기어변속 없이 올라간다.

> 미끄러운 길에서는 기어를 2단 또는 3단으로 고정하여 구동력을 바꾸지 않은 상태에서 주행하면 미끄러움을 방지할 수 있다.

22 고속도로 교통사고 또는 고장 발생 시 대처요령으로 옳지 않은 것은?

① 경찰관서(112), 소방관서(119) 또는 한국도로공사 콜센터(1588-2504)로 연락하여 도움을 요청한다.
② 차량 밖은 매우 위험하므로 운전자와 탑승자는 차량 내에서 도와 줄 사람이 올 때까지 기다린다.
③ 후방에서 접근하는 차량의 운전자가 쉽게 확인할 수 있도록 안전삼각대를 설치하고 야간에는 적색의 불꽃신호를 추가로 설치한다.
④ 비상등을 켜고, 다른 차의 소통에 방해가 되지 않도록 가급적 갓길로 차량을 이동시킨다.

> 운전자와 탑승자가 차량 내 또는 주변에 있는 것은 매우 위험하므로 가드레일 밖 등 안전한 장소로 대피한다.

출제문항수
15

CHAPTER
04

운송서비스

01 교통시스템에 대한 이해

Main Key Point

[예상문항 : 6문제] 이 섹션에서는 버스준공영제, 버스요금제도, BRT, BIS, BMS, 버스전용차로, 교통카드시스템 등에서 골고루 출제됩니다. 필수 암기 내용과 문제 위주로 학습하도록 합니다.

01 버스준공영제

1 버스운영체제의 유형

유형	의미
공영제	정부가 버스노선의 계획에서부터 버스차량의 소유·공급, 노선의 조정, 버스의 운행에 따른 수입금 관리 등 버스 운영체계의 전반을 책임지는 방식
민영제	민간이 버스노선의 결정, 버스운행 및 서비스의 공급 주체가 되고, 정부규제는 최소화하는 방식
버스 준공영제	노선버스 운영에 공공개념을 도입한 형태로 운영은 민간, 관리는 공공영역에서 담당하게 하는 운영체제

2 공영제의 장·단점

장점	① 종합적 도시교통계획 차원에서 운행서비스 공급이 가능 ② 노선의 공유화로 수요의 변화 및 교통수단간 연계차원에서 노선조정, 신설, 변경 등이 용이 ③ 연계·환승시스템, 정기권 도입 등 효율적 운영체계의 시행이 용이 ④ 서비스의 안정적 확보와 개선이 용이 ⑤ 수익노선 및 비수익노선에 대해 동등한 양질의 서비스 제공이 용이 ⑥ 저렴한 요금을 유지할 수 있어 서민대중을 보호하고 사회적 분배효과 고양

단점	① 책임의식 결여로 생산성 저하 ② 요금인상에 대한 이용자들의 압력을 정부가 직접 받게 되어 요금조정이 어려움 ③ 운전자 등 근로자들이 공무원화 될 경우 인건비 증가 우려 ④ 노선 신설, 정류소 설치, 인사 청탁 등 외부간섭의 증가로 비효율성 증대

3 민영제의 장·단점

장점	① 민간이 버스노선 결정 및 운행서비스를 공급하므로 공급비용을 최소화 ② 업무성적과 보상이 연관되어 있고 엄격한 지출통제를 받지 않기 때문에 민간회사가 보다 효율적 ③ 민간회사들이 보다 혁신적 ④ 버스시장의 수요·공급체계의 유연성 ⑤ 정부규제 최소화 및 행정비용, 정부재정지원의 최소화

단점	① 노선의 사유화로 노선의 합리적 개편이 적시적소에 이루어지기 어려움 ② 노선의 독점적 운영으로 업체 간 수입격차가 극심하여 서비스 개선 곤란 ③ 비수익노선의 운행서비스 공급 애로 ④ 타 교통수단과의 연계교통체계 구축이 어려움 ⑤ 과도한 버스 운임의 상승

4 준공영제의 특징

① 버스의 소유·운영은 각 버스업체가 유지
② 버스노선 및 요금의 조정, 버스운행 관리에 대해서는 지방자치단체가 개입

③ 지방자치단체의 판단에 의해 조정된 노선 및 요금으로 인해 발생된 운송수지적자에 대해서는 지방자치단체가 보전

④ 노선체계의 효율적인 운영

⑤ 표준운송원가를 통한 경영효율화 도모

⑥ 수준 높은 버스 서비스 제공

5 버스준공영제의 유형

분류	유형
형태에 의한 분류	• 노선 공동관리형 • 수입금 공동관리형 • 자동차 공동관리형
버스업체 지원형태에 의한 분류	• 직접 지원형 : 운영비용이나 자본비용을 보조하는 형태 • 간접 지원형 : 기반시설이나 수요증대를 지원하는 형태

▶ 국내 버스준공영제의 일반적인 형태
수입금 공동관리제를 바탕으로 표준운송원가 대비 운송수입금 부족분을 지원하는 직접 지원형

6 주요 도입 배경

(1) 현행 민영제제 하에서 버스운영의 한계

① 오랫동안 버스서비스를 민간 사업자에게 맡김으로 인해 노선이 사유화되고 이로 인해 적지 않은 문제점이 내재하고 있음

② 버스노선의 사유화로 비효율적 운영
• 도시구조의 변화, 수요의 변화 등으로 노선의 합리적 개편이 필요하나 적시적소에 이루어지지 못함
• 노선의 독점적 운영으로 업체 간 수입격차가 극심하여 서비스개선이 곤란할 뿐만 아니라 서비스수준이 하향 평준화되고 있음
• 버스수요에 적합한 버스운행서비스 공급구조 확보 곤란
• 특히 고령자의 급증에 따라 접근성 확보 시급

③ 버스업체의 자발적 경영개선의 한계
• 수요 감소에 따른 업체의 수익성 악화로 자발적 서비스개선을 기대하기 어려움
• 인건비, 유류비의 비중이 상대적으로 높아 비용절감에 한계

• 급격한 자가용 승용차 이용 증가에 따른 버스 수요 이탈로 버스업계의 자구적 경영 개선에 한계

④ 노·사 대립으로 인한 사회적 갈등

(2) 버스교통의 공공성에 따른 공공부문의 역할분담 필요

① 버스서비스는 공공성이 강조되는 공공재의 성격이 강한 재화이고 운행중단 등의 사회적 문제발생 예방 필요

② 타 운송수단과의 효율적 연계를 위해서는 일정 부분의 공적 개입이 필요

(3) 복지국가로서 보편적 버스교통 서비스 유지 필요

① 기초적인 대중교통수단의 접근성과 이용 보장을 위해 정부의 기본적인 임무수행 필요

② 사회적 형평성 확보
• 경제적, 신체적 약자의 교통권 보장
• 낙후지역의 생활여건 개선으로 지역균형과 사회적 안정성 제고

(4) 교통효율성 제고를 위해 버스교통의 활성화 필요

① 버스교통 활성화를 통해 도로교통 혼잡완화로 사회·경제적 비용 경감

② 도로 등 교통시설 건설투자비 절감

③ 국가물류비 절감, 유류소비 절약 등

7 주요 시행내용 및 시행목적

시행내용		시행목적
운영비용에 대한 재정지원	→	• 서비스 안정성 제고
표준운송원가 및 표준경영모델 도입	→	• 도덕적 해이 방지 • 적정한 원가보전 기준마련 및 경영개선 유도
운송수입금 공동관리 및 정산시스템 구축	→	• 투명한 관리와 시민 신뢰 확보
시내버스 서비스 평가제 도입	→	• 도덕적 해이 방지 • 운행질서 등 전반적인 서비스 품질 향상
시내버스 차량 및 이용시설 개선	→	• 버스이용의 쾌적·편의성 증대 • 버스에 대한 이미지 개선
무료환승제 도입	→	• 대중교통 이용 활성화 유도

★★★
1 정부가 버스노선의 계획에서부터 버스차량의 소유·공급, 노선의 조정, 버스의 운행에 따른 수입금 관리 등 버스 운영체계의 전반을 책임지는 방식을 무엇이라 하는가?

① 사립제
② 민영제
③ 공영제
④ 준공영제

정부가 버스노선의 계획에서부터 버스차량의 소유·공급, 노선의 조정, 버스의 운행에 따른 수입금 관리 등 버스 운영체계의 전반을 책임지는 버스운영체제는 공영제이다.

★★★
2 정부가 버스운영체제의 전반을 책임지는 방식으로 옳은 것은?

① 공영제
② 준공영제
③ 민영제
④ 사립제

★★★★
3 버스공영제의 단점으로 옳지 않은 것은?

① 타 교통수단과의 연계교통체계 구축이 어렵다.
② 버스요금 인상에 대한 이용자들의 반대압력을 정부가 직접 받게 되어 요금조절이 어렵다.
③ 노선신설, 정류소 설치, 인사 청탁 등 외부간섭의 증가로 비효율이 증대한다.
④ 책임의식 결여로 생산성이 저하된다.

타 교통수단과의 연계교통체계 구축이 어려운 것은 민영제의 단점에 해당하다.

★★★★
4 민영제의 장점으로 옳지 않은 것은?

① 민간회사 운영으로 혁신 경영이 가능
② 정부규제 최소화로 행정비용 최소화
③ 민간이 버스노선 결정 및 운행서비스를 공급하여 공급비용 최소화
④ 정부 통제로 혁신경영이 가능

민영제는 정부 통제가 아니라 민간회사 운영으로 혁신경영이 가능한 장점이 있다.

★★★★
5 버스운영체제의 유형 중 민영제의 특징에 대한 설명으로 옳지 않은 것은?

① 타 교통수단과의 연계교통체계 구축이 용이하다.
② 노선의 사유화로 노선의 합리적 개편이 적시적소에 이루어지기 어렵다.
③ 노선의 독점적 운영으로 버스회사 간 수입격차가 극심하여 서비스 개선이 곤란하다.
④ 민간이 버스노선의 결정 및 운행서비스를 공급함으로써 공급비용의 최소화가 가능하다.

민영제는 타 교통수단과의 연계교통체계 구축이 어렵다.

★★★★
6 민영체제하에서 나타나는 버스운영의 한계에 대한 설명이 옳지 않은 것은?

① 노선의 독점적 운영으로 업체 간 수입 격차가 극심하여 서비스 개선이 곤란하다.
② 노선의 사유화로 노선의 합리적 개편이 적시적소에 이루어지기 어렵다.
③ 버스 업체의 자발적 경영개선에 한계가 있다.
④ 도시화로 인해 대중교통의 이용이 증가해 공급 부족 현상이 나타나고 있다.

민영제는 버스시장의 수요·공급체계를 유연하게 운영할 수 있다.

정답 1③ 2① 3① 4④ 5① 6④

업종	요금체계
고속버스	거리체감제
마을버스	단일운임제
전세버스 / 특수여객	자율요금

02 버스요금제도

 ### 1 버스요금의 관할관청

구분		운임의 기준·요율 결정	신고
노선 운송 사업	시내버스	시·도지사 (광역급행형 : 국토교통부장관)	시장·군수
	농어촌버스	시·도지사	시장·군수
	시외버스	국토교통부장관	시·도지사
	고속버스	국토교통부장관	시·도지사
	마을버스	시장·군수	시장·군수
구역 운송 사업	전세버스	자율요금	
	특수여객	자율요금	

 ### 2 버스요금체계

(1) 버스요금 체계의 유형

유형	의미
단일(균일) 운임제	이용거리와 관계없이 일정하게 설정된 요금을 부과하는 요금체계
구역운임제	운행구간을 몇 개의 구역으로 나누어 구역별로 요금을 설정하고, 동일 구역 내에서는 균일하게 요금을 부과하는 요금체계
거리운임 요율제	거리운임요율에 운행거리를 곱해 요금을 산정하는 요금체계
거리체감제	이용거리가 증가함에 따라 단위당 운임이 낮아지는 요금체계

(2) 업종별 요금체계

업종	요금체계
시내·농어촌 버스	• 동일 특별시광역시·시·군 : 단일운임제 • 시(읍)계 외 지역 : 구역제·구간제·거리비례제
시외버스	거리운임요율제(기본구간 10km 기준 최저 기본운임), 거리체감제

03 간선급행버스체계 (BRT : Bus Rapid Transit)

1 개념

① 도심과 외곽을 잇는 주요 간선도로에 버스전용차로를 설치하여 급행버스를 운행하게 하는 대중교통시스템을 말한다.

② 요금정보시스템과 승강장·환승정류소·환승터미널·정보체계 등 도시철도시스템을 버스운행에 적용한 것으로 '땅 위의 지하철'로도 불린다.

2 간선급행버스체계의 도입 배경

① 도로와 교통시설 증가의 둔화
② 대중교통 이용률 하락
③ 교통체증의 지속
④ 도로 및 교통시실에 대한 투자비의 급격한 증가
⑤ 신속하고, 양질의 대량수송에 적합한 저렴한 비용의 대중교통 시스템 필요

3 간선급행버스체계의 특성

① 중앙버스차로와 같은 분리된 버스전용차로 제공
② 효율적인 사전 요금징수 시스템 채택
③ 신속한 승·하차 가능
④ 정류소 및 승차대의 쾌적성 향상
⑤ 지능형교통시스템(ITS ; Intelligent Transportation System)을 활용한 첨단신호체계 운영
⑥ 실시간으로 승객에게 버스운행정보 제공 가능
⑦ 환승 정류소 및 터미널을 이용하여 다른 교통수단과의 연계 가능
⑧ 환경친화적인 고급버스를 제공함으로써 버스에 대한 이미지 혁신 가능
⑨ 대중교통에 대한 승객 서비스 수준 향상

4 간선급행버스체계 운영을 위한 구성요소

① 통행권 확보 : 독립된 전용도로 또는 차로 등을 활용한 이용통행권 확보
② 교차로 시설 개선 : 버스우선신호, 버스전용 지하 또는 고가 등을 활용한 입체교차로 운영
③ 자동차 개선 : 저공해, 저소음, 승객들의 수평 승하차 및 대량수송
④ 환승시설 개선 : 편리하고 안전한 환승시설 운영
⑤ 운행관리시스템 : 지능형교통시스템을 활용한 운행관리

---

04 버스정보시스템 및 버스운행관리시스템

1 정의

(1) 버스정보시스템(BIS : Bus Information System)

버스와 정류소에 무선 송수신기를 설치하여 버스의 위치를 실시간으로 파악하고, 이를 이용해 이용자에게 정류소에서 해당 노선버스의 도착예정시간을 안내하고 이와 동시에 인터넷 등을 통하여 운행정보를 제공하는 시스템이다.

(2) 버스운행관리시스템(BMS : Bus Management System)

차내장치를 설치한 버스와 종합사령실을 유·무선 네트워크로 연결해 버스의 위치나 사고 정보 등을 버스회사, 운전자에게 실시간으로 보내주는 시스템이다.

2 BIS와 BMS의 비교

구분	버스정보시스템(BIS)	버스운행관리시스템(BMS)
정의	이용자에게 버스 운행상황 정보 제공	버스 운행상황 관제
제공매체	정류소 설치 안내기, 인터넷, 모바일	버스회사 단말기, 상황판, 차량단말기
제공대상	버스 이용 승객	버스운전자, 버스회사, 시·군
기대효과	버스 이용승객에게 편의 제공	배차관리, 안전운행, 정시성 확보
데이터	정류소 출발·도착 데이터	일정 주기 데이터, 운행기록데이터

3 운영

(1) 버스정보시스템(BIS)

① 정류소 : 대기승객에게 정류소 안내기를 통하여 도착예정시간 등을 제공
② 차내 : 다음 정류소 안내, 도착예정시간 안내
③ 그 외 장소 : 유무선 인터넷을 통한 특정 정류소 버스 도착예정시간 정보 제공
④ 주목적 : 버스이용자에게 편의 제공과 이를 통한 활성화

(2) 버스운행관리시스템(BMS)

① 버스운행관리센터 또는 버스회사에서 버스운행 상황과 사고 등 돌발적인 상황 감지
② 관계기관, 버스회사, 운수종사자를 대상으로 정시성 확보
③ 버스운행관제, 운행상태(위치, 위반사항) 등 버스정책 수립 등을 위한 기초자료 제공
④ 주목적 : 버스운행관리, 이력관리 및 버스운행정보 제공 등

4 주요 기능 및 기대 효과

(1) 주요 기능

구분	주요 기능
버스정보 시스템	버스도착 정보제공 • 정류소별 도착예정정보 표출 • 정류소간 주행시간 표출 • 버스운행 및 종료 정보 제공
버스운행관리 시스템	㉠ 실시간 운행상태 파악 • 버스운행의 실시간 관제 • 정류소별 도착시간 관제 • 배차간격 미준수 버스 관제 ㉡ 전자지도 이용 실시간 관제 • 노선 임의변경 관제 • 버스위치표시 및 관리 • 실제 주행여부 관제 ㉢ 버스운행 및 통계관리 • 누적 운행시간 및 횟수 통계관리 • 기간별 운행통계관리 • 버스, 노선, 정류소별 통계관리

(2) 이용주체별 기대 효과

구분	기대 효과
버스정보 시스템	이용자(승객) • 버스운행정보 제공으로 만족도 향상 • 불규칙한 배차, 결행 및 무정차 통과에 의한 불편 해소 • 과속 및 난폭운전으로 인한 불안감 해소 • 버스도착 예정시간 사전확인으로 불필요한 대기시간 감소

구분	기대 효과
버스운행관리 시스템	㉠ 운수종사자(버스 운전자) • 운행정보 인지로 정시 운행 • 앞·뒤차 간의 간격인지로 차간 간격 조정 운행 • 운행상태 완전노출로 운행질서 확립 ㉡ 버스회사 • 서비스 개선에 따른 승객 증가로 수지 개선 • 과속 및 난폭운전에 대한 통제로 교통사고율 감소 및 보험료 절감 • 정확한 배차관리, 운행간격 유지 등으로 경영합리화 가능 ㉢ 정부·지자체 • 자가용 이용자의 대중교통 흡수 활성화 • 대중교통정책 수립의 효율화 • 버스운행 관리감독의 과학화로 경제성, 정확성, 객관성 확보

예상문제 새로운 출제기준에 따른 예상유형을 파악하기!

****
1 시내버스의 운행에 관한 기준을 결정하는 관할관청으로 옳은 것은?(단, 광역급행형은 제외한다)

① 시장·군수
② 구청장
③ 국토교통부장관
④ 시·도지사

> 시내버스의 운행에 관한 기준은 시·도지사가 결정한다.

****
2 버스요금체계의 유형에 대한 설명으로 옳지 않은 것은?

① 거리운임요율제는 거리운임요율에 운행거리를 곱해 요금을 산정하는 요금체계이다.
② 구역운임제는 운행구간을 몇 개의 구역으로 나누어 이용거리가 증가함에 따라 단위당 운임이 낮아지는 요금체계이다.
③ 단일운임제는 이용거리와 관계없이 일정하게 설정된 요금을 부과하는 요금체계이다.
④ 거리체감제는 이용거리가 증가함에 따라 단위당 운임이

낮아지는 요금체계이다.

> 구역운임제는 운행구간을 몇 개의 구역으로 나누어 구역별로 요금을 설정하고, 동일 구역 내에서는 균일하게 요금을 부과하는 요금체계이다.

****
3 버스 업종별 운임의 기준 및 요율에 대한 설명으로 옳은 것은?

① 시내버스 및 시외버스는 노선운송사업으로 적용하고, 마을버스 및 전세버스는 구역운영사업으로 적용한다.
② 시외버스는 국토교통부장관이 운임을 결정한다.
③ 시내버스 및 마을버스는 시장 또는 군수가 운임을 결정한다.
④ 특수여객 및 고속버스는 국토교통부장관이 운임을 결정한다.

> ① 마을버스는 노선운송사업으로 적용한다.
> ③ 시내버스는 시·도지사가 운임을 결정한다.
> ④ 특수여객은 자율요금을 적용한다.

정답 1④ 2② 3②

★★★★★

4 다음 업종 중 거리체감제 요금체계가 적용되는 업종으로 옳은 것은?

① 시내버스　　　　② 고속버스
③ 전세버스　　　　④ 마을버스

> 거리체감제는 이용거리가 증가함에 따라 단위당 운임이 낮아지는 요금체계로 고속버스에 적용된다.

★★★★★

5 거리운임요율에 운행거리를 곱해 요금을 산정하는 요금체계를 적용하는 업종으로 옳은 것은?

① 전세버스　　　　② 마을버스
③ 고속버스　　　　④ 시외버스

> 거리운임요율에 운행거리를 곱해 요금을 산정하는 요금체계는 거리운임요율제인데, 이 거리운임요율제를 적용하는 업종은 시외버스이다.

★★★★★

6 간선급행버스체계의 개념으로 옳은 것은?

① 주요 간선도로에 버스전용차로를 설치하여 급행버스를 운행하는 시스템
② 이용자에게 버스 운행상황 정보를 제공하는 버스정보시스템
③ 버스운전자에게 운행상황과 사고 등 돌발적인 상황을 제공하는 버스운행관리시스템
④ 효율적인 요금징수 시스템

> 간선급행버스체계(BRT)란 도심과 외곽을 잇는 주요 간선도로에 버스전용차로를 설치하여 급행버스를 운행하게 하는 대중교통시스템을 말한다.

★★★★

7 간선급행버스체계의 도입 배경으로 옳지 않은 것은?

① 대중교통 이용률 상승
② 신속하고, 양질의 대량수송에 적합한 저렴한 비용의 대중교통 시스템 필요
③ 도로와 교통시설 증가의 둔화
④ 도로 및 교통시설에 대한 투자비의 막대한 증가

★★★★

8 간선급행버스체계(BRT)의 운영을 위한 구성요소로 옳지 않은 것은?

① 운행관리시스템　　② 단일요금체계
③ 지능형교통시스템　　④ 환승시스템

> 단일요금체계는 간선급행버스체계(BRT)의 운영을 위한 구성요소에 해당하지 않는다.

★★★★

9 간선급행버스체계의 도입 배경으로 옳은 것은?

① 도로 및 교통시설에 대한 투자비의 급격한 증가
② 도심 주차장 수 확보 증가
③ 외국 관광객의 관광명소 방문편의성 증가
④ 각종 행사장의 접근성 증가

> 간선급행버스체계의 도입 배경으로는 도로 및 교통시설에 대한 투자비의 급격한 증가, 대중교통 이용률 하락, 교통체증의 지속 등이 있다.

★★★★

10 간선급행버스체계(BRT)의 도입효과로 옳지 않은 것은?

① 승객 서비스 수준 향상
② 환경오염 급감
③ 환승 정류소를 이용하여 다른 교통수단과 연계 가능
④ 버스통행정보 실시간 제공

> BRT를 도입한다고 해서 환경오염이 급감하지는 않는다.

★★★★

11 간선급행버스체계에 대한 설명으로 옳지 않은 것은?

① 일방통행로에서 차량이 진행하는 반대방향으로 1~2개 차로를 버스전용차로로 운영하는 방식이다.
② 지능형교통시스템을 이용한 최첨단 버스운행체계이다.
③ 저공해 고급버스를 이용한 환경친화적이고 이용자 중심의 버스운행체계이다.
④ 요금정보시스템과 승강장, 환승정류소, 환승터미널, 정보체계 등 도시철도시스템을 버스를 통해 적용한 버스운행체계이다.

> 일방통행로에서 차량이 진행하는 반대방향으로 1~2개 차로를 버스전용차로로 운영하는 방식은 역류버스전용차로이다.

★★★★

12 차내장치를 설치한 버스와 종합사령실을 유·무선 네트워크로 연결해 버스의 위치나 사고 정보 등을 승객, 버스회사, 운전자에게 실시간으로 보내주는 시스템으로 옳은 것은?

① 버스운행관리시스템
② 지능형교통시스템
③ 간선급행버스시스템
④ 버스정보시스템

> 차내장치를 설치한 버스와 종합사령실을 유·무선 네트워크로 연결해 버스의 위치나 사고 정보 등을 승객, 버스회사, 운전자에게 실시간으로 보내주는 시스템은 버스운행관리시스템이다.

정답 4 ② 5 ④ 6 ① 7 ① 8 ② 9 ① 10 ② 11 ① 12 ①

13 정부, 지자체의 버스운행관리시스템의 도입 시 기대효과가 아닌 것은?

① 대중교통정책 수립의 효율화
② 자가용 이용자의 대중교통 흡수 활성화
③ 버스도착 예정시간 사전확인으로 대기시간 감소
④ 버스운행 관리감독의 과학화

> 버스도착 예정시간 사전확인으로 대기시간 감소는 버스정보시스템의 기대효과에 해당한다.

14 이용자 입장에서 버스정보시스템의 기대효과로 맞지 않는 것은?

① 버스도착 예상시간을 사전 확인하여 불필요한 대기시간을 줄일 수 있다.
② 버스운행정보 제공으로 만족도가 향상된다.
③ 불규칙한 배차, 결행 및 무정차 통과에 따른 불편이 해소된다.
④ 과속 및 난폭 운전으로 인한 불안감이 가중된다.

> 버스정보시스템을 통해 과속 및 난폭 운전으로 인한 불안감이 해소된다.

15 노선운송사업으로 옳지 않은 것은?

① 시내버스운송사업
② 시외버스운송사업
③ 전세버스운송사업
④ 마을버스운송사업

> 노선운송사업 : 시내버스, 농어촌버스, 마을버스, 시외버스

16 버스운행관리시스템(BMS)/버스정보시스템(BIS) 도입 시 이용주체별 기대효과에 대한 설명으로 옳지 않은 것은?

① 버스회사 : 정확한 배차관리, 운행간격 유지로 경영합리화
② 버스운전자 : 앞·뒤차 간의 간격인지로 차간 간격 조정 운행
③ 정부·지자체 : 과속 및 난폭운전에 대한 통제로 교통사고율 감소 및 보험료 절감
④ 이용자 : 과속 및 난폭운전으로 인한 불안감 해소

> 과속 및 난폭운전에 대한 통제로 교통사고율 감소 및 보험료 절감은 버스회사의 기대효과에 해당한다.

17 버스운행관리시스템(BMS)에 대한 설명으로 옳지 않은 것은?

① 버스운행상황을 관제할 수 있다.
② 정류소 안내기를 통하여 도착예정시간 등 정보 제공
③ 배차관리, 안전운행, 정시성을 확보할 수 있다.
④ 각종 정보는 버스회사 단말기, 상황판, 차량단말기에 제공된다.

> 정류소 안내기를 통하여 도착예정시간 등의 정보를 제공하는 것은 버스정보시스템(BIS)이다.

18 버스정보시스템(BIS) 운영에 대한 설명이다. 옳지 않은 것은?

① 차내에서는 다음 정류장, 도착예정시간을 안내한다.
② 버스운행을 관제하고 현재 운행상태를 확인할 수 있다.
③ 정류장에서는 대기승객에게 정류장 안내기를 통하여 도착예정시간 등을 제공한다.
④ 유무선 인터넷을 통한 특정 정류장의 버스 도착 예정시간 정보를 제공할 수 있다.

> 버스 운행상황을 관제하는 것은 버스운행관리시스템(BMS)에 관한 내용이다.

19 다음 중 버스정보시스템의 버스도착 정보제공 기능 중 옳지 않은 것은?

① 정류소별 도착예정정보 표출
② 차량정비 상태 확인 표출
③ 정류소간 주행시간 표출
④ 버스운행 및 종료 정보 제공

> 차량정비 상태 확인 표출은 버스정보시스템의 버스도착 정보제공 기능과 거리가 멀다.

20 이용거리가 증가함에 따라 단위당 운임이 낮아지는 버스요금체계로 옳은 것은?

① 거리비례제
② 거리체증제
③ 거리차감제
④ 거리운임요율제

> 이용거리가 증가함에 따라 단위당 운임이 낮아지는 버스요금체계 거리차감제이다.

chapter 04

1 버스 전용차로의 개념

① 버스전용차로는 일반차로와 구별되게 버스가 전용으로 신속하게 통행할 수 있도록 설정된 차로를 말한다.

② 버스전용차로는 통행방향과 차로의 위치에 따라 가로변버스전용차로, 역류버스전용차로, 중앙버스전용차로로 구분할 수 있다.

③ 버스전용차로의 설치는 일반차량의 차로수를 줄이기 때문에 일반차량의 교통상황이 나빠지는 문제가 발생할 수 있다.

④ 버스전용차로를 설치하여 효율적으로 운영하기 위해서는 다음과 같은 구간에 설치되는 것이 바람직하다.

- 전용차로를 설치하고자 하는 구간의 교통정체가 심한 곳
- 버스 통행량이 일정수준 이상이고, 승차인원이 한 명인 승용차의 비중이 높은 구간
- 편도 3차로 이상 등 도로 기하구조가 전용차로를 설치하기 적당한 구간
- 대중교통 이용자들의 폭넓은 지지를 받는 구간

2 전용차로의 유형별 특징

(1) 가로변버스전용차로

1) 특징

① 일방통행로 또는 양방향 통행로에서 가로변 차로를 버스가 전용으로 통행할 수 있도록 제공하는 것을 말한다.

② 종일 또는 출·퇴근 시간대 등을 지정하여 운영할 수 있다.

③ 버스전용차로 운영시간대에는 가로변의 주·정차를 금지하고 있으며, 시행구간의 버스 이용자수가 승용차 이용자수보다 많아야 효과적이다.

④ 우회전하는 차량을 위해 교차로 부근에서는 일반차량의 버스 전용차로 이용을 허용하여야 하며, 버스전용차로에 주·정차하는 차량을 근절시키기 어렵다.

 2) 장 · 단점

장점	• 시행이 간편하다. • 적은 비용으로 운영이 가능하다. • 기존의 가로망 체계에 미치는 영향이 적다. • 시행 후 문제점 발생에 따른 보완 및 원상복귀가 용이하다.
단점	• 시행효과가 바로 나타나지 않는다. • 가로변 상업 활동과 상충된다. • 전용차로 위반차량이 많이 발생한다. • 우회전하는 차량과 충돌할 위험이 존재한다.

(2) 역류버스전용차로

1) 특징

① 일방통행로에서 차량이 진행하는 반대방향으로 1~2개 차로를 버스전용차로로 제공하는 것

② 일방통행로에서 양방향으로 대중교통 서비스를 유지하기 위한 방법

③ 일반 차량과 반대방향으로 운영하기 때문에 차로분리시설과 안내시설 등의 시설 필요

④ 가로변 버스전용차로에 비해 시행비용이 많이 소요

⑤ 일방통행로에 대중교통수요 등으로 인해 버스노선이 필요한 경우에 설치

⑥ 대중교통 서비스는 계속 유지되면서 일방통행의 장점을 살릴 수 있지만, 시행준비가 까다롭고 투자비용이 많이 소요되는 단점이 있다.

2) 장 · 단점

장점	• 대중교통 서비스를 제공하면서 가로변에 설치된 일방통행의 장점을 유지할 수 있다. • 대중교통의 정시성이 제고된다.
단점	• 일방통행로에서는 보행자가 버스전용차로의 진행방향만 확인하는 경향으로 인해 보행자 사고가 증가할 수 있다. • 잘못 진입한 차량으로 인해 교통혼잡이 발생할 수 있다.

(3) 중앙버스전용차로

1) 특징

① 도로 중앙에 버스만 이용할 수 있는 전용차로를 지정함으로써 버스를 다른 차량과 분리하여 운영하는 방식

② 버스의 운행속도를 높이는 데 도움이 되며, 승용차를 포함한 다른 차량들은 버스의 정차로 인한 불편을 피할 수 있다.

③ 버스의 잦은 정류소의 정차 및 갑작스런 차로 변경은 다른 차량의 교통흐름을 단절시키거나 사고 위험을 초래할 수 있다.

④ 일반 차량의 중앙버스전용차로 이용 및 주·정차를 막을 수 있어 차량의 운행속도 향상에 도움이 된다.

⑤ 일반적으로 편도 3차로 이상 되는 기존 도로의 중앙차로에 버스 전용차로를 제공하는 것으로 다른 차량의 진입을 막기 위해 방호울타리 또는 연석 등의 물리적 분리시설 등의 안전시설이 필요하기 때문에 설치비용이 많이 소요되는 단점이 있다.

⑥ 차로수가 많을수록 중앙버스전용차로 도입이 용이하고, 만성적인 교통 혼잡이 발생하는 구간 또는 좌회전하는 대중교통 버스노선이 많은 지점에 설치하면 효과가 크다.

2) 장·단점

장점	• 일반 차량과의 마찰을 최소화 • 교통정체가 심한 구간에서 효과적 • 대중교통의 통행속도 제고 및 정시성 확보가 유리 • 대중교통 이용자의 증가 도모 • 가로변 상업 활동 보장
단점	• 도로 중앙에 설치된 버스정류소로 인해 무단횡단 등 안전문제 발생 • 여러 안전시설 등의 설치 및 유지로 인한 비용 소요 • 전용차로에서 우회전하는 버스와 일반차로에서 좌회전하는 차량에 대한 체계적인 관리 필요 • 일반 차로의 통행량이 다른 전용차로에 비해 많이 감소 • 승·하차 정류소에 대한 보행자의 접근거리가 길어짐

3) 위험요소

① 대기 중인 버스를 타기 위한 보행자의 횡단보도 신호위반 및 버스정류소 부근의 무단횡단 가능성 증가

② 중앙버스전용차로가 시작하는 구간 및 끝나는 구간에서 일반차량과 버스 간의 충돌위험 발생

③ 좌회전하는 일반차량과 직진하는 버스 간의 충돌 위험 발생

④ 버스전용차로가 시작하는 구간에서는 일반차량의 직진 차로수의 감소에 따른 교통 혼잡 발생

⑤ 폭이 좁은 정류소 추월차로로 인한 사고 위험 발생 : 정류소에 설치된 추월차로는 정류소에 정차하지 않는 버스 또는 승객의 승·하차를 마친 버스가 대기 중인 버스를 추월하기 위한 차로로 폭이 좁아 중앙선을 침범하기 쉬운 문제를 안고 있다.

❸ 대중교통 전용지구

(1) 개념

① 도시의 교통수요를 감안해 승용차 등 일반 차량의 통행을 제한할 수 있는 지역 및 제도

② 도심 상업지구 내로의 일반 차량의 통행을 제한하고 대중교통수단의 진입만을 허용하여 교통여건을 개선하여 쾌적한 보행과 쇼핑이 가능하도록 하는 대중교통 중심의 보행자 전용공간

(2) 목적

① 도심상업지구의 활성화

② 쾌적한 보행자 공간의 확보

③ 대중교통의 원활한 운행 확보

④ 도심교통환경 개선

(3) 운영 내용

① 버스 및 16인승 승합차, 긴급자동차만 통행 가능하며 심야시간에 한해 택시의 통행 가능

② 승용차 및 일반 승합차는 24시간 진입불가(화물차량은 허가 후 통행 가능)

③ 보행자 보호를 위해 대중교통 전용 지구 내 30km/h로 속도 제한

1 일반차로와 구별되게 버스가 전용으로 신속하게 운행할 수 있도록 설정된 차로로 옳은 것은?

① 간선급행차로
② 일방통행차로
③ 버스전용차로
④ 버스급행차로

> 버스전용차로는 일반차로와 구별되게 버스가 전용으로 신속하게 통행할 수 있도록 설정된 차로를 말한다.

2 다음 중 가로변버스전용차로의 특징으로 옳지 않은 것은?

① 버스전용차로 운영시간대에는 가로변의 주·정차를 금지해야 한다.
② 종일 또는 출·퇴근 시간대 등을 지정하여 탄력적으로 운영할 수 있다.
③ 버스전용차로를 가로변에 설치하므로 버스의 신속성 확보에 매우 유리하다.
④ 우회전하는 차량을 위해 교차로 부근에서는 일반차량의 버스전용차로 이용을 허용해야 한다.

> 가로변버스전용차로는 우회전 차량과 충돌할 위험이 존재하므로 버스의 신속성 확보에 유리하다고 할 수 없다.

3 가로변버스전용차로의 특징으로 옳지 않은 것은?

① 버스전용차로에 주·정차하는 차량 근접 용이
② 종일 또는 출퇴근 시간대 등을 지정하여 운영
③ 일방통행로 또는 양방향 통행로에서 버스전용 통행
④ 교차로 부근에서는 우회전하는 일반차량의 이용을 허용

> 버스전용차로 운영시간대에는 가로변의 주·정차를 금지하고 있다.

4 중앙버스전용차로에 대한 설명으로 옳지 않은 것은?

① 승용차를 포함한 다른 차량들은 버스의 정차로 인한 불편을 피할 수 있다.
② 도로 중앙에 버스만 이용할 수 있는 전용차로를 지정, 버스를 다른 차량과 분리하여 운영하는 방식이다.
③ 좌회전하는 대중교통 버스노선이 많은 지역에 설치하면 효과가 작다.
④ 횡단보도를 통해 정류소로 이동하므로 이용객의 정류소 접근시간이 늘고 사고 위험성도 증가한다.

> 중앙버스전용차로제는 좌회전하는 대중교통 버스노선이 많은 지역에 설치하면 효과가 크다.

5 다음 중 중앙버스전용차로의 단점에 대한 설명으로 옳지 않은 것은?

① 승하차 정류소에 대한 이용자의 접근거리가 길어진다.
② 도로 중앙에 설치된 버스정류소로 인해 무단횡단 등 안전문제가 발생한다.
③ 여러 가지 안전시설 등의 설치 및 유지로 인한 비용이 많이 소요된다.
④ 교통정체가 심한 구간에서 도로의 흐름을 저하시킨다.

> 중앙버스전용차로는 교통정체가 심한 구간에서 더욱 효과적이다.

6 중앙버스전용차로의 위험요소로 옳지 않은 것은?

① 좌회전하는 일반차량과 직진하는 버스 간의 충돌위험 발생
② 버스전용차로가 시작되는 구간에서는 일반차량 직진 차로 수의 감소에 따라 교통혼잡이 없음
③ 보행자의 횡단보도 신호위반 및 버스정류소 부근의 무단횡단 가능성 증가
④ 폭이 좁은 정류소 추월차로로 인한 사고위험 발생

> 버스전용차로가 시작되는 구간에서는 일반차량 직진 차로 수의 감소에 따라 교통혼잡 발생 위험이 있다.

정답　**1** ③　**2** ③　**3** ①　**4** ③　**5** ④　**6** ②

06 교통카드시스템

1 개요

① 교통카드 : 대중교통수단의 운임이나 유료도로의 통행료를 지불할 때 주로 사용되는 일종의 전자화폐

② 현금지불에 대한 불편 및 승하차시간 지체문제 해소와 운송업체의 경영효율화 등을 위해 1996년 3월에 최초로 서울시가 버스카드제를 도입

→ 1998년 6월부터 지하철카드제 도입

2 도입 효과

구분	도입 효과
이용자 측면	① 현금소지의 불편 해소 ② 소지의 편리성, 요금 지불 및 징수의 신속성 ③ 하나의 카드로 다수의 교통수단 이용 가능 ④ 요금할인 등으로 교통비 절감
운영자 측면	① 운송수입금 관리가 용이 ② 요금집계업무의 전산화를 통한 경영합리화 ③ 대중교통 이용률 증가에 따른 운송수익의 증대 ④ 정확한 전산실적자료에 근거한 운행 효율화 ⑤ 다양한 요금체계에 대응(거리비례제, 구간요금제 등)
정부 측면	① 대중교통 이용률 제고로 교통환경 개선 ② 첨단교통체계 기반 마련 ③ 교통정책 수립 및 교통요금 결정의 기초자료 확보

3 구성

① 교통카드시스템은 크게 사용자 카드, 단말기, 중앙처리시스템으로 구성된다.

```
교통카드  →  단말기  →  집계시스템  →  정산시스템
           └──────→ 충전시스템 ───────┘
```

② 흔히 사용자가 접하게 되는 것은 교통카드와 단말기이며, 교통카드 발급자와 단말기 제조자, 중앙처리시스템 운영자는 사정에 따라 같을 수도 있으나 다른 경우가 대부분이다.

4 교통카드의 종류

(1) 카드방식에 따른 분류

구분	특징
MS방식 (Magnetic Strip)	• 자기인식방식으로 간단한 정보 기록 가능 • 정보 저장 매체인 자성체가 손상될 위험이 높고, 위·변조가 용이해 보안에 취약
IC방식 (스마트카드)	• 반도체 칩을 이용해 정보를 기록 • 자기카드에 비해 수백 배 이상의 정보 저장 가능 • 카드에 기록된 정보를 암호화할 수 있어 자기카드에 비해 보안성이 높음

(2) IC카드의 종류(내장하는 Chip의 종류에 따라)

① 접촉식

② 비접촉식(RF, Radio Frequency)

③ 하이브리드 : 접촉식+비접촉식 2종의 칩을 함께하는 방식이나 2개 종류 간 연동이 안 된다.

④ 콤비 : 접촉식+비접촉식 2종의 칩을 함께하는 방식으로 2개 종류 간 연동이 된다.

(3) 지불방식에 따른 구분 : 선불식, 후불식

5 단말기

① 기능 : 카드를 판독하여 이용요금 차감 및 잔액 기록

② 구조 : 카드인식장치, 정보처리장치, 키값(Idcenter), 키값관리장치, 정보저장장치 **필수암기**

6 집계시스템

① 기능 : 단말기와 정산시스템을 연결

② 구성 : 데이터 처리장치, 통신장치(유/무선), 인쇄장치, 무정전전원공급장치

7 충전시스템

① 기능 : 금액이 소진된 교통카드에 금액을 재충전

② 종류 : • On Line : 은행과 연결하여 충전
　　　　• Off Line : 충전기에서 직접 충전

③ 구조 : 충전시스템과 전화선 등으로 정산센터와 연계

8 정산시스템

① 각종 단말기 및 충전기와 네트워크로 연결하여 사용 거래기록을 수집, 정산 처리하고, 정산결과를 해당 은행으로 전송한다.

② 거래기록의 정산처리뿐만 아니라 정산 처리된 모든 거래기록을 데이터베이스화하는 기능을 한다.

chapter **04**

1 이용자 측면에서의 교통카드시스템 도입 효과로 옳지 않은 것은?

① 하나의 카드로 다수의 교통수단 이용 가능
② 현금소지의 불편 해소
③ 운송수입금 관리가 용이
④ 요금 할인 등으로 교통비 절감

운송수입금 관리 용이는 운영자 측면에서의 도입 효과에 해당한다.

2 교통카드시스템의 도입효과 중 정부측면에서 기대할 수 있는 효과로 옳지 않은 것은?

① 첨단교통체계의 기반을 마련할 수 있다.
② 교통정책 수립 및 교통요금 결정의 기초자료를 확보할 수 있다.
③ 대중교통 이용률 제고로 교통환경을 개선할 수 있다.
④ 운송수입금 관리가 용이하다.

운송수입금 관리 용이는 운영자 측면에서 기대할 수 있는 효과이다.

3 IC방식(스마트카드)의 교통카드에 대한 설명으로 옳지 않은 것은?

① 카드에 기록된 정보를 암호화할 수 있다.
② 반도체 칩을 이용해 정보를 기록하는 방식이다.
③ 자기카드에 비해 수백 배 이상의 정보 저장이 가능하다.
④ 자기카드에 비해 보안성이 낮다.

반도체 칩을 이용해 정보를 기록하는 방식으로 자기카드에 비해 수백 배 이상의 정보 저장이 가능하고, 카드에 기록된 정보를 암호화할 수 있어, 자기카드에 비해 보안성이 높다.

4 다음 중 카드를 판독하여 이용요금을 차감하고 잔액을 기록하는 기능을 하는 단말기의 구성요소로 옳지 않은 것은?

① 유선통신장치   ② 카드인식장치
③ 정보저장장치   ④ 정보처리장치

단말기의 구조 : 카드인식장치, 정보처리장치, 키값, 키값관리장치, 정보저장장치

5 교통카드시스템의 단말기 구조에 해당하지 않는 것은?

① 전원공급장치
② 정보처리장치
③ 키값 관리장치
④ 카드인식장치

6 교통카드 시스템의 구성요소에 대한 설명으로 옳지 않은 것은?

① 단말기는 교통카드를 판독하여 이용요금을 차감한 후 잔액을 기록하고 판독기록을 은행에 보내주는 기능을 한다.
② 집계시스템은 단말기와 정산시스템을 연결하는 기능을 한다.
③ 정산시스템은 집계시스템으로부터 전송된 거래기록을 수집, 정산 처리하고 데이터베이스화하는 기능을 한다.
④ 충전시스템은 금액이 소진된 카드에 금액을 재충전하는 역할을 한다.

단말기는 카드를 판독하여 이용요금을 차감한 후 잔액을 기록하는 기능을 하며, 판독기록을 은행에 보내주는 기능을 하지는 않는다.

7 교통카드시스템의 정산시스템에 대한 설명으로 옳은 것은?

① 금액이 소진된 교통카드에 금액을 재충전하는 방식이다.
② 거래기록의 정산처리뿐만 아니라 정산 처리된 모든 거래기록을 데이터베이스화하는 기능이다.
③ 충전시스템과 전화선으로 정산센터와 연계한다.
④ 구성은 데이터처리장치, 통신장치, 인쇄장치 등이다.

①, ③은 충전 시스템에 대한 설명이고, ④는 집계 시스템에 해당한다.

정답 1③ 2④ 3④ 4① 5① 6① 7②

The qualification Test of bus driving

02 여객운수종사자의 기본자세

Main Key Point

[예상문항 : 4문제] 이 섹션에서는 서비스의 특징, 기본 예절, 언어 예절, 직업관, 고객의 욕구 등에서 상식으로 풀 수 있는 문제들이 출제되니 많은 비중을 두고 공부하지 않도록 합니다.

01 서비스의 개념과 특징

1 서비스의 개념

(1) 일반적인 서비스의 정의

한 당사자가 다른 당사자에게 소유권의 변동 없이 제공해 줄 수 있는 무형의 행위 또는 활동

(2) 여객운송업의 서비스 개념

① 긍정적인 마음을 적절하게 표현하여 승객을 기쁘고 즐겁게 목적지까지 안전하게 이동시키는 것

② 봉사, 친절, 땀, 노력 등을 통해 승객을 만족시켜 주고 만족해하는 모습을 통해 보람, 성취감을 느끼는 것으로 말과 이론이 아닌 감정과 행동이 수반된다.

③ 서비스란 승객의 이익을 도모하기 위해 행동하는 정신적·육체적 노동을 말한다.

④ 서비스도 하나의 상품으로 서비스 품질에 대한 승객 만족을 위해 계속적으로 승객에게 제공하는 모든 활동을 의미한다.

⑤ 여객운송서비스는 버스를 이용하여 승객을 출발지에서 최종목적지까지 이동시키는 상업적 행위를 말하며, 버스를 이용하여 승객을 대상으로 승객이 원하는 구간이동 서비스를 제공하는 행위 그 자체를 의미한다.

(3) 올바른 서비스 제공을 위한 5요소

① 단정한 용모 및 복장

② 밝은 표정

③ 공손한 인사

④ 친근한 말

⑤ 따뜻한 응대

2 서비스의 특징

(1) 무형성 : 보이지 않는다.

① 서비스는 형태가 없는 무형의 상품으로서 제품과 같이 누구나 볼 수 있는 형태로 제시되지 않으며, 서비스를 측정하기는 어렵지만 누구나 느낄 수는 있다.

② 운송서비스는 노동집약성이 높은 서비스 유형으로 승객이 버스 승차를 경험한 후에 운송서비스에 대한 질적 수준을 인지할 수 있다.

③ 운송서비스 수준은 버스의 운행횟수, 운행시간, 차종, 목적지 도착시간 등에 영향을 받을 수 있다.

(2) 동시성 : 생산과 소비가 동시에 발생하므로 재고가 발생하지 않는다.

① 서비스는 공급자에 의해 제공됨과 동시에 승객에 의해 소비되는 성질을 가지고 있다.

② 서비스는 재고가 없고, 불량 서비스가 나와도 다른 제품처럼 반품할 수도 없으며, 고치거나 수리할 수도 없다.

③ 불량서비스를 한번 하게 되면 불량제품을 판매하는 경우보다 훨씬 나쁜 결과를 초래할 수 있다.

(3) 인적 의존성 : 사람에 의존한다.

① 서비스는 사람에 의해 생산되어 사람에게 제공되므로 똑같은 서비스라 하더라도 그것을 행하는 사람에 따라 품질의 차이가 발생하기 쉽다.

② 제품은 기계나 설비로 균질하게 만들어 낼 수 있다는 점에서 서비스와 대조를 이룬다.

③ 운송서비스는 운전자에 의해 생산되기 때문에 인적 의존성이 높다.

④ 운수회사에서 제공하는 버스의 좌석 수는 제한되고 시간적·공간적 제약이 따르지만, 운전자가 제공하는 서비스인 안전운행 및 안내 등은 제한 없이 공급될 수 있다.

chapter 04

⑤ 승객과 대면하는 운전자의 태도, 복장, 말씨 등은 운송서비스에 있어 중요한 영향을 미친다.

(4) 소멸성 : 즉시 사라진다.
① 서비스는 오래 남아있는 것이 아니라 제공이 끝나면 즉시 사라져 남지 않는다.
② 서비스의 무형성, 동시성 등으로 제공된 서비스에 대한 품질 수준을 측정하기 어렵다.

(5) 무소유권 : 가질 수 없다.
① 서비스는 누릴 수는 있으나 소유할 수는 없다.
② 승객이 승차요금 또는 사용요금으로 지급하고 목적지 도착 또는 사용종료가 되었을 때에는 구매대가로 지급받은 유형재는 존재하지 않는다.
③ 서비스는 승객이 제공받을 수는 있으나, 유형재처럼 소유권을 이전받을 수는 없다.

(6) 변동성
운송서비스의 소비활동은 버스 실내의 공간적 제약요인으로 인해 상황의 발생 정도에 따라 시간, 요일 및 계절별로 변동성을 가질 수 있다.

(7) 다양성
승객 욕구의 다양함과 감정의 변화, 서비스 제공자에 따라 상대적이며, 승객의 평가 역시 주관적이어서 일관되고 표준화된 서비스 질을 유지하기 어렵다.

---

02   승객만족

1 승객만족의 개념 및 중요성
① 승객만족이란 승객이 무엇을 원하고 있으며 무엇이 불만인지 알아내어 승객의 기대에 부응하는 양질의 서비스를 제공함으로써 승객으로 하여금 만족감을 느끼게 하는 것이다.
② 승객을 만족시키기 위한 추진력과 분위기 조성은 경영자의 몫이라 할 수 있으나, 실제로 승객을 상대하고 승객을 만족시켜야 할 사람은 승객과 직접 접촉하는 최일선의 운전자이다.
③ 100명의 운수종사자 중 99명의 운수종사자가 바람직한 서비스를 제공한다 하더라도 승객이 접해본 단 한 명이 불만족스러웠다면 승객은 그 한 명을 통하여 회사 전체를 평가하게 된다.

④ 한 업체에 대해 고객이 거래를 중단하는 이유는 종사자의 불친절(68%), 제품에 대한 불만(14%), 경쟁사의 회유(9%), 가격이나 기타(9%)로 조사되어 고객이 거래를 중단하는 가장 큰 이유는 제품에 대한 불만이 아니라 일선 종사자의 불친절에 의한 것임을 알 수 있다.

2 일반적인 승객의 욕구
① 기억되고 싶어한다.
② 환영받고 싶어한다.
③ 관심을 받고 싶어한다.
④ 중요한 사람으로 인식되고 싶어한다.
⑤ 편안해지고 싶어한다.
⑥ 존경받고 싶어한다.
⑦ 기대와 욕구를 수용하고 인정받고 싶어한다.

3 승객만족을 위한 기본예절
① 승객을 기억한다.
• 승객을 기억한다는 것은 인간관계의 기본조건이다.
• 승객이 누구인지 알아야 서비스가 이루어질 수 있다.
• 승객에 대한 관심을 표현함으로써 승객과의 관계는 더욱 가까워진다.
② 자신의 것만 챙기는 이기주의는 바람직한 인간관계 형성의 저해요소이다.
③ 약간의 어려움을 감수하는 것은 좋은 인간관계 유지를 위한 투자이다.
④ 예의란 인간관계에서 지켜야할 도리이다.
⑤ 연장자는 사회의 선배로서 존중하고, 공·사를 구분하여 예우한다.
⑥ 상스러운 말을 하지 않는다.
⑦ 승객에게 관심을 갖는 것은 승객으로 하여금 내게 호감을 갖게 한다.
⑧ 관심을 가짐으로써 인간관계는 더욱 성숙된다.
⑨ 승객의 입장을 이해하고 존중한다.
⑩ 승객의 여건, 능력, 개인차를 인정하고 배려한다.
⑪ 승객의 결점을 지적할 때에는 진지한 충고와 격려로 한다.
⑫ 승객을 존중하는 것은 돈 한 푼 들이지 않고 승객을 접대하는 효과가 있다.
⑬ 모든 인간관계는 성실을 바탕으로 한다.
⑭ 항상 변함없는 진실한 마음으로 승객을 대한다.

03 승객을 위한 행동예절

1 이미지 관리

① 이미지란 개인의 사고방식이나 생김새, 성격, 태도 등에 대해 상대방이 받아들이는 느낌을 말한다.

② 개인의 이미지는 본인에 의해 결정되는 것이 아니라 상대방이 보고 느낀 것에 의해 결정된다.

③ 긍정적인 이미지를 만들기 위한 3요소
  • 시선처리(눈빛)
  • 음성관리(목소리)
  • 표정관리(미소)

2 인사

(1) 인사의 개념

① 인사는 서비스의 첫 동작이자 마지막 동작이다.

② 인사는 서로 만나거나 헤어질 때 말·태도 등으로 존경, 사랑, 우정을 표현하는 행동양식이다.

③ 상대의 인격을 존중하고 배려하며 경의를 표시하는 수단으로 마음, 행동, 말씨가 일치되어 승객에게 공경의 뜻을 전달하는 방법이다.

④ 상사에게는 존경심을, 동료에게는 우애와 친밀감을 표현할 수 있는 수단이다.

(2) 인사의 중요성

① 인사는 평범하고도 대단히 쉬운 행동이지만 생활화되지 않으면 실천에 옮기기 어렵다.

② 인사는 애사심, 존경심, 우애, 자신의 교양 및 인격의 표현이다.

③ 인사는 서비스의 주요 기법 중 하나이다.

④ 인사는 승객과 만나는 첫걸음이다.

⑤ 인사는 승객에 대한 마음가짐의 표현이다.

⑥ 인사는 승객에 대한 서비스 정신의 표시이다.

(3) 잘못된 인사

① 턱을 쳐들거나 눈을 치켜뜨고 하는 인사

② 할까 말까 망설이다 하는 인사

③ 성의 없이 말로만 하는 인사

④ 무표정한 인사

⑤ 경황없이 급히 하는 인사

⑥ 뒷짐을 지고 하는 인사

⑦ 상대방의 눈을 보지 않고 하는 인사

⑧ 자세가 흐트러진 인사

⑨ 머리만 까닥거리는 인사

⑩ 고개를 옆으로 돌리고 하는 인사

(4) 올바른 인사

① 표정 : 밝고 부드러운 미소를 짓는다.

② 고개 : 반듯하게 들되, 턱을 내밀지 않고 자연스럽게 당긴다.

③ 시선 : 인사 전·후에 상대방의 눈을 정면으로 바라보며, 상대방을 진심으로 존중하는 마음을 눈빛에 담아 인사한다.

④ 머리와 상체 : 일직선이 되도록 하며 천천히 숙인다.

구분	인사 각도	인사 의미	인사말
가벼운 인사 (목례)	15°	기본적인 예의 표현	안녕하십니까. 네, 알겠습니다.
보통 인사 (보통례)	30°	승객 앞에 섰을 때	처음 뵙겠습니다. 감사합니다.
정중한 인사 (정중례)	45°	정중한 인사 표현	죄송합니다. 미안합니다.

⑤ 입 : 미소를 짓는다.

⑥ 손 : 남자는 가볍게 쥔 주먹을 바지 재봉 선에 자연스럽게 붙이고, 주머니에 넣고 하는 일이 없도록 한다.

⑦ 발 : 뒤꿈치를 붙이되, 양발의 각도는 여자 15°, 남자는 30° 정도를 유지한다.

⑧ 음성 : 적당한 크기와 속도로 자연스럽게 말한다.

⑨ 인사 : 본 사람이 먼저 하는 것이 좋으며, 상대방이 먼저 인사한 경우에는 응대한다.

3 호감 받는 표정관리

(1) 표정

마음속의 감정이나 정서 따위의 심리 상태가 얼굴에 나타난 모습을 말하며, 다분히 주관적이고 순간순간 변할 수 있고 다양하다.

(2) 표정의 중요성

① 표정은 첫인상을 좋게 만든다.

② 첫인상은 대면 직후 결정되는 경우가 많다.

③ 상대방에 대한 호감도를 나타낸다.

④ 상대방과 원활하고 친근한 관계를 만들어 준다.

⑤ 업무 효과를 높일 수 있다.

⑥ 밝은 표정은 호감 가는 이미지를 형성하여 사회생활에 도움을 준다.

⑦ 밝은 표정과 미소는 신체와 정신 건강을 향상시킨다.

(3) 밝은 표정의 효과

① 자신의 건강증진에 도움이 된다.

② 상대방과의 호감 형성에 도움이 된다.

③ 상대방으로부터 느낌을 직접 받아들여 상대방과 자신이 서로 통한다고 느끼는 감정 이입 효과가 있다.

④ 업무능률 향상에 도움이 된다.

(4) 시선처리

① 자연스럽고 부드러운 시선으로 상대를 본다.

② 눈동자는 항상 중앙에 위치하도록 한다.

③ 가급적 승객의 눈높이와 맞춘다.

> ▶ 승객이 싫어하는 시선 : 위로 치켜뜨는 눈, 곁눈질, 한 곳만 응시하는 눈, 위·아래로 훑어보는 눈

4 악수

① 악수를 할 경우에는 상사가 아랫사람에게 먼저 손을 내민다.

② 상사가 악수를 청할 경우 아랫사람은 먼저 가볍게 목례를 한 후 오른손을 내민다.

> ▶ 악수를 청하는 사람과 받는 사람
> • 기혼자가 미혼자에게 청한다.
> • 선배가 후배에게 청한다.
> • 여자가 남자에게 청한다.
> • 승객이 직원에게 청한다.

5 용모 및 복장

(1) 단정한 용모와 복장의 중요성

① 승객이 받는 첫인상을 결정한다.

② 회사의 이미지를 좌우하는 요인을 제공한다.

③ 하는 일의 성과에 영향을 미친다.

④ 활기찬 직장 분위기 조성에 영향을 준다.

(2) 근무복에 대한 공·사적인 입장

① 공적인 입장(운수회사 입장)

• 시각적인 안정감과 편안함을 승객에게 전달할 수 있다.

• 종사자의 소속감 및 애사심 등 심리적인 효과를 유발시킬 수 있다.

• 효율적이고 능동적인 업무처리에 도움을 줄 수 있다.

② 사적인 입장(종사자 입장)

• 사복에 대한 경제적 부담이 완화될 수 있다.

• 승객에게 신뢰감을 줄 수 있다.

(3) 복장의 기본원칙

① 깨끗하게

② 단정하게

③ 품위 있게

④ 규정에 맞게

⑤ 통일감 있게

⑥ 계절에 맞게

⑦ 편한 신발을 신되, 샌들이나 슬리퍼는 삼가야 한다.

6 언어예절

(1) 대화의 4원칙

구분	의미
① 밝고 적극적	• 밝고 긍정적인 어조로 적극적으로 승객에게 말을 건넨다. • 즐거운 기분으로 말한다. • 대화에 적절한 유머 등을 활용하여 말한다.
② 공손	승객에 대한 친밀감과 존경의 마음을 존경어, 겸양어, 정중한 어휘 선택으로 공손하게 말한다.
③ 명료	정확한 발음과 적절한 속도, 사교적인 음성으로 시원스럽고 알기 쉽게 말한다.
④ 품위	승객의 입장을 고려한 어휘의 선택과 호칭을 사용하는 배려를 아끼지 않아야 한다.

(2) 승객에 대한 호칭과 지칭

① '고객'보다는 '차를 타는 손님'이라는 뜻이 담긴 '승객'이나 '손님'을 사용하는 것이 좋다.

② 할아버지, 할머니 등 나이가 드신 분들은 '어르신'으로 호칭하거나 지칭한다.

③ '아줌마', '아저씨'는 상대방을 높이는 느낌이 들지 않으므로 호칭이나 지칭으로 사용하지 않는다.

④ 초등학생과 미취학 어린이에게는 ○○○어린이/학생의 호칭이나 지칭을 사용하고, 중·고등학생은 ○○○승객이나 손님으로 성인에 준하여 호칭하거나 지칭한다. 잘 아는 사람이라면 이름을 불러 친근감을 줄 수 있으나 존댓말을 사용하여 존중하는 느낌을 받도록 한다.

(3) 대화를 나눌 때의 언어예절

구분	인사 의미	사용 방법
존경어	사람이나 사물을 높여 말해 직접적으로 상대에 대해 경의를 나타내는 말이다.	• 직접 승객이나 상사에게 말을 걸 때 • 승객이나 상사의 일을 이야기 할 때
겸양어	자신의 동작이나 자신과 관련된 것을 낮추어 말해 간접적으로 상대를 높이는 말이다.	• 자신의 일을 승객이나 상사에게 말할 때 • 회사의 일을 승객에게 말할 때
정중어	자신이나 상대와 관계없이 말하고자 하는 것을 정중히 말해 상대에 대해 경의를 나타내는 말이다.	• 승객이나 상사에게 직접 말을 걸 때 • 손아래나 동료라도 말끝을 정중히 할 때

(4) 대화를 나눌 때의 표정 및 예절

구분	듣는 입장	말하는 입장
눈	• 상대방을 정면으로 바라보며 경청한다. • 시선을 자주 마주친다.	• 듣는 사람을 정면으로 바라보고 말한다. • 상대방 눈을 부드럽게 주시한다.
몸	• 정면을 향해 조금 앞으로 내미는듯한 자세를 취한다. • 손이나 다리를 꼬지 않는다. • 끄덕끄덕하거나 메모하는 태도를 유지한다.	• 표정을 밝게 한다. • 등을 펴고 똑바른 자세를 취한다. • 자연스런 몸짓이나 손짓을 사용한다. • 웃음이나 손짓이 지나치지 않도록 주의한다.
입	• 맞장구를 치며 경청한다. • 모르면 질문하여 물어본다. • 복창을 해준다.	• 입은 똑바로, 정확한 발음으로, 자연스럽고 상냥하게 말한다. • 쉬운 용어를 사용하고, 경어를 사용하며, 말끝을 흐리지 않는다. • 적당한 속도와 맑은 목소리를 사용한다.

마음	• 흥미와 성의를 가지고 경청한다. • 말하는 사람의 입장에서 생각하는 마음을 가진다.(역지사지의 마음)	• 성의를 가지고 말한다. • 최선을 다하는 마음으로 말한다.

(5) 상황에 따라 호감을 주는 화법

상황	호감화법
긍정할 때	• 네, 잘 알겠습니다. • 네, 그렇죠, 맞습니다.
부정할 때	• 그럴 리가 없다고 생각되는데요. • 확인해 보겠습니다.
맞장구를 칠 때	• 네, 그렇군요. • 정말 그렇습니다. • 참 잘 되었네요.
거부할 때	• 어렵겠습니다만, • 정말 죄송합니다만, • 유감스럽습니다만,
부탁할 때	• 양해해 주셨으면 고맙겠습니다. • 그렇게 해 주시면 정말 고맙겠습니다.
사과할 때	• 폐를 끼쳐 드려서 정말 죄송합니다. • 무어라 사과의 말씀을 드려야 할지 모르겠습니다.
겸손한 태도를 나타낼 때	• 천만의 말씀입니다. • 제가 도울 수 있어서 다행입니다. • 오히려 제가 더 감사합니다.
분명하지 않을 때	• 어떻게 하면 좋을까요? • 아직은 ~입니다만, • 저는 그렇게 알고 있습니다만,

chapter 04

7 직업관

(1) 직업의 의미

구분	특징
경제적 의미	• 직업을 통해 안정된 삶을 영위해 나갈 수 있어 중요한 의미를 가진다. • 직업은 인간 개개인에게 일할 기회를 제공한다. • 일의 대가로 임금을 받아 본인과 가족의 경제생활을 영위한다. • 인간이 직업을 구하려는 동기 중의 하나는 바로 노동의 대가, 즉 임금을 얻는 소득측면이 있다.
사회적 의미	• 직업을 통해 원만한 사회생활, 인간관계 및 봉사를 하게 되며, 자신이 맡은 역할을 수행하여 능력을 인정받는 것이다. • 직업을 갖는다는 것은 현대사회의 조직적이고 유기적인 분업 관계 속에서 분담된 기능의 어느 하나를 맡아 사회적 분업 단위의 지분을 수행하는 것이다. • 사람은 누구나 직업을 통해 타인의 삶에 도움을 주기도 하고, 사회에 공헌하며 사회발전에 기여하게 된다. • 직업은 사회적으로 유용한 것이어야 하며, 사회발전 및 유지에 도움이 되어야 한다.
심리적 의미	• 삶의 보람과 자기실현에 중요한 역할을 하는 것으로 사명감과 소명의식을 갖고 정성과 정열을 쏟을 수 있는 것이다. • 인간은 직업을 통해 자신의 이상을 실현한다. • 인간의 잠재적 능력, 타고난 소질과 적성 등이 직업을 통해 계발되고 발전된다. • 직업은 인간 개개인의 자아실현의 매개인 동시에 장이 되는 것이다. • 자신이 갖고 있는 제반 욕구를 충족하고 자신의 이상이나 자아를 직업을 통해 실현함으로써 인격의 완성을 기하는 것이다.

(2) 직업관의 이해

① 직업관이란 특정한 개인이나 사회의 구성원들이 직업에 대해 갖고 있는 태도나 가치관을 말한다.

② 직업인식의 3가지 측면
- 생계유지의 수단
- 개성발휘의 장
- 사회적 역할의 실현

(3) 바람직한 직업관

① 소명의식을 지닌 직업관 : 항상 소명의식을 가지고 일하며, 자신의 직업을 천직으로 생각한다.

② 사회구성원으로서의 역할 지향적 직업관 : 사회구성원으로서의 직분을 다하는 일이자 봉사하는 일이라 생각한다.

③ 미래 지향적 전문능력 중심의 직업관 : 자기 분야의 최고 전문가가 되겠다는 생각으로 최선을 다해 노력한다.

(4) 잘못된 직업관

① 생계유지 수단적 직업관 : 직업을 생계를 유지하기 위한 수단으로 본다.

② 지위 지향적 직업관 : 직업생활의 최고 목표는 높은 지위에 올라가는 것이라고 생각한다.

③ 귀속적 직업관 : 능력으로 인정받으려 하지 않고 학연과 지연에 의지한다.

④ 차별적 직업관 : 육체노동을 천시한다.

⑤ 폐쇄적 직업관 : 신분이나 성별 등에 따라 개인의 능력을 발휘할 기회를 차단한다.

(5) 올바른 직업윤리

① 소명의식 : 직업에 종사하는 사람이 어떠한 일을 하든지 자신이 하는 일에 전력을 다하는 것이 하늘의 뜻에 따르는 것이라고 생각하는 것이다.

② 천직의식 : 자신이 하는 일보다 다른 사람의 직업이 수입도 많고 지위가 높더라도 자신의 직업에 긍지를 느끼며, 그 일에 열성을 가지고 성실히 임하는 직업의식을 말한다.

③ 직분의식 : 사람은 각자의 직업을 통해서 사회의 각종 기능을 수행하고, 직접 또는 간접으로 사회구성원으로서 마땅히 해야 할 본분을 다해야 한다.

④ 봉사정신 : 현대 산업사회에서 직업 환경의 변화와 직업의식의 강화는 자신의 직무 수행과정에서 협동정신 등이 필요로 하게 되었다.

⑤ 전문의식 : 직업인은 자신의 직무를 수행하는데 필요한 전문적 지식과 기술을 갖추어야 한다.

⑥ 책임의식 : 직업에 대한 사회적 역할과 직무를 충실히 수행하고, 맡은 바 임무나 의무를 다해야 한다.

(6) 직업의 가치

구분	특징
내재적 가치	① 자신에게 있어서 직업 그 자체에 가치를 둔다. ② 자신의 능력을 최대한 발휘하길 원하며, 그로 인한 사회적인 헌신과 인간관계를 중시한다. ③ 자기표현이 충분히 되어야 하고, 자신의 이상을 실현하는데 그 목적과 의미를 두는 것에 초점을 맞추려는 경향을 갖는다.
외재적 가치	① 자신에게 있어서 직업을 도구적인 면에 가치를 둔다. ② 삶을 유지하기 위한 경제적인 도구나 권력을 추구하고자 하는 수단을 중시하는데 의미를 두고 있다. ③ 직업이 주는 사회 인식에 초점을 맞추려는 경향을 갖는다.

chapter **04**

★★★
1 서비스의 개념을 설명한 것으로 옳지 않은 것은?

① 봉사, 친절, 땀, 노력 등을 통해 승객을 만족시켜 주고 만족해하는 그 모습을 통해 보람, 성취감을 느끼는 것이다.
② 일반적으로 통용되고 있는 서비스의 정의는 한 당사자가 다른 당사자에게 소유권의 변동 없이 제공해 줄 수 있는 유형의 행위 또는 활동을 말한다.
③ 말과 이론이 아닌 감정과 행동이 수반된다.
④ 여객운송업에 있어 서비스란 긍정적인 마음을 적절하게 표현하여 승객을 기쁘고 즐겁게 목적지까지 안전하게 이동시키는 것을 말한다.

일반적으로 통용되고 있는 서비스의 정의는 한 당사자가 다른 당사자에게 소유권의 변동 없이 제공해 줄 수 있는 무형의 행위 또는 활동을 말한다.

★★★
2 서비스의 특징 중 무소유권에 대한 설명으로 옳지 않은 것은?

① 서비스를 누릴 수는 있으나 소유할 수는 없다.
② 승객이 구매에 대한 대가로 지급받는 유형재는 존재하지 않는다.
③ 승객이 언제든지 찾아서 사용할 수 있다.
④ 승객이 유형재처럼 소유권을 이전받을 수는 없다.

③은 서비스의 무소유와 관련이 없다.

★★
3 고객서비스의 특징에 대한 설명으로 옳지 않은 것은?

① 서비스를 측정하기 어렵지만 누구나 느낄 수는 있다.
② 서비스는 공급자에 의해 제공됨과 동시에 승객에 의해 소비된다.
③ 서비스는 사람에 의해 생산되어 사람에게 제공되므로 서비스의 품질은 모두 같다.
④ 운송서비스 수준은 버스의 운행횟수, 운행시간, 차종, 목적지 도착시간 등의 영향을 받을 수 있다.

서비스는 사람에 의해 생산되어 사람에게 제공되므로 똑같은 서비스라 하더라도 그것을 행하는 사람에 따라 품질의 차이가 발생하기 쉽다.

★★★
4 버스여객운송서비스에 대한 설명으로 옳은 것은?

① 버스를 이용하여 승객을 최종목적지까지 이동시키는 상업적 행위
② 버스를 이용하여 승객을 대상으로 물품을 판매하는 행위
③ 버스를 이용하는 승객에게 음료, 음식을 제공하는 행위
④ 버스를 이용하는 승객을 대상으로 회사를 홍보하는 행위

여객운송서비스는 버스를 이용하여 승객을 출발지에서 최종목적지까지 이동시키는 상업적 행위를 말한다.

★★★
5 여객운송업의 서비스에 대한 설명으로 옳지 않은 것은?

① 승객만족을 위해 1회만 승객에게 제공하는 활동을 의미한다.
② 운송서비스도 상품의 하나이다.
③ 승객을 출발지에서 최종 목적지까지 이동시키는 상업적 행위이다.
④ 승객의 이익을 도모하기 위해 행동하는 정신적·육체적 노동을 말한다.

승객만족을 위해 계속적으로 승객에게 제공하는 모든 활동을 의미한다.

★★★
6 다음 중 서비스의 특징으로 옳지 않은 것은?

① 무형성
② 물적 의존성
③ 소멸성
④ 동시성

서비스는 사람에 의존하는 인적 의존적인 특징을 가지고 있다.

★
7 일반적인 승객만족을 위한 기본예절이 아닌 것은?

① 상스러운 말을 하지 않는다.
② 승객을 기억한다.
③ 승객의 여건, 능력, 개인차를 인정하고 배려한다.
④ 승객에 대한 관심은 표현하지 않도록 한다.

승객에 대한 관심을 표현함으로써 승객과의 관계는 더욱 가까워진다.

정답 ▶ 1② 2③ 3③ 4① 5① 6② 7④

8 일반적인 승객의 욕구로 옳지 않은 것은?

① 기억되고 싶어한다.
② 환영받고 싶어한다.
③ 존경받고 싶어한다.
④ 혼자 있고 싶어한다.

혼자 있기보다는 관심을 받고 싶어하는 게 승객의 욕구이다.

9 승객만족을 위한 기본예절에 대해 설명한 것으로 옳지 않은 것은?

① 승객의 결점이 발견되면 바로 지적한다.
② 승객의 여건, 능력, 개인차를 인정하고 배려한다.
③ 항상 변함없는 진실한 마음으로 승객을 대한다.
④ 승객의 입장을 이해하고 존중한다.

승객의 결점이 발견되면 바로 지적하기보다는 진지한 충고와 격려가 필요하다.

10 예의에 대한 설명으로 옳은 것은?

① 인간관계에서 지켜야 할 기본적 도리
② 남에게 함부로 행동할 경우 사회적인 처벌 유발
③ 후배에게 편하게 얘기하는 행위
④ 회사에서 정한 규정으로 엄격한 규율

예의란 인간관계에서 지켜야 할 기본적 도리이다.

11 승객을 위한 행동예절에서 긍정적인 이미지를 만들기 위한 3요소로 옳지 않은 것은?

① 고급스러운 옷차림(외모)
② 시선처리(눈빛)
③ 음성관리(목소리)
④ 표정관리(미소)

긍정적인 이미지를 만들기 위한 3요소는 시선처리, 음성관리, 표정관리이다.

12 다음 중 올바른 인사 방법은?

① 성의 없이 말로만 하는 인사
② 밝고 부드러운 미소를 지으면서 하는 인사
③ 턱을 쳐들거나 눈을 내리깔고 하는 인사
④ 할까 말까 망설이다 하는 인사

①, ③, ④는 잘못된 인사 방법이다.

13 인사의 중요성에 대한 설명으로 옳은 것은?

① 인사는 서비스의 주요 기법이 아니다.
② 인사는 승객과 만나는 첫걸음이다.
③ 인사는 서비스 정신으로 볼 수 없다.
④ 인사는 불필요한 마음가짐의 표현이다.

① 인사는 서비스의 주요 기법 중 하나이다.
③ 인사는 승객에 대한 서비스 정신의 표시이다.
④ 인사는 승객에 대한 마음가짐의 표현이다.

14 다음 중 상황에 따라 호감을 주는 화법의 연결로 옳지 않은 것은?

① 맞장구를 칠 때 – 정말 그렇습니다.
② 분명하지 않을 때 – 그럴 리가 없다고 생각되는데요.
③ 겸손한 태도를 나타낼 때 – 오히려 제가 더 감사합니다.
④ 긍정할 때 – 네, 그렇죠. 맞습니다.

"그럴 리가 없다고 생각되는데요"는 부정할 때 사용하는 화법이다.

15 직업의 외재적 가치에 대한 설명으로 옳지 않은 것은?

① 자신에게 있어 직업을 도구적인 면에 가치를 둔다.
② 직업이 주는 사회 인식에 초점을 맞추려는 경향이 있다.
③ 자기표현을 충분히 할 수 있는 것에 초점을 둔다.
④ 삶을 유지하거나 권력을 추구하고자 하는 수단에 의미를 둔다.

자기표현을 충분히 할 수 있는 것에 초점을 두는 것은 직업의 내재적 가치에 해당한다.

chapter 04

정답 8 ④ 9 ① 10 ① 11 ① 12 ② 3 ② 14 ② 15 ③

운수종사자 준수사항 및 운전예절

[예상문항 : 3문제] 이 섹션에서는 운송사업자 준수사항, 운수사업자 준수사항, 운전예절 등 상식으로 풀 수 있는 문제들이 출제되니 많은 비중을 두고 공부하지 않도록 합니다.

01 운송사업자 준수사항

1 공통사항

① 다음 사항을 승객이 자동차 안에서 쉽게 볼 수 있는 위치에 게시할 것
- 회사명, 자동차번호, 운전자 성명, 불편사항 연락처 및 차고지 등을 적은 표지판
- 운행계통도(노선운송사업자만 해당)

▶ 노선운송사업자 : 시내버스, 농어촌버스, 마을버스, 시외버스

② 속도제한장치 또는 운행기록장치가 장착된 운송사업용 자동차를 정상적으로 작동되는 상태에서 운행되도록 할 것
③ 차량 운행 전에 운수종사자의 건강상태, 음주 여부 및 운행경로 숙지 여부 등을 확인하고, 운수종사자가 질병ㆍ피로ㆍ음주 또는 그 밖의 사유로 안전한 운전을 할 수 없다고 판단되는 경우에는 차량을 운행하지 못하도록 하고, 대체 운수종사자를 투입할 것
④ 운수종사자를 위한 휴게실 또는 대기실에 난방장치, 냉방장치 및 음수대 등 편의시설을 설치할 것

2 노선운송사업자

다음 사항을 영업소에 게시할 것

① 사업자 및 영업소의 명칭
② 운행시간표(운행횟수가 빈번한 운행계통에서는 첫차 및 마지막 차의 출발시간과 운행 간격)
③ 정류소 및 목적지별 도착시간(시외버스운송사업자만 해당)
④ 사업을 휴업 또는 폐업하려는 경우 그 내용의 예고
⑤ 영업소를 이전하려는 경우에는 그 이전의 예고
⑥ 그 밖에 이용자에게 알릴 필요가 있는 사항

3 시외버스운송사업자

① 운임을 받을 때에는 다음의 사항을 적은 승차권을 발행할 것
- 사업자의 명칭
- 사용구간 / 사용기간
- 운임액
- 반환에 관한 사항
② 여객운송에 딸린 우편물ㆍ신문이나 여객의 휴대화물을 운송할 때에는 특약이 있는 경우를 제외하고 다음의 사항 중 필요한 사항을 적은 화물표를 우편물등을 보내는 자나 휴대화물을 맡긴 여객에게 줘야 한다.
- 운임ㆍ요금 및 운송구간
- 접수연월일
- 품명ㆍ개수와 용적 또는 중량
- 보내는 사람과 받는 사람의 성명ㆍ명칭 및 주소
③ 우편물을 운송하는 경우 해당 영업소에 우편물의 보관에 필요한 시설을 갖출 것
④ 우편물의 멸실ㆍ파손 등으로 우편물을 인도할 수 없을 때에는 우편물을 보낸 사람에게 지체 없이 통지할 것
⑤ 운수종사자로 하여금 운행 전에 승객들에게 사고 시 대처요령과 비상망치ㆍ소화기 등 안전장치의 위치 및 사용방법 등이 포함된 안전사항에 관하여 안내 방송을 하도록 할 것(전세버스운송사업자 포함)

4 전세버스운송사업자

① 운임 또는 요금을 받았을 때에는 영수증을 발급할 것
(특수여객자동차운송사업자 포함)
② 운수종사자가 대열운행을 하지 않도록 지도ㆍ감독할 것

▶ 대열운행
같은 계약에 따라 같은 목적지로 이동하는 2대 이상의 차량이 고
속도로, 자동차전용도로 등에서 안전거리를 확보하지 않고 줄지
어 운행하는 것

③ 운수종사자로 하여금 안전띠를 착용하지 않고 좌석을 이탈하여 돌아다니는 승객을 제지하고 필요한 사항을 안내하도록 지도·감독할 것

④ 운수종사자로 하여금 운행 중인 전세버스운송사업용 자동차 안에서 가요반주기·스피커·조명시설 등을 이용하여 안전운전에 현저히 장해가 될 정도로 춤과 노래 등 소란행위를 하는 승객을 제지하고, 필요한 사항을 안내하도록 지도·감독할 것

② 자동차의 장치 및 설비 등에 관한 준수사항

(1) 노선버스

① 하차문이 있는 노선버스(시외직행, 시외고속 및 시외우등고속은 제외)는 여객이 하차 시 하차문이 닫힘으로써 여객에게 상해를 줄 수 있는 경우에 하차문의 동작이 멈추거나 열리도록 하는 압력감지기 또는 전자감응장치를 설치하고, 하차문이 열려 있으면 가속페달이 작동하지 않도록 하는 가속페달 잠금장치를 설치해야 한다.

② 난방장치 및 냉방장치를 설치해야 한다.
→ 다만, 농어촌버스의 경우 도지사가 운행노선 상의 도로사정 등으로 냉방장치를 설치하는 것이 적합하지 않다고 인정할 때에는 그 차 안에 냉방장치를 설치하지 않을 수 있다.

③ 시내버스 및 농어촌버스의 차 안에는 안내방송장치를 갖춰야 하며, 정차신호용 버저를 작동시킬 수 있는 스위치를 설치해야 한다.

④ 시내버스, 농어촌버스, 마을버스 및 일반형시외버스의 차실에는 입석 여객의 안전을 위하여 손잡이대 또는 손잡이를 설치해야 한다. 다만, 냉방장치에 지장을 줄 우려가 있다고 인정되는 경우에는 그 손잡이대를 설치하지 않을 수 있다.

⑤ 버스의 앞바퀴에는 재생한 타이어를 사용해서는 안 된다.

⑥ 시외우등고속버스, 시외고속버스 및 시외직행버스의 앞바퀴의 타이어는 튜브리스 타이어를 사용해야 한다.

⑦ 버스의 차체에는 목적지를 표시할 수 있는 설비를 설치해야 한다.

→ 시외중형버스 제외   시외 우등고속버스의 경우에는 적재함

⑧ 시외버스의 차 안에는 휴대물품을 둘 수 있는 선반과 차 밑부분에 별도의 휴대물품 적재함을 설치해야 한다.

⑨ 시외버스의 경우에는 운행형태에 따라 원동기의 출력기준에 맞는 자동차를 운행해야 한다.

⑩ 시내버스운송사업용 자동차 중 시내일반버스의 경우에는 국토교통부장관이 정하여 고시하는 설치기준에 따라 운전자의 좌석 주변에 운전자를 보호할 수 있는 구조의 격벽시설을 설치하여야 한다.

⑪ 수요응답형 여객자동차에는 시·도지사가 정하는 수용응답 시스템을 갖추어야 한다.

(2) 전세버스

① 난방장치 및 냉방장치를 설치해야 한다.

② 앞바퀴는 재생한 타이어를 사용해서는 안 된다.

③ 앞바퀴의 타이어는 튜브리스 타이어를 사용해야 한다.

④ 13세 미만의 어린이의 통학을 위하여 학교 및 보육시설의 장과 운송계약을 체결하고 운행하는 전세버스의 경우에는 어린이통학버스 신고를 하여야 한다.

(3) 장의자동차

① 관은 차 외부에서 싣고 내릴 수 있도록 해야 한다.

② 관을 싣는 장치는 차 내부에 있는 장례에 참여하는 사람이 접촉할 수 없도록 완전히 격리된 구조로 해야 한다.

③ 운구전용 장의자동차에는 운전자의 좌석 및 장례에 참여하는 사람이 이용하는 두 종류 이하의 좌석을 제외하고는 다른 좌석을 설치해서는 안 된다.

④ 차 안에는 난방장치를 설치해야 한다.

⑤ 일반장의자동차의 앞바퀴에는 재생한 타이어를 사용해서는 안 된다.

chapter 04

① 여객의 안전과 사고예방을 위하여 운행 전 사업용 자동차의 안전설비 및 등화장치 등의 이상 유무를 확인해야 한다.

② 운전업무 중 해당 도로에 이상이 있었던 경우에는 운전업무를 마치고 교대할 때에 **다음 운전자**에게 알려야 한다.

③ 여객이 다음 행위를 할 때에는 안전운행과 다른 승객의 편의를 위하여 이를 제지하고 필요한 사항을 안내해야 한다.

- 다른 여객에게 위해를 끼칠 우려가 있는 폭발성 물질, 인화성 물질 등의 위험물을 자동차 안으로 가지고 들어오는 행위
- 다른 여객에게 위해를 끼치거나 불쾌감을 줄 우려가 있는 동물(장애인 보조견 및 전용 운반상자에 넣은 애완동물은 제외)을 자동차 안으로 데리고 들어오는 행위
- 자동차의 출입구 또는 통로를 막을 우려가 있는 물품을 자동차 안으로 가지고 들어오는 행위
- 운행 중인 전세버스운송사업용 자동차 안에서 안전띠를 착용하지 않고 좌석을 이탈하여 돌아다니는 행위
- 운행 중인 전세버스운송사업용 자동차 안에서 가요 반주기·스피커·조명시설 등을 이용하여 안전 운전에 현저히 장해가 될 정도로 춤과 노래를 하는 등 소란스럽게 하는 행위

④ 전세버스운송사업의 운수종사자는 대열운행을 해서는 안 된다.

⑤ 노선 여객자동차운송사업 및 전세버스 운송사업의 운수종사자는 휴식시간을 준수하여 차량을 운행해야 한다.

1 올바른 운전예절

(1) 운전자가 지켜야 하는 행동

　1) 횡단보도에서의 올바른 행동

　　① 신호등이 없는 횡단보도를 통행하고 있는 보행자가 있으면 일시정지하여 보행자를 보호한다.

　　② 보행자가 통행하고 있는 횡단보도 내로 차가 진입하지 않도록 정지선을 지킨다.

　2) 전조등의 올바른 사용

　　① 야간운행 중 반대차로에서 오는 차가 있으면 전조등을 변환빔(하향등)으로 조정하여 상대 운전자의 눈부심 현상을 방지한다.

　　② 야간에 커브 길을 진입하기 전에 상향등을 깜박거려 반대차로를 주행하고 있는 차에게 자신의 진입을 알린다.

1 교통관련 법규 및 사내 안전관리 규정 준수

① 배차지시 없이 임의 운행금지

② 정당한 사유 없이 지시된 운행노선을 임의로 변경 운행 금지

③ 승차 지시된 운전자 이외의 타인에게 대리운전 금지

④ 사전승인 없이 타인을 승차시키는 행위 금지

⑤ 운전에 악영향을 미치는 음주 및 약물복용 후 운전 금지

⑥ 철길건널목에서는 일시정지 준수 및 정차 금지

⑦ 도로교통법에 따라 취득한 운전면허로 운전할 수 있는 차종 이외의 차량 운전금지

⑧ 자동차 전용도로, 급한 경사길 등에서는 주·정차 금지

⑨ 기타 사회적인 물의를 일으키거나 회사의 신뢰를 추락시키는 난폭운전 등 금지

⑩ 차의 내·외부를 청결하게 관리하여 쾌적한 운행환경 유지

② 운행 전 준비

① 용모 및 복장 확인(단정하게)

② 승객에게는 항상 친절하게 불쾌한 언행 금지

③ 차의 내·외부를 항상 청결하게 유지

④ 운행 전 일상점검을 철저히 하고 이상이 발견되면 관리자에게 즉시 보고하여 조치 받은 후 운행

⑤ 배차사항, 지시 및 전달사항 등을 확인한 후 운행

③ 운행 중 주의

① 주·정차 후 출발할 때에는 차량주변의 보행자, 승·하차자 및 노상취객 등을 확인한 후 안전하게 운행한다.

② 내리막길에서는 풋 브레이크를 장시간 사용하지 않고, 엔진 브레이크 등을 적절히 사용 하여 안전하게 운행한다.

③ 보행자, 이륜차, 자전거 등과 교행, 나란히 진행할 때에는 서행하며 안전거리를 유지하면서 운행한다.

④ 후진할 때에는 유도요원을 배치하여 수신호에 따라 안전하게 후진한다.

⑤ 후방카메라를 설치한 경우에는 카메라를 통해 후방의 이상 유무를 확인한 후 안전하게 후진한다.

⑥ 눈길, 빙판길 등은 체인이나 스노타이어를 장착한 후 안전하게 운행한다.

⑦ 뒤따라오는 차량이 추월하는 경우에는 감속 등을 통해 양보운전을 한다.

④ 교통사고에 따른 조치

① 교통사고를 발생시켰을 때에는 현장에서의 인명구호, 관할경찰서 신고 등의 의무를 성실히 이행한다.

② 어떤 사고라도 임의로 처리하지 말고, 사고발생 경위를 육하원칙에 따라 거짓 없이 정확하게 회사에 보고한다.

③ 사고처리 결과에 대해 개인적으로 통보를 받았을 때에는 회사에 보고한 후 회사의 지시에 따라 조치한다.

⑤ 운전자 신상변동 등에 따른 보고

① 결근, 지각, 조퇴가 필요하거나, 운전면허증 기재사항 변경, 질병 등 신상변동이 발생한 때에는 즉시 회사에 보고

② 운전면허 정지 및 취소 등의 행정처분을 받았을 때에는 즉시 회사에 보고하고 운전 금지

1 노선운송사업으로 <u>옳지 않은</u> 것은? ★★★★

① 시내버스운송사업
② 시외버스운송사업
③ 전세버스운송사업
④ 마을버스운송사업

노선운송사업 : 시내버스, 농어촌버스, 마을버스, 시외버스

2 운수종사자의 준수사항으로 <u>옳지 않은</u> 것은? ★★★

① 자동차 사고가 발생할 우려가 있다고 판단될 때에는 즉시 운행을 중지하고 적절한 조치를 취한다.
② 사고로 운행을 중단할 때에는 사고 상황에 따라 적절한 조치를 취한다.
③ 어떠한 경우라도 운수종사자는 승객을 제지해서는 안 된다.
④ 승객의 안전과 사고예방을 위해 차량의 안전설비와 등화장치 등의 이상 유무를 확인한다.

여객이 다른 여객에게 위해를 끼치는 등의 행위를 할 때에는 이를 제지하고 필요한 사항을 안내해야 한다.

3 운수종사자의 준수사항 중 운행 전 확인사항으로 <u>옳지 않</u>은 것은? ★★★

① 안전설비 및 등화장치 이상 유무
② 차량 내의 청결상태
③ 운행하고자 하는 도로의 이상 여부
④ 배차사항, 지시 및 전달사항 등의 확인

운행하고자 하는 도로의 이상 여부는 운행 전 확인사항이 아니다.

4 교통관련 법규 및 사내 안전관리 규정 준수사항에 <u>해당하지 않는</u> 것은? ★★★

① 자동차 전용도로, 급한 경사길 등에서 주·정차 금지
② 배차지시 없이 임의 운행
③ 운전에 악영향을 미치는 음주 및 약물 복용 후 운전 금지
④ 승차 지시된 운전자 이외의 타인에게 대리운전 금지

배차지시 없이 임의 운행은 금지된다.

5 다음 중 운전자가 지켜야 할 행동으로 <u>옳지 않은</u> 것은? ★★★

① 앞 신호에 따라 진행하고 있는 차가 있을 때에는 앞차에 가까이 붙어 신속히 진행한다.
② 야간운행 중 반대차로에서 오는 차가 있으면 전조등을 하향등으로 조정하여 상대 운전자의 눈부심 현상을 방지한다.
③ 차로변경의 도움을 받았을 때에는 비상등을 2~3회 작동시켜 양보에 대한 고마움을 표현한다.
④ 보행자가 통행하고 있는 횡단보도 내로 차가 진입하지 않도록 정지선을 지킨다.

앞 신호에 따라 진행하고 있는 차가 있는 경우에는 안전하게 통과하는 것을 확인하고 출발한다.

6 운전 중 운전자가 지켜야 하는 행동으로 <u>옳지 않은</u> 것은? ★★★

① 신호등이 없는 횡단보도를 통행하고 있는 보행자가 있으면 일시정지하여 보행자를 보호한다.
② 보행자가 있는 횡단보도에서는 정지선을 지킨다.
③ 방향지시등을 작동시킨 후 차로를 변경하고 있는 차가 있을 때에는 속도를 줄이고 진입을 돕는다.
④ 교차로 전방의 정체 현상으로 통과가 어려울 때에는 타 차량의 양해를 구해 먼저 교차로에 진입한다.

교차로 전방의 정체 현상으로 통과가 어려울 때에는 교차로에 진입하지 않고 대기한다.

7 승객이 전용상자에 넣지 않은 애완동물과 함께 승차할 경우 이를 제지해야 할 동물이 <u>해당하지 않는</u> 것은? ★★★

① 애완용 강아지
② 장애인 보조견
③ 도마뱀
④ 원숭이

장애인 보조견은 전용상자에 넣지 않고 버스에 같이 같이 승차해도 된다.

정답 1 ③ 2 ③ 3 ③ 4 ② 5 ① 6 ④ 7 ②

8 안전운행과 다른 승객의 편의를 위하여 운수종사자가 승객의 행위에 대하여 제지할 수 없는 것은?

① 시각장애인이 시각장애인 보조견과 함께 자동차에 승차하는 행위
② 폭발성 물질을 자동차 안으로 가지고 들어오는 행위
③ 자동차 출입구 또는 통로를 막을 우려가 있는 물품을 자동차 안으로 가지고 들어오는 행위
④ 타인에게 불쾌감을 줄 우려가 있는 동물을 자동차 안으로 데리고 들어오는 행위

시각장애인이 시각장애인 보조견과 함께 자동차에 승차하는 행위는 제지할 수 없다.

9 운전자가 운행 시 주의해야 할 사항으로 옳지 않은 것은?

① 주·정차 후 출발할 때에는 차량 주변을 확인한 후 안전하게 운행한다.
② 후진할 때에는 유도요원을 배치하여 수신호에 따라 안전하게 운행한다.
③ 이륜차 또는 자전거 등과 병진할 때에는 서행하며 안전거리를 유지하면서 운행한다.
④ 내리막길에서는 풋 브레이크를 장시간 사용하여 운행한다.

내리막길에서는 풋 브레이크를 장시간 사용하지 않고, 엔진 브레이크 등을 적절히 사용하여 안전하게 운행한다.

10 올바른 운전예절 중 운전자가 삼가야 할 행동으로 적절하지 않은 것은?

① 여객의 안전과 사고예방을 위해 운행 전 사업용 자동차의 안전설비 등의 이상 유무를 확인해야 한다.
② 신호등이 바뀌기 전에 빨리 출발하라고 경음기로 재촉하지 않는다.
③ 운행 중 갑자기 끼어들거나 다른 운전자에게 욕설을 하지 않는다.
④ 경음기를 울려 다른 운전자를 놀라게 하지 않는다.

①은 운전자가 삼가야 할 행동이 아니라 운수종사자의 준수사항에 해당한다.

11 운수종사자의 준수사항에서 운전업무 중 해당 도로에 이상이 있었던 경우에는 운전업무를 마친 후 누구에게 알려 주도록 되어 있는가?

① 다음 교대 운전자
② 운송사업자
③ 관계 공무원
④ 해당 도로관리청 직원

운전업무 중 해당 도로에 이상이 있었던 경우에는 운전업무를 마치고 교대할 때에 다음 운전자에게 알려야 한다.

12 차로변경 시 운전자의 행동으로 올바른 것은?

① 차로를 변경하고 있는 차가 있는 경우 속도를 줄여 진입이 원활하도록 도와준다.
② 차로를 변경하고 있는 차가 있을 경우 가속으로 차로변경하여 차단한다.
③ 방향지시등을 작동하되, 과속을 통하여 신속히 진입한다.
④ 방향지시등을 작동하지 않고 차로를 변경한다.

차로변경 시 방향지시등을 작동시킨 후 차로를 변경하고 있는 차가 있는 경우에는 속도를 줄여 진입이 원활하도록 도와준다.

13 일반적으로 사업용 버스 운전자의 주의사항으로 옳지 않은 것은?

① 운행 중 비상상황 시 승차 지시된 운전자 이외의 타인에게 임의로 대리운전을 의뢰해서 반드시 운행한다.
② 배차지시 없이 임의로 운행하지 않는다.
③ 음주 및 약물복용 후 운전하지 않는다.
④ 취득한 운전면허로 운전할 수 있는 차종 이외의 차량은 운전을 하지 않는다.

승차 지시된 운전자 이외의 타인에게 대리운전이 금지된다.

chapter **04**

정답 8 ① 9 ④ 10 ① 11 ① 12 ① 13 ①

14 운전자에게 신상변동 등이 발생한 경우 옳은 것은?

① 운전면허 정지 및 취소 등의 행정처분을 받았을 때에는 즉시 회사에 보고하고 운전을 삼간다.
② 운전업무와 직접적인 관련이 없는 변동사항은 회사에 보고하지 않는다.
③ 운전면허증의 기재사항에 변경, 질병 등 신상변동이 발생한 경우에는 사적인 일이므로 회사에 보고하지 않아도 된다.
④ 운전업무의 특성상 결근, 지각, 조퇴는 본인의 판단에 따라 행하고, 사후 회사에 보고한다.

운전자 신상변동 등에 따른 보고
• 결근, 지각, 조퇴가 필요하거나, 운전면허증 기재사항 변경, 질병 등 신상변동이 발생한 때에는 즉시 회사에 보고
• 운전면허 정지 및 취소 등의 행정처분을 받았을 때에는 즉시 회사에 보고하고 운전 금지

15 운전자 신상변동 등에 따른 보고사항 중 옳은 것은?

① 운전면허증 기재사항 변경, 질병 등 신상변동이 있는 경우 회사에 즉시 보고한다.
② 운전면허 취소 및 정지 등의 행정처분을 받은 경우 회사에 보고하지 않는다.
③ 경미한 신상변경이 있는 경우에는 동료 운전자에게 얘기한다.
④ 결근, 지각, 조퇴가 필요한 경우 노동조합에 요청한다.

• 결근, 지각, 조퇴가 필요하거나, 운전면허증 기재사항 변경, 질병 등 신상변동이 발생한 때에는 즉시 회사에 보고한다.
• 운전면허 정지 및 취소 등의 행정처분을 받았을 때에는 즉시 회사에 보고하고 운전을 금지한다.

16 운전자 주의사항 중 운전자가 회사에 즉시 보고해야 할 경우로 옳지 않은 것은?

① 운전면허 정지 및 취소 등의 행정처분을 받았을 경우
② 결근, 지각, 조퇴가 필요할 경우
③ 기상 악화로 인한 폭설로 체인이나 스노타이어를 장착하고 운행할 경우
④ 운전면허증 기재사항 변경이 발생한 경우

체인이나 스노타이어를 장착에 대해 회사에 즉시 보고할 필요는 없다.

17 교통사고에 따른 조치사항으로 옳지 않은 것은?

① 사고발생 시 임의로 처리하지 말고 사고발생 경위를 육하원칙에 따라 정확히 회사에 보고
② 사고처리 결과에 대해 개인적으로 통보받았을 때 회사에 보고한 후 회사의 지시에 따라 조치
③ 현장에서 인명구호, 관할경찰서 신고 등의 의무를 이행
④ 경미한 사고는 본인이 사고 당사자와 처리

어떤 사고라도 임의로 처리하지 말고, 사고발생 경위를 육하원칙에 따라 거짓 없이 정확하게 회사에 보고한다.

04 운수종사자가 알아야 할 응급처치방법 등

Main
Key
Point

[예상문항 : 2문제] 이 섹션에서는 용어와 버스의 종류 정도만 외우면 나머지는 상식으로 풀 수 있는 문제들이 출제됩니다. 큰 비중을 두지 않도록 합니다.

01 운전자 상식

1 교통관련 용어 정의

(1) 대형사고란

교통사고조사규칙(경찰청 훈령)에 따른 대형사고란 다음과 같은 사고를 말한다.

- 3명 이상 사망(교통사고 발생일로부터 30일 이내에 사망)
- 20명 이상의 사상자가 발생한 사고

(2) 교통사고조사규칙에 따른 교통사고의 용어

용어	도입 효과
충돌사고	차가 반대방향 또는 측방에서 진입하여 그 차의 정면으로 다른 차의 정면 또는 측면을 충격한 것
추돌사고	• 2대 이상의 차가 동일방향으로 주행 중 뒤차가 앞차의 후면을 충격한 것
접촉사고	• 차가 추월, 교행 등을 하려다가 차의 좌우측면을 서로 스친 것
전도사고	• 차가 주행 중 도로 또는 도로 이외의 장소에 차체의 측면이 지면에 접하고 있는 상태(좌측면이 지면에 접해 있으면 좌전도, 우측면이 지면에 접해 있으면 우전도)
전복사고	• 차가 주행 중 도로 또는 도로 이외의 장소에 뒤집혀 넘어진 것
추락사고	• 자동차가 도로의 절벽 등 높은 곳에서 떨어진 사고

(3) 버스 운전석의 위치나 승차정원에 따른 종류 **필수암기**

종류	정의
보닛 버스	운전석이 엔진 뒤쪽에 있는 버스
캡오버 버스	운전석이 엔진 위에 있는 버스
코치버스	3~6인 정도의 승객이 승차 가능하며 화물실이 밀폐되어 있는 버스
마이크로버스	승차정원이 15인 이하의 소형버스

(4) 버스차량 바닥의 높이에 따른 종류 및 용도

종류	용도
고상버스 (High Decker)	전고 3.4~3.5m 내외, 상면지상고 890mm 내외로 승객석 바닥을 높게 설계한 차량으로 가장 보편적으로 이용
초고상버스 (Super High Decker)	전고 3.6m 이상, 상면지상고 890mm 이상으로 승객석을 높게 하여 조망을 좋게 하고 바닥 밑의 공간을 활용하기 위해 설계 제작되어 관광용 버스에서 주로 이용
저상버스	상면지상고가 340mm 이하로 출입구에 계단이 없고, 차체 바닥이 낮으며, 경사판(슬로프)이 장착되어 있어 장애인이 휠체어를 타거나, 아기를 유모차에 태운 채 오르내릴 수 있을 뿐 아니라 노약자들도 쉽게 이용할 수 있는 버스 → 주로 교통약자를 위한 시내버스에 이용

▶ 전고 : 차체의 전체 높이로서 일반적으로 바퀴와 접지된 지면에서 차체의 가장 높은 부분 사이의 높이
▶ 상면지상고 : 지면으로부터 실내 승객석이 위치한 바닥의 최저 높이

chapter 04

(5) 자동차 및 자동차부품의 성능과 기준에 관한 규칙에 따른 자동차와 관련된 용어

필수암기

용어	도입 효과
공차상태	자동차에 사람이 승차하지 아니하고 물품(예비부분품 및 공구 기타 휴대 물품 포함)을 적재하지 아니한 상태로서 연료·냉각수 및 윤활유를 만재하고 예비타이어(예비타이어를 장착한 자동차만 해당)를 설치하여 운행할 수 있는 상태
차량중량	공차상태의 자동차 중량
적차상태	• 공차상태의 자동차에 승차정원의 인원이 승차하고 최대적재량의 물품이 적재된 상태 • 이 경우 승차정원 1인(13세 미만의 자는 1.5인을 승차정원 1인으로 본다)의 중량은 65킬로그램으로 계산하고, 좌석정원의 인원은 정위치에, 입석정원의 인원은 입석에 균등하게 승차시키며, 물품은 물품적재장치에 균등하게 적재시킨 상태이어야 한다.
차량총중량	• 적차상태의 자동차의 중량
승차정원	• 자동차에 승차할 수 있도록 허용된 최대인원(운전자 포함)

2 교통사고 현장에서의 원인 조사

(1) 노면에 나타난 흔적 조사
　① 스키드마크, 요마크, 프린트자국 등 타이어자국의 위치 및 방향
　② 차의 금속부분이 노면에 접촉하여 생긴 파인 흔적 또는 긁힌 흔적의 위치 및 방향
　③ 충돌 충격에 의한 차량파손품의 위치 및 방향
　④ 충돌 후에 떨어진 액체잔존물의 위치 및 방향
　⑤ 차량 적재물의 낙하위치 및 방향
　⑥ 피해자의 유류품(遺留品) 및 혈흔자국
　⑦ 도로구조물 및 안전시설물의 파손위치 및 방향

(2) 사고차량 및 피해자 조사
　① 사고차량의 손상부위 정도 및 손상 방향
　② 사고차량에 묻은 흔적, 마찰, 찰과흔
　③ 사고차량의 위치 및 방향
　④ 피해자의 상처 부위 및 정도
　⑤ 피해자의 위치 및 방향

(3) 사고당사자 및 목격자 조사
　① 운전자에 대한 사고상황 조사
　② 탑승자에 대한 사고상황 조사
　③ 목격자에 대한 사고상황 조사

(4) 사고현장 시설물 조사
　① 사고지점 부근의 가로등, 가로수, 전신주 등의 시설물 위치
　② 신호등(신호기) 및 신호체계
　③ 차로, 중앙선, 중앙분리대, 갓길 등 도로횡단구성요소
　④ 방호울타리, 충격흡수시설, 안전표지 등 안전시설요소
　⑤ 노면의 파손, 결빙, 배수불량 등 노면상태요소

(5) 사고현장 측정 및 사진촬영
　① 사고지점 부근의 도로선형(평면 및 교차로 등)
　② 사고지점의 위치
　③ 차량 및 노면에 나타난 물리적 흔적 및 시설물 등의 위치
　④ 사고현장에 대한 가로방향 및 세로방향의 길이
　⑤ 곡선구간의 곡선반경, 노면의 경사도(종단구배 및 횡단구배)
　⑥ 도로의 시거 및 시설물의 위치 등
　⑦ 사고현장, 사고차량, 물리적 흔적 등에 대한 사진촬영

3 버스에서 발생하기 쉬운 사고유형과 대책

　① 버스사고의 절반가량은 사람과 관련되어 발생하고 있으며, 전체 버스사고 중 약 1/3 정도는 차내 전도사고이며, 승하차 중에도 사고가 빈발하고 있다.
　② 버스사고는 주행 중인 도로상, 버스정류소, 교차로 부근, 횡단보도 부근 순으로 많이 발생하고 있다.
　③ 승객의 안락한 승차감과 차내 안전사고를 예방하기 위해서는 안전운전습관을 몸에 익혀야 한다.

02 응급처치방법

1 부상자 의식 상태 확인

① 말을 걸거나 팔을 꼬집어 눈동자를 확인한 후 의식이 있으면 말로 안심시킨다.
② 의식이 없다면 기도를 확보한다. 머리를 뒤로 충분히 젖힌 뒤, 입안에 있는 피나 토한 음식물 등을 긁어내어 막힌 기도를 확보한다.
③ 의식이 없거나 구토할 때는 목이 오물로 막혀 질식하지 않도록 옆으로 눕힌다.
④ 목뼈 손상의 가능성이 있는 경우에는 목 뒤쪽을 한 손으로 받쳐준다.
⑤ 환자의 몸을 심하게 흔드는 것은 금지한다.

2 심폐소생술

(1) 의식·호흡 확인 및 주변 도움 요청(119 신고, 자동제세동기)

① 성인, 소아 : 환자를 바로 눕힌 후 양쪽 어깨를 가볍게 두드리며 의식이 있는지, 숨을 정상적으로 쉬는지 확인, 주변 사람들에게 119 신고 및 자동제세동기를 가져올 것을 요청
② 영아 : 한쪽 발바닥을 가볍게 두드리며 의식이 있는지, 숨을 정상적으로 쉬는지 확인, 주변 사람들에게 119 신고 및 자동제세동기를 가져올 것을 요청

(2) 가슴 압박 30회

① 성인, 소아 : 가슴압박 30회(분당 100~120회/ 약 5cm 이상의 깊이)
② 영아 : 가슴압박 30회(분당 100~120회/ 약 4cm 이상의 깊이)

(3) 기도개방 및 인공호흡 2회

성인, 소아, 영아 : 가슴이 충분히 올라올 정도로 2회(1회당 1초간) 실시

(4) 가슴압박 및 인공호흡 무한 반복 : 30회 가슴압박과 2회 인공호흡 반복(30 : 2)

① 가슴압박 방법

구분	방법
성인	• 가슴의 중앙인 흉골의 아래쪽 절반부위에 손바닥을 위치시킨다. • 양손을 깍지 낀 상태로 손바닥의 아래 부위만을 환자의 흉골부위에 접촉시킨다. • 시술자의 어깨는 환자의 흉골이 맞닿는 부위와 수직이 되게 위치시킨다. • 양쪽 어깨 힘을 이용하여 분당 100~120회 정도의 속도로 5cm 이상 깊이로 강하고 빠르게 30회 눌러준다.
소아	• 압박할 위치는 양쪽 젖꼭지의 부위를 잇는 선의 정중앙의 바로 아래 부분이다. • 한 손으로 손바닥의 아래 부위만을 환자의 흉골 부위에 접촉시킨다. • 시술자의 어깨는 환자의 흉골이 맞닿는 부위와 수직이 되게 위치시킨다. • 한 손으로 1분당 100~120회 정도의 속도와 5cm 이상 깊이로 강하고 빠르게 30회 눌러준다.
영아	• 압박할 위치는 양쪽 젖꼭지 부위를 잇는 선 정중앙의 바로 아래 부분이다. • 검지와 중지 또는 중지와 약지 손가락을 모은 후 첫마디 부위를 환자의 흉골 부위에 접촉시킨다. • 시술자의 손가락은 환자의 흉골이 맞닿는 부위와 수직이 되게 위치한다. • 1분당 100~120회의 속도와 4cm 이상의 깊이로 강하고 빠르게 30회 눌러준다.

② 기도개방 및 인공호흡 방법

구분	방법
성인	• 한 손으로 턱을 들어올리고, 다른 손으로 머리를 뒤로 젖혀 기도를 개방시킨다. • 머리를 젖힌 손의 검지와 엄지로 코를 막는다. • 가슴 상승이 눈으로 확인될 정도로 1초 동안 인공호흡을 2회 실시한다.
소아	• 한 손으로 턱을 들어 올리고, 다른 손으로 머리를 뒤로 젖혀 기도를 개방시킨다. • 머리를 젖힌 손의 검지와 엄지로 코를 막는다. • 가슴 상승이 눈으로 확인될 정도로 1초 동안 인공호흡을 2회 실시한다.

chapter 04

구분	방법
영아	• 한 손으로 귀와 바닥이 평행할 정도로 턱을 들어올리고, 다른 손으로 머리를 뒤로 젖힌다. • 환자의 입과 코에 동시에 숨을 불어 넣을 준비를 한다. • 가슴 상승이 눈으로 확인될 정도로 1초 동안 인공호흡을 2회 실시한다.

❸ 출혈 또는 골절

① 출혈이 심하다면 출혈 부위보다 심장에 가까운 부위를 헝겊 또는 손수건 등으로 지혈될 때까지 꽉 잡아맨다.

② 출혈이 적을 때에는 거즈나 깨끗한 손수건으로 상처를 꽉 누른다.

③ 가슴이나 배를 강하게 부딪쳐 내출혈이 발생하였을 때에는 얼굴이 창백해지며 핏기가 없어지고 식은땀을 흘리며 호흡이 얕고 빨라지는 쇼크증상이 발생한다.
- 부상자가 입고 있는 옷의 단추를 푸는 등 옷을 헐렁하게 하고 하반신을 높게 한다.
- 부상자가 춥지 않도록 모포 등을 덮어주지만, 햇볕은 직접 쬐지 않도록 한다.

④ 골절 부상자는 잘못 다루면 오히려 더 위험해질 수 있으므로 구급차가 올 때까지 가급적 기다리는 것이 바람직하다.
- 지혈이 필요하다면 골절 부분은 건드리지 않도록 주의하여 지혈한다.
- 팔이 골절되었다면 헝겊으로 띠를 만들어 팔을 매달도록 한다.

❹ 차멀미

① 자동차를 타면 어지럽고 속이 메스꺼우며 토하는 증상

② 심한 경우 갑자기 쓰러지고 안색이 창백하며 사지가 차가우면서 땀이 나는 허탈증상이 나타나기도 한다.

③ 환자의 경우는 통풍이 잘되고 비교적 흔들림이 적은 앞쪽으로 앉도록 한다.

④ 심한 경우에는 휴게소 내지는 안전하게 정차할 수 있는 곳에 정차하여 차에서 내려 시원한 공기를 마시도록 한다.

⑤ 위생봉지를 준비한다.

⑥ 승객이 토한 경우 주변 승객이 불쾌하지 않도록 신속히 처리한다.

---

03 응급상황 대처요령

❶ 교통사고 발생 시 운전자의 조치사항

① 교통사고가 발생했을 때 운전자는 무엇보다도 사고 피해를 최소화하는 것과 제2차 사고 방지를 위한 조치를 우선적으로 취해야 한다.

② 운전자는 이를 위해 마음의 평정을 찾아야 한다.

③ 사고 발생 시 운전자 조치 과정

구분	방법
탈출	• 교통사고 발생 시 우선 엔진을 멈추게 하고 연료가 인화되지 않도록 한다. • 안전하고 신속하게 사고차량으로부터 탈출
인명구조	• 승객이나 동승자가 있는 경우 적절한 유도로 승객의 혼란 방지 노력 • 인명구출 시 부상자, 노인, 어린아이 및 부녀자 등 노약자를 우선적으로 구조 • 정차 위치가 차도, 노견 등과 같이 위험한 장소일 때에는 신속히 도로 밖의 안전 장소로 유도 • 부상자가 있을 때에는 응급조치를 한다.
후방방호	• 통과차량에 알리기 위해 차도로 뛰어나와 손을 흔드는 등의 위험한 행동을 삼가야 한다.

구분	방법
연락	• 보험회사나 경찰 등에 다음 사항 연락 - 사고발생 지점 및 상태 - 부상 정도 및 부상자 수 - 회사명, 운전자 이름 - 우편물, 신문, 여객의 휴대 화물의 상태 - 연료 유출 여부 등
대기	• 부상자가 있는 경우 응급처치 등 부상자 구호에 필요한 조치를 한 후 후속차량에 긴급 후송 요청 • 부상자를 후송할 경우 위급한 환자부터 먼저 후송

❷ 차량 고장 시 운전자의 조치사항

① 정차 차량의 결함이 심할 때는 비상등을 점멸시키면서 길어깨(갓길)에 바짝 차를 대서 정차

② 차에서 내릴 때에는 옆 차로의 차량 주행상황을 살핀 후 내린다.

③ 야간에는 밝은 색 옷이나 야광이 되는 옷 착용

④ 비상전화를 하기 전에 차의 후방에 경고반사판 설치

⑤ 비상주차대에 정차할 때는 타 차량의 주행에 지장이 없도록 정차

⑥ 후방에 대한 안전조치를 취해야 한다.

　• 대기 장소에서는 통과차량의 접근에 따라 접촉이나 추돌이 생기지 않도록 안전조치를 취할 것

　• 고장차를 즉시 알 수 있도록 표시 또는 눈에 띄게 할 것

　• 고속도로에서 자동차를 운행할 수 없게 되었을 때에는 고장자동차의 표지를 하고, 고속도로가 아닌 다른 곳으로 옮겨 놓는 등의 필요한 조치를 할 것

⑦ 구조차 또는 서비스차가 도착할 때까지 차량 내에 대기하는 것은 특히 위험하므로 반드시 안전지대로 나가서 기다리도록 유도한다.

▶ 고장자동차의 표지
• 후방에서 접근하는 자동차의 운전자가 확인할 수 있는 위치에 설치
• 밤에는 고장자동차의 표지와 함께 사방 500미터 지점에서 식별할 수 있는 적색의 섬광신호·전기제등 또는 불꽃신호를 추가로 설치

❸ 재난 발생 시 운전자의 조치사항

① 운행 중 재난이 발생한 경우에는 신속하게 차량을 안전지대로 이동한 후 즉각 회사 및 유관기관에 보고

② 장시간 고립 시에는 유류, 비상식량, 구급환자 발생 등을 즉시 신고, 한국도로공사 및 인근 유관기관 등에 협조 요청

③ 승객의 안전을 우선적으로 조치

　• 폭설 및 폭우로 운행이 불가능하게 된 경우에는 응급환자 및 노인, 어린이 승객을 우선적으로 안전지대로 대피시키고 유관기관에 협조 요청

　• 재난 시 차내에 유류 확인 및 업체에 현재 위치를 알리고 도착 전까지 차내에서 안전하게 승객 보호

　• 재난 시 차량 내부의 이상 여부 확인 및 차량을 신속하게 안전지대로 대피

1 자동차 및 자동차부품의 성능과 기준에 관한 규칙에 따른 자동차 관련 용어가 옳은 것은?

① 차량중량 : 적차상태의 자동차의 중량
② 공차상태 : 자동차에 운전자만 승차하고 물품을 적재하지 아니한 상태
③ 승차정원 : 자동차에 승차할 수 있도록 허용된 최대인원
④ 차량총중량 : 공차상태의 자동차 중량

> ① 차량중량 : 공차상태의 자동차 중량
> ② 공차상태 : 자동차에 사람이 승차하지 아니하고 물품을 적재하지 아니한 상태
> ④ 차량총중량 : 적차상태의 자동차의 중량

2 버스의 종류에 대한 설명으로 옳지 않은 것은?

① 보닛버스 : 운전석이 엔진 뒤쪽에 있는 버스
② 캡 오버 버스 : 운전석이 엔진 앞에 있는 버스
③ 코치버스 : 3~6인 정도의 승객이 승차 가능하며 화물실이 밀폐되어 있는 버스
④ 마이크로 버스 : 승차정원이 16인 이하의 소형버스

> 캡 오버 버스 : 운전석이 엔진 위에 있는 버스

3 교통사고 현장에서의 상황파악과 안전관리 사항으로 옳지 않은 것은?

① 생명이 위독한 환자가 누구인지 파악한다.
② 짧은 시간 안에 사고 정보를 수집하여 침착하고 신속하게 상황을 파악한다.
③ 사고위치에 노면표시를 한 후 자동차를 이동시키지 않는다.
④ 피해자를 위험으로부터 보호하거나 피신시킨다.

> 사고위치에 노면표시를 한 후 도로 가장자리로 자동차를 이동시킨다.

4 버스 사고 예방을 위한 안전운전 습관으로 옳지 않은 것은?

① 목적지까지 휴식 없이 무정차로 운행한다.
② 안내방송을 통해 승객의 주의를 환기시켜 사고 예방을 위해 노력한다.
③ 출발 시에는 차량 탑승 승객이 좌석 및 입석공간에 위치한 상황을 파악한 후 출발한다.
④ 급출발이 되지 않도록 한다.

> 목적지까지 무정차로 운행하면 졸음운전의 위험이 있으므로 휴게소에서 충분한 휴식을 취해준다.

5 교통사고 현장에서 시설물 조사사항으로 옳은 것은?

① 운전자에 대한 사고상황 조사
② 방호울타리, 안전표지 등 안전시설 요소
③ 피해자의 위치 및 방향
④ 차량 적재물의 낙하위치 및 방향

> ① 사고당사자 조사
> ③ 피해자 조사
> ④ 노면에 나타난 흔적 조사

6 교통사고 현장에서의 원인조사 중 사고차량 및 피해자조사의 내용으로 옳지 않은 것은?

① 사고차량의 위치 및 방향
② 피해자의 상처 부위 및 정도
③ 구조차량의 도착시간
④ 사고차량의 손상 부위 정도 및 손상방향

> 구조차량의 도착시간은 사고차량 및 피해자조사에 해당하지 않는다.

7 버스승객의 주요 불만사항으로 볼 수 없는 것은?

① 과속, 난폭운전을 한다.
② 차량의 청소, 정비상태가 양호하다.
③ 승객을 대하는 태도가 불친절하다.
④ 정해진 시간에 오지 않는다.

> 차량의 청소, 정비상태가 양호한 것은 승객의 불만사항이 아니다.

정답 1 ③ 2 ② 3 ③ 4 ① 5 ② 6 ③ 7 ②

8 교통사고 시 부상자 의식 상태 확인 방법으로 옳은 것은?

① 환자의 얼굴이나 가슴을 때려 의식이 있는지 확인한다.

② 환자의 몸을 심하게 흔들어 의식이 돌아오게 한다.

③ 의식이 없다면 기도를 확보하고 머리를 뒤로 충분히 젖힌 뒤, 입안의 음식물을 긁어낸다.

④ 의식이 없다면 환자를 절대로 만지지 않고 구급차가 도착할 때까지 그 상태로 둔다.

말을 걸거나 팔을 꼬집어 눈동자를 확인한 후 의식이 있으면 말로 안심시키고, 환자의 몸을 심하게 흔드는 것은 금지한다.

9 부상자 의식 상태를 확인할 때의 조치사항으로 옳지 않은 것은?

① 의식이 없다면 기도를 확보한다.

② 몸을 세게 흔들어 깨운다.

③ 의식이 없거나 구토할 때는 옆으로 눕힌다.

④ 말을 걸거나 팔을 꼬집고 눈동자를 확인한다.

환자의 몸을 심하게 흔들면 안 된다.

10 부상자 응급처치 방법으로 옳지 않은 것은?

① 목뼈 손상의 가능성이 있는 경우에는 머리를 앞으로 충분히 숙여준다.

② 가슴압박은 4~5cm 깊이로 체중을 이용하여 압박과 이완을 반복한다.

③ 가슴압박과 인공호흡은 30:2의 비율로 반복한다.

④ 입안에 있는 피나 토한 음식물 등을 긁어내어 막힌 기도를 확보한다.

목뼈 손상의 가능성이 있는 경우에는 목 뒤쪽을 한 손으로 받쳐준다.

11 재난 발생 시 운전자의 조치사항으로 옳지 않은 것은?

① 승객의 안전조치를 우선적으로 취한다.

② 어떠한 경우라도 승객을 하차시켜서는 안 된다.

③ 즉각 회사 및 유관기관에 보고한다.

④ 신속하게 차량을 안전지대로 이동한다.

폭설 및 폭우로 운행이 불가능하게 된 경우에는 응급환자 및 노인, 어린이 승객을 우선적으로 안전지대로 대피시키고 유관기관에 협조를 요청한다.

12 자동차를 타면 어지럽고 속이 메스꺼우며 토하는 증상으로 옳은 것은?

① 불면증

② 차멀미

③ 몸살

④ 피부트러블

자동차를 타면 어지럽고 속이 메스꺼우며 토하는 증상은 차멀미이다.

13 차멀미 승객에 대한 대처요령으로 옳지 않은 것은?

① 통풍이 잘되는 쪽으로 안내한다.

② 비교적 흔들림이 적은 앞쪽으로 앉게 한다.

③ 심한 경우에는 도로의 가장자리에 정차한 후 시원한 공기를 마시도록 한다.

④ 승객이 토한 경우에는 주변 승객이 불쾌하지 않도록 신속히 처리한다.

심한 경우에는 휴게소 내지는 안전하게 정차할 수 있는 곳에 정차하여 차에서 내려 시원한 공기를 마시도록 한다.

14 차멀미에 대한 설명 및 조치로 옳지 않은 것은?

① 자동차를 타면 어지럽고 속이 메스꺼우며 토하는 증상이 나타나는 것을 말한다.

② 심한 경우 갑자기 쓰러지고 허탈 증상이 나타나기도 한다.

③ 심한 경우에는 안전한 곳에 정차하여 시원한 공기를 마시도록 한다.

④ 통풍이 잘되고 비교적 흔들림이 적은 차량 뒤쪽에 앉도록 한다.

통풍이 잘되고 비교적 흔들림이 적은 차량 앞쪽에 앉도록 한다.

chapter 04

정답 8 ③ 9 ② 10 ① 11 ② 12 ② 13 ③ 14 ④

15 교통사고가 발생하여 인명구조를 해야 할 경우의 유의사항으로 <u>옳지 않은</u> 것은?

① 부상자는 전문 구조자가 올 때까지 응급조치 하지 않는다.
② 부상자, 노인, 어린아이 및 부녀자 등 노약자를 우선적으로 구조한다.
③ 도로 밖의 안전장소로 유도하고 2차 피해가 일어나지 않도록 한다.
④ 적절한 유도로 승객의 혼란방지에 노력한다.

> 부상자가 있을 때에는 우선 응급조치를 한다.

16 교통사고 발생 시 운전자가 취해야 할 조치순서로 <u>옳은</u> 것은?

① 인명구조 - 탈출 - 연락 - 후방방호 - 대기
② 연락 - 탈출 - 인명구조 - 후방방호 - 대기
③ 탈출 - 인명구조 - 후방방호 - 연락 - 대기
④ 연락 - 인명구조 - 탈출 - 후방방호 - 대기

> 사고 발생 시 운전자가 취할 조치과정은 탈출 - 인명구조 - 후방방호 - 연락 - 대기 순이다.

17 재난 발생 시 버스운전자의 조치사항으로 <u>옳지 않은</u> 것은?

① 신속하게 안전지대로 차량을 이동한다.
② 차량내 이상 여부를 확인한다.
③ 업체에 현재 위치를 알린다.
④ 차 밖에서 구조를 기다린다.

> 운행 중 재난이 발생한 경우에는 신속하게 차량을 안전지대로 이동한 후 즉각 회사 및 유관기관에 보고한다.

18 교통사고가 발생하여 인명구조를 해야 할 경우의 유의사항으로 <u>옳지 않은</u> 것은?

① 부상자, 노인, 어린아이 및 부녀자 등 노약자를 우선적으로 구조한다.
② 적절한 유도로 승객의 혼란방지에 노력한다.
③ 부상자는 전문 구조자가 올 때까지 응급조치 하지 않는다.
④ 도로 밖의 안전장소로 유도하고 2차 피해가 일어나지 않도록 한다.

> 부상자가 있을 때에는 응급조치를 한다.

19 가슴압박법의 설명으로 <u>옳지 않은</u> 것은?

① 영아는 가슴 중앙의 직하부에 두 손가락으로 실시한다.
② 팔을 곧게 펴고 바닥과 수직이 되도록 한다.
③ 성인은 흉부가 7~8cm 깊이로 체중을 이용하여 압박과 이완을 반복한다.
④ 영아는 가슴 두께의 1/3~1/2 깊이로 압박과 이완을 반복한다.

> 성인은 흉부가 5cm 정도의 깊이로 체중을 이용하여 압박과 이완을 반복한다.

CHAPTER

05

CBT 실전모의고사

CBT 실전모의고사 제1회

01 다음 중 안전거리에 대한 설명으로 맞는 것은?

① 운전자가 제동을 시작하여 정지될 때까지 주행한 거리
② 같은 방향으로 가고 있는 앞차가 갑자기 정지하게 되는 경우 그 앞차와의 추돌을 피할 수 있는 필요한 거리로 정지거리보다 약간 긴 정도의 거리
③ 운전자가 제동할 수 있는 정도의 거리
④ 운전자가 위험을 느끼고 브레이크를 밟았을 때 자동차가 제동되기 전까지 주행한 거리

02 도로에서 차마를 그 본래의 사용방법에 따라 사용하는 것(조종을 포함)을 의미하는 것은?

① 주행
② 운행
③ 서행
④ 운전

03 차가 주행 중 도로 또는 도로 이외의 장소에 차체의 측면이 지면에 접하고 있는 상태를 말하는 것은?

① 전복
② 전도
③ 충돌
④ 추돌

04 철길 건널목을 통과하다가 고장 등의 사유로 건널목 안에서 차를 운행할 수 없게 된 경우 운전자가 가장 먼저 해야 할 일은?

① 경찰공무원에게 신고한다.
② 승객을 대피시킨다.
③ 차를 이동시킨다.
④ 철도공무원에게 연락한다.

05 승합자동차 운전자의 위반행위별 범칙금액이 잘못 연결된 것은?

① 최저속도 위반 – 3만원
② 일시정지 위반 – 3만원
③ 끼어들기 금지 위반 – 3만원
④ 어린이통학버스 특별보호 위반 – 10만원

06 가해자와 피해자 간의 손해배상 합의기간은 특별한 사유가 없는 한 사고를 접수한 날부터 얼마를 줄 수 있는가?

① 1주
② 2주
③ 3주
④ 4주

해설

01 안전거리란 같은 방향으로 가고 있는 앞차가 갑자기 정지하게 되는 경우 그 앞차와의 추돌을 피할 수 있는 필요한 거리로 정지거리보다 약간 긴 정도의 거리를 말한다.

02 도로에서 차마를 그 본래의 사용방법에 따라 사용하는 것(조종을 포함)을 의미하는 것은 운전이다.

03 차가 주행 중 도로 또는 도로 이외의 장소에 차체의 측면이 지면에 접하고 있는 상태를 전도라 한다.

04 건널목을 통과하다가 고장 등의 사유로 건널목 안에서 차를 운행할 수 없게 된 경우에는 즉시 승객을 대피시키고 비상신호기 등을 사용하여 철도공무원 또는 경찰공무원에게 알려야 한다.

05 최저속도 위반 시 범칙금액은 2만원이다.

06 가해자와 피해자 간의 손해배상 합의기간은 특별한 사유가 없는 한 사고를 접수한 날부터 2주를 주어야 한다.

정답 01 ② 02 ④ 03 ② 04 ② 05 ① 06 ②

07 교통사고처리특례법에 따른 사고운전자 가중처벌 기준으로 옳은 것은?

① 음주로 정상적인 운전이 곤란한 상태에서 자동차를 운전하여 사람을 상해에 이르게 한 경우 10년 이하의 징역 또는 500만원 이상 3천만원 이하의 벌금

② 피해자를 사망에 이르게 하고 도주하거나 도주 후에 피해자가 사망한 경우 무기 또는 4년 이상의 징역

③ 사고 운전자가 피해자를 상해에 이르게 하고 피해자를 사고 장소로부터 옮겨 유기하고 도주한 경우 3년 이상의 유기징역

④ 음주로 정상적인 운전이 곤란한 상태에서 자동차를 운전하여 사람을 사망에 이르게 한 경우에는 1년 이상의 유기징역

08 다음 중 사고운전자가 형사 처벌 대상이 되는 경우가 아닌 것은?

① 어린이 보호구역내 어린이 보호의무 위반으로 인명피해 사고가 발생한 경우

② 약물복용 운전 중에 인명피해 사고가 발생한 경우

③ 무면허 운전 중에 인명피해 사고가 발생한 경우

④ 유턴하던 중에 주차된 차량을 손괴한 사고가 발생한 경우

09 고속도로에서 운전자 및 동승자의 준수사항으로 옳지 않은 것은?

① 후진해서는 안 된다.

② 자동차 고장 시 주행차로에 정지시킨다.

③ 전좌석 안전띠를 맨다.

④ 고장자동차의 표지를 항상 비치한다.

10 운전적성정밀검사 특별검사 대상에 해당하지 않는 사람은?

① 신규로 여객자동차 운송사업용 자동차를 운전하려는 사람

② 운전 중 사망사고를 일으킨 사람

③ 과거 1년간 운전면허 행정처분기준에 따른 누산점수가 81점 이상인 사람

④ 질병 등의 사유로 안전운전을 할 수 있는 자인지 알기 위하여 운송사업자가 특별검사를 신청한 사람

11 용어의 구분 중 서행의 의미로 맞는 것은?

① 자동차가 완전히 멈추는 상태, 즉 당시의 속도가 0km/h 인 상태

② 반드시 차가 멈추어야 하되, 얼마간의 시간동안 정지상태를 유지해야 하는 교통상황을 의미

③ 차가 즉시 정지할 수 있는 느린 속도로 진행하는 것을 의미

④ 반드시 차가 일시적으로 그 바퀴를 완전히 멈추어야 하는 행위 자체에 대한 의미

12 신호등이 없는 교차로에서 설치되는 일반적인 안전표지가 아닌 것은?

① 양보표지   ② 서행표지

③ 일시정지표지   ④ 비보호 좌회전표지

---

07 ① 음주로 정상적인 운전이 곤란한 상태에서 자동차를 운전하여 사람을 상해에 이르게 한 경우 1년 이상 15년 이하의 징역 또는 1천만원 이상 3천만원 이하의 벌금
   ② 피해자를 사망에 이르게 하고 도주하거나 도주 후에 피해자가 사망한 경우 무기 또는 5년 이상의 징역
   ④ 음주로 정상적인 운전이 곤란한 상태에서 자동차를 운전하여 사람을 사망에 이르게 한 경우에는 무기 또는 3년 이상의 징역

08 일반도로에서 유턴하던 중 주차된 차량을 충돌하는 사고가 발생한 경우는 형사처벌 대상이 아니다. 고속도로 또는 자동차전용도로에서 유턴하던 중 사고가 발생한 경우 형사처벌 대상이다.

09 고장이나 그 밖의 부득이한 사유로 자동차를 운행할 수 없게 되었을 때에는 자동차를 도로의 우측 가장자리에 정지시키고 표지를 설치해야 한다.

10 신규로 여객자동차 운송사업용 자동차를 운전하려는 사람은 신규검사 대상이다.

11 서행은 차가 즉시 정지할 수 있는 느린 속도로 진행하는 것을 의미한다.

12 신호등이 없는 교차로에서는 비보호 좌회전표지가 설치되지 않는다.

정답   07 ③   08 ④   09 ②   10 ①   11 ③   12 ④

13 진로 변경(급차로 변경) 사고로 처리되는 경우는?

① 옆 차로에서 진행 중인 차량이 갑자기 차로를 변경하여 불가항력적으로 충돌한 경우

② 동일방향 앞·뒤 차량으로 진행하던 중 앞차가 차로를 변경하는데 뒤차를 따라 차로를 변경하다가 앞차를 추돌한 경우

③ 장시간 주차하다가 막연히 출발하여 좌측면에서 차로 변경 중인 차량의 후면을 추돌한 경우

④ 차로 변경 후 상당 구간 진행 중인 차량을 뒤차가 추돌한 경우

14 시외버스운송사업 자동차 중 고속형에 사용되는 것으로서 원동기 출력이 자동차 총 중량 1톤당 20마력 이상이고 승차정원이 30인승 이상인 대형승합자동차는?

① 시외일반버스

② 시외우등고속버스

③ 시외직행버스

④ 시외고속버스

15 다음 중 여객자동차 운수사업법상 여객자동차 운수사업자에게 과징금을 부과할 수 있는 자는?

① 경찰서장

② 한국교통안전공단 이사장

③ 시·도지사

④ 전국버스연합회장

16 모든 운전자가 준수하여야 할 사항에 관한 내용이 아닌 것은?

① 운전자는 안전을 확인하지 아니하고 차의 문을 열거나 내려서는 아니 되며, 동승자가 교통의 위험을 일으키지 아니하도록 필요한 조치를 할 것

② 운전자는 자동차가 정지하고 있는 경우 휴대용 전화를 사용하지 아니할 것

③ 운전하는 자동차를 급히 출발시키거나 속도를 급격히 높이는 행위를 하여 다른 사람에게 피해를 주는 소음을 발생시키지 아니할 것

④ 운전자는 승객이 차 안에서 안전운전에 현저히 장해가 될 정도로 춤을 추는 등 소란행위를 하도록 내버려두고 차를 운행하지 아니할 것

17 교통사고처리특례법상 특례 예외 사고인 중앙선 침범 사고로 볼 수 없는 것은?

① 빗길에서 과속으로 인한 중앙선 침범의 경우

② 졸다가 뒤늦은 제동으로 중앙선을 침범한 경우

③ 사고를 피하기 위해 급제동하다 중앙선을 침범한 경우

④ 커브 길에서 과속으로 인한 중앙선 침범의 경우

18 운송사업자는 신규 채용한 운수종사자의 명단을 신규 채용일부터 7일 이내 누구에게 알려야 하나?

① 한국교통안전공단 이사장

② 경찰청장

③ 시·도지사

④ 국토교통부장관

 해설

13 옆 차로에서 진행 중인 차량이 갑자기 차로를 변경하여 불가항력적으로 충돌한 경우 진로 변경 사고의 피해자 요건에 해당되며, ②③④는 진로 변경 사고의 예외사항에 해당한다.

14 고속형이고 원동기 출력이 자동차 총 중량 1톤당 20마력 이상이고 승차정원이 30인승 이상인 대형승합자동차는 시외고속버스이다.

15 국토교통부장관, 시·도지사 또는 시장·군수·구청장은 여객자동차 운수사업자에게 과징금을 부과할 수 있다.

16 자동차가 정지하고 있는 상태에서 휴대용 전화를 사용하는 것은 괜찮다.

17 사고를 피하기 위해 급제동하다 중앙선을 침범한 경우는 중앙선침범이 적용되지 않는다.

18 신규 채용한 운수종사자의 명단을 신규 채용일부터 7일 이내 시·도지사에게 알려야 한다.

정답 ▶ **13** ① **14** ④ **15** ③ **16** ② **17** ③ **18** ③

19 노면표시의 색채 기준에 대한 설명이 **틀린 것**은?

① 청색 : 지정방향의 교통류 분리 표지
② 적색 : 어린이보호구역 또는 주거지역 안에 설치하는 속도제한표시의 테두리선
③ 황색 : 반대방향의 교통류 분리 또는 도로이용의 제한 및 지시
④ 백색 : 동일방향의 경계표시 또는 도로이용의 제한

20 다음 중 특별교통안전 의무교육을 받아야 하는 사람은?

① 통행방법을 위반한 사람
② 운전면허효력 정지처분을 받은 초보운전자로서 그 정지기간이 끝나지 아니한 사람
③ 안전띠 미착용 등으로 적발된 사람
④ 적성검사를 받지 아니하여 운전면허 취소처분을 받은 사람으로서 운전면허를 다시 받으려는 사람

21 앞지르기 방법 또는 앞지르기 금지위반 사고의 성립요건으로 운전자의 과실 내용이 **아닌 것**은?

① 앞차의 좌측에 다른 차가 앞차와 나란히 가고 있을 때 앞지르기
② 앞차의 좌측으로 앞지르기
③ 경찰공무원의 지시에 따라 서행하고 있는 앞차 앞지르기
④ 앞지르기 금지장소에서 앞지르기

22 도로교통법상 보행자의 도로횡단 방법으로 **옳지 않은 것**은?

① 보행자는 횡단보도, 지하도, 육교나 그 밖의 횡단시설이 설치되어 있는 도로에서는 그 곳으로 횡단하여야 한다.
② 보행자는 횡단보도가 설치되어 있지 아니한 도로에서는 가장 긴 거리로 횡단하여야 한다.
③ 보행자는 모든 차의 바로 앞이나 뒤로 횡단하여서는 아니 된다.
④ 보행자는 안전표지 등에 의하여 횡단이 금지되어 있는 도로의 부분에서는 그 도로를 횡단하여서는 아니 된다.

23 6세 미만인 아이의 무상운송을 1년에 3회 이상 거절한 경우 과징금 부과기준으로 **옳지 않은 것**은?

① 시외버스 – 20만원
② 시내버스 – 10만원
③ 마을버스 – 10만원
④ 농어촌버스 –10만원

24 안전운전 불이행 사고의 성립요건과 가장 **거리가 먼 것**은?

① 1차 사고에 이은 불가항력적인 2차 사고
② 차내 대화 등으로 운전을 부주의한 경우
③ 전방 등 교통상황에 대한 파악 및 적절한 대처가 미흡한 경우
④ 자동차 장치 조작을 잘못한 경우

---

19 백색은 동일방향의 교통류 및 경계표시에 사용된다.

20 운전면허효력 정지처분을 받게 되거나 받은 초보운전자로서 그 정지기간이 끝나지 아니한 사람은 특별교통안전 의무교육을 받아야 한다.

21 앞차의 좌측으로 앞지르기하는 것은 앞지르기 방법 위반 성립요건에 해당하지 않는다. 앞차의 우측으로 앞지르기하는 경우 운전자 과실에 해당한다.

22 보행자는 횡단보도가 설치되어 있지 아니한 도로에서는 가장 짧은 거리로 횡단하여야 한다.

23 6세 미만인 아이의 무상운송을 1년에 3회 이상 거절한 경우 시외버스, 시내버스, 마을버스, 농어촌버스 모두 과징금 10만원이다.

24 ①은 안전운전 불이행 사고의 예외사항에 해당한다.

정답 19 ④ 20 ② 21 ② 22 ② 23 ① 24 ①

25 자동차 외부의 합성수지 부품이 더러워졌을 경우 무엇을 사용하여 닦아내는 것이 가장 좋은가?

① 에나멜
② 스펀지
③ 딱딱한 브러시
④ 수세미

26 일상점검 중 주의사항이 <u>아닌</u> 것은?

① 점검은 환기가 잘 되는 장소에서 실시한다.
② 연료장치나 배터리 부근에서는 불꽃을 멀리한다.
③ 변속레버는 R(후진)에 위치시킨 후 점검한다.
④ 경사가 없는 평탄한 장소에서 점검한다.

27 공기를 압축한 후 배기 파이프 내의 압력이 배기 밸브 스프링 장력과 평형이 될 때까지 높게 하여 제동력을 발생하는 브레이크는?

① 출력 브레이크
② 유압 브레이크
③ 배기 브레이크
④ 엔진 브레이크

28 다음 중 사고결과에 따른 벌점기준으로 <u>틀린</u> 것은?

① 사망 1명마다 : 90점
② 부상신고 1명마다 : 3점
③ 중상 1명마다 : 15점
④ 경상 1명마다 : 5점

29 자동차 높이의 변화를 감지하여 ECS 솔레노이드 밸브를 제어함으로써 에어스프링 압력과 자동차 높이를 조절하는 시스템은?

① 전자제어 커먼레일 시스템
② 전자제어 인젝션 시스템
③ 전자제어 연료분사 시스템
④ 전자제어 현가장치 시스템

30 험한 도로 주행 시 주의할 사항이 <u>아닌</u> 것은?

① 비포장, 눈길 등을 주행할 때에는 속도를 낮추고 제동거리를 충분히 확보한다.
② 요철이 심한 도로에서는 차체의 아랫부분이 충격을 받지 않도록 주의한다.
③ 눈길, 진흙길 등인 경우 2단 기어를 사용하여 차바퀴가 헛돌지 않도록 천천히 가속한다.
④ 비포장도로와 같은 험한 도로를 주행할 때에는 고단 기어로 변속하여 가속한다.

31 자동차의 완충(현가)장치 중에서 승차감을 향상시키고 스프링의 피로를 줄이며 상·하 방향의 움직임을 멈추려고 하지 않는 스프링에 대하여 역방향으로 힘을 발생시켜 진동을 흡수하는 장치는 무엇인가?

① 쇽업소버
② 스태빌라이저
③ 판 스프링
④ 코일 스프링

해설

25 범퍼나 차량 외부의 합성수지 부품이 더러워졌을 때에는 딱딱한 브러시나 수세미 대신에 부드러운 브러시나 스펀지를 사용하여 닦아낸다.
26 변속레버는 P(주차)에 위치시킨 후 점검한다.
27 배기관 내에 설치된 밸브를 통해 배기가스 또는 공기를 압축한 후 배기 파이프 내의 압력이 배기 밸브 스프링 장력과 평형이 될 때까지 높게 하여 제동력을 발생하는 브레이크는 배기 브레이크이다.
28 부상신고 1명마다 : 2점

29 자동차 높이의 변화를 감지하여 ECS 솔레노이드 밸브를 제어함으로써 에어스프링 압력과 자동차 높이를 조절하는 시스템은 전자제어 현가장치 시스템이다.
30 비포장도로와 같은 험한 도로를 주행할 때에는 저단기어로 가속페달을 일정하게 밟고, 기어변속이나 가속은 피한다.
31 자동차의 완충(현가)장치 중에서 승차감을 향상시키고 스프링의 피로를 줄이며 상·하 방향의 움직임을 멈추려고 하지 않는 스프링에 대하여 역방향으로 힘을 발생시켜 진동을 흡수하는 장치는 쇽업소버이다.

정답 ▶ **25** ② **26** ③ **27** ③ **28** ② **29** ④ **30** ④ **31** ①

32 책임보험이나 책임공제에 미가입한 경우 가입하지 아니한 기간이 10일 이내이면 과태료 금액은 얼마인가?

① 2만원

② 3만원

③ 5만원

④ 30만원

33 자동차 계기판에서 자동차의 시간당 주행거리를 나타내는 것은?

① 속도계

② 전압계

③ 수온계

④ 연료계

34 천연가스를 고압으로 압축하여 고압 압력용기에 저장한 기체상태의 연료는?

① 액상정제가스

② 압축천연가스

③ 기체순환가스

④ 압축압력정밀가스

35 책임보험이나 책임공제에 미가입한 1대의 자동차에 부과할 과태료의 최고한도 금액은?

① 150만원

② 200만원

③ 50만원

④ 100만원

36 엔진이 과열되어 오버히트를 하는 경우 추정 원인으로 적절하지 않은 것은?

① 냉각수 누수로 부족한 경우

② 서모스탯(온도조절기)이 정상 작동하지 않는다.

③ 연료필터가 막혀 있다.

④ 냉각팬이 작동하지 않는다.

37 자동차검사의 필요성이 아닌 것은?

① 불법개조 등 안전기준 위반 차량 색출로 운행질서 확립

② 자동차세 납부 여부를 확인하여 정부 재원 확보

③ 자동차 결함으로 인한 교통사고 사전 예방

④ 자동차 배출가스로 인한 대기오염 최소화

38 우리나라의 운전면허를 취득하는데 필요한 시력기준 중 1종 운전면허 기준은?

① 두 눈을 동시에 뜨고 잰 시력이 0.6 이상이고, 두 눈의 시력이 각각 0.3 이상이어야 한다.

② 한쪽 눈을 보지 못하는 경우 다른 쪽 눈의 시력이 1.0 이상이어야 한다.

③ 한쪽 눈을 보지 못하는 경우 다른 쪽 눈의 시력이 0.6 이상이어야 한다.

④ 두 눈을 동시에 뜨고 잰 시력이 0.8 이상이고, 두 눈의 시력이 각각 0.5 이상이어야 한다.

---

32 책임보험이나 책임공제에 미가입한 경우 가입하지 아니한 기간이 10일 이내이면 과태료 금액은 3만원이다.

33 자동차의 시간당 주행거리를 나타내는 것은 속도계이다.

34 천연가스를 고압으로 압축하여 고압 압력용기에 저장한 기체상태의 연료는 압축천연가스이다.

35 책임보험이나 책임공제에 미가입에 따른 과태료의 최고 한도금액은 자동차 1대당 100만원이다.

36 연료필터가 막혀 있는 것은 시동모터가 작동되나 시동이 걸리지 않는 경우의 추정원인에 해당한다.

37 자동차검사는 자동차세 납부 여부와는 거리가 멀다.

38 제1종 운전면허 시력기준 : 두 눈을 동시에 뜨고 잰 시력이 0.8 이상, 양쪽 눈의 시력이 각각 0.5 이상

chapter 05

정답 **32** ② **33** ① **34** ② **35** ④ **36** ③ **37** ② **38** ④

39 대중 수송의 책임을 지는 버스 운전자의 운전행동 유형 전략으로 적절한 행동특성은?

① 고속 접근
② 정서적 접근
③ 지연 회피 운전행동
④ 예측 회피 운전행동

40 버스 교통사고의 유형 중 교차로 신호위반 사고의 원인은 무엇인가?

① 제동방법 미숙
② 정차 차량 또는 보행자 등에 대한 부주의
③ 조작미스
④ 조급함과 신호에 대한 자의적 해석

41 버스에서 엔진시동을 끈 후 자동도어 개폐조작을 반복하면 발생할 수 있는 문제는?

① 에어탱크의 공기압이 충전된다.
② 배터리가 충전된다.
③ 자동차 시동장치가 작동된다.
④ 에어탱크의 공기압이 급격히 저하된다.

42 앞지르기가 가능한 상황은?

① 앞차의 좌측에 다른 차가 나란히 가고 있을 때
② 마주 오는 차의 진행을 방해하게 될 염려가 있을 때
③ 앞지르기 당하는 차의 우측에 진행하는 차가 있을 때
④ 앞차가 좌측으로 진로를 바꾸려고 할 때

43 여름철 차량 내부 습기 제거에 대한 설명으로 적당하지 않은 것은?

① 폭우 등으로 물에 잠긴 차량은 우선적으로 습기를 제거해야 한다.
② 차량 내부에 습기가 있는 경우에는 차체의 부식이나 악취 발생을 방지하기 위하여 습기를 제거하여야 한다.
③ 습기를 제거할 때에는 배터리를 연결한 상태에서 실시한다.
④ 폭우 등으로 물에 잠긴 차량은 배선의 수분을 제거하지 않은 상태에서 시동을 걸면 전기장치의 퓨즈가 단선될 수 있다.

44 도로의 횡단면을 계획하는데 반영되는 것이 아닌 것은?

① 도로 이용자
② 교통수요
③ 지역특성
④ 교통사고

45 타이어 마모에 대한 설명 중 틀린 것은?

① 운전자의 운전습관, 타이어의 트레드 패턴 등도 타이어 마모에 영향을 미친다.
② 아스팔트 포장도로는 콘크리트 포장도로보다 타이어 마모가 더 발생한다.
③ 타이어 공기압이 높으면 승차감이 나빠지며, 트레드 중앙부분의 마모가 촉진된다.
④ 타이어에 걸리는 차의 하중이 커지면 공기압이 부족한 것처럼 타이어는 크게 굴곡되어 타이어의 마모를 촉진하게 된다.

해설

39 대중 수송의 책임을 지는 버스 운전자로서는 위험운전에 따른 높은 각성 수준 유지가 가능하지 않으며, 위험 대처에도 한계가 있으므로 기본적인 전략으로 예측 회피 운전을 해야 한다.

40 교차로 신호위반 사고의 원인은 조급함과 좌우 관찰의 결여, 신호에 대한 자의적 해석이다.

41 엔진시동을 끈 후 자동도어 개폐조작을 반복하면 에어탱크의 공기압이 급격히 저하된다.

42 앞지르기 당하는 차의 우측에 진행하는 차가 있을 때는 앞지르기가 가능하다.

43 습기를 제거할 때에는 배터리를 분리한 후 작업한다.

44 도로의 횡단면에는 차도, 중앙분리대, 길어깨(갓길), 주·정차대, 자전거도로, 보도 등이 있으며, 일반적으로 횡단면 구성은 지역특성(주택지역 또는 공업지역 등), 교통수요(차로 폭, 차로 수 등), 도로의 기능(이동로, 접근로 등), 도로 이용자(자동차, 보행자 등) 등을 반영하여 계획된다.

45 콘크리트 포장도로는 아스팔트 포장도로보다 타이어 마모가 더 발생한다.

정답 ▶ **39** ④ **40** ④ **41** ④ **42** ③ **43** ③ **44** ④ **45** ②

46 정차하려는 버스와 교차로에서 우회전하려는 자동차가 상충될 단점이 있는 가로변 버스정류소는?

① 가로변 교차로 통과 전 정류소
② 가로변 도로구간 내 정류소
③ 가로변 교차로 통과 후 정류소
④ 가로변 도로구간 외 정류소

47 시가지 도로에서의 시인성 다루기 방법으로 <u>부적절한 것</u>은?

① 1~2블록 전방의 상황과 길의 양쪽 부분을 모두 탐색한다.
② 빌딩이나 주차장 등의 입구나 출구에 대해서도 주의한다.
③ 예정보다 빨리 회전하거나 한쪽으로 붙을 때는 자신의 의도를 신호로 알린다.
④ 교차로에 접근할 때는 언제든지 신호와 앞차량에만 집중한다.

48 지방도로에서의 방어운전 방법으로 <u>옳지 않은 것</u>은?

① 앞에 대형차가 있을 때에는 충분한 거리를 두어 시야가 차단되지 않도록 주행한다.
② 야간에 주위에 다른 차가 없는 경우에도 절대 상향 전조등을 켜면 안 된다.
③ 위험에 대처할 수 있는 속도로 주행한다.
④ 회전하거나 앞지르기를 할 때에는 뒤차에 방향지시등으로 신호한다.

49 지선에서 차량속도가 높은 본선으로 합류할 때는 안전측면에서 어떤 것이 바람직한가?

① 갓길을 활용하여 부드러운 가속으로 천천히 본선에 합류한다.
② 다소 속도가 처지더라도 부드러운 가속으로 본선에 합류한다.
③ 기어를 변속해서 가속 후 서서히 본선에 합류한다.
④ 강한 가속으로 본선의 차량 속도로 합류한다.

50 주행 차로를 벗어난 차량이 도로상의 구조물 등과 충돌하기 전에 자동차의 충격에너지를 흡수하여 정지하도록 하는 시설로 주로 교각이나 교대, 지하차도의 기둥 등에 설치하는 시설은 무엇인가?

① 방호울타리
② 과속방지시설
③ 충격흡수시설
④ 긴급제동시설

51 감정의 통제가 필요할 때에 대한 설명으로 <u>적절하지 않은 것</u>은?

① 술이나 약물의 영향이 있는 경우에는 관리자에게 배차 변경을 요청한다.
② 주변사람의 사망, 이혼 등으로 인한 슬픔의 감정이 지속될 때는 관리자와 상의해서 운전을 피한다.
③ 운행 중 다른 운전자의 나쁜 운전행태에 대해 감정적으로 대응하지 않는다.
④ 우울하거나 침체되어 있을 때는 다소 속도를 내는 공격적 운전을 하면 기분전환이 된다.

---

46 가로변 교차로 통과 전 정류소는 일반 운전자가 보행자 및 접근하는 버스의 움직임 확인이 용이한 반면, 정차하려는 버스와 우회전하려는 자동차가 상충될 수 있는 단점이 있다.

47 교차로에 접근할 때는 언제든지 후사경과 사이드 미러를 이용해서 차들을 살펴본다.

48 야간에 주위에 다른 차가 없는 경우에는 상향 전조등을 켜도 된다.

49 지선에서 차량속도가 높은 본선으로 합류할 때는 강한 가속이 필수적이다. 이 경우는 경제운전보다 안전이 더 중요하다.

50 주행 차로를 벗어난 차량이 도로상의 구조물 등과 충돌하기 전에 자동차의 충격에너지를 흡수하여 정지하도록 하는 시설로 주로 교각이나 교대, 지하차도의 기둥 등에 설치하는 시설은 충격흡수시설이다.

51 우울한 상태에서는 가급적 운전을 피한다.

정답 46 ① 47 ④ 48 ② 49 ④ 50 ③ 51 ④

52 운전 중 정지거리에 차이가 발생할 수 있는 요인이 아닌 것은?

① 노면상태
② 운행속도
③ 타이어의 마모 정도
④ 운행기록계 부착

53 교통사고 요인 중 인간에 의한 사고원인이 아닌 것은?

① 차량제작요인
② 사회환경요인
③ 태도요인
④ 신체요인

54 알코올이 시력 기능에 미치는 영향으로 부적절한 것은?

① 주변시의 판단능력 감소
② 정확한 사물지각력 감소
③ 안구의 운동능력 둔화
④ 시야 인식영역 증가

55 차로를 구분하기 위해 설치한 것으로 맞는 것은?

① 주차대
② 길어깨(갓길)
③ 차선
④ 자전거도로

56 폭우로 인하여 가시거리가 100m 이내인 경우 최고속도를 얼마 정도로 감속하여 운행하여야 하는가?

① 40%
② 10%
③ 20%
④ 50%

57 교통량이 많은 쪽으로 차로수를 확대하도록 신호기에 의해 차로의 진행방향을 지시하는 차로는?

① 교통섬
② 분리대
③ 가변차로
④ 중앙차로

58 브레이크와 타이어 등 차량결함 사고발생 시 대처방법으로 옳지 않은 것은?

① 앞, 뒤 브레이크가 동시에 고장 시 브레이크 페달을 반복해서 빠르고 세게 밟으면서 주차 브레이크도 세게 당기고 기어도 저단으로 바꾼다.
② 차의 앞바퀴가 터지는 경우 핸들을 단단하게 잡아 차가 한쪽으로 쏠리는 것을 막고, 의도한 방향을 유지한 다음 속도를 줄인다.
③ 뒷바퀴의 바람이 빠져 차가 한쪽으로 미끄러지는 것을 느끼면 핸들 방향을 미끄러지는 반대방향으로 틀어주며 대처한다.
④ 페이딩 현상이 일어나면 차를 멈추고 브레이크가 식을 때까지 기다린다.

해설

52 운행기록계 부착은 정지거리에 영향을 미치는 요인이 아니다.

53 차량제작요인은 인간에 의한 사고원인에 해당하지 않는다.

54 알코올은 시야의 인식영역이 줄어들게 한다.

55 차로를 구분하기 위해 설치한 것은 차선이다.

56 폭우로 가시거리가 100m 이내인 경우에는 최고속도의 50%를 줄인 속도로 운행한다.

57 교통량이 많은 쪽으로 차로수를 확대하도록 신호기에 의해 차로의 진행방향을 지시하는 차로는 가변차로이다.

58 뒷바퀴의 바람이 빠지면 차의 후미가 좌우로 흔들리는 것을 느낄 수 있다. 이때 차가 한쪽으로 미끄러지는 것을 느끼면 핸들 방향을 그 방향으로 틀어주며 대처한다. 이때 핸들을 과도하게 틀면 안 되며, 페달은 나누어 밟아서 안전한 곳에 멈춘다.

정답 52 ④　53 ①　54 ④　55 ③　56 ④　57 ③　58 ③

59 겨우내 사용했던 스노타이어의 보관 방법으로 적절한 것은?

① 공기가 잘 통하는 곳에 세워서 보관한다.
② 가급적 휠에 끼워 공기가 잘 통하는 곳에 보관한다.
③ 습기가 있는 곳에 세워서 보관한다.
④ 가급적 휠에 끼워 습기가 있는 곳에 보관한다.

60 운전 중 시야 확보가 적을 때 발생하는 현상이 아닌 것은?

① 급차로 변경
② 안전거리 확보
③ 급정거
④ 좌·우회전 차량에 진로를 방해받음

61 버스요금체계의 유형에 대한 설명으로 옳지 않은 것은?

① 거리운임요율제는 거리운임요율에 운행거리를 곱해 요금을 산정하는 요금체계이다.
② 구역운임제는 운행구간을 몇 개의 구역으로 나누어 이용거리가 증가함에 따라 단위당 운임이 낮아지는 요금체계이다.
③ 단일운임제는 이용거리와 관계없이 일정하게 설정된 요금을 부과하는 요금체계이다.
④ 거리체감제는 이용거리가 증가함에 따라 단위당 운임이 낮아지는 요금체계이다.

62 고속도로 진입부에서의 안전운전 방법으로 적절하지 않은 것은?

① 본선 진입 전 충분히 가속하여 본선 차량의 교통 흐름을 방해하지 않도록 한다.
② 본선차로의 차량 진행 상황을 살피면서 진입 시기를 조절하도록 한다.
③ 진입을 위한 가속차로의 끝부분에서는 감속하여 진입한다.
④ 본선 진입의도를 다른 차량에게 방향지시등으로 알린다.

63 버스운전자로서의 기본자세로 볼 수 없는 것은?

① 서비스에 대한 만족도를 높인다.
② 교통법규는 상황에 따라 무시할 수 있다.
③ 안전운전을 배우는 자세를 유지한다.
④ 승객의 안전을 책임진다.

64 회전교차로 진·출입 방법으로 틀린 것은?

① 회전교차로로 진입하는 자동차가 교차로 내부의 회전차로에서 주행하는 자동차에게 양보한다.
② 중앙교통섬을 중심으로 시계 반대방향으로 회전하며 통행한다.
③ 회전교차로에 진입할 때에는 충분히 속도를 줄인 후 진입한다.
④ 교차로로 진입하는 자동차에게 통행우선권이 있다.

---

59 겨우내 사용했던 스노타이어는 가급적 휠에 끼워 공기가 잘 통하는 곳에 보관한다.
60 운전 중 시야 확보가 적을 때는 안전거리 확보가 어렵다.
61 구역운임제는 운행구간을 몇 개의 구역으로 나누어 구역별로 요금을 설정하고, 동일 구역 내에서는 균일하게 요금을 부과하는 요금체계이다.

62 진입을 위한 가속차로 끝부분에서 감속하지 않도록 주의한다.
63 교통법규를 무시하는 것은 버스운전자로서의 기본자세로 볼 수 없다.
64 회전교차로 내부의 회전차로에서 주행하는 자동차에게 통행우선권이 있다.

정답 **59** ② **60** ② **61** ② **62** ③ **63** ② **64** ④

65 곡선부 등에 설치하는 방호울타리의 주요 기능이 아닌 것은?

① 탑승자의 상해 및 자동차의 파손을 감소시키는 것
② 자동차의 차도 이탈을 방지하는 것
③ 자동차를 정상적인 진행방향으로 복귀시키는 것
④ 자동차의 진행경로를 안내하는 것

66 보행자 보호의 주요 주의사항에 속하지 않는 것은?

① 차량신호가 녹색이라도 횡단보도가 완전히 비워져 있는지를 확인하지 않은 상태에서 횡단보도에 들어가서는 안 된다.
② 어린이 보호구역내에서는 주의할 필요가 없다.
③ 시야가 차단된 상황에서 나타나는 보행자를 특히 조심한다.
④ 신호에 따라 횡단하는 보행자의 앞뒤에서 그들을 압박하거나 재촉해서는 안 된다.

67 고객서비스의 특징에 대한 설명으로 옳지 않은 것은?

① 서비스를 측정하기 어렵지만 누구나 느낄 수는 있다.
② 서비스는 공급자에 의해 제공됨과 동시에 승객에 의해 소비된다.
③ 서비스는 사람에 의해 생산되어 사람에게 제공되므로 서비스의 품질은 모두 같다.
④ 운송서비스 수준은 버스의 운행횟수, 운행시간, 차종, 목적지 도착시간 등의 영향을 받을 수 있다.

68 간선급행버스체계의 도입 배경으로 옳지 않은 것은?

① 대중교통 이용률 상승
② 신속하고, 양질의 대량수송에 적합한 저렴한 비용의 대중교통 시스템 필요
③ 도로와 교통시설 증가의 둔화
④ 도로 및 교통시설에 대한 투자비의 막대한 증가

69 다음 중 가로변버스전용차로의 특징으로 옳지 않은 것은?

① 우회전하는 차량을 위해 교차로 부근에서는 일반차량의 버스전용차로 이용을 허용해야 한다.
② 종일 또는 출·퇴근 시간대 등을 지정하여 탄력적으로 운영할 수 있다.
③ 버스전용차로를 가로변에 설치하므로 버스의 신속성 확보에 매우 유리하다.
④ 버스전용차로 운영시간대에는 가로변의 주·정차를 금지해야 한다.

70 일반적으로 사업용 버스 운전자의 주의사항으로 옳지 않은 것은?

① 운행 중 비상상황 시 승차 지시된 운전자 이외의 타인에게 임의로 대리운전을 의뢰해서 반드시 운행한다.
② 배차지시 없이 임의로 운행하지 않는다.
③ 음주 및 약물복용 후 운전하지 않는다.
④ 취득한 운전면허로 운전할 수 있는 차종 이외의 차량은 운전을 하지 않는다.

해설

65 방호울타리는 자동차의 진행경로를 안내하는 기능을 하지는 않는다.
66 어린이보호구역 내에서는 특별히 주의한다.
67 서비스는 사람에 의해 생산되어 사람에게 제공되므로 똑같은 서비스라 하더라도 그것을 행하는 사람에 따라 품질의 차이가 발생하기 쉽다.

68 간선급행버스체계의 도입 배경
 • 도로와 교통시설 증가의 둔화
 • 대중교통 이용률 하락
 • 교통체증의 지속
 • 도로 및 교통시설에 대한 투자비의 급격한 증가
 • 신속하고, 양질의 대량수송에 적합한 저렴한 비용의 대중교통 시스템 필요
69 가로변버스전용차로는 우회전 차량과 충돌할 위험이 존재하므로 버스의 신속성 확보에 매우 유리하다고는 할 수 없다.
70 승차 지시된 운전자 이외의 타인에게 대리운전이 금지된다.

정답 65 ④ 66 ② 67 ③ 68 ① 69 ③ 70 ①

71 교통카드시스템의 도입효과 중 정부측면에서 기대할 수 있는 효과로 옳지 않은 것은?

① 첨단교통체계의 기반을 마련할 수 있다.
② 교통정책 수립 및 교통요금 결정의 기초자료를 확보할 수 있다.
③ 대중교통 이용률 제고로 교통환경을 개선할 수 있다.
④ 운송수입금 관리가 용이하다.

72 교통사고 현장에서의 상황파악과 안전관리 사항으로 옳지 않은 것은?

① 생명이 위독한 환자가 누구인지 파악한다.
② 짧은 시간 안에 사고 정보를 수집하여 침착하고 신속하게 상황을 파악한다.
③ 사고위치에 노면표시를 한 후 자동차를 이동시키지 않는다.
④ 피해자를 위험으로부터 보호하거나 피신시킨다.

73 정부가 버스노선의 계획에서부터 버스차량의 소유·공급, 노선의 조정, 버스의 운행에 따른 수입금 관리 등 버스 운영체계의 전반을 책임지는 방식으로 옳은 것은?

① 반공영제
② 민영제
③ 공영제
④ 준공영제

74 예의에 대한 설명으로 옳은 것은?

① 후배에게 편하게 얘기하는 행위
② 인간관계에서 지켜야 할 기본적 도리
③ 회사에서 정한 규정으로 엄격한 규율
④ 남에게 함부로 행동할 경우 사회적인 처벌 유발

75 안전운행과 다른 승객의 편의를 위하여 운수종사자가 승객의 행위에 대하여 제지할 수 없는 것은?

① 시각장애인이 시각장애인 보조견과 함께 자동차에 승차하는 행위
② 폭발성 물질을 자동차 안으로 가지고 들어오는 행위
③ 자동차 출입구 또는 통로를 막을 우려가 있는 물품을 자동차 안으로 가지고 들어오는 행위
④ 타인에게 불쾌감을 줄 우려가 있는 동물을 자동차 안으로 데리고 들어오는 행위

76 다음 중 운전자의 운행중 주의사항으로 옳지 않은 것은?

① 지그재그 운전으로 다른 운전자를 불안하게 만드는 행동은 하지 않는다.
② 갓길로 통행하지 않는다.
③ 신호등이 바뀌기 전에 빨리 출발하라는 신호로 전조등을 깜빡거린다.
④ 과속운행과 급브레이크를 밟는 행위는 하지 않는다.

71 운송수입금 관리 용이는 운영자 측면에서 기대할 수 있는 효과이다.
72 사고위치에 노면표시를 한 후 도로 가장자리로 자동차를 이동시킨다.
73 정부가 버스노선의 계획에서부터 버스차량의 소유·공급, 노선의 조정, 버스의 운행에 따른 수입금 관리 등 버스 운영체계의 전반을 책임지는 버스운영체제는 공영제이다.
74 예의란 인간관계에서 지켜야 할 기본적 도리이다.
75 시각장애인이 시각장애인 보조견과 함께 자동차에 승차하는 행위는 제지할 수 없다.
76 신호등이 바뀌기 전에 빨리 출발하라고 전조등을 깜빡이거나 경음기로 재촉하는 행위를 하지 않는다.

chapter 05

77 다음 중 운영자 측면에서 교통카드시스템을 도입했을 때의 효과로 옳지 않은 것은?

① 요금할인 등으로 교통비 절감
② 요금집계업무의 전산화를 통한 경영합리화
③ 정확한 전산실적자료에 근거한 운행 효율화
④ 거리비례제, 구간요금제 등 다양한 요금체계에 대응 가능

78 올바른 고객서비스 제공을 위한 5요소로 옳지 않은 것은?

① 과묵한 표정
② 따뜻한 응대
③ 공손한 인사
④ 단정한 용모 및 복장

79 부상자 의식 상태를 확인할 때의 조치사항으로 옳지 않은 것은?

① 의식이 없다면 기도를 확보한다.
② 몸을 세게 흔들어 깨운다.
③ 의식이 없거나 구토할 때는 옆으로 눕힌다.
④ 말을 걸거나 팔을 꼬집고 눈동자를 확인한다.

80 사고현장 측정 및 사진촬영을 해야 할 사항으로 옳지 않은 것은?

① 목격자에 대한 사고상황 조사
② 사고지점의 위치
③ 사고현장에 대한 가로방향 및 세로방향의 길이
④ 차량 및 노면에 나타난 물리적 흔적 및 시설물 등의 위치

해설

77 교통비 절감은 이용자 측면에서의 도입 효과에 해당한다..

78 올바른 고객서비스 제공을 위한 5요소 : 단정한 용모 및 복장, 밝은 표정, 공손한 인사, 친근한 말, 따뜻한 응대

79 환자의 몸을 심하게 흔들면 안 된다.

80 목격자에 대한 사고상황 조사는 사고당사자 및 목격자 조사 시에 해야 할 사항이다.

정답 77 ① 78 ① 79 ② 80 ①

CBT 실전모의고사 제2회

01 안전운전 불이행 사고의 성립요건과 가장 거리가 먼 것은?

① 1차 사고에 이은 불가항력적인 2차 사고
② 차내 대화 등으로 운전을 부주의한 경우
③ 전방 등 교통상황에 대한 파악 및 적절한 대처가 미흡한 경우
④ 자동차 장치 조작을 잘못한 경우

02 승합자동차 등의 속도위반과 관련한 범칙금액으로 옳지 않은 것은?

① 제한속도 40km/h 초과 60km/h 이하 속도위반 : 10만원
② 제한속도 20km/h 초과 40km/h 이하 속도위반 : 7만원
③ 제한속도 20km/h 이하 속도위반 : 5만원
④ 제한속도 60km/h 초과 속도위반 : 13만원

03 고속도로에서 감속차로의 설명으로 맞는 것은?

① 고속도로를 벗어날 때 속도를 줄이는 차로
② 저속으로 오르막을 오를 때 사용하는 차로
③ 주행차로에 진입하기 위해 속도를 높이는 차로
④ 고속도로에서 주행할 때 통행하는 차로

04 차가 도로변 절벽 또는 교량 등 높은 곳에서 떨어진 것을 의미하는 용어는?

① 충돌
② 추돌
③ 전도
④ 추락

05 차마가 정지선, 횡단보도 및 교차로의 직전에서 정지하여야 하되, 신호에 따라 진행하는 다른 차마의 교통을 방해하지 아니하고 우회전할 수 있는 신호의 종류는?

① 녹색의 등화
② 황색의 등화
③ 황색등화의 점멸
④ 적색의 등화

06 구역 여객자동차운송사업에 해당하는 것은?

① 시내버스운송사업
② 마을버스운송사업
③ 전세버스운송사업
④ 시외버스운송사업

---

01 ①은 안전운전 불이행 사고의 예외사항에 해당한다.
02 제한속도 20km/h 이하 속도위반 : 3만원
03 주행차로를 벗어나 고속도로에서 빠져나가기 위해 감속하기 위한 차로를 감속차로라 한다.

04 차가 도로변 절벽 또는 교량 등 높은 곳에서 떨어진 것을 추락이라 한다.
05 적색의 등화에 대한 설명이다.
06 구역 여객자동차운송사업 : 전세버스운송사업, 특수여객자동차운송사업

정답 01 ① 02 ③ 03 ① 04 ④ 05 ④ 06 ③

chapter 05

07 신호등 없는 교차로에 진입할 때 통행우선권의 내용이 틀린 것은?

① 폭이 넓은 도로로부터 교차로에 들어가려고 하는 차가 있을 때에는 그 차에 진로를 양보해야 한다.
② 우선순위가 같은 차가 동시에 진입할 때는 좌측 도로의 차에게 진로를 양보해야 한다.
③ 이미 교차로에 들어가 있는 차가 있는 경우에는 그 차에 진로를 양보해야 한다.
④ 좌회전하고자 하는 차의 운전자는 그 교차로에서 직진하거나 우회전하려는 다른 차가 있는 때에는 그 차에 진로를 양보해야 한다.

08 교통사고 운전자가 형사처벌 대상이 되는 경우가 아닌 것은?

① 앞지르기 방법 위반 접촉사고로 인명피해가 발생한 경우
② 가벼운 접촉사고 후 음주측정 요구에 불응하는 대신 채혈측정을 요청한 경우
③ 신호위반하여 타 차량 운전자에게 상해를 입힌 경우
④ 추돌사고에서 상해를 입은 피해자를 구호 조치하지 아니하고 도주한 경우

09 다음 중 운전면허가 취소되는 1년간 누산점수의 기준은?

① 81점 이상
② 151점 이상
③ 121점 이상
④ 221점 이상

10 도로교통법상 고속도로에서 정차 또는 주차시킬 수 있는 경우가 아닌 것은?

① 시외버스 운전자가 고속도로 운행 중 잠시 휴식을 취하기 위해 정차하는 경우
② 경찰공무원(자치경찰공무원은 제외)의 지시에 따라 정차시키는 경우
③ 통행료를 내기 위하여 통행료를 받는 곳에서 정차하는 경우
④ 도로의 관리자가 고속도로를 순회하기 위하여 정차시키는 경우

11 다음 중 운전적성정밀검사 특별검사 대상자는?

① 여객자동차 운송사업용 자동차를 운전하여 경상사고를 일으킨 자
② 과거 1년간 운전면허 행정처분 누산점수가 81점 이상인 자
③ 화물자동차 운송사업용 자동차의 운전업무에 종사하다가 퇴직한 자로 신규검사를 받은 날부터 3년이 지난 자
④ 신규로 여객자동차 운송사업용 자동차를 운전하려는 자

12 엔진 냉각수가 규정 이하일 경우 울리는 경고음은?

① 수온 경고음
② 부동액 경고음
③ 와셔액 경고음
④ 냉각수량 경고음

해설

07 우선순위가 같은 차가 동시에 진입할 때는 우측 도로의 차에게 진로를 양보해야 한다.

08 음주측정 요구에 불응하는 대신 채혈측정을 요청한 경우는 형사처벌 대상이 아니다.

09 누산점수 초과로 인한 면허 취소 기준
　•1년간 : 121점 이상
　•2년간 : 201점 이상
　•3년간 : 271점 이상

10 고장이나 그 밖의 부득이한 사유로 길가장자리구역(갓길 포함)에 정차 또는 주차할 수 있지만 운행 중 휴식을 취하기 위해 정차하는 경우는 허용되지 않는다.

11 특별검사 대상자
　•중상 이상의 사상(死傷)사고를 일으킨 자
　•과거 1년간 운전면허 행정처분기준에 따라 계산한 누산점수가 81점 이상인 자
　•질병, 과로, 그 밖의 사유로 안전운전을 할 수 없다고 인정되는 자인지 알기 위하여 운송사업자가 신청한 자

12 엔진 냉각수가 규정 이하일 경우 울리는 경고음은 냉각수량 경고음이다.

 정답 **07** ② **08** ② **09** ③ **10** ① **11** ② **12** ④

13 교통사고처리특례법상 특례 적용예외 사고인 중앙선 침범 사고에 해당하는 것은?

① 교차로에서 신호위반 차량에 충돌되어 야기한 인명 사상 사고

② 중앙선이 없는 도로나 교차로의 중앙부분을 넘어서 난 인명사상사고

③ 아파트 단지 내의 사설로 설치한 중앙선을 침범하여 발생한 인명사상사고

④ 속도제한을 준수하며 중앙선을 살짝 넘어 앞차를 추월하던 중 발생한 인명사상사고

14 다음 중 특별교통안전 의무교육을 받아야 하는 사람은?

① 운전면허효력 정지처분을 받은 초보운전자로서 그 정지기간이 끝나지 아니한 사람

② 안전띠 미착용 등으로 적발된 사람

③ 통행방법을 위반한 사람

④ 적성검사를 받지 아니하여 운전면허 취소처분을 받은 사람으로서 운전면허를 다시 받으려는 사람

15 여객자동차 운송사업자는 신규 채용한 운수종사자의 명단을 언제까지 시·도지사에게 알려야 하는가?

① 신규 채용일로부터 5일 이내

② 신규 채용일로부터 7일 이내

③ 신규 채용일로부터 10일 이내

④ 신규 채용일로부터 14일 이내

16 보행자의 통행방법에 대한 설명으로 바르지 않은 것은?

① 말·소 등의 큰 동물을 몰고 가는 사람은 반드시 보도로 통행해야 한다.

② 도로공사 등으로 보도의 통행이 금지된 경우 보도로 통행을 아니할 수 있다.

③ 보도와 차도가 구분된 도로에서는 보도로 통행한다.

④ 보도와 차도가 구분되지 아니한 도로에서는 차마와 마주보는 방향의 길가장자리로 통행한다.

17 술에 취한 상태에서 운전하였다고 인정할 만한 상당한 이유가 있음에도 불구하고 경찰공무원의 측정 요구에 불응한 경우 운전면허에 대한 처분은?

① 100일간 운전면허가 정지된다.

② 90일간 운전면허가 정지된다.

③ 60일간 운전면허가 정지된다.

④ 운전면허가 취소된다.

18 어린이통학버스 운전자와 어린이 시설 운영자의 의무사항으로 옳지 않은 것은?

① 어린이가 탑승하고 있는 동안에는 항상 점멸등을 작동하여야 한다.

② 어린이가 하차 여부를 확인할 수 있는 어린이 하차확인장치를 작용하여야 한다.

③ 어린이가 좌석에 앉았는지 확인한 후에 출발한다.

④ 보호자를 함께 태우고 운행해야 한다.

---

13 ①, ②, ③ 모두 중앙선침범 사고의 성립요건에 해당하지 않는다.

14 운전면허효력 정지처분을 받게 되거나 받은 초보운전자로서 그 정지기간이 끝나지 아니한 사람은 특별교통안전 의무교육을 받아야 한다.

15 신규 채용하거나 퇴직한 운수종사자의 명단을 신규 채용일이나 퇴직일부터 7일 이내에 시·도지사에게 알려야 한다.

16 말·소 등의 큰 동물을 몰고 가는 사람은 차도를 통행할 수 있다.

17 술에 취한 상태에서 운전하거나 술에 취한 상태에서 운전하였다고 인정할 만한 상당한 이유가 있음에도 불구하고 경찰공무원의 측정 요구에 불응한 때는 운전면허가 취소된다.

18 승차한 모든 어린이가 좌석안전띠를 매도록 한 후에 출발하여야 한다.

정답 13 ④ 14 ① 15 ② 16 ① 17 ④ 18 ③

19 다음 중 도로별 자동차의 속도가 올바르지 않은 것은?

① 고속도로 편도 2차로 이상 모든 고속도로에서 승합자동차의 최고속도는 매시 100km, 최저속도는 50km이다.

② 자동차 전용도로의 최고속도는 매시 90km, 최저속도는 매시 50km이다.

③ 일반도로의 경우 최저속도에 대한 제한이 없다.

④ 고속도로 편도 1차로의 최고속도는 매시 80km, 최저속도는 매시 50km이다.

20 여객자동차 운수사업법상 여객자동차운송사업에 대한 정의로 맞는 것은?

① 다른 사람의 공급에 응하여 자동차를 사용하여 무상으로 여객을 운송하는 사업

② 다른 사람의 수요에 응하여 자동차를 사용하여 유상으로 여객을 운송하는 사업

③ 다른 사람의 공급에 응하여 자동차를 사용하여 유상으로 여객을 운송하는 사업

④ 다른 사람의 수요에 응하여 자동차를 사용하여 무상으로 여객을 운송하는 사업

21 도로교통법에서 정하는 운전자가 서행하여야 할 장소가 아닌 것은?

① 교통정리를 하고 있지 아니하는 교차로

② 도로가 구부러진 부근

③ 가파른 비탈길의 내리막

④ 보행자가 횡단보도를 통행하고 있는 때

22 추돌사고의 운전자 과실 원인에서 앞차의 과실 있는 급정지 원인이 아닌 것은?

① 우측 도로변 승객을 태우기 위해 급정지

② 주·정차 장소가 아닌 곳에서 급정지

③ 앞차의 교통사고를 보고 급정지

④ 자동차전용도로에서 전방사고를 구경하기 위해 급정지

23 다음 중 도로교통법에서 운전을 금지하는 경우가 아닌 것은?

① 운전면허의 효력이 정지된 상태에서의 운전

② 혈중 알코올 농도가 0.03% 이상인 상태에서의 운전

③ 과로로 정상적인 운전을 하지 못할 상태에서의 운전

④ 운전면허는 취득을 하였으나 운전면허증을 소지하지 않은 상태에서의 운전

24 자동차 운행 후 점검사항에서 엔진점검에 해당하지 않는 것은?

① 엔진오일의 이상소모는 없는지 여부

② 보닛의 고리가 빠지지 않았는지 여부

③ 오일이나 냉각수가 새는 곳은 없는지 여부

④ 배터리 액이 넘쳐 흐르지는 않았는지 여부

해설

19 자동차 전용도로의 최고속도는 매시 90km, 최저속도는 매시 30km이다.

20 다른 사람의 수요에 응하여 자동차를 사용하여 유상으로 여객을 운송하는 사업을 여객자동차운송사업이라 한다.

21 보행자가 횡단보도를 통행하고 있으면 횡단보도 앞에서 일시정지해야 한다.

22 앞차의 교통사고를 보고 급정지하는 것은 앞차의 정당한 급정지에 해당한다.

23 운전면허를 취득하였으면 운전면허증을 소지하지 않아도 운전을 할 수 있다.

24 보닛의 고리가 빠지지 않았는지 여부는 외관점검에 해당한다.

정답 19 ② 20 ② 21 ④ 22 ③ 23 ④ 24 ②

25 다음 중 교통사고처리특례법상 특례 예외 사고 유형이 <u>아닌</u> 경우는?

① 중앙선 침범 사고로 대물피해만 발생시킨 경우
② 신호기가 없는 횡단보도에서 보행자를 충격한 사고가 발생된 경우
③ 자동차 전용도로에서 회전하다 중상의 인명피해가 발생된 사고의 경우
④ 신호위반 사고로 본인 차에 타고 있던 가족이 중상을 당한 경우

26 좌회전 차로가 2개 설치된 교차로에서 대형차가 좌회전할 때의 통행차로에 대한 설명 중 옳은 것은?

① 1차로만 가능
② 1·2차로 모두 가능
③ 모두 통행해서는 안 됨
④ 2차로만 가능

27 수막현상이 나타나면 자동차는 어떤 증상이 나타나는가?

① 제동력 및 조향력을 상실한다.
② 제동력은 증가하고 조향력은 상실한다.
③ 제동력은 상실하고 조향력은 증가한다.
④ 제동력 및 조향력이 증가한다.

28 소유권 변동 또는 사용본거지 변경 등으로 자동차 종합검사 대상이 된 자동차 중 자동차 정기검사 기간이 지난 자동차는 변경등록을 한 날부터 며칠 이내에 종합검사를 받아야 하는가?

① 15일
② 5일
③ 31일
④ 62일

29 고속도로를 운행할 때 자동차의 안전운행 요령으로 <u>적합하지 않는</u> 것은?

① 고속도로를 벗어날 경우 미리 출구를 확인하고 방향지시등을 작동시킨다.
② 연료, 냉각수, 타이어, 공기압 등을 운행 전에 점검한다.
③ 고속도로에서 운행할 때에는 풋 브레이크만 사용하여야 한다.
④ 터널 출구 부분을 나올 때에는 속도를 줄인다.

30 자동차가 물이 고인 노면을 주행할 때 타이어 접지면 앞쪽에서 들어오는 물의 압력은 어떻게 되는가?

① 자동차 속도와 유체밀도에 비례한다.
② 자동차 속도에 비례하고 유체밀도에 반비례한다.
③ 자동차 속도와 유체밀도에 반비례한다.
④ 자동차 속도에 반비례하고 유체밀도에 비례한다.

---

25 중앙선 침범 사고는 12대 중과실에 해당되어 교통사고처리특례법의 특례 적용을 받을 수 없지만, 대물피해만 발생한 경우에는 특례가 적용된다.

26 좌회전 차로가 2개 설치된 교차로에서 좌회전할 때에는 1차로(중·소형승합자동차), 2차로(대형승합자동차) 통행기준을 준수해야 한다.

27 수막현상이 발생하면 접지력, 조향력, 제동력을 상실하게 되며, 자동차는 관성력만으로 활주하게 된다.

28 소유권 변동 또는 사용본거지 변경 등의 사유로 종합검사의 대상이 된 자동차 중 정기검사의 기간 중에 있거나 정기검사의 기간이 지난 자동차는 변경등록을 한 날부터 62일 이내에 종합검사를 받아야 한다.

29 고속으로 운행할 경우 풋 브레이크만을 많이 사용하면 브레이크 장치가 과열되어 브레이크 기능이 저하되므로 엔진브레이크와 함께 효율적으로 사용한다.

30 물의 압력은 자동차 속도의 두 배 그리고 유체밀도에 비례한다. (유체밀도란 일정한 부피 안에 물입자의 양을 말하며, 물입자가 많을수록 압력이 커진다)

31 특수여객자동차운송사업용에 사용되는 승용자동차 중 차령이 다른 것은?

① 대형
② 경형
③ 중형
④ 소형

32 밀폐된 공간의 온도를 일정하게 유지시키기 위해 온도 변화를 감지하여 그 차이를 자동적으로 조정해 주는 장치를 무엇이라 하는가?

① 캐니스터
② 서모스탯
③ 라디에이터
④ 솔레노이드 밸브

33 연료소모율이 적은 차를 구입할 때 고려해야 할 사항으로 거리가 먼 것은?

① 차의 유선형 유무
② 차량 색상
③ 차량 무게
④ 차량의 연비

34 버스승객의 주요 불만사항으로 볼 수 없는 것은?

① 과속, 난폭운전을 한다.
② 차량의 청소, 정비상태가 양호하다.
③ 승객을 대하는 태도가 불친절하다.
④ 정해진 시간에 오지 않는다.

35 엔진 안에서 다량의 엔진 오일이 실린더 위로 올라와 연소되는 경우 배출되는 가스의 색은?

① 청색
② 무색
③ 백색
④ 검은색

36 CNG를 연료로 사용하는 자동차의 계기판에 'CNG' 램프가 점등될 경우, 조치사항으로 맞는 것은?

① 승객을 대피시킨다.
② 엔진을 정지시킨다.
③ 가스를 재충전한다.
④ 비상차단 스위치를 끈다.

37 자동변속기의 장점에 해당되지 않는 것은?

① 기어변속이 자동으로 이루어져 운전이 편리하다.
② 발진과 가·감속이 원활하여 승차감이 좋다.
③ 조작 미숙으로 인한 시동 꺼짐이 없다.
④ 구조가 복잡하고 가격이 비싸다.

38 자동차 계기판의 경고등에 해당되지 않는 것은?

① 상향등 작동 경고등
② 브레이크 에어 경고등
③ 냉각수 경고등
④ 배터리 충전 경고등

해설

31 · 경형·소형·중형 : 6년
· 대형 : 10년

32 밀폐된 공간의 온도를 일정하게 유지시키기 위해 온도 변화를 감지하여 그 차이를 자동적으로 조정해 주는 장치를 서모스탯이라고 한다.

33 차량 색상은 연료소모율과 관련이 없다.

34 차량의 청소, 정비상태가 양호한 것은 승객의 불만사항이 아니다.

35 엔진 안에서 다량의 엔진 오일이 실린더 위로 올라와 연소되는 경우에는 백색 가스가 배출된다.

36 계기판의 'CNG' 램프가 점등되면 가스 연료량의 부족으로 엔진의 출력이 낮아져 정상적인 운행이 불가능할 수 있으므로 가스를 재충전한다.

37 구조가 복잡하고 가격이 비싼 것은 자동변속기의 단점에 해당한다.

38 전조등이 상향등일 때 점등되는 것은 상향등 작동 경고등이 아니라 상향등 작동 표시등이다.

정답 31 ① 32 ② 33 ② 34 ② 35 ③ 36 ③ 37 ④ 38 ①

39 엔진이 과열되어 오버히트를 하는 경우 추정 원인으로 적절하지 않은 것은?

① 냉각수 누수로 부족한 경우
② 서모스탯(온도조절기)이 정상 작동하지 않는다.
③ 연료필터가 막혀 있다.
④ 냉각팬이 작동하지 않는다.

40 자동차의 일상점검을 실시할 때에 주의사항으로 틀린 것은?

① 전기배선을 만질 때에는 미리 배터리의 (-) 단자를 분리한다.
② 환기가 잘 되는 곳에서 실시한다.
③ 경사가 없는 평탄한 곳에서 실시한다.
④ 변속레버는 중립에 위치시킨 후 주차 브레이크는 풀어 놓는다.

41 고속도로 교통사고 또는 고장 발생 시 대처요령으로 옳지 않은 것은?

① 경찰관서(112), 소방관서(119) 또는 한국도로공사 콜센터(1588-2504)로 연락하여 도움을 요청한다.
② 차량 밖은 매우 위험하므로 운전자와 탑승자는 차량 내에서 도와 줄 사람이 올 때까지 기다린다.
③ 후방에서 접근하는 차량의 운전자가 쉽게 확인할 수 있도록 안전삼각대를 설치하고 야간에는 적색의 불꽃신호를 추가로 설치한다.
④ 비상등을 켜고, 다른 차의 소통에 방해가 되지 않도록 가급적 갓길로 차량을 이동시킨다.

42 에어클리너 엘리먼트를 장착하지 않고 엔진을 고속 회전시킬 경우 자동차 터보차저에서 쉽게 손상될 수 있는 부분은?

① 압축기 날개
② 중간냉각기
③ 압축기 베어링
④ 압축기 바디

43 자동차가 주행 중 제동할 때 타이어의 고착현상을 미연에 방지하여 사고의 위험성을 감소시키는 예방 안전장치를 무엇이라 하는가?

① 타이어 압력 모니터링 시스템(TPMS)
② 에어백 시스템
③ 안티록 브레이크 시스템(ABS)
④ 스마트 크루즈 컨트롤(SCC)

44 다음 중 운전자가 지켜야 할 행동으로 옳지 않은 것은?

① 앞 신호에 따라 진행하고 있는 차가 있을 때에는 앞 차에 가까이 붙어 신속히 진행한다.
② 차로변경의 도움을 받았을 때에는 비상등을 2~3회 작동시켜 양보에 대한 고마움을 표현한다.
③ 야간운행 중 반대차로에서 오는 차가 있으면 전조등을 하향등으로 조정하여 상대 운전자의 눈부심 현상을 방지한다.
④ 보행자가 통행하고 있는 횡단보도 내로 차가 진입하지 않도록 정지선을 지킨다.

---

39 연료필터가 막혀 있는 것은 시동모터가 작동하나 시동이 걸리지 않는 경우의 추정원인에 해당한다.

40 변속레버는 P(주차)에 위치시킨 후 주차 브레이크를 당겨 놓아야 한다.

41 운전자와 탑승자가 차량 내 또는 주변에 있는 것은 매우 위험하므로 가드레일 밖 등 안전한 장소로 대피한다.

42 점검을 위하여 에어클리너 엘리먼트를 장착하지 않고 고속 회전시키는 것을 삼가야 하며, 압축기 날개 손상의 원인이 된다.

43 자동차 주행 중 제동할 때 타이어의 고착 현상을 미연에 방지하여 노면에 달라붙는 힘을 유지하므로 사전에 사고의 위험성을 감소시키는 예방 안전장치는 ABS이다.

44 앞 신호에 따라 진행하고 있는 차가 있을 때에는 적당한 거리를 유지하고 신호를 확인하고 진행한다.

정답 ▶ 39 ③ 40 ④ 41 ② 42 ① 43 ③ 44 ①

45 비포장 도로를 달릴 때 '딱각딱각'하는 소리나 쿵쿵' 하는 소리가 날 때 주로 어느 장치 부분의 고장을 뜻 하는가?

① 현가장치
② 전기장치
③ 제동장치
④ 동력전달장치

46 책임보험이나 책임공제에 미가입한 1대의 자동차에 부과할 과태료의 최고한도 금액은?

① 150만원
② 200만원
③ 50만원
④ 100만원

47 운전자에게 신상변동 등이 발생한 경우 옳은 것은?

① 운전면허 정지 및 취소 등의 행정처분을 받았을 때에 는 즉시 회사에 보고하고 운전을 삼간다.
② 운전업무와 직접적인 관련이 없는 변동사항은 회사 에 보고하지 않는다.
③ 운전면허증의 기재사항에 변경, 질병 등 신상변동 이 발생한 경우에는 사적인 일이므로 회사에 보고하 지 않아도 된다.
④ 운전업무의 특성상 결근, 지각, 조퇴는 본인의 판단 에 따라 행하고, 사후 회사에 보고한다.

48 앞지르기 과정 중 방향지시등 작동 순서로 맞게 표 현된 것은?

① 좌측방향지시등 점등 → 우측방향지시등 점등 → 끔
② 우측방향지시등 점등 → 좌측방향지시등 점등 → 끔
③ 좌측방향지시등 점등 → 끔 → 우측방향지시등 점등 → 끔
④ 우측방향지시등 점등 → 끔 → 좌측방향지시등 점등 → 끔

49 차량 운전 중 교통사고 직전 행동이나 상황이 다음 행동과 상황의 원인 및 결과로 끊임없이 이어지는 과 정을 무엇이라고 하는가?

① 연쇄과정
② 반복과정
③ 숙련과정
④ 반응과정

50 고속도로 주행 중 공간을 확보하기 위한 방법으로 바르지 않은 것은?

① 차들이 고속도로에 진입해 들어올 여지를 준다.
② 앞지르기를 마무리 할 때 앞지르기 한 차량의 앞으 로 너무 일찍 들어가지 않도록 한다.
③ 고속도로의 차로수가 갑자기 줄어드는 장소를 조 심한다.
④ 규정속도로 주행 시 뒤로 바짝 붙는 차량이 있을 경 우 차로를 변경하지 않는다.

해설

45 비포장 도로의 울퉁불퉁한 험한 노면을 달릴 때 '딱각딱각' 또는 '쿵쿵' 하 는 소리가 날 경우 현가장치인 쇽업소버의 고장으로 볼 수 있다.

46 책임보험이나 책임공제에 미가입에 따른 과태료의 최고 한도금액은 자 동차 1대당 100만원이다.

47 운전자 신상변동 등에 따른 보고
 • 결근, 지각, 조퇴가 필요하거나, 운전면허증 기재사항 변경, 질병 등 신 상변동이 발생한 때에는 즉시 회사에 보고
 • 운전면허 정지 및 취소 등의 행정처분을 받았을 때에는 즉시 회사에 보 고하고 운전 금지

48 앞지르기는 좌측 차로에서 진행하고 앞지르기가 끝난 후 원래 차로에 복귀 해야 한다.

49 차량 운전 중 교통사고 직전 행동이나 상황이 다음 행동과 상황의 원인 및 결 과로 끊임없이 이어지는 과정을 연쇄과정이라 한다.

50 규정속도로 주행 시 뒤로 바짝 붙는 차량이 있을 경우 안전한 경우에 한해 다 른 차로로 변경하여 앞으로 가게 한다.

정답 45 ① 46 ④ 47 ① 48 ③ 49 ① 50 ④

51 철길 건널목 교통사고에 대한 설명으로 가장 적절한 것은?

① 철길 건널목에서 자동차의 고장이 주원인이다.
② 철길 건널목에서 열차의 미정지가 주원인이다.
③ 차단기나 경보용 고장이 사고의 주원인이다.
④ 자동차의 차단기가 있는 건널목 신호무시 통과가 주원인이다.

52 회전교차로 진입 방법으로 맞지 않는 것은?

① 회전교차로에 진입할 때에는 충분히 속도를 높인 후 진입한다.
② 회전교차로에 진입하는 자동차는 회전 중인 자동차에게 양보한다.
③ 회전차로 내에 여유 공간이 있을 때까지 양보선에서 대기한다.
④ 회전차로 내부에서 주행 중인 자동차를 방해할 우려가 있을 때에는 진입하지 않는다.

53 우측 길어깨(갓길)의 폭이 협소한 장소에서 고장 난 차량이 도로에서 벗어나 대피할 수 있도록 제공되는 공간을 무엇이라 하는가?

① 과속방지시설
② 비상주차대
③ 긴급제동시설
④ 가변차로

54 버스운행관리시스템(BMS)/버스정보시스템(BIS) 도입 시 이용주체별 기대효과에 대한 설명으로 옳지 않은 것은?

① 버스회사 : 정확한 배차관리, 운행간격 유지로 경영 합리화
② 버스운전자 : 앞·뒤차 간의 간격인지로 차간 간격 조정 운행
③ 정부·지자체 : 과속 및 난폭운전에 대한 통제로 교통사고율 감소 및 보험료 절감
④ 이용자 : 과속 및 난폭운전으로 인한 불안감 해소

55 버스 직진 중 주로 오른쪽 옆과 후방 주시를 태만히 하여 발생하는 전형적인 사고 패턴은?

① 진로변경 중 접촉사고
② 횡단보행자 사고
③ 가장자리 차로 진행 중 사고
④ 동일방향 후미추돌사고

56 선택적 주시과정에서 어느 한 물체에 시선을 뺏겨 오래 머무르는 현상을 무엇이라 하는가?

① 주의의 고착
② 주의의 확인
③ 주의의 분산
④ 주의의 환기

---

51 철길 건널목 교통사고는 차단기가 있는 건널목 신호무시 통과가 주원인이다.

52 회전교차로에 진입할 때에는 충분히 속도를 줄인 후 진입한다.

53 우측 길어깨(갓길)의 폭이 협소한 장소에서 고장 난 차량이 도로에서 벗어나 대피할 수 있도록 제공되는 공간을 비상주차대라 한다.

54 과속 및 난폭운전에 대한 통제로 교통사고율 감소 및 보험료 절감은 버스회사의 기대효과에 해당한다.

55 버스 직진 중 주로 오른쪽 옆과 후방 주시를 태만히 하여 발생하는 전형적인 사고 패턴은 진로변경 중 접촉사고이다.

56 선택적 주시과정에서 어느 한 물체에 시선을 뺏겨 오래 머무르는 현상 주의의 고착이라 한다.

정답 51 ④ 52 ① 53 ② 54 ③ 55 ① 56 ①

chapter 05

57 직선 및 곡선구간에서 운전자에게 전방의 도로조건이 변화되는 상황을 반사체를 사용하여 안내해 줌으로써 원활한 주행을 유도하는 시설물은?

① 표지병
② 갈매기표지
③ 시선유도표지
④ 중앙분리대

58 비가 자주 오거나 습도가 높은 날 브레이크 드럼에 미세한 녹이 발생하고 마찰계수가 높아져 평소보다 브레이크가 지나치게 예민하게 작동하는 현상은?

① 수막현상
② 모닝 록 현상
③ 스탠딩 웨이브 현상
④ 베이퍼 록 현상

59 어린이보호구역이 있는 시가지 이면도로에서의 돌발상황에 대한 방어운전 방법으로 가장 적합하지 않은 것은?

① 시속 40km 정도로 주행한다.
② 자동차나 어린이가 갑자기 출현할 수 있다는 생각을 가지고 운전한다.
③ 위험한 대상물이 있는지 계속 살펴본다.
④ 언제라도 곧 정지할 수 있는 마음의 준비를 갖춘다.

60 버스의 특성을 설명한 것 중 잘못된 것은?

① 버스의 무게는 승용차의 10배 이상이나 된다.
② 버스이 길이는 승용차의 2배 정도 길이이다.
③ 버스의 충격력은 시속 10km 이하의 낮은 속도에서도 보행자를 사망시킬 수 있다.
④ 버스는 도로상에서 점유하는 공간이 커서 충돌 시의 파괴력이 승용차에 비해 적다.

61 정지거리를 설명한 것으로 부적절한 것은?

① 공주시간과 제동시간을 합한 시간 동안 진행 거리
② 정지시간 동안 자동차가 진행한 거리
③ 브레이크 페달에 발을 올려 브레이크가 작동을 시작하는 순간부터 자동차가 완전히 정지할 때까지 이동한 거리
④ 운전자가 위험을 인지한 순간부터 반응하여 자동차가 완전히 정지할 때까지 이동한 거리

62 주·정차 차량 옆을 지날 때 필요한 주의사항은 무엇인가?

① 안전거리 미확보
② 빨리 통과
③ 일단정지
④ 서행

57 직선 및 곡선구간에서 운전자에게 전방의 도로조건이 변화되는 상황을 반사체를 사용하여 안내해 줌으로써 원활한 주행을 유도하는 시설물은 시선유도표지이다.

58 비가 자주 오거나 습도가 높은 날 브레이크 드럼에 미세한 녹이 발생하고 마찰계수가 높아져 평소보다 브레이크가 지나치게 예민하게 작동하는 현상은 모닝 록 현상이다.

59 어린이보호구역에서의 제한속도는 시속 30km 이하이다.

60 버스는 충돌 시의 파괴력이 승용차의 10배 이상이다.

61 브레이크 페달에 발을 올려 브레이크가 작동을 시작하는 순간부터 자동차가 완전히 정지할 때까지 이동한 거리는 제동거리이다.

62 주·정차 차량 옆을 지날 때는 서행해야 한다.

정답 57 ③ 58 ② 59 ① 60 ④ 61 ③ 62 ④

63 다음 중 운행기록분석시스템을 통해 분석하여 제공하는 항목이 <u>아닌</u> 것은?

① 진로변경 횟수와 사고위험도 측정
② 차종별 운행속도 및 주행거리의 비교
③ 사고발생 상황의 확인
④ 자동차의 운행경로에 대한 궤적의 표기

64 다음 중 정류소에서 출발할 때 가장 우선적으로 해야 하는 것은?

① 기어변속을 한다.
② 방향지시등을 작동한다.
③ 차문을 닫는다.
④ 가속을 한다.

65 주행 중 안전운전에 가장 좋은 차량의 위치 선정 방법은?

① 단독 주행보다는 차량 대열 안에서 운전한다.
② 앞·뒤차와 일정 거리를 유지하며 주행한다.
③ 앞·뒤 및 좌·우의 빈 공간을 확보하며 주행한다.
④ 좌·우로 빠져나갈 빈 공간을 확보하며 주행한다.

66 일반차로와 구별되게 버스가 전용으로 신속하게 운행할 수 있도록 설정된 차로로 옳은 것은?

① 간선급행차로
② 일방통행차로
③ 버스전용차로
④ 버스급행차로

67 교차로 내에서 주행경로를 명확히 하기 위해 자동차가 합류, 분류 또는 교차하는 위치와 각도를 조정해 주는 것을 무엇이라 하는가?

① 노면표시
② 유도
③ 도류화
④ 분리

68 차로폭에 대한 설명 중 옳지 않은 것은?

① 차로폭이 넓을수록 운전자의 안정감이 증진된다.
② 일반적으로 차로폭이 넓을수록 교통사고예방 효과가 있다.
③ 차로폭이 과다하게 넓으면 과속에 의한 교통사고가 발생할 수 있다.
④ 차로폭이 과다하게 넓으면 운전자의 경각심이 고취된다.

69 버스운영체제의 유형 중 민영제의 특징에 대한 설명으로 옳지 않은 것은?

① 타 교통수단과의 연계교통체계 구축이 용이하다.
② 노선의 사유화로 노선의 합리적 개편이 적시적소에 이루어지기 어렵다.
③ 노선의 독점적 운영으로 버스회사 간 수입격차가 극심하여 서비스 개선이 곤란하다.
④ 민간이 버스노선의 결정 및 운행서비스를 공급함으로써 공급비용의 최소화가 가능하다.

---

63 운행기록분석시스템 분석항목
• 자동차의 운행경로에 대한 궤적의 표기
• 운전자별·시간대별 운행속도 및 주행거리의 비교
• 진로변경 횟수와 사고위험도 측정, 과속·급가속·급감속·급출발·급정지 등 위험운전 행동 분석
• 그 밖에 자동차의 운행 및 사고발생 상황의 확인

64 정류소에서 출발할 때에는 자동차 문을 완전히 닫은 상태에서 방향지시등을 작동시켜 도로주행 의사를 표시한 후 출발한다.

65 만일의 사태를 대비하여 운전자는 주행 시 앞·뒤뿐만 아니라 좌·우로 안전 공간을 확보하도록 노력해야 한다.

66 버스전용차로는 일반차로와 구별되게 버스가 전용으로 신속하게 통행할 수 있도록 설정된 차로를 말한다.

67 교차로 내에서 주행경로를 명확히 하기 위해 자동차가 합류, 분류 또는 교차하는 위치와 각도를 조정해 주는 것을 도류화라고 한다.

68 차로폭이 과다하게 넓으면 운전자의 경각심이 줄어들어 과속의 우려가 있다.

69 민영제는 타 교통수단과의 연계교통체계 구축이 어렵다.

70 야간의 안전운전 요령에 대한 설명으로 적절하지 않은 것은?

① 전조등이 비추는 범위의 앞쪽까지 살핀다.
② 대향차의 전조등을 직접 바라보지 않는다.
③ 해가 지기 시작하면 곧바로 전조등을 켠다.
④ 앞차의 미등만 보고 주행한다.

71 종단곡선의 정점에서 나타날 수 있는 현상으로 옳은 것은?

① 자동차의 속도변화가 크게 된다.
② 원심력에 의해 도로 바깥쪽으로 튕겨 나가게 된다.
③ 전방에 대한 시거가 단축된다.
④ 편경사가 커지게 된다.

72 버스 교통사고의 주요 요인 중 관계가 적은 것은?

① 버스는 점유하는 공간이 크며, 안전을 위해서는 주위에 충분한 완충공간을 가져야 한다.
② 버스는 버스정류장에서의 승객 승하차 관련 위험에 노출되어 있다.
③ 버스는 내륜차가 커서 회전시에 주변에 있는 물체와 접촉할 가능성이 높아진다.
④ 버스는 승객들의 운전방해 행위가 적어 버스 주변의 교통 상황에 대한 관찰이 높아진다.

73 운수종사자의 준수사항에서 운전업무 중 해당 도로에 이상이 있었던 경우에는 운전업무를 마친 후 누구에게 알려 주도록 되어 있는가?

① 다음 교대 운전자
② 운송사업자
③ 관계 공무원
④ 해당 도로관리청 직원

74 간선급행버스체계(BRT)의 운영을 위한 구성요소로 옳지 않은 것은?

① 운행관리시스템
② 단일요금체계
③ 지능형교통시스템
④ 환승시스템

75 다음 중 올바른 인사 방법은?

① 성의 없이 말로만 하는 인사
② 밝고 부드러운 미소를 지으면서 하는 인사
③ 턱을 쳐들거나 눈을 내리깔고 하는 인사
④ 할까 말까 망설이다 하는 인사

76 일반적인 승객의 욕구로 옳지 않은 것은?

① 기억되고 싶어한다.
② 환영받고 싶어한다.
③ 존경받고 싶어한다.
④ 혼자 있고 싶어한다.

해설

70 앞차의 미등만 보고 주행하지 않는다. 앞차의 미등만 보고 주행하게 되면 도로변에 정지하고 있는 자동차까지도 진행하고 있는 것으로 착각하게 되어 위험을 초래하게 된다.

71 종단곡선의 정점(산꼭대기, 산등성이)에서는 전방에 대한 시거가 단축되어 운전자에게 불안감을 조성할 수 있다.

72 버스운전자는 운전자와의 대화 시도, 간섭, 승객 간의 고성 대화, 장난 등과 같은 승객들의 운전방해 행위로 인해 쉽게 주의가 분산되어 교통 상황에 대한 관찰이 적어지며, 사고 위험이 높아진다.

73 운전업무 중 해당 도로에 이상이 있었던 경우에는 운전업무를 마치고 교대할 때에 다음 운전자에게 알려야 한다.

74 단일요금체계는 간선급행버스체계(BRT)의 운영을 위한 구성요소에 해당하지 않는다.

75 ①, ③, ④는 잘못된 인사 방법이다.

76 혼자 있기보다는 관심을 받고 싶어하는 게 승객의 욕구이다.

정답 70 ④   71 ③   72 ④   73 ①   74 ②   75 ②   76 ④

77 간선급행버스체계의 특성에 대한 설명으로 옳은 것은?

① 효율적인 사후 요금징수 시스템 채택
② 신속한 승·하차 곤란
③ 중앙버스차로와 같은 통합된 버스전용차로 제공
④ 정류장 및 승차대의 쾌적성 향상

78 차량 고장 시 운전자의 조치사항으로 옳지 않은 것은?

① 비상전화를 하기 전에 차의 후방에 경고반사판을 설치해야 한다.
② 정차 차량의 결함이 심할 때는 비상등을 점멸시켜 갓길에 차를 정차한다.
③ 차에서 내릴 때에는 옆 차로의 주행을 살핀다.
④ 야간에는 다른 운전자의 시야방해 등으로 밝은 색의 옷을 착용하지 않는다.

79 교통카드시스템의 정산시스템에 대한 설명으로 옳은 것은?

① 금액이 소진된 교통카드에 금액을 재충전하는 방식이다.
② 거래기록의 정산처리뿐만 아니라 정산 처리된 모든 거래기록을 데이터베이스화하는 기능이다.
③ 충전시스템과 전화선으로 정산센터와 연계한다.
④ 구성은 데이터처리장치, 통신장치, 인쇄장치 등이다.

80 사업용 운전자는 공인이라는 사명감이 필요한데, 이와 함께 수반되는 의무에 대해 가장 올바르게 기술된 것은?

① 여유 있는 양보운전의 의무
② 교통질서를 준수하여야 하는 의무
③ 운전 중에는 방심하지 않고 운전에만 집중해야 하는 의무
④ 승객의 소중한 생명을 보호할 의무

---

77 ① 효율적인 사전 요금징수 시스템 채택
　　② 신속한 승 · 하차 가능
　　③ 중앙버스차로와 같은 분리된 버스전용차로 제공
78 야간에는 밝은 색 옷이나 야광이 되는 옷을 착용한다.
79 ①, ③은 충전 시스템에 대한 설명이고, ④는 집계 시스템에 대한 설명이다.

80 사업용 운전자는 승객의 안전을 최우선으로 생각해야 하므로, 승객의 소중한 생명을 보호할 의무가 가장 강조된다.

chapter 05

최종점검 – 최근 복원문제 및 출제경향을 반영한 기출문제와 예상문제를 엄선하다!

CBT 실전모의고사 제3회

01 다음 중 자동차관리법에 따른 자동차에 해당하지 않는 것은?

① 화물자동차
② 승용자동차
③ 특수자동차
④ 농기계

02 다음 중 운전면허 취소처분 사유가 아닌 것은?

① 운전면허증을 소지하지 아니하고 운전한 때
② 운전면허 정지처분 기간 중에 운전한 때
③ 교통사고로 사람을 다치게 하고 구호조치를 하지 아니한 때
④ 혈중알코올농도 0.08% 상태로 운전한 때

03 시외버스운송사업의 운행형태 중 시외고속버스 또는 시외우등고속버스를 사용하여 운행거리가 100km 이상이고, 운행구간의 60% 이상을 고속국도로 운행하는 형태는?

① 직행형
② 일반형
③ 광역형
④ 고속형

04 다음 중 여객자동차운수사업법상 여객자동차 운수사업자에게 과징금을 부과할 수 있는 자는?

① 전국버스연합회장
② 경찰서장
③ 시·도지사
④ 한국교통안전공단 이사장

05 버스운전 자격취소에 해당하지 않는 경우는?

① 여객자동차 운전 중에 사망 2명이 발생한 사고를 야기한 경우
② 부정한 방법으로 버스운전 자격을 취득한 경우
③ 운전업무와 관련하여 부정이나 비위 사실이 있는 경우
④ 운전업무와 관련하여 버스운전 자격증을 타인에게 대여한 경우

06 시내버스운송사업 중 시내좌석버스를 사용하여 각 정류소에 정차하면서 운행하는 형태를 말하는 것은?

① 일반형
② 광역급행형
③ 고속형
④ 좌석형

해설

01 건설기계, 농업기계, 군수관리법에 따른 차량, 궤도 또는 공중선에 의하여 운행되는 차량, 의료기기는 자동차관리법에 따른 자동차에 해당하지 않는다.

02 운전면허증을 소지하지 않고 운전한다고 해서 취소처분을 받지는 않는다.

03 시외고속버스 또는 시외우등고속버스를 사용하여 운행거리가 100km 이상이고, 운행구간의 60% 이상을 고속국도로 운행하는 형태는 고속형이다.

04 국토교통부장관, 시·도지사 또는 시장·군수·구청장은 여객자동차 운수사업자가 사업정지 처분을 하여야 하는 경우에 그 사업정지 처분을 갈음하여 5천만원 이하의 과징금을 부과·징수할 수 있다.

05 사망 2명이 발생한 사고를 야기한 경우 자격정지 60일에 해당한다.

06 시내좌석버스를 사용하여 각 정류소에 정차하면서 운행하는 형태는 좌석형이다.

정답 ▶ **01** ④ **02** ① **03** ④ **04** ③ **05** ① **06** ④

07 다음 중 고속도로 또는 자동차전용도로에서 횡단하거나 유턴할 수 없는 자동차는?

① 교통사고에 대한 응급조치 작업을 위한 자동차
② 순찰을 마친 경찰차
③ 도로의 위험을 방지, 제거하기 위한 자동차
④ 교통사고 환자의 후송을 위한 긴급자동차

08 진로변경 사고의 성립요건에 해당되는 것은?

① 차로를 변경하면서 변경방향 차로 후방에서 진행하는 차량의 진로를 방해하여 사고가 발생한 경우
② 동일방향 앞·뒤 차량으로 진행하던 중 앞차가 차로를 변경하는데 뒤차도 따라 차로를 변경하다가 앞차를 추돌한 경우
③ 차로 변경 후 상당 구간 진행 중인 차량을 뒤차가 추돌한 경우
④ 장시간 주차하다가 막연히 출발하여 좌측면에서 차로 변경 중인 차량의 후면을 추돌한 경우

09 다음 중 교차로 통행방법으로 틀린 것은?

① 좌회전을 할 때에는 도로의 중앙선을 따라 교차로 중심 안쪽을 이용하여 좌회전한다.
② 좌회전 시 어떠한 경우에도 교차로 중심 바깥쪽을 통과할 수 없다.
③ 우회전 시는 미리 도로의 우측 가장자리를 따라 우회전한다.
④ 신호기에 의해 교차로에 진입 시 진로의 앞쪽에 있는 차의 상황을 보고 방해가 될 것 같으면 진입해서는 안 된다.

10 다음 중 안전운전 불이행 사고의 성립요건이 <u>아닌</u> 것은?

① 초보운전으로 인해 운전이 미숙한 경우
② 차내 대화 등으로 운전을 부주의한 경우
③ 운전자의 과실을 논할 수 없는 사고
④ 통행우선권을 양보해야 하는 상대 차량에게 충돌되어 피해를 입은 경우

11 도로교통법상 술에 취한 상태의 혈중알코올농도 기준은?

① 0.03% 이상
② 0.1% 이상
③ 0.05% 이상
④ 0.08% 이상

12 교통사고 운전자가 형사처벌 대상이 되는 경우가 <u>아닌</u> 것은?

① 추돌사고에서 상해를 입은 피해자를 구호 조치 하지 아니하고 도주한 경우
② 신호위반하여 타 차량 운전자에게 상해를 입힌 경우
③ 앞지르기 방법 위반 접촉사고로 인명피해가 발생한 경우
④ 가벼운 접촉사고 후 음주측정 요구에 불응하는 대신 채혈측정을 요청한 경우

---

07 긴급자동차 또는 도로의 보수·유지 등의 작업을 하는 자동차 가운데 고속도로 또는 자동차전용도로에서의 위험을 방지·제거하거나 교통사고에 대한 응급조치작업을 위한 자동차로서 그 목적을 위하여 반드시 필요한 경우 고속도로 또는 자동차전용도로를 횡단하거나 유턴 또는 후진할 수 있다.

08 ②, ③, ④ 모두 진로 변경 사고의 예외사항에 해당한다.

09 시·도경찰청장이 교차로의 상황에 따라 특히 필요하다고 인정하여 지정한 곳에서는 교차로의 중심 바깥쪽을 통과할 수 있다.

10 운전자의 과실을 논할 수 없는 사고는 안전운전 불이행 사고의 예외사항에 해당한다.

11 혈중알코올농도 기준은 0.03%이다.

12 음주측정 요구에 불응하는 대신 채혈측정을 요청한 경우는 형사처벌 대상이 아니다.

13 신호등 없는 교차로에서 사고가 발생했을 때 가해자 요건이 <u>아닌</u> 것은?

① 교차로에 동시 진입한 상태에서 폭이 좁은 도로에서 진입한 차량과 충돌한 경우

② 일시정지 표지가 있는 곳에서 이를 무시하고 통행한 경우

③ 통행 우선 순위가 같은 상태에서 우측 도로에서 진입하는 차량과 충돌한 경우

④ 선진입 차량에게 진로를 양보하지 않은 경우

14 음주운전으로 운전면허 취소처분을 받은 사람이 운전면허를 재취득하려는 경우에 대한 설명으로 옳은 것은?

① 결격기간이 끝난 뒤 2년을 더 기다려야 한다.

② 결격기간에 관계없이 특별교통안전 의무교육을 받으면 운전면허를 받을 수 있다.

③ 결격기간이 끝나면 바로 면허시험에 응시할 수 있다.

④ 결격기간이 끝나도 특별교통안전 의무교육을 받아야 운전면허를 받을 수 있다.

15 과로한 때의 운전금지 규정을 위반하여 사람을 사상한 후 사상자 구호조치 및 사고신고의무를 위반한 경우에는 운전면허가 그 위반한 날로부터 몇 년이 지나야 운전면허를 받을 수 있는가?

① 2년   ② 3년

③ 4년   ④ 5년

16 교통사고처리특례법상 특례의 적용이 배제되는 사망사고가 성립하는 경우는?

① 운전자의 과실을 논할 수 없는 경우

② 신호기 없는 횡단보도를 횡단하는 보행자를 충격하여 사망케 한 경우

③ 피해자의 자살 등 고의 사망사고인 경우

④ 건조물 등이 떨어져 동승자가 사망한 경우

17 고속도로에서 안전거리 미확보 사고가 발생하였을 때 사고운전자에게 부과되는 벌점은?

① 15점

② 40점

③ 30점

④ 10점

18 다음 중 자가용자동차를 유상 운송용으로 제공 또는 임대하거나 이를 알선할 수 없는 경우는?

① 유통산업발전법에 따른 대규모점포에 부설된 체육시설의 이용자를 위해 운행하는 경우

② 사업용 자동차 및 철도 등 대중교통수단의 운행이 불가능하여 이를 일시적으로 대체하기 위한 수송력 공급이 긴급히 필요한 경우

③ 국가 또는 지방자치단체의 소유의 자동차로서 장애인 등의 교통편의를 위하여 운행하는 경우

④ 출·퇴근시간대(오전 7시부터 오전 9시까지 및 오후 6시부터 오후 8시까지를 말하며, 토요일·일요일 및 공휴일인 경우는 제외) 승용자동차를 함께 타는 경우

해설

13 교차로에 동시 진입한 상태에서 폭이 넓은 도로에서 진입한 차량과 충돌한 경우 가해자 요건에 해당한다.

14 음주운전으로 운전면허 취소처분을 받은 사람이 운전면허를 재취득하려면 결격기간이 끝났다 하여도 그 취소처분을 받은 이후에 특별교통안전 의무교육을 받아야 운전면허를 받을 수 있다.

15 무면허운전 금지 등, 술에 취한 상태에서의 운전금지, 과로한 때 등의 운전금지, 공동위험행위의 금지 규정에 따른 사유가 아닌 다른 사유로 사람을 사상한 후 사상자 구호조치 및 경찰 공무원 또는 국가경찰관서에 사고 신고의무를 위반한 경우에는 운전면허가 취소된 날부터 4년이 지나야 운전면허를 받을 수 있다.

16 ②는 횡단보도에서의 보행자 보호의무 위반 사고이므로 특례가 적용되지 않는다.

17 안전거리 미확보 사고에 따른 벌점은 고속도로, 일반도로 모두 10점이다.

18 대규모점포에 부설된 체육시설의 이용자를 위해 운행하는 경우는 자가용자동차를 유상 운송용으로 제공 또는 임대하거나 이를 알선할 수 없다.

정답 ▶ 13 ①   14 ④   15 ③   16 ②   17 ④   18 ①

19 허가를 받지 아니하고 자가용자동차를 유상으로 운송에 사용하거나 임대한 경우 그 자동차의 사용을 제한하거나 금지할 수 있는 최대 기간은?

① 3개월 이내

② 6개월 이내

③ 1년 이내

④ 1개월 이내

20 도로교통의 안전을 위하여 각종 제한 금지사항을 운전자에게 알리기 위한 안전표지는?

① 지시표지

② 주의표지

③ 노면표지

④ 규제표지

21 도로교통법에서 정하는 운전자가 서행하여야 할 장소가 아닌 것은?

① 도로가 구부러진 부근

② 교통정리를 하고 있지 아니하는 교차로

③ 보행자가 횡단보도를 통행하고 있는 때

④ 가파른 비탈길의 내리막

22 다음 중 자동차의 경제적인 운행방법이 아닌 것은?

① 창문 열고 고속주행

② 경제속도 준수

③ 급가속 금지

④ 적정한 타이어 공기압 유지

23 여객자동차 운수사업법상 '자동차를 정기적으로 운행하거나 운행하려는 구간'은 무엇에 대한 정의인가?

① 운행구간

② 여객운송

③ 노선

④ 운행계통

24 주취운전 중 인피사고를 일으킨 운전자에 대하여 특정범죄 가중처벌 등에 관한 법률 제5조의11의 규정의 위험운전 치사상죄를 적용하기 위해 반드시 고려하는 사항이 아닌 것은?

① 피해자, 목격자의 진술

② 가해자가 마신 술의 양

③ 사고발생 경위, 사고위치 및 피해정도

④ 술을 마신 상태에서 차를 운전한 장소

25 액화천연가스(CNG) 자동차에 화재가 발생할 경우 조치 방법으로 가장 올바른 것은?

① 혼자 힘으로 진화를 시도한다.

② 소방서에 연락하고 차분히 차 실내에서 기다린다.

③ 승객은 창문 밖으로 뛰어 내리게 한다.

④ 시동을 끈 후 계기판의 메인 스위치와 비상차단 스위치를 끄고 대피한다.

---

19 허가를 받지 아니하고 자가용자동차를 유상으로 운송에 사용하거나 임대한 경우 6개월 이내의 기간을 정하여 그 자동차의 사용을 제한하거나 금지할 수 있다.

20 도로교통의 안전을 위하여 각종 제한 금지사항을 운전자에게 알리기 위한 안전표지는 규제표지이다.

21 보행자가 횡단보도를 통행하고 있으면 횡단보도 앞에서 일시정지해야 한다.

22 경제적인 운행을 위해서는 창문을 열고 고속주행하는 것은 좋지 않다.

23 자동차를 정기적으로 운행하거나 운행하려는 구간을 노선이라 한다.

24 술을 마신 상태에서 차를 운전한 장소는 고려사항이 아니다.

25 액화천연가스(CNG) 자동차에 교통사고나 화재사고가 발생하면 시동을 끈 후 계기판의 스위치 중 메인 스위치와 비상차단 스위치를 끄고 대피한다.

정답 19 ② 20 ④ 21 ③ 22 ① 23 ③ 24 ④ 25 ④

26 승합차가 어린이보호구역에서 정차 및 주차의 금지를 위반 시 과태료 금액은?(단, 같은 장소에서 2시간 이상을 초과하지 않은 경우에 한한다)

① 7만원
② 13만원
③ 12만원
④ 5만원

27 다음 중 승합자동차의 경우 앞지르기 방법·금지 위반에 따른 행정처분이 잘못된 것은?

① 앞지르기 금지시기 장소 위반인 경우 벌점은 15점이다.
② 앞지르기 방해금지 위반인 경우 범칙금 5만원이 부과되고 벌점은 없다.
③ 앞지르기 방법 위반인 경우 범칙금은 5만원이다.
④ 앞지르기 방법 위반인 경우 벌점은 10점이다.

28 자동차의 스위치 사용 및 점검에 대한 설명 중 알맞은 것은?

① 마주오는 차가 있거나 앞차를 따라갈 경우에는 상향등을 사용한다.
② 전자제어 현가장치 시스템은 자기진단 기능을 보유하고 있어 정비성이 용이하고 안전하다.
③ 와이퍼 세척은 가솔린이나 신나와 같은 유기용제를 사용하여 세척한다.
④ 전자제어 현가장치 시스템은 도로조건이나 기타 주행조건에 따라서 자동으로 차량의 높이가 조정된다.

29 스티어링 휠(핸들)이 떨리는 이유로 가장 거리가 먼 것은?

① 좌·우 라이닝 간극이 다르다.
② 타이어의 무게 중심이 맞지 않는다.
③ 휠 너트가 풀려있다.
④ 타이어가 편마모 되어 있다.

30 책임보험이나 책임공제에 미가입한 경우 11일째부터 1일마다 가산되는 과태료 금액은?

① 3만원
② 5만원
③ 1만원
④ 8천원

31 자동변속기 오일이 정상인 경우 색깔은?

① 갈색
② 녹색
③ 붉은색
④ 노란색

32 ABS의 특징에 해당되지 않는 것은?

① 자동차의 방향 안정성, 조종성능을 확보해 준다.
② 엔진출력을 증가시켜 준다.
③ 앞바퀴의 고착에 의한 조향 능력 상실을 방지한다.
④ 바퀴의 미끄러짐이 없는 제동 효과를 얻을 수 있다.

해설

26 승합차가 어린이보호구역에서 정차 및 주차의 금지를 위반 시 과태료 금액은 13만원이다. 같은 장소에서 2시간 이상을 초과한 경우는 14만원이다.

27 앞지르기 방법 위반인 경우 범칙금은 7만원이다.

28 ① 마주오는 차가 있거나 앞차를 따라갈 경우에는 하향등을 사용한다.
③ 와이퍼를 세척할 때 가솔린, 신나와 같은 유기용제를 사용하지 않는다.
④ 전자제어 현가장치 시스템은 도로조건이나 기타 주행조건에 따라서 운전자가 스위치를 조작하여 차량의 높이를 조정할 수 있다.

29 좌·우 라이닝 간극은 스티어링 휠 떨림과 관련이 없다.

30 책임보험이나 책임공제에 가입하지 아니한 기간이 10일을 초과한 경우 1일마다 8천원이 가산된다.

31 자동변속기 오일이 정상인 경우 투명도가 높은 붉은색이다.

32 ABS가 엔진출력을 증가시켜 주지는 않는다.

33 핸들이 어느 속도에 이르면 극단적으로 흔들리는 현상이 나타나는 것은 주로 어떤 부분의 고장을 뜻하는가?

① 브레이크 부분
② 엔진 부분
③ 조향장치 부분
④ 완충장치 부분

34 자동차 계기판에서 엔진 냉각수의 온도를 나타내는 것은?

① 전압계
② 수온계
③ 속도계
④ 공기압력계

35 튜닝승인을 받은 날부터 며칠 이내에 한국교통안전공단 자동차검사소에서 튜닝검사를 받아야 하는가?

① 45일
② 30일
③ 35일
④ 50일

36 수막현상으로 잃게 되는 기능이 아닌 것은?

① 접지력
② 핸들 조향력
③ 제동력
④ 관성 주행력

37 가스공급라인 등 연결부에서 가스가 누출될 때의 조치요령에 대한 설명 중 틀린 것은?

① 엔진시동을 끈 후 메인 전원스위치를 차단한다.
② 스테인레스 튜브 등 가스공급라인의 몸체가 파열된 경우에는 수리하여 재활용한다.
③ 차량 부근으로 화기 접근을 금한다.
④ 누설부위를 비눗물 또는 가스검진기 등으로 확인한다.

38 미국의 운전 전문가 해롤드 스미스가 제안한 안전운전의 5가지 기본 기술 중 '운전중에 전방을 멀리 본다'는 의미로 옳지 않은 것은?

① 가능한 한 시선은 전방 먼 쪽에 두되, 바로 앞 도로 부분을 내려보도록 한다.
② 일반적으로 20~30초 전방까지 본다.
③ 고속도로와 국도 등에서는 대략 시속 80~100km의 속도에서 약 500~800m 앞의 거리를 살핀다.
④ 도시에서는 대략 시속 40~50km의 속도에서 교차로 하나 이상의 거리 전방을 본다.

39 휠 얼라인먼트 장치 중 앞바퀴를 평행하게 회전시키며, 앞바퀴가 옆방향으로 미끄러지는 것과 타이어 마멸을 방지하고, 조향 링키지의 마멸에 의해 토아웃(Toe-out) 되는 것을 방지하는 것은?

① 토인
② 킹핀 경사각
③ 캠버
④ 캐스터

---

33 핸들이 어느 속도에 이르면 극단적으로 흔들리는 현상이 나타나는 것은 조향장치의 고장을 뜻한다.

34 엔진 냉각수의 온도를 나타내는 것은 수온계이다.

35 튜닝검사는 튜닝의 승인을 받은 날부터 45일 이내에 한국교통안전공단 자동차검사소에서 안전기준 적합여부 및 승인받은 내용대로 변경하였는가에 대하여 검사를 받아야 하는 일련의 행정절차이다.

36 수막현상이 발생하면 접지력, 조향력, 제동력을 상실하게 되며, 자동차는 관성력만으로 활주하게 된다.

37 스테인리스 튜브 등 가스공급라인의 몸체가 파열된 경우에는 교환한다.

38 가능한 한 시선은 전방 먼 쪽에 두되, 바로 앞 도로 부분을 내려다보지 않도록 한다.

39 토인은 자동차 앞바퀴를 위에서 내려다보면 양쪽 바퀴의 중심선 사이의 거리가 앞쪽이 뒤쪽보다 약간 작게 되어 있는 것을 말하는데, 앞바퀴를 평행하게 회전시키며, 앞바퀴가 옆방향으로 미끄러지는 것과 타이어 마멸을 방지하고, 조향 링키지의 마멸에 의해 토아웃 되는 것을 방지한다.

정답 33 ③ 34 ② 35 ① 36 ④ 37 ② 38 ① 39 ①

CBT 실전모의고사 제3회 **279**

40 운행 후 자동차 외관점검과 관련이 없는 것은?

① 차체가 기울지 않았는지 여부
② 후드의 고리가 빠지지는 않았는지 여부
③ 차체에 부품이 없어진 곳은 없는지 여부
④ 에어가 누설되는 곳은 없는지 여부

41 터보차저 관리요령이 아닌 것은?

① 공회전이 필요 없으며, 시동 후 급가속을 해도 문제가 없다.
② 공회전, 무부하 상태에서는 급가속을 삼간다.
③ 회전부의 원활한 윤활과 터보차저에 이물질이 들어가지 않도록 한다.
④ 시동 전 오일량을 확인하고 시동 후 오일압력이 정상적으로 상승하는지 확인한다.

42 승차감이 우수하기 때문에 장거리 주행 자동차 및 대형버스에 사용하는 스프링은?

① 공기 스프링
② 코일 스프링
③ 토션바 스프링
④ 판 스프링

43 차로를 구분하기 위해 설치한 것으로 맞는 것은?

① 길어깨(갓길)
② 차선
③ 주차대
④ 자전거도로

44 고속도로에서 시간을 다루는 전략으로 부적절한 것은?

① 고속도로를 빠져나갈 때는 본선에서 충분히 속도를 늦추어 진출 차로로 들어가야 한다.
② 주행하게 될 고속도로 및 진출입로를 확인하는 등 사전에 주행경로 계획을 세운다.
③ 비상시 정지나 회피핸들 조작을 위해 속도와 추종거리에 있어 적어도 4~5초의 시간을 유지한다.
④ 차의 속도를 유지하는데 어려움을 느끼는 차를 주의하여 미리 차의 위치와 속도를 조절한다.

45 정지할 때 요령으로 적당하지 않은 것은?

① 급정지로 인한 타이어 흔적이 발생하지 않도록 한다.
② 정지할 때까지 여유가 있는 경우에는 브레이크 페달을 2~3회 나누어 밟는다.
③ 엔진브레이크 및 저단기어 변속을 활용한다.
④ 미리 감속하여 연료가 소모되는 것을 방지한다.

46 회전교차로 진입 방법으로 맞지 않는 것은?

① 회전차로 내에 여유 공간이 있을 때까지 양보선에서 대기한다.
② 회전교차로에 진입하는 자동차는 회전 중인 자동차에게 양보한다.
③ 회전교차로에 진입할 때에는 충분히 속도를 높인 후 진입한다.
④ 회전차로 내부에서 주행 중인 자동차를 방해할 우려가 있을 때에는 진입하지 않는다.

해설

40 에어가 누설되는 곳은 없는지 여부는 운행 후 하체점검에 해당한다.

41 터보차저는 운행 중 고온 상태이므로 급속한 엔진 정지 시 열 방출이 안되기 때문에 터보차저 베어링부의 소착 등이 발생될 수 있으므로 충분한 공회전을 실시하여 터보차저의 온도를 식힌 후 엔진을 끄도록 한다.

42 공기 스프링은 다른 스프링에 비해 유연한 탄성을 얻을 수 있고, 노면으로부터의 작은 진동도 흡수하며, 승차감이 우수하기 때문에 장거리 주행 자동차 및 대형버스에 사용된다.

43 차로를 구분하기 위해서는 차선을 설치한다.

44 고속도로를 빠져나갈 때는 가능한 한 빨리 진출 차로로 들어가야 한다. 진출 차로에 실제로 진입할 때까지는 차의 속도를 낮추지 말고 주행하여야 한다.

45 정지할 때 미리 감속하는 이유는 연료가 소모되는 것을 방지하는 것이 아니라 급정지로 인한 타이어 흔적이 발생하지 않도록 하는 것이다.

46 회전교차로에 진입할 때에는 충분히 속도를 줄인 후 진입한다.

정답 40 ④ 41 ① 42 ① 43 ② 44 ① 45 ④ 46 ③

47 다음 중 눈, 비 올 때의 미끄러짐 사고를 예방하기 위한 방어운전법이 <u>아닌</u> 것은?

① 제동상태가 나쁠 경우 도로 조건에 맞춰 속도를 낮춘다.
② 다른 차량 주변으로 가깝게 다가가지 않는다.
③ 제동이 제대로 되는지를 수시로 살펴본다.
④ 앞차와의 거리를 좁혀 앞차의 궤적을 따라 간다.

48 경제운전에서 기어변속을 위한 적합한 RPM은?

① 1000~2000 RPM 상태
② 800~1000 RPM 상태
③ 3000~4000 RPM 상태
④ 2000~3000 RPM 상태

49 우리나라 전체 교통사고의 절반 이상이 발생하는 지점으로 특히 운전에 주의해야 할 곳은?

① 주택가
② 학교 앞
③ 고가도로
④ 교차로

50 충격흡수시설에 대한 설명으로 <u>틀린</u> 것은?

① 충돌 예상 장소에 설치
② 사람과의 직접적 충돌로 인한 사고피해 감소
③ 도로상 구조물과 충돌하기 전 자동차 충격에너지 흡수
④ 본래 주행차로로 복귀

51 우회전하려는 자동차와의 상충을 최소화할 수 있는 가로변 버스정류소는?

① 가로변 도로구간 내 정류소
② 가로변 교차로 통과 전 정류소
③ 가로변 간이버스정류장
④ 가로변 교차로 통과 후 정류소

52 운전 중 예측 회피 운전행동을 하는 사람의 특징이 <u>아닌</u> 것은?

① 조급하지 않음
② 사후 적응적임
③ 위험에 대한 접근속도가 저속임
④ 사전에 위험을 예측하려 함

53 안개길 운행 시 안전운전 요령으로 <u>적합하지 않은</u> 것은?

① 짙은 안개로 운행이 어려울 때에는 차를 그 자리에 세우고 기다린다.
② 앞차와의 차간거리를 충분히 확보하고 운행한다.
③ 커브길에서는 경음기를 울려 자신이 주행하고 있다는 것을 알린다.
④ 전조등, 안개등을 켜고 운행한다.

---

47 눈, 비 올 때의 미끄러짐 사고를 예방하기 위해서는 다른 차량 주변으로 가깝게 다가가지 않아야 한다.

48 경제운전을 위한 기어변속은 엔진 회전속도가 2000~3000 RPM 상태에서 고단 기어로 변속하는 것이 바람직하다.

49 전체 교통사고의 절반 이상이 교차로에서 발생하며, 그 중 상당수는 신호 교차로에서 발생한다.

50 충격흡수시설은 주행 차로를 벗어난 차량이 도로상의 구조물 등과 충돌하기 전에 자동차의 충격에너지를 흡수하여 정지하도록 하거나, 자동차의 방향을 교정하여 본래의 주행 차로로 복귀시켜주는 기능을 한다.

51 우회전하려는 자동차와의 상충을 최소화할 수 있는 가로변 버스정류소는 교차로 통과 후 정류소이다.

52 예측 회피 운전행동을 하는 사람은 사전 적응적이고, 지연 회피 운전행동을 하는 사람은 사후 적응적이다.

53 짙은 안개로 운행이 어려울 때에는 차를 안전한 곳에 세우고 기다린다.

정답 ▶ 47 ④ 48 ④ 49 ④ 50 ② 51 ④ 52 ② 53 ①

54 정신적으로 피로한 상태에서 교통표지를 못 보거나 보행자를 알아보지 못하는 것과 관계 있는 것은?

① 지구력 저하
② 감정조절능력 저하
③ 주의력 저하
④ 판단력 저하

55 야간에 안전운전을 위해 특별히 주의해야 할 사항과 거리가 먼 것은?

① 어두운 색의 옷차림을 한 보행자의 확인에 더욱 세심한 주의를 기울인다.
② 밤에 앞차의 바로 뒤를 따라갈 때에는 전조등 불빛의 방향을 아래로 향하게 한다.
③ 자동차가 서로 마주보고 진행하는 경우에는 전조등 불빛의 방향을 아래로 향하게 한다.
④ 대향차의 전조등 불빛이 강할 때는 선글라스를 착용하고 운전한다.

56 교통사고가 발생하여 인명구조를 해야 할 경우의 유의사항으로 옳지 않은 것은?

① 부상자는 전문 구조자가 올 때까지 응급조치 하지 않는다.
② 부상자, 노인, 어린아이 및 부녀자 등 노약자를 우선적으로 구조한다.
③ 도로 밖의 안전장소로 유도하고 2차 피해가 일어나지 않도록 한다.
④ 적절한 유도로 승객의 혼란방지에 노력한다.

57 양방향 2차로 앞지르기 금지구간에서 자동차의 원활한 소통을 도모하고, 도로 안전성을 제고하기 위해 길어깨(갓길) 쪽으로 설치하는 저속 자동차의 주행차로를 무엇이라 하는가?

① 회전차로
② 가변차로
③ 양보차로
④ 앞지르기차로

58 운전 중의 위험사태 판단과 관련된 능력은 개인차가 있지만 대체로 무엇과 가장 밀접한 관계를 갖는가?

① 운전경험
② 최종학력
③ 체력정도
④ 지식정도

59 제1종 운전면허 취득 시 두 눈을 동시에 뜨고 잰 정지시력의 기준은 얼마 이상이어야 하는가?

① 0.5
② 0.6
③ 0.8
④ 0.3

60 경제운전의 기본적인 방법으로 적절하지 않은 것은?

① 급회전을 피한다.
② 가·감속을 부드럽게 한다.
③ 일정한 차량속도를 유지한다.
④ 출발 전 충분히 예열한다.

해설

54 교통표지를 못 보거나 보행자를 알아보지 못하는 것은 주의력과 관계가 있다.
55 야간에 선글라스를 착용하는 것은 위험하며, 대향차의 전조등을 직접 바라보지 않아야 한다.
56 부상자가 있을 때에는 응급조치를 한다.
57 양방향 2차로 앞지르기 금지구간에서 자동차의 원활한 소통을 도모하고, 도로 안전성을 제고하기 위해 길어깨(갓길) 쪽으로 설치하는 저속 자동차의 주행차로는 양보차로이다.

58 운전 중의 위험사태 판단과 관련된 능력은 개인차가 있지만 대체로 운전경험과 밀접한 관계를 갖는다.
59 • 제1종 운전면허 : 두 눈을 동시에 뜨고 잰 시력이 0.8 이상, 양쪽 눈의 시력이 각각 0.5 이상
 • 제2종 운전면허 : 두 눈을 동시에 뜨고 잰 시력이 0.5 이상. 한쪽 눈을 보지 못하는 사람은 0.6 이상
60 예열은 경제운전과는 거리가 멀다.

61 운전자가 앞서가는 다른 차의 좌측면을 지나서 그 차의 앞으로 진행하는 것을 무엇이라 하는가?

① 앞지르기
② 끼어들기
③ 차로변경
④ 진로변경

62 인간에 의한 사고원인 중 신체요인에 해당되지 않는 것은?

① 피로
② 신경성질환 유무
③ 음주
④ 주행환경에 대한 친숙성

63 와이퍼의 교체시기에 대한 설명으로 틀린 것은?

① 와이퍼 블레이드가 지나간 자리에 얼룩이 남을 때
② 고속으로 주행 시 와이퍼에서 소리가 날 때
③ 차 유리에 맺힌 물기가 제대로 닦이지 않을 때
④ 와이퍼 퓨즈가 단선 되었을 때

64 버스운행관리시스템(BMS)에 대한 설명으로 옳지 않은 것은?

① 버스운행상황을 관제할 수 있다.
② 정류소 안내기를 통하여 도착예정시간 등 정보 제공
③ 배차관리, 안전운행, 정시성을 확보할 수 있다.
④ 각종 정보는 버스회사 단말기, 상황판, 차량단말기에 제공된다.

65 안전운전을 위한 기술 중 예측회피 운전의 기본방법은?

① 고속도로가 아닌 일반도로에서는 안전거리를 확보하지 않아도 된다.
② 위험 시 비상등 또는 경적을 활용하여 다른 운전자에게 신호해 준다.
③ 사고가 빈번히 발생하는 지역은 신속히 통과한다.
④ 사람이 없는 도로에서는 신호등을 무시한다.

66 종단곡선의 정점에서 나타날 수 있는 현상으로 옳은 것은?

① 자동차의 속도변화가 크게 된다.
② 전방에 대한 시거가 단축된다.
③ 원심력에 의해 도로 바깥쪽으로 튕겨 나가게 된다.
④ 편경사가 커지게 된다.

67 버스여객운송서비스에 대한 설명으로 옳은 것은?

① 버스를 이용하여 승객을 최종목적지까지 이동시키는 상업적 행위
② 버스를 이용하여 승객을 대상으로 물품을 판매하는 행위
③ 버스를 이용하는 승객에게 음료, 음식을 제공하는 행위
④ 버스를 이용하는 승객을 대상으로 회사를 홍보하는 행위

---

61 앞서가는 다른 차의 좌측면을 지나서 그 차의 앞으로 진행하는 것을 앞지르기라고 한다.

62 주행환경에 대한 친숙성은 사회 환경적 요인이다.

63 와이퍼 교체시기
• 와이퍼 블레이드가 지나간 자리에 얼룩이 남을 때
• 차 유리에 맺힌 물기가 제대로 닦이지 않을 때
• 와이퍼가 지나갈 때 드르륵 하면서 튕기는 소리가 날 때
• 고속으로 주행 시 와이퍼에서 바람소리가 날 때

64 정류소 안내기를 통하여 도착예정시간 등의 정보를 제공하는 것은 버스정보시스템(BIS)이다.

65 예측회피 운전의 기본방법 : 속도 가속·감속, 위치 바꾸기, 다른 운전자에게 신호하기

66 종단곡선의 정점(산꼭대기, 산등성이)에서는 전방에 대한 시거가 단축되어 운전자에게 불안감을 조성할 수 있다.

67 여객운송서비스는 버스를 이용하여 승객을 출발지에서 최종목적지까지 이동시키는 상업적 행위를 말한다.

68 운전자가 제동을 시작하여 자동차가 완전히 정지할 때까지 진행한 시간을 무엇이라 하는가?

① 제동시간
② 정지시간
③ 공주시간
④ 정지거리

69 다음 업종 중 거리체감제 요금체계가 적용되는 업종으로 옳은 것은?

① 시내버스
② 고속버스
③ 전세버스
④ 마을버스

70 간선급행버스체계의 도입 배경으로 옳은 것은?

① 도심 주차장 확보 증가
② 각종 행사장의 접근성 증가
③ 외국관광객의 관광명소 방문편의성 증가
④ 도로 및 교통시설에 대한 투자비의 급격한 증가

71 운수종사자의 준수사항에서 운전업무 중 해당 도로에 이상이 있었던 경우에는 운전업무를 마친 후 누구에게 알려 주도록 되어 있는가?

① 다음 교대 운전자
② 운송사업자
③ 관계 공무원
④ 해당 도로관리청 직원

72 부상자 응급처치 방법으로 옳지 않은 것은?

① 목뼈 손상의 가능성이 있는 경우에는 머리를 앞으로 충분히 숙여준다.
② 가슴압박은 4~5cm 깊이로 체중을 이용하여 압박과 이완을 반복한다.
③ 가슴압박과 인공호흡은 30 : 2의 비율로 반복한다.
④ 입안에 있는 피나 토한 음식물 등을 긁어내어 막힌 기도를 확보한다.

73 승객만족을 위한 기본예절에 대해 설명한 것으로 옳지 않은 것은?

① 승객의 결점이 발견되면 바로 지적한다.
② 승객의 여건, 능력, 개인차를 인정하고 배려한다.
③ 항상 변함없는 진실한 마음으로 승객을 대한다.
④ 승객의 입장을 이해하고 존중한다.

74 다음 중 가로변버스전용차로의 특징으로 옳지 않은 것은?

① 버스전용차로 운영시간대에는 가로변의 주·정차를 금지해야 한다.
② 종일 또는 출·퇴근 시간대 등을 지정하여 탄력적으로 운영할 수 있다.
③ 버스전용차로를 가로변에 설치하므로 버스의 신속성 확보에 매우 유리하다.
④ 우회전하는 차량을 위해 교차로 부근에서는 일반차량의 버스전용차로 이용을 허용해야 한다.

75 이용자 측면에서의 교통카드시스템 도입 효과로 옳지 않은 것은?

① 하나의 카드로 다수의 교통수단 이용 가능
② 현금소지의 불편 해소
③ 운송수입금 관리가 용이
④ 요금 할인 등으로 교통비 절감

76 버스 사고 예방을 위한 안전운전 습관으로 옳지 않은 것은?

① 목적지까지 휴식 없이 무정차로 운행한다.
② 안내방송을 통해 승객의 주의를 환기시켜 사고 예방을 위해 노력한다.
③ 출발 시에는 차량 탑승 승객이 좌석 및 입석공간에 위치한 상황을 파악한 후 출발한다.
④ 급출발이 되지 않도록 한다.

77 직업의 외재적 가치에 대한 설명으로 옳지 않은 것은?

① 자신에게 있어 직업을 도구적인 면에 가치를 둔다.
② 직업이 주는 사회 인식에 초점을 맞추려는 경향이 있다.
③ 자기표현을 충분히 할 수 있는 것에 초점을 둔다.
④ 삶을 유지하거나 권력을 추구하고자 하는 수단에 의미를 둔다.

78 정부가 버스운영체제의 전반을 책임지는 방식으로 옳은 것은?

① 공영제
② 준공영제
③ 민영제
④ 사립제

79 올바른 운전예절 중 운전자가 삼가야 할 행동으로 적절하지 않은 것은?

① 여객의 안전과 사고예방을 위해 운행 전 사업용 자동차의 안전설비 등의 이상 유무를 확인해야 한다.
② 신호등이 바뀌기 전에 빨리 출발하라고 경음기로 재촉하지 않는다.
③ 운행 중 갑자기 끼어들거나 다른 운전자에게 욕설을 하지 않는다.
④ 경음기를 울려 다른 운전자를 놀라게 하지 않는다.

80 운전자 신상변동 등에 따른 보고사항 중 옳은 것은?

① 운전면허증 기재사항 변경, 질병 등 신상변동이 있는 경우 회사에 즉시 보고한다.
② 운전면허 취소 및 정지 등의 행정처분을 받은 경우 회사에 보고하지 않는다.
③ 경미한 신상변경이 있는 경우에는 동료 운전자에게 얘기한다.
④ 결근, 지각, 조퇴가 필요한 경우 노동조합에 요청한다.

---

75 운송수입금 관리 용이는 운영자 측면에서의 도입 효과에 해당한다.
76 목적지까지 무정차로 운행하면 졸음운전의 위험이 있으므로 휴게소에서 충분한 휴식을 취해준다.
77 자기표현을 충분히 할 수 있는 것에 초점을 두는 것은 직업의 내재적 가치에 해당한다.

78 정부가 버스노선의 계획에서부터 버스차량의 소유·공급, 노선의 조정, 버스의 운행에 따른 수입금 관리 등 버스 운영체계의 전반을 책임지는 방식은 공영제이다.
79 ①은 운전자가 삼가야 할 행동이 아니라 운수종사자의 준수사항에 해당한다.
80 • 결근, 지각, 조퇴가 필요하거나, 운전면허증 기재사항 변경, 질병 등 신상변동이 발생한 때에는 즉시 회사에 보고한다.
• 운전면허 정지 및 취소 등의 행정처분을 받았을 때에는 즉시 회사에 보고하고 운전을 금지한다.

정답 ▶ 75 ③   76 ①   77 ③   78 ①   79 ①   80 ①

chapter **05**

CBT 실전모의고사 제4회

01 횡단보도로 인정이 <u>되지 않는</u> 경우는?

① 횡단보도 노면표시와 횡단보도표지판이 설치된 경우
② 횡단보도 노면표시가 완전히 지워진 경우
③ 횡단보도 노면표시가 포장공사로 반은 지워졌으나 반이 남아 있는 경우
④ 횡단보도 노면표시가 있으나 횡단보도표지판이 설치되지 않은 경우

02 고속도로 외의 도로에서 '통행차로와 차종의 짝'이다. 옳지 않은 것은?

① 오른쪽 차로 – 화물자동차
② 왼쪽 차로 – 중형승합자동차
③ 왼쪽 차로 – 특수자동차
④ 오른쪽 차로 – 대형승합자동차

03 다음 중 승합자동차의 경우 좌석안전띠 미착용 시 주어지는 범칙금액은?

① 7만원
② 2만원
③ 5만원
④ 3만원

04 사고운전자가 형사상 합의가 안 되어 형사처벌 대상이 되는 중상해의 범위에 <u>포함되지 않는</u> 것은?

① 생명 유지에 불가결한 뇌의 중대한 손상
② 사고 후유증으로 중증의 정신장애
③ 완치 가능한 사고 후유증
④ 사지절단

05 시장, 군수, 구청장은 허가를 받지 않고 자가용자동차를 유상으로 운송에 사용하거나 임대한 경우에 몇 개월 이내의 기간을 정하여 그 자동차의 사용을 제한하거나 금지할 수 있는가?

① 1개월
② 6개월
③ 12개월
④ 3개월

06 운전업무와 관련하여 버스운전자격증을 타인에게 대여한 경우 운전자격 처분기준은?

① 자격정지 60일
② 자격정지 50일
③ 자격정지 30일
④ 자격취소

해설

01 횡단보도 노면표시가 완전히 지워지거나, 포장공사로 덮여졌다면 횡단보도 효력이 상실된다.
02 고속도로 외의 도로에서 특수자동차는 오른쪽 차로로 통행할 수 있다.
03 승합자동차의 좌석안전띠 미착용 시 범칙금액은 3만원이다.
04 완치 가능한 사고 후유증은 중상해의 범위에 포함되지 않는다.
05 허가를 받지 않고 자가용자동차를 유상으로 운송에 사용하거나 임대한 경우 6개월 이내의 기간을 정하여 그 자동차의 사용을 제한하거나 금지할 수 있다.
06 운전업무와 관련하여 버스운전자격증을 타인에게 대여한 경우 운전자격 처분기준은 자격취소에 해당한다.

정답 01 ② 02 ③ 03 ④ 04 ③ 05 ② 06 ④

07 횡단보도에서 자동차 대 자전거 사고 발생 시 현장의 형태에 따른 결과와 조치사항으로 **틀린** 것은?

① 자전거를 끌고 횡단보도 보행 중 사고는 보행자로 간주하여 보행자 보호의무위반으로 처리한다.

② 자전거를 타고가다 멈추고 한발은 페달에, 한발은 노면에 딛고 서 있던 중의 사고는 보행자로 간주하여 보행자 보호의무위반으로 처리한다.

③ 자전거를 타고 횡단보도 횡단 중의 교통사고도 보행자로 간주하여 처리할 수 있다.

④ 자전거를 타고 횡단보도 통행 중 사고는 자전거를 보행자로 볼 수 없고 차로 간주하여 안전운전불이행으로 처리한다.

08 구역 여객자동차운송사업에 대한 설명으로 옳은 것은?

① 자동차를 정기적으로 운행하려는 구간을 정하여 여객을 운송하는 사업

② 자동차를 수시로 운행하려는 구간을 정하여 여객을 운송하는 사업

③ 사업구역을 정하지 않고 여객을 운송하는 사업

④ 사업구역을 정하여 그 사업구역 안에서 여객을 운송하는 사업

09 공주거리와 제동거리를 합한 거리는?

① 안전거리

② 지각거리

③ 안전시거 확보거리

④ 정지거리

10 운전면허 정지처분을 받은 사람이 특별교통안전 의무교육을 마친 후에 특별교통안전 권장교육 중 현장참여교육을 마친 경우 추가로 감경되는 정지처분 기준은?

① 50일

② 30일

③ 40일

④ 20일

11 신호등 없는 교차로를 통행하던 중 교통사고를 당하는 피해자 요건의 일반적인 내용과 **관련이 없는** 것은?

① 신호등 없는 교차로의 통행방법 위반 차량과 충돌하여 피해를 입은 경우

② 사실상 교차로로 볼 수 없는 장소에서 피해를 입은 경우

③ 일시정지 안전표지를 무시하고 상당한 속력으로 진행한 차량과 충돌하여 피해를 입은 경우

④ 후진입한 차량과 충돌하여 피해를 입은 경우

12 다음 중 여객자동차 운수사업자에게 부과하는 과징금의 용도로 **틀린** 것은?

① 연합회나 조합이 국토교통부장관으로부터 권한을 위탁받아 수행하는 사업

② 터미널 시설의 정비 확충

③ 운송사업자가 설치하는 터미널을 건설하는데 필요한 자금의 지원

④ 대통령령으로 정하는 노선을 운행하여서 생긴 손실의 보전

---

07 횡단보도에서 원동기장치자전거나 자전거를 타고 가는 사람은 보행자로 보지 않는다.

08 구역 여객자동차운송사업은 사업구역을 정하여 그 사업구역 안에서 여객을 운송하는 사업을 말하며, 전세버스운송사업, 특수여객자동차운송사업이 있다.

09 공주거리와 제동거리를 합한 거리는 정지거리이다.

10 운전면허 정지처분을 받게 되거나 받은 사람이 특별교통안전 의무교육이나 특별교통 안전 권장교육 중 법규준수교육(권장)을 마친 후에 특별교통안전 권장교육 중 현장참여교육을 마친 경우에는 경찰서장에게 교육필증을 제출한 날부터 정지처분기간에서 30일을 추가로 감경한다.

11 사실상 교차로로 볼 수 없는 장소에서 피해를 입은 경우는 예외사항에 해당한다.

12 과징금은 운송사업자가 아닌 지방자치단체가 설치하는 터미널을 건설하는데 필요한 자금의 지원에 사용된다.

chapter 05

13 차도를 통행할 수 있는 사람 또는 행렬로 <u>틀린 것</u>은?

① 사다리, 목재나 그 밖에 보행자의 통행에 지장을 줄 우려가 있는 물건을 운반 중인 사람
② 군부대나 그 밖에 이에 준하는 단체의 행렬
③ 말·소 등의 큰 동물을 몰고 가는 사람
④ 유모차 및 자전거를 끌고 가는 사람

14 차량신호등이 표시하는 신호의 뜻으로 <u>옳지 않은</u> 것은?

① 적색화살표의 등화 : 화살표시 방향으로 진행하려는 차마는 정지선, 횡단보도 및 교차로의 직전에서 정지하여야 한다.
② 녹색의 등화 : 비보호좌회전표지가 있는 곳에서는 좌회전할 수 있다.
③ 황색의 등화 : 차마는 우회전할 수 있고 우회전하는 경우에는 보행자의 횡단을 방해하지 못한다.
④ 적색의 등화 : 차마는 정지선에 정지하여야 하며 우회전할 수 있다.

15 보도와 차도가 구분된 도로에서 도로 외의 곳을 출입하는 경우 보도를 횡단하기 직전에 지켜야 하는 것은?

① 서행
② 정지
③ 일시정지
④ 일단정지

16 차가 반대방향 또는 측방에서 진입하여 그 차의 정면으로 다른 차의 정면 또는 측면을 충격한 것을 의미하는 용어는?

① 충돌
② 전도
③ 추돌
④ 접촉

17 운전면허의 행정처분 기초자료로 활용하기 위하여 법규위반 또는 사고야기에 대한 위반의 경중 또는 피해의 정도에 따라 배점되는 점수를 의미하는 것은?

① 처분벌점
② 기초점수
③ 벌점
④ 누산점수

18 난폭운전이 <u>아닌</u> 것은?

① 지선도로에서 간선도로에 진입할 때 일시정지
② 급차로 변경
③ 좌우로 핸들을 급조작하는 운전
④ 지그재그 운전

19 다음 중 운전면허가 취소되는 경우는?

① 교통사고로 사람을 다치게 하고 구호조치를 하지 아니한 경우
② 교통사고를 일으켜서 중상을 입힌 경우
③ 혈중알코올농도가 0.05%인 상태로 운전한 경우
④ 제한속도를 60km/h 초과 위반한 경우

해설

13 유모차 및 자전거를 끌고 가는 사람은 차도를 통행할 수 있는 사람 또는 행렬에 포함되지 않는다.

14 적색의등화 : 우회전하려는 경우 정지선, 횡단보도 및 교차로의 직전에서 정지 후 신호에 따라 진행하는 다른 차마의 교통을 방해하지 않고 우회전할 수 있다.

15 도로 외의 곳으로 출입할 때는 보도를 횡단하기 직전에 일시정지하여 좌측 및 우측 부분 등을 살핀 후 보행자의 통행을 방해하지 않도록 횡단하여야 한다.

16 차가 반대방향 또는 측방에서 진입하여 그 차의 정면으로 다른 차의 정면 또는 측면을 충격한 것을 충돌이라 한다.

17 행정처분 기초자료로 활용하기 위하여 법규위반 또는 사고야기에 대한 위반의 경중 또는 피해의 정도에 따라 배점되는 점수를 벌점이라 한다.

18 지선도로에서 간선도로로 진입할 때 일시정지 없이 급진입하는 운전이 난폭운전에 해당한다.

19 교통사고로 사람을 죽게 하거나 다치게 하고 구호조치를 하지 아니한 경우 운전면허가 취소된다.

정답 13 ④ 14 ④ 15 ③ 16 ① 17 ③ 18 ① 19 ①

20 특수여객자동차운송사업용 자동차임을 표시하는 내용은?

① 특수
② 장의
③ 일반
④ 한정

21 도로교통의 안전을 위하여 각종 제한·금지 등의 규제를 하는 경우에 이를 도로사용자에게 알리는 표시는?

① 안전표지
② 지시표지
③ 규제표지
④ 주의표지

22 자동차의 운전자가 고속도로 또는 자동차전용도로에서 차를 정차하거나 주차할 수 <u>없는</u> 경우는?

① 경찰공무원의 지시에 따라 일시 정차한 경우
② 고장으로 길 가장자리구역에 정차 또는 주차한 경우
③ 버스가 탑승객의 요청으로 정차 또는 주차한 경우
④ 통행료를 내기 위하여 통행료를 받는 곳에서 정차하는 경우

23 여객자동차 운수사업법에서 정의하고 있는 관할관청의 범위가 <u>아닌</u> 것은?

① 국토교통부장관
② 광역시장
③ 한국교통안전공단이사장
④ 특별시장

24 진로변경사고의 성립요건으로 볼 수 있는 것은?

① 옆 차로에서 진행 중인 차량이 갑자기 차로를 변경하여 불가항력적으로 충돌한 경우
② 장시간 주차하다가 막연히 출발하여 좌측면에서 차로 변경 중인 차량의 후면을 추돌한 경우
③ 동일방향 앞·뒤 차량으로 진행하던 중 앞차가 차로를 변경할 때 뒤차가 따라 차로를 변경하다가 앞차를 추돌한 경우
④ 차로 변경 후 상당 구간 진행 중인 차량을 뒤차가 추돌한 경우

25 천연가스를 액화시켜 부피를 작게 만들어 사용상의 효율을 높이기 위한 액화가스는?

① LNG
② LPG
③ CNG
④ CPG

26 자동차 스위치에 대한 설명 중 <u>틀린</u> 것은?

① 전조등스위치는 맞은편 차량을 발견하면 신속하게 하향등으로 전환하여야 한다.
② 차폭등, 미등, 번호판등, 계기판등은 전조등 스위치 1단계에서 점등된다.
③ 와셔액 탱크가 비어 있거나 유리창이 건조할 때 와이퍼 작동을 금지한다.
④ 방향지시등이 평상시보다 빠르게 작동하면 방향지시등 작동 스위치를 교환해야 한다.

---

20 특수여객자동차운송사업용 자동차는 "장의"로 표시한다.
21 도로교통의 안전을 위하여 각종 제한 금지사항을 운전자에게 알리기 위한 안전표지는 규제표지이다.
22 탑승객이 요청한다고 해서 고속도로 또는 자동차전용도로에서 차를 정차하거나 주차할 수 없다.
23 관할관청 : 관할이 정해지는 국토교통부장관이나 특별시장·광역시장·특별자치시장·도지사 또는 특별자치도지사

24 ②, ③, ④ 모두 진로 변경 사고의 예외사항에 해당한다.
25 천연가스를 액화시켜 부피를 현저히 작게 만들어 저장, 운반 등 사용상의 효용성을 높이기 위한 액화가스는 LNG(액화천연가스)이다.
26 평상시보다 빠르게 작동하면 방향지시등의 전구가 끊어진 것이므로 방향지시등을 교환하여야 한다.

chapter 05

27 노면의 상태와 운전 조건에 따라 차체 높이를 변화시킬 수 있는 장치는?

① 다중 연료 분사 시스템
② 전자제어 현가장치 시스템
③ 차체 자세제어 시스템
④ 자동 정숙주행 시스템

28 교통사고 발생 시 운전자 등의 조치사항에 대한 설명으로 옳지 않은 것은?

① 운행 중인 차량만 손괴된 사고도 반드시 경찰에 신고해야 한다.
② 경찰공무원은 현장에서 교통사고를 낸 차의 운전자 등에 대하여 부상자 구호 및 교통 안전상 필요한 지시를 명할 수 있다.
③ 긴급자동차가 긴급 용무 중 사고를 야기시킨 경우에는 동승자로 하여금 적정한 조치를 하게 하고 운전을 계속할 수 있다.
④ 사람을 사상한 경우 즉시 정차하여 사상자를 구호하는 등 필요한 조치를 하여야 한다.

29 주행 중 노면으로부터 발생하는 진동이나 충격을 완화시켜 차체 내 각 장치에 직접 전달되는 것을 방지하는 장치를 무엇이라 하는가?

① 현가장치
② 동력전달장치
③ 조향장치
④ 제동장치

30 책임보험이나 책임공제에 미가입한 경우 11일째부터 1일마다 가산되는 과태료 금액은?

① 3만원
② 1만원
③ 5만원
④ 8천원

31 운행 전 점검사항 중 엔진점검 사항이 아닌 것은?

① 휠 너트 조임 상태의 양호 여부
② 엔진오일 및 냉각수 양
③ 배선이 벗겨져 있거나 연결부에서의 합선 등 누전의 염려가 없는지 여부
④ 각종 벨트 장력

32 차령이 5년 초과인 사업용 소형 승합자동차의 종합검사 유효기간은?

① 1년
② 2년
③ 3년
④ 6개월

33 에어클리너가 오염되면 배기가스의 색깔은?

① 흰색
② 청색
③ 검은색
④ 노란색

해설

27 노면 상태와 운전 조건에 따라 차체 높이를 변화시켜, 주행 안전성과 승차감을 동시에 확보하기 위한 장치는 전자제어 현가장치 시스템(ECS)이다.
28 운행 중인 차량만 손괴된 것이 분명하고 도로에서의 위험방지와 원활한 소통을 위하여 필요한 조치를 한 경우에는 신고하지 않아도 된다.
29 주행 중 노면으로부터 발생하는 진동이나 충격을 완화시켜 차체 내 각 장치에 직접 전달되는 것을 방지하는 장치는 현가장치이다.
30 책임보험이나 책임공제에 가입하지 아니한 기간이 10일을 초과한 경우 1일마다 8천원이 가산된다.
31 휠 너트 조임 상태의 양호 여부는 외관점검 사항에 해당한다.
32 차령이 2년 초과인 사업용 소형 승합자동차의 종합검사 유효기간은 1년이다.
33 에어클리너가 오염되면 배기가스의 색깔은 검은색이다.

34 고속도로를 운행할 때 자동차의 안전운행 요령으로 적합하지 않은 것은?

① 고속도로를 벗어날 경우 미리 출구를 확인하고 방향지시등을 작동시킨다.
② 연료, 냉각수, 타이어, 공기압 등을 운행 전에 점검한다.
③ 고속도로에서 운행할 때에는 풋 브레이크만 사용하여야 한다.
④ 터널 출구 부분을 나올 때에는 속도를 줄인다.

35 다음은 타이어의 주요 기능을 설명한 것이다. 가장 거리가 먼 것은?

① 자동차의 높이를 적절히 유지한다.
② 엔진의 구동력 및 브레이크의 제동력을 노면에 전달하는 기능을 한다.
③ 노면으로부터 전달되는 충격을 완화시키는 기능을 한다.
④ 자동차의 하중을 지탱하는 기능을 한다.

36 공기식 브레이크에서 탱크 내의 압력이 규정 값이 되어 공기 압축기에서 압축공기가 공급되지 않을 때 밸브를 달아 탱크 내의 공기가 새지 않도록 하는 것은?

① 브레이크 체임버
② 체크밸브
③ 퀵릴리스 밸브
④ 저압 표시기

37 연료 주입구를 개폐할 때의 주의사항으로 맞지 않는 것은?

① 연료 주입구 근처에는 불꽃이나 화염을 가까이 하지 않는다.
② 연료 캡을 닫을 때에는 반시계방향으로 돌린다.
③ 연료 캡을 열 때에는 천천히 분리한다.
④ 연료를 충전할 때에는 항상 엔진을 정지시킨다.

38 자동차 터보차저의 주요 고장 원인이 아닌 것은?

① 공기압축기 고장
② 윤활유 공급 부족
③ 엔진오일 오염
④ 이물질 유입

39 2차로 도로에서 주행속도를 확보하기 위해 설치되는 차로는?

① 회전차로
② 가변차로
③ 앞지르기차로
④ 오르막차로

40 앞지르기 할 경우 차량의 속도로 맞는 것은?

① 주행하고 있는 도로의 제한속도 20km/h 초과까지
② 주행하고 있는 도로의 제한속도와 관계없다.
③ 주행하고 있는 도로의 제한속도 30km/h 초과까지
④ 주행하고 있는 도로의 최고속도 제한범위 내

---

[34] 고속으로 운행할 경우 풋 브레이크만을 많이 사용하면 브레이크 장치가 과열되어 브레이크 기능이 저하되므로 엔진브레이크와 함께 효율적으로 사용한다.
[35] 자동차의 적정한 높이를 유지하는 기능을 하는 것은 현가장치이다.
[36] 공기식 브레이크에서 탱크 내의 압력이 규정 값이 되어 공기 압축기에서 압축공기가 공급되지 않을 때 밸브를 달아 탱크 내의 공기가 새지 않도록 하는 것은 체크밸브이다.

[37] 연료 캡을 닫을 때에는 시계방향으로 돌린다.
[38] 공기압축기 고장은 터보차저의 고장과 관련이 없다.
[39] 앞지르기차로는 2차로 도로에서 주행속도를 확보하기 위해 오르막차로와 교량 및 터널구간을 제외한 구간에 설치한다.
[40] 앞지르기는 최고속도의 제한범위 내에서 해야 한다.

정 답 34 ③ 35 ① 36 ② 37 ② 38 ① 39 ③ 40 ④

41 고장난 자동차를 일반자동차로 견인할 때 총중량 2,000kg 미만인 자동차를 총중량이 해당 자동차의 3배 이상인 자동차로 견인하는 경우에는 매시 몇 km 이내로 속도를 유지하여야 하는가?

① 10km

② 40km

③ 25km

④ 30km

42 다음 중 자동차 조향장치의 캠버에 대한 설명으로 틀린 것은?

① 자동차의 수평 방향 하중에 의한 앞차축의 휨을 방지한다.

② 자동차를 앞에서 보았을 때 앞바퀴가 수직선에 대하여 어떤 각도를 두고 설치되어 있는 것을 말한다.

③ 하중을 받았을 때 앞바퀴의 아래쪽이 벌어지는 것 (부의 캠버)을 방지한다.

④ 조향축(킹핀) 경사각과 함께 조향핸들의 조작을 가볍게 한다.

43 위험에 대한 신중한 운전자(위험 회피자)는 운전자의 행동특성에 즉각 예측 회피반응 집단과 지연 회피반응 집단으로 구분이 가능하다. 이 중 예측 회피반응 집단의 행동특성으로 옳지 않은 것은?

① 인지적 접근

② 사전 적응적

③ 위험에 대한 저속 접근

④ 위험에 대한 감내성

44 운전자가 브레이크로 발을 옮겨 브레이크가 작동을 시작하기 전까지 작동한 거리를 무엇이라 하는가?

① 정지거리

② 공주거리

③ 제동거리

④ 안전거리

45 포장된 길어깨의 장점으로 틀린 것은?

① 긴급자동차의 주행을 원활하게 한다.

② 차도 끝의 처짐이나 이탈을 방지한다.

③ 보도가 없는 도로에서 보행자의 보행을 금지할 수 있다.

④ 물의 흐름으로 인한 노면 패임을 방지한다.

46 방호울타리와 관련이 없는 것은?

① 교통섬

② 콘크리트 방호울타리

③ 가드레일 방호울타리

④ 케이블 방호울타리

47 방어운전에 대한 설명으로 바르지 않은 것은?

① 방어운전은 교통조건 등을 예측하고 판단하는 것이다.

② 방어운전은 교통조건에 맞는 운전을 실행하는 것이다.

③ 연료소비와는 관련이 없다.

④ 사고를 회피할 수 있다.

정 답 ▶ 41 ④ 42 ① 43 ④ 44 ② 45 ③ 46 ① 47 ③

48 차의 운행 시 객관적 안전인식이 높은 사람은 어떤 사람인가?

① 자기 운전능력을 과소평가하는 사람
② 자기 운전능력을 과대평가하는 사람
③ 위험사태를 과소평가하는 사람
④ 실제의 위험을 그대로 평가하는 사람

49 운전 중 발생하는 교통약자 등의 위험을 최소화하기 위해서 가장 중요한 것은?

① 신호 준수
② 안전한 도로공유
③ 통행방법 준수
④ 우선권 준수

50 올바른 안전운전 방법은?

① 회전할 때 방향지시등을 사용하지 않는다.
② 앞차에 바짝붙어 주행한다.
③ 차로의 한쪽으로 치우쳐서 주행한다.
④ 주행 시 앞·뒤 뿐만 아니라 좌·우의 안전공간을 확보하며 운진한다.

51 시내버스의 운행에 관한 기준을 결정하는 관할관청으로 옳은 것은?(단, 광역급행형은 제외한다)

① 시장·군수
② 구청장
③ 국토교통부장관
④ 시·도지사

52 운전자에게 보행자와의 사고를 피하는데 대한 특별한 주의 의무에 대한 설명으로 잘못된 것은?

① 어린이나 노인은 별다른 주의도 없이 도로로 끼어든다.
② 대부분의 보행자들은 차가 정지하는 데 필요한 거리를 잘 알고 있다.
③ 어린이는 키가 작아서 발견하기도 힘들다.
④ 어린이는 가장 예측 불가능한 보행자이다.

53 전조등 사용 시기에 대한 설명으로 잘못된 것은?

① 상향 : 야간운행 시 마주오는 차가 있어 시야확보를 원할 경우
② 상향점멸 : 다른 차의 주의를 환기시킬 경우
③ 하향 : 앞차를 따라갈 경우
④ 하향 : 마주오는 차가 있을 경우

54 철길 건널목에서의 방어운전 방법으로 옳지 않은 것은?

① 건널목 중간에서 저단 기어로 변속한다.
② 교통정체로 인해 건널목을 통과하지 못할 때에는 건널목에 진입하지 않는다.
③ 철길 건널목에 속도를 줄여 접근한다.
④ 건널목 정지선에 일시정지 후 안전 여부를 확인한다.

---

48 객관적 안전인식이 높은 사람은 실제의 위험을 그대로 평가하는 사람이다.

49 어린이, 고령자, 임산부, 장애인 등의 교통약자의 위험을 최소화하기 위해서는 이들과 안전하게 도로를 공유하는 것이 중요하다.

50 주행 시 앞·뒤 뿐만 아니라 좌·우의 안전공간을 확보하며 운전하는 것이 가장 올바른 안전운전 방법이다.

51 시내버스의 운행에 관한 기준은 시·도지사가 결정한다.

52 대부분의 보행자들은 차가 정지하는 데 필요한 거리를 잘 알지 못한다.

53 상향 전조등은 마주오는 차 또는 앞 차가 없을 때에 시야확보를 원할 경우 사용한다.

54 건널목 중간에서는 기어를 변속하면 안 된다.

정답 48 ④ 49 ② 50 ④ 51 ④ 52 ② 53 ① 54 ①

55 버스의 동일방향 후미추돌사고 발생요인과 가장 관계가 적은 것은?

① 선행 차량과 차간거리 유지 실패
② 선행 차의 갑작스런 차로변경
③ 타 차량 등의 끼어들기로 인한 선행 차의 갑작스런 정지
④ 이륜차 등의 횡단에 대한 부주의

56 교통사고 요인의 복합적 연쇄과정 중 차량요인에 관한 것과 거리가 먼 것은?

① 브레이크 제동력의 약화
② 브레이크 점검미스
③ 과속으로 운전
④ 제동거리의 증가

57 음주운전과 관련한 알코올에 대한 설명으로 옳은 것은?

① 알코올은 향정신성 약물에 가깝다.
② 알코올은 스트레스 해소제이다.
③ 알코올은 음료이다.
④ 알코올은 음식이다.

58 방어운전을 위해 시간을 효율적으로 다루는 기본원칙으로 틀린 것은?

① 자신의 차와 앞차 간에 최소한 2~3초의 추종거리를 유지한다.
② 위험 수준을 높일 수 있는 장애물이나 조건을 12~15초로 전방까지 확인한다.
③ 주변 시설물 등을 활용해 시간 간격을 판단한다.
④ 안전한 주행경로 선택을 위해 주행 중 10~20초 전방을 탐색한다.

59 출근이 늦어져서 서두르다 느리게 가는 앞차를 추돌했다. 다음 중 사고에 가장 크게 작용한 요인은 무엇인가?

① 인간요인
② 기상요인
③ 차량요인
④ 도로요인

60 회전교차로 기본 운영 원리로 맞지 않는 것은?

① 회전차로 내에 여유 공간이 있을 때까지 양보선에서 대기한다.
② 회전차로 내부에서 주행 중인 자동차를 방해할 우려가 있을 때에는 진입하지 않는다.
③ 회전차로에서 회전 중인 자동차는 교차로에 진입하는 자동차에게 양보한다.
④ 접근차로에서 정지 또는 지체로 인해 대기하는 자동차가 발생할 수 있다.

해설

55 이륜차 등의 횡단에 대한 부주의는 후미추돌사고와는 거리가 멀다.
56 과속운전은 인간요인에 의한 연쇄과정에 해당한다.
57 음주운전의 위험성을 알리는 내용으로는 ①이 적합하다.
58 안전한 주행경로 선택을 위해 주행 중 20~30초 전방을 탐색한다.
59 출근이 늦어져서 서두르다 앞차를 추돌한 것은 인간요인에 해당한다.
60 회전차로에 진입하는 자동차는 회전 중인 자동차에게 양보한다.

정답 55 ④ 56 ③ 57 ① 58 ④ 59 ① 60 ③

61 고속도로에서 안전운행 요령으로 틀린 것은?

① 가급적이면 상향 전조등을 켜고 주행한다.

② 대향차량이 전방 또는 측방 시야를 가리지 않는 위치를 잡아 주행하도록 한다.

③ 차로를 변경하거나 고속도로를 빠져나가려 할 때는 더욱 신경을 쓴다.

④ 앞차량의 후미등을 잘 살피도록 한다.

62 도로반사경의 설치장소로 가장 적절한 곳은?

① 모서리에 있는 장애물 등으로 시거가 제한된 비신호교차로

② 단일로 횡단보도 부근

③ 곡선반경이 넓은 커브길

④ 언덕길 정상 부근

63 여객운송업의 서비스에 대한 설명으로 옳지 않은 것은?

① 승객만족을 위해 1회만 승객에게 제공하는 활동을 의미한다.

② 운송서비스도 상품의 하나이다.

③ 승객을 출발지에서 최종 목적지까지 이동시키는 상업적 행위이다.

④ 승객의 이익을 도모하기 위해 행동하는 정신적·육체적 노동을 말한다.

64 수막현상을 예방하기 위한 조치로 부적절한 것은?

① 공기압을 평상시보다 높게 한다.

② 물이 고인 곳을 고속으로 주행하지 않는다.

③ 주행 중 핸들조작으로 직진을 피한다.

④ 과다 마모된 타이어를 사용하지 않는다.

65 자동차 안에서의 도어 개폐에 대한 설명 중 틀린 것은?

① 자동차내 개폐 버튼을 사용하여 도어를 열고 닫는다.

② 주행 중에 도어 개폐 여부를 수시로 작동시켜 본다.

③ 주행 중에는 도어를 개폐하지 않는다.

④ 도어를 개폐할 때에는 후방으로부터 오는 보행자 등에 주의한다.

66 다음 중 중앙버스전용차로의 단점에 대한 설명으로 옳지 않은 것은?

① 승하차 정류소에 대한 이용자의 접근거리가 길어진다.

② 도로 중앙에 설치된 버스정류소로 인해 무단횡단 등 안전문제가 발생한다.

③ 여러 가지 안전시설 등의 설치 및 유지로 인한 비용이 많이 소요된다.

④ 교통정체가 심한 구간에서 도로의 흐름을 저하시킨다.

---

61 고속도로에서는 가급적 하향 전조등을 켜고 주행한다.

62 도로반사경은 비신호 교차로에서 교차로 모서리에 장애물이 위치해 있어 운전자의 좌우 시거가 제한되는 장소에 설치하는 것이 좋다.

63 승객만족을 위해 계속적으로 승객에게 제공하는 모든 활동을 의미한다.

64 수막현상이 발생하면 제동력은 물론 모든 타이어는 본래의 운동기능이 소실되어 핸들로 자동차를 통제할 수 없게 된다.

65 주행 중에 도어 개폐 여부를 확인하는 것은 위험하므로 개폐하지 않아야 한다.

66 중앙버스전용차로는 교통정체가 심한 구간에서 더욱 효과적이다.

67 정지할 때 요령으로 적당하지 않은 것은?

① 정지할 때까지 여유가 있는 경우에는 브레이크 페달을 2~3회 나누어 밟는다.
② 급정지로 인한 타이어 흔적이 발생하지 않도록 한다.
③ 미리 감속하여 연료가 소모되는 것을 방지한다.
④ 엔진브레이크 및 저단기어 변속을 활용한다.

68 다음 중 올바른 인사 방법은?

① 성의 없이 말로만 하는 인사
② 밝고 부드러운 미소를 지으면서 하는 인사
③ 턱을 쳐들거나 눈을 내리깔고 하는 인사
④ 할까 말까 망설이다 하는 인사

69 승객이 전용상자에 넣지 않은 애완동물과 함께 승차할 경우 이를 제지해야 할 동물이 해당하지 않는 것은?

① 애완용 강아지
② 장애인 보조견
③ 도마뱀
④ 원숭이

70 다음 중 버스정보시스템의 버스도착 정보제공 기능 중 옳지 않은 것은?

① 정류소별 도착예정정보 표출
② 차량정비 상태 확인 표출
③ 정류소간 주행시간 표출
④ 버스운행 및 종료 정보 제공

71 운전자 주의사항 중 운전자가 회사에 즉시 보고해야 할 경우로 옳지 않은 것은?

① 운전면허 정지 및 취소 등의 행정처분을 받았을 경우
② 결근, 지각, 조퇴가 필요할 경우
③ 기상 악화로 인한 폭설로 체인이나 스노타이어를 장착하고 운행할 경우
④ 운전면허증 기재사항 변경이 발생한 경우

72 차로변경 시 운전자의 행동으로 올바른 것은?

① 차로를 변경하고 있는 차가 있는 경우 속도를 줄여 진입이 원활하도록 도와준다.
② 차로를 변경하고 있는 차가 있을 경우 가속으로 차로변경하여 차단한다.
③ 방향지시등을 작동하되, 과속을 통하여 신속히 진입한다.
④ 방향지시등을 작동하지 않고 차로를 변경한다.

73 버스공영제의 단점으로 옳지 않은 것은?

① 타 교통수단과의 연계교통체계 구축이 어렵다.
② 버스요금 인상에 대한 이용자들의 반대압력을 정부가 직접 받게 되어 요금조절이 어렵다.
③ 노선신설, 정류소 설치, 인사 청탁 등 외부간섭의 증가로 비효율이 증대한다.
④ 책임의식 결여로 생산성이 저하된다.

해설

67 정지할 때 미리 감속하는 이유는 연료가 소모되는 것을 방지하는 것이 아니라 급정지로 인한 타이어 흔적이 발생하지 않도록 하는 것이다.

68 ①, ③, ④는 올바른 인사 방법이 아니다.

69 장애인 보조견은 전용상자에 넣지 않고 버스에 같이 승차해도 된다.

70 차량정비 상태 확인 표출은 버스정보시스템의 버스도착 정보제공 기능과 거리가 멀다.

71 체인이나 스노타이어를 장착에 대해 회사에 즉시 보고할 필요는 없다.

72 차로변경 시 방향지시등을 작동시킨 후 차로를 변경하고 있는 차가 있는 경우에는 속도를 줄여 진입이 원활하도록 도와준다.

73 타 교통수단과의 연계교통체계 구축이 어려운 것은 민영제의 단점에 해당하다.

정답 67 ③ 68 ② 69 ② 70 ② 71 ③ 72 ① 73 ①

74 다음 중 카드를 판독하여 이용요금을 차감하고 잔액을 기록하는 기능을 하는 단말기의 구성요소로 옳지 않은 것은?

① 유선통신장치
② 카드인식장치
③ 정보저장장치
④ 정보처리장치

75 자동차를 타면 어지럽고 속이 메스꺼우며 토하는 증상으로 옳은 것은?

① 불면증
② 차멀미
③ 몸살
④ 피부트러블

76 회전교차로(Roundabout)의 일반적인 특징을 설명한 것으로 틀린 것은?

① 신호교차로에 비해 유지관리비용이 적게 든다.
② 신호등이 없는 교차로에 비해 상충 횟수가 많다.
③ 회전교차로로 진입하는 자동차가 교차로 내부의 회전차로에서 주행하는 자동차에게 양보한다.
④ 교차로 진입과 대기에 대한 운전자의 의사결정이 간단하다.

77 심폐소생술은 심장의 기능이 정지하거나 호흡이 멈추었을 때 사용하는 응급처치로 (㉠)과 (㉡)을 하는 행위이다. 다음 중 (㉠)과 (㉡)에 들어갈 조치 사항은?

① ㉠ : 가슴압박, ㉡ 인공호흡
② ㉠ : 가슴압박, ㉡ 지혈
③ ㉠ : 기도확보, ㉡ 환자 신고
④ ㉠ : 인공호흡, ㉡ 지혈

78 승객만족을 위한 기본예절로 옳지 않은 것은?

① 진실된 마음으로 승객을 대하는 것
② 승객의 결점을 지적하는 행위
③ 승객의 입장을 이해하고 존중하는 것
④ 인간관계에서 지켜야 할 도리

79 교통사고 현장에서 시설물 조사사항으로 옳은 것은?

① 운전자에 대한 사고상황 조사
② 방호울타리, 안전표지 등 안전시설 요소
③ 피해자의 위치 및 방향
④ 차량 적재물의 낙하위치 및 방향

80 간선급행버스체계(BRT)의 도입효과로 옳지 않은 것은?

① 승객 서비스 수준 향상
② 환경오염 급감
③ 환승 정류소를 이용하여 다른 교통수단과 연계 가능
④ 버스통행정보 실시간 제공

---

74 단말기의 구조 : 카드인식장치, 정보처리장치, 키값, 키값관리장치, 정보저장장치
75 자동차를 타면 어지럽고 속이 메스꺼우며 토하는 증상은 차멀미이다.
76 회전교차로는 신호등이 없는 교차로에 비해 상충 횟수가 적다.

77 심폐소생술은 심장의 기능이 정지하거나 호흡이 멈추었을 때 사용하는 응급처치로 가슴압박과 인공호흡을 하는 행위이다.
78 승객의 결점을 지적하는 행위는 바람직하지 않다.
79 ① 사고당사자 조사
   ③ 피해자 조사
   ④ 노면에 나타난 흔적 조사
80 BRT를 도입한다고 해서 환경오염이 급감하지는 않는다.

chapter **05**

CBT 실전모의고사 제5회

01 다음 중 교통사고로 인한 벌점 합산 기준으로 맞는 것은?

① 사고 결과에 따른 벌점만 산정
② 법규위반 벌점만 산정
③ 법규위반 벌점, 사고 결과에 따른 벌점, 조치 등 불이행에 따른 벌점 모두를 합산
④ 법규위반 벌점과 사고 결과에 따른 벌점을 합산

02 여객자동차 운수사업법의 목적이 아닌 것은?

① 공공복리 증진
② 여객자동차 운수사업에 관한 질서 확립
③ 여객의 원활한 운송
④ 물류산업의 종합적인 발달 도모

03 고속도로에서의 차로에 대한 의미에 대한 설명이 틀린 것은?

① 가속차로 : 주행차로에 진입하기 위해 속도를 높이는 차로
② 감속차로 : 고속도로를 벗어날 때 감속하는 차로
③ 오르막차로 : 오르막 구간에서 고속으로 주행하는 자동차를 위한 차로
④ 주행차로 : 고속도로에서 주행할 때 통행하는 차로

04 신호등 없는 교차로에서 사고발생 시 통행우선권에 의한 피해사고는?

① 통행 우선순위가 같은 상태에서 우측 도로에서 진입하는 차량과 충돌한 경우
② 교차로에 진입하여 직진하는 상태에서 좌회전하는 차량과 충돌한 경우
③ 교차로에 동시 진입한 상태에서 폭이 넓은 도로에서 진입한 차량과 충돌한 경우
④ 교차로에 이미 진입하여 진행하고 있는 차량과 충돌한 경우

05 여객자동차운송사업에 사용되는 자동차 표시 내용으로 옳지 않은 것은?

① 시외고속버스 : 고속
② 전세버스운송사업용 자동차 : 전세
③ 특수여객자동차운송사업용 자동차 : 특수
④ 마을버스운송사업용 자동차 : 마을버스

06 마을버스운송사업용 자동차의 바깥쪽에 표시하는 내용으로 옳은 것은?

① 장의
② 시내버스
③ 마을버스
④ 한정

해설

01 벌점은 법규위반 벌점, 사고 결과에 따른 벌점, 조치 등 불이행에 따른 벌점 모두를 합산한 것이다.

02 물류산업의 종합적인 발달 도모는 여객자동차 운수사업법과 거리가 멀다.

03 오르막차로는 오르막 구간에서 저속자동차와 다른 자동차를 분리하여 통행시키기 위한 차로이다.

04 ①, ③, ④는 신호등 없는 교차로에서 통행우선권에 의한 가해사고에 해당한다.

05 특수여객자동차운송사업용 자동차는 "장의"로 표시한다.

06 마을버스운송사업용 자동차의 표시 내용은 '마을버스'이다.

정답 01 ③　02 ④　03 ③　04 ②　05 ③　06 ③

07 버스운전자격 효력정지의 처분기준을 적용할 때 위반행위의 동기 및 횟수 등을 고려하여 처분기준의 2분의 1의 범위에서 경감하거나 가중할 수 있는 기관은?

① 전국버스연합회
② 한국교통안전공단
③ 전국버스공제조합
④ 관할관청

08 다음 중 차가 즉시 정지할 수 있는 느린 속도로 진행하여야 하는 경우가 <u>아닌</u> 것은?

① 교통정리가 행하여지고 있지 아니하고 교통이 빈번한 교차로에 진입하는 경우
② 차로가 설치되지 아니한 좁은 도로에서 보행자의 옆을 지나가는 경우
③ 가파른 비탈길의 내리막길을 주행하는 경우
④ 비탈길의 고개마루 부근을 주행하는 경우

09 다음 중 교통사고처리특례법상 중대한 교통사고인 승객추락방지의무위반에 해당되는 것은?

① 정류장에 정차한 버스에서 하차하던 승객이 발을 잘못 디뎌 넘어져 다친 경우
② 정류장에 정차한 버스에서 승객이 뒤에서 떠밀려 도로에 넘어져 부상한 경우
③ 버스의 승객이 하차하던 중 문을 닫지 않고 출발하여 승객이 도로상으로 떨어져 부상한 경우
④ 버스가 정류장에 정차하려고 급정지하자 버스 안에 있던 승객이 넘어지면서 다친 경우

10 제동거리에 대한 설명으로 맞는 것은?

① 자동차가 즉시 정지할 수 있는 정도의 거리
② 운전자가 위험을 느끼고 브레이크를 밟았을 때 자동차가 제동되기 전까지 주행한 거리
③ 자동차가 제동되기 시작하여 정지될 때까지 주행한 거리
④ 정저거리보다 약간 긴 정도의 거리

11 다음 중 운전면허를 받은 사람 중 65세 이상인 사람을 대상으로 하는 특별교통안전 권장교육은 무엇인가?

① 고령운전교육
② 현장참여교육
③ 법규준수교육
④ 배려운전교육

12 처분 당시 3년 이상 교통봉사활동에 종사하고 있는 모범운전자가 벌점, 누산점수 초과로 인하여 운전면허 취소처분을 받은 경우 감경할 수 있는 사유에 해당되는 것은?

① 과거 5년 이내에 행정소송을 통하여 행정처분이 감경된 경우
② 과거 5년 이내에 운전면허 취소처분을 받은 전력이 없는 경우
③ 과거 5년 이내에 3회 이상 인적피해 교통사고를 일으킨 경우
④ 과거 5년 이내에 3회 이상 운전면허 정지처분을 받은 전력이 있는 경우

---

07 관할관청은 처분기준을 적용할 때 위반행위의 동기 및 횟수 등을 고려하여 처분기준의 2분의 1의 범위에서 경감하거나 가중할 수 있다.

08 교통정리가 행하여지고 있지 아니하고 교통이 빈번한 교차로에 진입하는 경우에는 일시정지해야 한다.

09 문을 연 상태에서 출발하여 타고 있는 승객이 추락한 경우 승객추락방지의무위반에 해당된다.

10 제동거리란 자동차가 제동되기 시작하여 정지될 때까지 주행한 거리를 말한다.

11 운전면허를 받은 사람 중 교육을 받으려는 날에 65세 이상인 사람을 대상으로 하는 교육은 고령운전교육이다.

12 감경받기 위해서는 다음에 해당하지 않아야 한다.
• 과거 5년 이내에 운전면허 취소처분을 받은 전력이 있는 경우
• 과거 5년 이내에 3회 이상 인적피해 교통사고를 일으킨 경우
• 과거 5년 이내에 3회 이상 운전면허 정지처분을 받은 전력이 있는 경우
• 과거 5년 이내에 운전면허행정처분 이의심의위원회의 심의를 거치거나 행정심판 또는 행정소송을 통하여 행정처분이 감경된 경우

정답 07 ④ 08 ① 09 ③ 10 ③ 11 ① 12 ②

13 도로교통의 안전을 위하여 각종 제한·금지 등의 규제를 하는 경우에 이를 도로사용자에게 알리는 표지는?

① 주의표지
② 규제표지
③ 지시표지
④ 안전표지

14 사고운전자가 형사처벌 대상이 되는 경우가 <u>아닌</u> 것은?

① 진입금지 표지가 있는 도로를 잘못 진입하여 운전 중에 인명피해 사고가 발생한 경우
② 끼어들기의 금지를 위반하여 인명피해 사고가 발생한 경우
③ 무면허 운전중에 인명피해 사고가 발생한 경우
④ 제한속도를 10km/h 초과하여 운행 중에 단독사고로 운전자 본인이 중상을 당한 경우

15 보행자 보호의무위반 사고의 성립요건 중 운전자 과실요건에 해당하지 <u>않는</u> 것은?

① 횡단보도를 건너고 있는 보행자를 충돌한 경우
② 보행신호가 녹색등화일 때 횡단보도를 진입하여 건너고 있는 보행자를 보행신호가 녹색등화의 점멸 또는 적색등화로 변경된 상태에서 충돌한 경우
③ 횡단보도 전에 정지한 차량을 추돌하여 추돌된 차량이 밀려나가 보행자를 충돌한 경우
④ 횡단보도를 건너다가 신호가 변경되어 중앙선에 서 있는 보행자를 충돌한 경우

16 차도를 통행할 수 있는 사람 또는 행렬이 <u>아닌 것</u>은?

① 자전거를 끌고 가는 사람
② 말, 소 등의 큰 동물을 몰고 가는 사람
③ 도로의 청소 등 도로에서 작업 중인 사람
④ 군부대의 행렬

17 차가 도로변 절벽 또는 교량 등 높은 곳에서 떨어진 것을 의미하는 용어는?

① 충돌
② 추락
③ 추돌
④ 전도

18 운송할 수 있는 소화물이 아닌 소화물을 운송한 경우 1차 위반 시 시외버스 운송사업자에게 부과되는 과징금의 금액은?

① 75만원
② 30만원
③ 50만원
④ 60만원

19 운수종사자가 차량의 출발 전에 여객이 좌석안전띠를 착용하도록 안내를 하지 않은 경우 1회 위반 시 부과되는 과태료는?

① 10만원
② 7만원
③ 5만원
④ 3만원

해설

13 도로교통의 안전을 위하여 각종 제한 금지사항을 운전자에게 알리기 위한 안전표지는 규제표지이다.

14 과속사고는 20km/h 초과하여 발생한 사고일 경우 형사 처벌 대상이 된다.

15 횡단보도를 건너다가 신호가 변경되어 중앙선에 서 있는 보행자를 충돌한 경우는 보행자 보호의무위반 사고의 성립요건이 아니다.

16 자전거를 끌고 가는 사람은 차도를 통행할 수 있는 사람 또는 행렬에 포함되지 않는다.

17 차가 도로변 절벽 또는 교량 등 높은 곳에서 떨어진 것을 추락이라 한다.

18 • 1차 위반 : 60만원
 • 2차 위반 : 120만원
 • 3차 이상 위반 : 180만원

19 운수종사자가 차량의 출발 전에 여객이 좌석안전띠를 착용하도록 안내를 하지 않은 경우 1회 위반 시 부과되는 과태료는 3만원이다.

정답 13 ② 14 ④ 15 ④ 16 ① 17 ② 18 ④ 19 ④

20 승합자동차 운전자의 범칙행위와 범칙금액이 잘못 연결된 것은?

① 승차 인원 초과·승객 또는 승하차자 추락 방지조치 위반 – 7만원
② 교차로 통행방법 위반 – 5만원
③ 속도위반(20km/h 초과 40km/h 이하) – 5만원
④ 앞지르기 방해 금지 위반 – 5만원

21 모든 차의 운전자는 같은 방향으로 가고 있는 앞차의 뒤를 따르는 경우에는 앞차가 갑자기 정지하게 되는 경우 그 앞차와의 추돌을 피할 수 있는 필요한 거리를 확보하여야 하는데, 이를 무엇이라 하는가?

① 공주거리
② 제동거리
③ 시인거리
④ 안전거리

22 좌석안전띠를 매지 아니하거나 동승자에게 좌석안전띠를 매도록 하지 아니하여도 되는 사유가 아닌 것은?

① 자동차를 후진시키기 위하여 운전하는 경우
② 여객자동차 운송사업용 자동차의 운전자가 승객에게 좌석안전띠 착용을 안내하였음에도 불구하고 승객이 착용하지 않는 경우
③ 긴급자동차가 그 본래 외의 용도로 운행되고 있는 경우
④ 부상·질병·장애 또는 임신 등으로 인하여 좌석안전띠의 착용이 적당하지 아니하다고 인정되는 자가 자동차를 운전하거나 승차하는 경우

23 다음 중 밤에 '고장자동차의 표지'와 함께 사방 500m 지점에서 식별할 수 있도록 추가로 설치하는 것에 해당하지 않는 것은?

① 경음기
② 불꽃신호
③ 전기제등
④ 섬광신호

24 도로교통법령상 보도와 차도가 구분되지 아니한 도로에서 보행자의 안전을 확보하기 위하여 안전표지 등으로 경계를 표시한 도로의 가장자리 부분을 뜻하는 것은?

① 길가장자리구역
② 안전표지
③ 안전지대
④ 갓길

25 안전운전 불이행 사고가 아닌 것은?

① 전·후, 좌·우 주시가 태만하여 발생한 사고
② 자동차 장치조작을 잘못하여 발생한 사고
③ 차량정비 중 안전 부주의로 발생한 사고
④ 차내 대화 등으로 운전을 부주의하여 발생한 사고

26 에어클리너가 오염되면 배기가스의 색깔은?

① 흰색
② 청색
③ 검은색
④ 노란색

---

20 속도위반(20km/h 초과 40km/h 이하) - 7만원
21 같은 방향으로 가고 있는 앞차의 뒤를 따르는 경우에는 앞차가 갑자기 정지하게 되는 경우 그 앞차와의 추돌을 피할 수 있는 필요한 거리를 안전거리라 한다.
22 긴급자동차가 그 본래 외의 용도로 운행되고 있는 경우는 적합한 사유에 해당되지 않는다.
23 밤에는 고장자동차의 표지와 함께 사방 500m 지점에서 식별할 수 있는 적색의 섬광신호·전기제등 또는 불꽃신호를 추가로 설치하여야 한다.
24 도로교통법령상 보도와 차도가 구분되지 아니한 도로에서 보행자의 안전을 확보하기 위하여 안전표지 등으로 경계를 표시한 도로의 가장자리 부분을 길가장자리구역이라 한다.
25 차량정비 중 안전 부주의로 발생한 사고는 안전운전 불이행 사고의 성립 요건에 해당하지 않는다.
26 에어클리너가 오염되면 배기가스의 색깔은 검은색이다.

chapter 05

27 다음 중 자동차 조향장치의 캐스터에 대한 설명으로 **틀린** 것은?

① 자동차를 옆에서 보았을 때 앞 차축을 고정하는 조향축(킹핀)이 수직선과 어떤 각도를 두고 설치되어 있는 것을 말한다.

② 조향축(킹핀)이 앞바퀴 수직선의 뒤쪽으로 기울어진 상태를 '부의 캐스터'라 한다.

③ 주행 중 조향바퀴에 방향성을 부여한다.

④ 조향하였을 때에는 직진 방향으로의 복원력을 준다.

28 겨울철 운행 시 차량 점검사항에 대한 설명 중 맞지 않는 것은?

① 엔진의 시동을 작동하고 각종 페달이 정상적으로 작동되는지 확인한다.

② 배터리와 케이블 상태를 점검한다.

③ 눈길이나 빙판에서는 타이어의 접지력이 강하므로 안전거리는 평소보다 짧게 유지한다.

④ 겨울철 오버히트가 발생되지 않도록 주의한다.

29 엔진 오버히트가 발생한 때의 안전조치 사항이 아닌 것은?

① 냉각수의 양 점검, 라디에이터 호스 연결부위 등의 누수여부를 확인한다.

② 비상경고등을 작동한 후 도로 가장자리에 안전하게 이동하여 정차한다.

③ 여름에는 에어컨, 겨울에는 히터를 작동한다.

④ 엔진이 작동하는 상태에서 보닛을 열어 엔진을 냉각시킨다.

30 엔진 안에서 다량의 엔진 오일이 실린더 위로 올라와 연소되는 경우 배출되는 가스의 색은?

① 청색

② 무색

③ 백색

④ 검은색

31 일상점검 항목 중 차의 외관 점검과 관련이 가장 적은 것은?

① 등록번호판

② 엔진

③ 바퀴

④ 램프

32 천연가스 연료의 특성으로 옳지 **않은** 것은?

① 독성이 높다.

② 아황산가스(SO_2)를 방출하지 않는다.

③ 저온 시동성이 우수하다.

④ 이산화탄소(CO_2) 배출량이 적다.

33 와셔액 탱크가 비어 있을 때 와이퍼를 작동시키면 일어날 수 있는 문제로 가장 알맞은 것은?

① 와이퍼 링크 이탈

② 와이퍼 모터 손상

③ 유리창 균열

④ 차량 도장부분 손상

해설

27 조향축(킹핀)이 앞바퀴 수직선의 뒤쪽으로 기울어진 상태를 '정의 캐스터'라 한다.

28 눈길이나 빙판에서는 타이어의 접지력이 약해지며, 안전거리는 평소보다 길게 유지해야 한다.

29 여름에는 에어컨, 겨울에는 히터의 작동을 중지시킨다.

30 엔진 안에서 다량의 엔진 오일이 실린더 위로 올라와 연소되는 경우에는 백색 가스가 배출된다.

31 엔진은 엔진룸 내부 점검에 해당한다.

32 천연가스는 독성이 낮다.

33 와셔액 탱크가 비어 있을 경우에 와이퍼를 작동시키면 와이퍼 모터가 손상된다.

정답 ▶ **27** ② **28** ③ **29** ③ **30** ③ **31** ② **32** ① **33** ②

34 노면의 상태와 운전 조건에 따라 차체 높이를 변화시킬 수 있는 장치는?

① 다중 연료 분사 시스템
② 전자제어 현가장치 시스템
③ 차체 자세제어 시스템
④ 자동 정숙주행 시스템

35 공기식 브레이크의 구성품 중 엔진의 동력으로 압축공기를 만들며 실린더 헤드에 언로더 밸브가 설치되어 공기 탱크 내의 압력을 일정하게 유지하고 필요 이상으로 압축기가 구동되는 것을 방지하는 것은?

① 브레이크 밸브
② 공기 압축기
③ 공기 탱크
④ 브레이크 체임버

36 자동차의 세차 시기로 가장 거리가 먼 것은?

① 해안지대를 주행하였을 경우
② 겨울철에 염화칼슘을 뿌린 도로를 주행하였을 경우
③ 새의 배설물, 벌레 등이 붙어 있는 경우
④ 장거리 운전을 한 경우

37 차량이 회전할 때 외륜차란?

① 앞바퀴 안쪽과 뒷바퀴 안쪽의 궤적의 차
② 앞바퀴 바깥쪽과 뒷바퀴 안쪽의 궤적의 차
③ 앞바퀴 안쪽과 뒷바퀴 바깥쪽의 궤적의 차
④ 앞바퀴 바깥쪽과 뒷바퀴 바깥쪽의 궤적의 차

38 책임보험이나 책임공제에 미가입한 경우 가입하지 아니한 기간이 10일 이내이면 과태료 금액은 얼마인가?

① 2만원
② 3만원
③ 5만원
④ 30만원

39 운전능력에 영향을 미치는 인간의 감각들 중에서 가장 중요한 것은?

① 후각
② 시각
③ 청각
④ 미각

40 인간에 의한 사고원인의 종류로서 적절치 않은 것은?

① 사회환경요인
② 신체요인
③ 도로환경요인
④ 태도요인

41 폭우로 가시거리가 100m 이내인 경우의 안전운행 속도는?

① 최고속도의 30% 감속
② 최고속도의 20% 감속
③ 제한속도 범위 주행
④ 최고속도의 50% 감속

---

34 노면 상태와 운전 조건에 따라 차체 높이를 변화시켜, 주행 안전성과 승차감을 동시에 확보하기 위한 장치는 전자제어 현가장치 시스템(ECS)이다.

35 공기식 브레이크의 구성품 중 엔진의 동력으로 압축공기를 만들며 실린더 헤드에 언로더 밸브가 설치되어 공기 탱크 내의 압력을 일정하게 유지하고 필요 이상으로 압축기가 구동되는 것을 방지하는 것은 공기 압축기이다.

36 장거리 운전은 세차와 거리가 멀다.

37 앞바퀴 바깥쪽과 뒷바퀴 바깥쪽의 궤적의 차를 외륜차라 한다.

38 책임보험이나 책임공제에 미가입한 경우 가입하지 아니한 기간이 10일 이내이면 과태료 금액은 3만원이다.

39 운전에는 시각이 가장 큰 영향을 미친다.

40 도로환경요인은 인간에 의한 사고원인에 해당하지 않는다.

41 폭우로 가시거리가 100m 이내인 경우에는 최고속도의 50%를 줄인 속도로 운행한다.

 정답

34	35	36	37	38	39	40	41
②	②	④	④	②	②	③	④

42 자동차검사의 필요성이 <u>아닌</u> 것은?

① 자동차 결함으로 인한 교통사고 사전 예방
② 자동차 배출가스로 인한 대기오염 최소화
③ 자동차세 납부 여부를 확인하여 정부 재원 확보
④ 불법개조 등 안전기준 위반 차량 색출로 운행질서 확립

43 경제운전에서 기어변속을 위한 적합한 RPM은?

① 1000~2000 RPM 상태
② 800~1000 RPM 상태
③ 3000~4000 RPM 상태
④ 2000~3000 RPM 상태

44 주행 중 방어운전자로서 앞차의 추종거리는 최소한 어느 정도로 유지하는 것이 바람직한가?

① 0.5초 정도의 거리
② 5~10초 정도의 거리
③ 2~3초 정도의 거리
④ 1초 정도의 거리

45 피로 상태에서 사소한 일에도 필요 이상의 신경질적인 반응을 보이는 것과 관계 있는 것은?

① 주의력 저하
② 감정조절능력 저하
③ 판단력 저하
④ 지구력 저하

46 대형버스인 경우 자동차를 떠날 때 도어 개폐 방법 및 주의사항으로 <u>부적절한</u> 것은?

① 엔진시동을 끈 후 자동도어 개폐조작을 반복하면 에어탱크의 공기압이 급격히 저하된다.
② 엔진을 정지시키고 도어를 반드시 잠근다.
③ 차를 떠나는 시간이 짧은 경우에는 키를 차에 두고 간다.
④ 장시간 문을 열어 놓으면 배터리가 방전될 수 있다.

47 안전운전을 위한 방법으로 맞는 것은?

① 사고가 빈번히 발생하는 지역은 과속하여 빨리 통과한다.
② DMB를 시청하면서 운전한다.
③ 교차로에서 대형차량 뒤를 따라 빨리 진행한다.
④ 차로의 차량, 보행자, 교통신호 등을 주의깊게 살피며 운전한다.

48 회전교차로(Roundabout)를 설명한 것 중 맞는 것은?

① 교차로에서 회전 중인 자동차는 진입 자동차에게 양보해야 한다.
② 신호에 따라 중앙의 원형교통섬을 중심으로 회전하여 교차부를 통과하도록 하는 평면교차로이다.
③ 회전교차로를 통과할 때에는 중앙교통섬을 중심으로 시계 방향으로 회전하며 통행한다.
④ 신호등 없이 중앙의 원형교통섬을 중심으로 회전하여 교차부를 통과하도록 하는 평면교차로이다.

49 사고발생 위험과 도로 곡선반경의 관계로 옳은 것은?

① 곡선반경과 사고발생 위험은 관련이 없다.
② 곡선반경이 작을수록 사고발생 위험이 감소한다.
③ 곡선반경이 작을수록 사고발생 위험이 증가한다.
④ 곡선반경이 클수록 사고발생 위험이 증가한다.

50 가로변 버스정류장에서 도로구간 내(Mid-block) 정류장의 단점은?

① 정차버스와 우회전 차량의 상충이 증가한다.
② 버스대기열이 교차로 통행까지 방해할 수 있다.
③ 좌회전 차량과의 상충이 증가한다.
④ 무단횡단 보행자로 인한 사고위험이 증가한다.

51 불쾌지수가 높으면 나타날 수 있는 현상으로 거리가 먼 것은?

① 차량조작이 민첩해진다.
② 난폭운전을 하기 쉽다.
③ 신경질적인 반응을 보이기 쉽다.
④ 감정에 치우친 운전을 하기 쉽다.

52 실제의 안전 정도와 관계없이 운전자 스스로가 특정 상황에 대해 인식하는 안전은?

① 정신적 안전
② 주관적 안전
③ 객관적 안전
④ 물리적 안전

53 운전 중 예측 회피 운전행동을 하는 사람의 특징이 아닌 것은?

① 조급하지 않음
② 사후 적응적임
③ 위험에 대한 접근속도가 저속임
④ 사전에 위험을 예측하려 함

54 연료소모율을 낮추기 위한 운전방법으로 적절하지 않은 것은?

① 교차로 전에서 관성주행이 가능한 경우에는 제동을 피하는 것이 좋다.
② 경제운전을 위해서는 일정 속도로 주행하는 것이 매우 중요하다.
③ 본선으로 합류할 때는 강한 가속이 필수적이다.
④ 대기시간이 1분 이상으로 긴 곳에서는 시동을 껐다가 다시 출발한다.

55 지방도로에서 공간을 다루는 방법으로서 부적절한 것은?

① 다른 차량이 바짝 뒤에 따라 붙을 때는 앞차와의 간격을 좁혀 주행한다.
② 왕복 2차선 도로상에서는 자신의 차와 대향차 간에 가능한 한 충분한 공간을 유지한다.
③ 회피공간을 항상 확인해 둔다.
④ 전방이 훤히 트인 곳이 아니면 어떤 오르막길 경사로에서도 앞지르기를 해서는 안 된다.

---

49 도로의 곡선반경이 작을수록 사고발생 위험이 증가한다.
50 도로구간 내(Mid-block) 정류장의 단점
 • 정류장 주변에 횡단보도가 없는 경우 버스 승객의 무단횡단에 따른 사고 위험
 • 도로 건너편에 있는 승객은 버스 탑승을 위해 정류장 최단거리에 있는 횡단보도까지 우회
51 불쾌지수가 높으면 차량조작이 민첩하지 못하다.
52 실제의 안전 정도와 관계없이 운전자 스스로가 특정 상황에 대해 인식하는 안전은 주관적 안전이다.

53 예측 회피 운전행동을 하는 사람은 사전 적응적이고, 지연 회피 운전행동을 하는 사람은 사후 적응적이다.
54 본선으로 합류할 때는 강한 가속이 필요하지만, 연료소모율을 낮추는 방법은 아니다.
55 다른 차량이 바짝 뒤에 따라붙을 때 앞으로 나아갈 수 있도록 가능한 한 충분한 공간을 확보해 준다.

56 경험이 있는 이륜차나 자전거 운전자들이 한 차선 내에서 위치를 자주 바꾸는 이유로 적당하지 않은 것은?

① 운전자에게도 눈에 잘 띄게 하기 위해서
② 위험을 회피하기 위해서
③ 자동차와 동일 차로를 주행하기 위해서
④ 전방 교통 상황을 분명히 살피기 위해서

57 출발시의 기본운행 수칙에 대한 설명으로 옳지 않은 것은?

① 운행을 시작하기 전에 제동등이 점등되는지 확인한다.
② 후사경이 제대로 조정되어 있는지 확인한다.
③ 운전석은 운전자의 체형에 맞게 조절하여 운전자세가 자연스럽도록 한다.
④ 출발할 때에는 전방만 확인한다.

58 회전교차로 기본 운영 원리로 맞지 않는 것은?

① 회전차로 내에 여유 공간이 있을 때까지 양보선에서 대기한다.
② 회전차로 내부에서 주행 중인 자동차를 방해할 우려가 있을 때에는 진입하지 않는다.
③ 회전차로에서 회전 중인 자동차는 교차로에 진입하는 자동차에게 양보한다.
④ 접근차로에서 정지 또는 지체로 인해 대기하는 자동차가 발생할 수 있다.

59 다음 중 올바른 운전방법은?

① 옆차로 차량이 끼어들지 못하도록 앞차에 바짝 붙어 주행한다.
② 뒤차가 추월을 원할 때 절대로 양보하지 않는다.
③ 차가 없을 때에는 차로를 준수하지 않아도 된다.
④ 앞차와의 거리를 둘 수 있도록 가급적 차량대열의 중간에 끼는 것을 피한다.

60 방어운전을 위해 시가지 도로에서 공간을 다루기 위한 방법으로 옳지 않은 것은?

① 주차한 차와는 가능한 한 여유 공간을 넓게 유지한다.
② 항상 앞차가 앞으로 나간 다음에 자신의 차를 앞으로 움직인다.
③ 교통체증으로 서로 근접하는 상황에는 앞차와의 거리를 고려하지 않는다.
④ 다른 차로로 진입할 공간의 여지를 남겨둔다.

61 안전운전을 위해 미국의 운전 전문가 해롤드 스미스가 제안한 안전운전의 5가지 기본 기술에 해당하지 않는 것은?

① 운전자의 시선과 시야는 계속해서 움직이지 않는다.
② 직진, 회전, 후진 등에 관계없이 항상 진행 방향 멀리 바라본다.
③ 교통상황을 폭넓게 전반적으로 확인한다.
④ 다른 사람들이 자신을 볼 수 있게 한다.

해설

56 경험이 있는 이륜차나 자전거 운전자들은 한 차선 내에서 위치를 자주 바꾸는데, 전방 교통 상황을 분명히 살피면서, 위험을 회피하고, 운전자에게도 눈에 잘 띄게 하기 위함이다.

57 주차상태에서 출발할 때에는 차량의 사각지점을 고려하여 버스의 전·후, 좌·우의 안전을 직접 확인한다.

58 회전차로에 진입하는 자동차는 회전 중인 자동차에게 양보한다.

59 ① 앞차에 너무 바짝 붙어 주행하면 위험하다.
   ② 뒤차가 추월을 원할 때는 양보해준다.
   ③ 차가 없을 때에도 차로를 준수해야 한다.

60 교통체증으로 서로 근접하는 상황이라도 앞차와는 2초 정도의 거리를 둔다.

61 운전자의 시선과 시야를 한 곳에 고정하지 말고 계속 움직여 교통상황을 파악하는 것이 중요하다.

62 운전 중 정지거리에 영향을 주는 운전자 요인이 아닌 것은?

① 운행속도
② 인지반응속도
③ 피로도
④ 브레이크 성능

63 교량 접근도로의 폭과 교량의 폭이 서로 다른 경우에 설치하는 시설로서 부적절한 것은?

① 안전표지
② 긴급제동시설
③ 시선유도시설
④ 접근도로의 노면표시

64 버스의 가장자리 차로 진행 중 사고와 가장 관계가 높은 운전자 과실은?

① 우측방 주시 태만
② 신호위반
③ 전방 주시 태만
④ 차간거리 미확보

65 앞지르기 할 경우 차량의 속도로 맞는 것은?

① 주행하고 있는 도로의 제한속도 20km/h 초과까지
② 주행하고 있는 도로의 최고속도 제한범위 내
③ 주행하고 있는 도로의 제한속도와 관계 없다.
④ 주행하고 있는 도로의 제한속도 30km/h 초과까지

66 양방향 2차로 앞지르기 금지구간에서 자동차의 원활한 소통을 도모하고, 도로 안전성을 제고하기 위해 길어깨(갓길) 쪽으로 설치하는 저속 자동차의 주행차로는?

① 변속차로
② 앞지르기 차로
③ 양보차로
④ 가변차로

67 사업용 운전자는 공인이라는 사명감이 필요한데, 이와 함께 수반되는 의무에 대해 가장 올바르게 기술된 것은?

① 여유 있는 양보운전의 의무
② 교통질서를 준수하여야 하는 의무
③ 운전 중에는 방심하지 않고 운전에만 집중해야 하는 의무
④ 승객의 소중한 생명을 보호할 의무

68 겨울철에 세차하는 경우 물기를 완전히 제거해야 하는 이유는 무엇인가?

① 세차 중 화상을 입을 수 있어서
② 공기통풍구가 손상이 될 수 있어서
③ 키 홀의 동결로 인하여 도어가 작동하지 않을 수 있어서
④ 자동차 내장이 변색될 수 있어서

---

62 브레이크 성능은 자동차 요인에 해당한다.

63 교량 접근도로의 폭과 교량의 폭이 서로 다른 경우에도 안전표지, 시선유도시설, 접근 도로에 노면표시 등을 설치하면 사고 감소효과가 있다.

64 버스가 가장자리 차로 진행할 때는 우측방 주시 태만이 가장 관계가 높다.

65 앞지르기는 최고속도의 제한범위 내에서 해야 한다.

66 양방향 2차로 앞지르기 금지구간에서 자동차의 원활한 소통을 도모하고, 도로 안전성을 제고하기 위해 길어깨(갓길) 쪽으로 설치하는 저속 자동차의 주행차로는 양보차로이다.

67 사업용 운전자는 승객의 안전을 최우선으로 생각해야 하므로, 승객의 소중한 생명을 보호할 의무가 가장 강조된다.

68 겨울철에 세차 후 물기를 완전히 제거하지 않으면 키 홀이나, 고무 부품들의 동결로 인하여 도어가 작동하지 않을 수 있으므로 세차 후에는 반드시 물기를 제거해야 한다.

정답 62 ④ 63 ② 64 ① 65 ② 66 ③ 67 ④ 68 ③

69 다음 중 버스운행관리시스템(BMS)의 특징으로 옳지 않은 것은?

① 버스운행관리센터, 버스회사에서 버스운행 상황과 사고 등 돌발상황을 감지할 수 있다.
② 버스운행관제, 운행상태 등 버스정책 수립 등을 위한 기초자료를 획득할 수 있다.
③ 관계기관, 버스회사, 운수종사자를 대상으로 정시성을 확보할 수 있다.
④ 버스이용자에게 운행정보를 제공함으로써 버스의 활성화를 도모할 수 있다.

70 자동차 및 자동차부품의 성능과 기준에 관한 규칙에 따른 자동차 관련 용어가 옳은 것은?

① 차량중량 : 적차상태의 자동차의 중량
② 공차상태 : 자동차에 운전자만 승차하고 물품을 적재하지 아니한 상태
③ 승차정원 : 자동차에 승차할 수 있도록 허용된 최대인원
④ 차량총중량 : 공차상태의 자동차 중량

71 차멀미 승객에 대한 올바른 자세로 옳지 않은 것은?

① 심한 경우에는 휴게소에 정차하여 차에서 내려 시원한 공기를 마시도록 한다.
② 환자의 경우 통풍이 잘되고 흔들림이 적은 앞쪽으로 앉도록 한다.
③ 탑승을 불허하고 타 교통편을 이용하도록 유도한다.
④ 차멀미 승객이 토할 경우를 대비해 위생봉지를 준비한다.

72 예의에 대한 설명으로 옳은 것은?

① 인간관계에서 지켜야 할 기본적 도리
② 남에게 함부로 행동할 경우 사회적인 처벌 유발
③ 후배에게 편하게 얘기하는 행위
④ 회사에서 정한 규정으로 엄격한 규율

73 교통사고 발생 시 운전자가 취해야 할 조치순서로 옳은 것은?

① 인명구조 - 탈출 - 연락 - 후방방호 - 대기
② 연락 - 탈출 - 인명구조 - 후방방호 - 대기
③ 탈출 - 인명구조 - 후방방호 - 연락 - 대기
④ 연락 - 인명구조 - 탈출 - 후방방호 - 대기

74 운수종사자의 준수사항 중 운행 전 확인사항으로 옳지 않은 것은?

① 안전설비 및 등화장치 이상 유무
② 차량 내의 청결상태
③ 운행하고자 하는 도로의 이상 여부
④ 배차사항, 지시 및 전달사항 등의 확인

75 다음 업종 중 거리체감제 요금체계가 적용되는 업종으로 옳은 것은?

① 전세버스
② 고속버스
③ 시내버스
④ 마을버스

해설

69 버스이용자에게 운행정보를 제공함으로써 버스의 활성화를 도모할 수 있는 것은 버스정보시스템(BIS)이다.
70 ① 차량중량 : 공차상태의 자동차 중량
② 공차상태 : 자동차에 사람이 승차하지 아니하고 물품을 적재하지 아니한 상태
④ 차량총중량 : 적차상태의 자동차의 중량
71 차멀미 승객의 탑승을 불허하는 것은 옳지 않다.

72 예의란 인간관계에서 지켜야 할 기본적 도리이다.
73 사고 발생 시 운전자가 취할 조치과정은 탈출 - 인명구조 - 후방방호 - 연락 - 대기 순이다.
74 운행하고자 하는 도로의 이상 여부는 운행 전 확인사항이 아니다.
75 거리체감제 요금체계가 적용되는 업종은 고속버스이다.

76 간선급행버스체계의 개념으로 옳은 것은?

① 주요 간선도로에 버스전용차로를 설치하여 급행버스를 운행하는 시스템

② 이용자에게 버스 운행상황 정보를 제공하는 버스정보시스템

③ 버스운전자에게 운행상황과 사고 등 돌발적인 상황을 제공하는 버스운행관리시스템

④ 효율적인 요금징수 시스템

77 IC방식(스마트카드)의 교통카드에 대한 설명으로 옳지 않은 것은?

① 카드에 기록된 정보를 암호화할 수 있다.

② 반도체 칩을 이용해 정보를 기록하는 방식이다.

③ 자기카드에 비해 수백 배 이상의 정보 저장이 가능하다.

④ 자기카드에 비해 보안성이 낮다.

78 승객을 위한 행동예절에서 긍정적인 이미지를 만들기 위한 3요소로 옳지 않은 것은?

① 고급스러운 옷차림(외모)

② 시선처리(눈빛)

③ 음성관리(목소리)

④ 표정관리(미소)

79 교통사고에 따른 조치사항으로 옳지 않은 것은?

① 사고발생 시 임의로 처리하지 말고 사고발생 경위를 육하원칙에 따라 정확히 회사에 보고

② 사고처리 결과에 대해 개인적으로 통보받았을 때 회사에 보고한 후 회사의 지시에 따라 조치

③ 현장에서 인명구호, 관할경찰서 신고 등의 의무를 이행

④ 경미한 사고는 본인이 사고 당사자와 처리

80 민영체제하에서 나타나는 버스운영의 한계에 대한 설명이 옳지 않은 것은?

① 노선의 독점적 운영으로 업체 간 수입 격차가 극심하여 서비스 개선이 곤란하다.

② 노선의 사유화로 노선의 합리적 개편이 적시적소에 이루어지기 어렵다.

③ 버스 업체의 자발적 경영개선에 한계가 있다.

④ 도시화로 인해 대중교통의 이용이 증가해 공급 부족 현상이 나타나고 있다.

---

76 간선급행버스체계(BRT)란 도심과 외곽을 잇는 주요 간선도로에 버스전용차로를 설치하여 급행버스를 운행하게 하는 대중교통시스템을 말한다.

77 반도체 칩을 이용해 정보를 기록하는 방식으로 자기카드에 비해 수백 배 이상의 정보 저장이 가능하고, 카드에 기록된 정보를 암호화할 수 있어, 자기카드에 비해 보안성이 높다.

78 긍정적인 이미지를 만들기 위한 3요소는 시선처리, 음성관리, 표정관리이다.

79 어떤 사고라도 임의로 처리하지 말고, 사고발생 경위를 육하원칙에 따라 거짓 없이 정확하게 회사에 보고한다.

80 민영제는 버스시장의 수요·공급체계를 유연하게 운영할 수 있다.

정답 ▶ 76 ① 77 ④ 78 ① 79 ④ 80 ④

01장 교통운수관련 법규 및 교통사고 유형

01 여객자동차운수사업법의 목적
① 여객자동차 운수사업에 관한 질서 확립
② 여객의 원활한 운송
③ 여객자동차 운수사업의 종합적인 발달 도모
④ 공공복리 증진

02 여객자동차 운수사업 : 여객자동차운송사업, 자동차대여사업, 여객자동차터미널사업, 여객자동차운송플랫폼사업

03 여객자동차 운송사업 : 다른 사람의 수요에 응하여 자동차를 사용하여 유상으로 여객을 운송하는 사업

04 관할관청 : 국토교통부장관, 특별시장·광역시장·특별자치시장·도지사 또는 특별자치도지사

05 시내버스운송사업 및 농어촌버스운송사업의 운행 형태별 특징

광역급행형	시내좌석버스를 사용하며, 기점 및 종점으로부터 5km 이내의 지점에 위치한 각각 4개 이내의 정류소에서만 정차
직행좌석형	둘 이상의 시·도에 걸쳐 노선이 연장되는 경우 지역주민의 편의, 지역 여건 등을 고려하여 정류구간을 조정
좌석형	시내좌석버스를 사용하여 각 정류소에 정차하면서 운행
일반형	시내일반버스를 주로 사용하여 각 정류소에 정차하면서 운행

06 시외버스운송사업 종류별 특징

구분	운행형태	자동차종류(승합차)	승차정원	출력
시외고속버스	고속형	대형	30인승 이상	총 중량 1톤당 20마력 이상
시외우등고속버스			29인승 이하	
시외고급고속버스			22인승 이하	
시외우등직행버스	직행형		29인승 이하	
시외고급직행버스			22인승 이하	
시외직행버스		중형 이상	–	–
시외우등일반버스	일반형	대형	29인승 이하	총 중량 1톤당 20마력 이상
시외일반버스		중형 이상	–	–

07 시외버스운송사업 운행형태
- **고속형** : 시외고속버스 또는 시외우등고속버스를 사용하여 운행거리가 100km 이상이고, 운행구간의 60% 이상을 고속국도로 운행하는 형태
- **직행형** : 시외(우등)직행버스를 사용하여 기점 또는 종점이 있는 특별시·광역시·특별자치시 또는 시·군의 행정구역이 아닌 다른 행정구역에 있는 1개소 이상의 정류소에 정차하면서 운행하는 형태
- **일반형** : 시외(우등)일반버스를 사용하여 각 정류소에 정차하면서 운행하는 형태

08 구역 여객자동차운송사업의 종류 : 전세버스운송사업, 특수여객자동차운송사업

09 특수여객자동차운송사업 : 운행계통을 정하지 않고 전국을 사업구역으로 하여 1개의 운송계약에 따라 특수형 승합자동차 또는 승용자동차(일반장의자동차 및 운구전용 장의자동차로 구분)를 사용하여 장례에 참여하는 자와 시체(유골 포함)를 운송하는 사업

10 자동차 표시

종류		표시내용
시외버스	시외우등고속버스	우등고속
	시외고속버스	고속
	시외우등직행버스	우등직행
	시외직행버스	직행
	시외우등일반버스	우등일반
	시외일반버스	일반
전세버스 운송사업용 자동차		전세
한정면허를 받은 여객자동차 운송사업용 자동차		한정
특수여객자동차 운송사업용 자동차		장의
마을버스 운송사업용 자동차		마을버스

11 중대한 교통사고
- 전복 사고
- 화재가 발생한 사고
- 사망자 2명 이상 발생한 사고
- 사망자 1명과 중상자 3명 이상이 발생한 사고
- 중상자 6명 이상이 발생한 사고

12 운수종사자 현황 통보
신규 채용하거나 퇴직한 운수종사자의 명단을 7일 이내에 시·도지사에게 통보

13 버스운전업무 종사자격 : 20세 이상, 운전경력 1년 이상

14 운전적성정밀검사 특별검사 대상자

- 중상 이상의 사상 사고를 일으킨 자
- 과거 1년간 운전면허 행정처분기준에 따라 계산한 누산점수가 81점 이상인 자
- 질병, 과로, 그 밖의 사유로 안전운전을 할 수 없다고 인정되는 자인지 알기 위하여 운송사업자가 신청한 자

15 과징금 부과할 수 있는 자 : 국토교통부장관, 시·도지사, 시장·군수·구청장

16 사업별 차령

차종	사업의 구분		차령
승용자동차	특수여객자동차 운송사업용	경형·소형·중형	6년
		대형	10년
승합자동차	전세버스운송사업용 또는 특수여객자동차운송사업용		11년
	그 밖의 사업용		9년

17 차마에서 제외하는 기구·장치

- 유모차, 보행보조용 의자차, 노약자용 보행기, 놀이기구(어린이용), 동력이 없는 손수레
- 이륜자동차, 원동기장치자전거 또는 자전거로서 운전자가 내려서 끌거나 들고 통행하는 것
- 도로의 보수·유지, 도로상의 공사 등 작업에 사용되는 기구·장치(사람이 타거나 화물을 운송하지 않는 것)
- 철길이나 가설된 선을 이용하여 운전되는 것

18 도로별 차로 등에 따른 규정속도

도로 구분		최고속도	최저속도
일반도로	주거지역·상업지역·공업지역	50km/h 이내	제한없음
	지정한 노선 또는 구간의 일반도로	60km/h 이내	
	편도 2차로 이상	80km/h 이내	
	편도 1차로	60km/h 이내	
고속도로	편도 2차로 이상 — 모든 고속도로	• 100km/h 이내 • 80km/h 이내*	50km/h
	편도 2차로 이상 — 지정·고시한 노선 또는 구간의 고속도로	• 120km/h 이내 • 90km/h 이내*	50km/h
	편도 1차로	80km/h	50km/h
자동차 전용도로		90km/h	30km/h

*적재중량 1.5톤 초과 화물자동차, 특수자동차, 위험물운반자동차, 건설기계에 해당

19 차도를 통행할 수 있는 사람 또는 행렬

- 말·소 등의 큰 동물을 몰고 가는 사람
- 사다리, 목재, 그 밖에 보행자의 통행에 지장을 줄 우려가 있는 물건을 운반 중인 사람
- 도로에서 청소나 보수 등 작업을 하고 있는 사람
- 군부대나 그 밖에 이에 준하는 단체의 행렬
- 기(旗) 또는 현수막 등을 휴대한 행렬
- 장의(葬儀) 행렬

20 비 · 안개 · 눈 등으로 인한 악천후 시 감속운행

이상기후 상태	운행속도
• 비가 내려 노면이 젖어있는 경우 • 눈이 20mm 미만 쌓인 경우	최고속도의 20/100을 줄인 속도
• 폭우, 폭설, 안개 등으로 가시거리가 100m 이내인 경우 • 노면이 얼어붙은 경우 • 눈이 20mm 이상 쌓인 경우	최고속도의 50/100을 줄인 속도

21 앞지르기 금지 장소

- 교차로
- 터널 안
- 다리 위
- 도로의 구부러진 곳, 비탈길의 고갯마루 부근 또는 가파른 비탈길의 내리막 등 시·도경찰청장이 도로에서의 위험을 방지하고 교통의 안전과 원활한 소통을 확보하기 위하여 필요하다고 인정하는 곳으로서 안전표지로 지정한 곳

22 철길 건널목에서 차가 멈춘 경우 최우선 순위 : 승객 대피

23 벌점·누산점수 초과로 인한 면허 취소

기간	벌점 또는 누산점수
1년간	121점 이상
2년간	201점 이상
3년간	271점 이상

24 사고결과에 따른 벌점기준

인적 피해	벌점	내용
사망 1명마다	90	사고발생 시부터 72시간 이내에 사망한 때
중상 1명마다	15	3주 이상의 치료를 요하는 의사의 진단이 있는 사고
경상 1명마다	5	3주 미만 5일 이상의 치료를 요하는 의사의 진단이 있는 사고
부상신고 1명마다	2	5일 미만의 치료를 요하는 의사의 진단이 있는 사고

25 안전표지의 종류

주의표지	도로상태가 위험하거나 도로 또는 그 부근에 위험물이 있는 경우에 필요한 안전조치를 할 수 있도록 이를 도로 사용자에게 알리는 표지
규제표지	도로교통의 안전을 위해 각종 제한·금지 등의 규제를 하는 경우에 이를 도로 사용자에게 알리는 표지
지시표지	도로의 통행방법·통행구분 등 도로교통의 안전을 위해 필요한 지시를 하는 경우에 도로사용자가 이를 따르도록 알리는 표지
보조표지	주의표지·규제표지 또는 지시표지의 주기능을 보충하여 도로 사용자에게 알리는 표지
노면표시	도로교통의 안전을 위해 각종 주의·규제·지시 등의 내용을 노면에 기호·문자 또는 선으로 도로 사용자에게 알리는 표시

26 철길건널목의 종류

항목	내용
제1종 건널목	차단기, 건널목경보기 및 교통안전표지가 설치되어 있는 경우
제2종 건널목	건널목경보기 및 교통안전표지가 설치되어 있는 경우
제3종 건널목	교통안전표지만 설치되어 있는 경우

02장 자동차관리요령

27 터보차저의 고장 원인
- 윤활유 공급부족
- 엔진오일 오염
- 이물질 유입으로 인한 압축기 날개 손상 등

28 CNG 연료의 특징
- 주성분 : 메탄(CH_4)
- 탄소량이 가장 작고, 상온에서는 기체인 탄화 수소계 연료
- 에탄 등의 경질 파라핀계 탄화수소(탄소와 수소의 화합물)를 약간 함유
- 가스 상태에서의 천연가스를 액화하면 부피가 1/600로 줄어든다.

29 배출가스 색에 따른 고장 원인

무색	완전 연소시 배출 가스의 색은 정상 상태에서 무색 또는 약간 엷은 청색을 띤다.
검은색	• 농후한 혼합 가스가 들어가 불완전 연소되는 경우 • 원인 : 초크 고장, 에어 클리너 엘리먼트의 막힘, 연료 장치 고장 등
백색	• 엔진 안에서 다량의 엔진 오일이 실린더 위로 올라와 연소되는 경우 • 원인 : 헤드 개스킷 파손, 밸브의 오일 씰 노후, 피스톤 링 마모 등

30 오버히트가 발생하는 원인
- 냉각수가 부족한 경우
- 엔진 내부가 얼어 냉각수가 순환하지 않는 경우

31 엔진 오버히트가 발생할 때의 징후
- 운행중 수온계가 H 부분을 가리키는 경우
- 엔진출력이 갑자기 떨어지는 경우
- 노킹소리가 들리는 경우

32 클러치의 구비조건
- 냉각이 잘 되어 과열하지 않을 것
- 구조가 간단하고, 다루기 쉬우며 고장이 적을 것
- 회전력 단속 작용이 확실하며, 조작이 쉬울 것
- 회전부분의 평형이 좋을 것
- 회전관성이 적을 것

33 클러치가 미끄러지는 원인
- 클러치 페달의 자유간극(유격)이 없을 경우
- 클러치 디스크의 마멸이 심할 경우
- 클러치 디스크에 오일이 묻어 있을 경우
- 클러치 스프링의 장력이 약할 경우

34 변속기의 구비조건
- 가볍고, 단단하며, 다루기 쉬울 것
- 조작이 쉽고, 신속·확실하며, 작동 시 소음이 적을 것
- 연속적으로 또는 자동적으로 변속이 될 것
- 동력전달 효율이 좋을 것

35 자동변속기의 장점
- 기어변속이 자동으로 이루어져 운전이 편리하다.
- 발진과 가·감속이 원활하여 승차감이 좋다.
- 조작 미숙으로 인한 시동 꺼짐이 없다.
- 유체가 댐퍼 역할을 하기 때문에 충격이나 진동이 적다.

36 자동변속기의 단점
- 복잡하고 가격이 비싸다.
- 차를 밀거나 끌어서 시동을 걸 수 없다.
- 유체에 의한 동력손실이 있다.

37 자동변속기의 오일 색깔

색깔	증상
정상	투명도가 높은 붉은색
갈색	가혹한 상태에서 사용되거나, 장시간 사용한 경우
투명도가 없어지고 검은 색을 띨 때	자동변속기 내부의 클러치 디스크의 마멸분말에 의한 오손, 기어가 마멸된 경우
니스 모양으로 된 경우	오일이 매우 높은 고온에 노출된 경우
백색	오일에 수분이 다량으로 유입된 경우

38 타이어의 주요 기능

- 자동차의 하중 지탱
- 엔진의 구동력 및 브레이크의 제동력을 노면에 전달
- 노면으로부터 전달되는 충격 완화
- 자동차의 진행방향을 전환 또는 유지

39 휠 얼라인먼트의 역할

- 조향핸들의 조작을 확실하게 하고 안전성을 준다 : 캐스터의 작용
- 조향핸들에 복원성을 부여한다 : 캐스터와 조향축(킹핀) 경사각의 작용
- 조향핸들의 조작을 가볍게 한다 : 캠버와 조향축(킹핀) 경사각의 작용
- 타이어 마멸을 최소로 한다 : 토인의 작용

40 캠버

- 자동차를 앞에서 보았을 때 앞바퀴가 수직선에 대해 어떤 각도를 두고 설치
- 조향축(킹핀) 경사각과 함께 조향핸들의 조작을 가볍게 하고, 수직 방향 하중에 의한 앞 차축의 휨을 방지
- 하중을 받았을 때 앞바퀴의 아래쪽이 벌어지는 것(부의 캠버)을 방지
- 종류

정의 캠버	바퀴의 윗부분이 바깥쪽으로 기울어진 상태
0의 캠버	바퀴의 중심선이 수직일 때
부의 캠버	바퀴의 윗부분이 안쪽으로 기울어진 상태

41 캐스터

- 자동차 앞바퀴를 옆에서 보았을 때 앞 차축을 고정하는 조향축이 수직선과 어떤 각도를 두고 설치되어 있는 것
- 종류

정의 캐스터	조향축 윗부분이 자동차의 뒤쪽으로 기울어진 상태
0의 캐스터	조향축의 중심선이 수직선과 일치된 상태
부의 캐스터	조향축의 윗부분이 앞쪽으로 기울어진 상태

42 코일 스프링 : 자동차의 완충(현가)장치인 스프링 중 스프링 강을 코일 모양으로 감아서 제작한 것으로 외부의 힘을 받으면 비틀려지는 것

43 공기 스프링 : 공기의 탄성을 이용한 스프링으로 승차감이 우수하기 때문에 장거리 주행 자동차 및 대형버스에 사용

44 스태빌라이저 : 커브길에서 자동차가 선회할 때 원심력 때문에 차체가 기울어지는 것을 감소시켜 차체가 좌·우 진동하는 것을 방지하는 장치

45 쇽업소버 : 자동차의 완충(현가)장치 중에서 승차감을 향상시키고 스프링의 피로를 줄이며, 상·하 방향의 움직임을 멈추려고 하지 않는 스프링에 대하여 역방향으로 힘을 발생시켜 진동을 흡수하는 장치

46 공기 브레이크 : 엔진으로 공기압축기를 구동하여 발생한 압축공기를 동력원으로 사용하는 방식으로 주로 버스나 트럭 등 대형차량에 주로 사용

47 인간요인의 종류

구분		종류
신체·생리적 요인		• 피로, 음주, 약물, 신경성 질환 등
태도	운전 태도	• 교통법규 및 단속에 대한 인식 • 속도지향성 • 자기중심성
	사고에 대한 태도	• 운전상황에서의 위험에 대한 경험 • 사고발생확률에 대한 믿음 • 사고의 심리적 측면
사회 환경적 요인		• 근무환경 • 직업에 대한 만족도 • 주행환경에 대한 친숙성
운전기술 요인		• 차로유지 및 대상의 회피와 같은 두 과제의 처리에 있어 주의를 분할하거나 이를 통합하는 능력 등

48 대형자동차의 일반적인 특성

- 주위에 운전자가 볼 수 없는 영역이 넓다.
- 정지거리가 상대적으로 길다.
- 점유공간이 상대적으로 넓다.
- 앞지르기 시간이 상대적으로 길다.

49 동체시력의 특성

- 물체의 이동속도가 빠를수록 저하
- 정지시력이 저하되면 동체시력도 저하
- 조도(밝기)가 낮은 상황에서 쉽게 저하
- 연령이 높을수록 저하
- 장시간 운전에 의한 피로상태에서 저하

50 야간시력

- 현혹현상 : 운행 중 갑자기 빛이 눈에 비치면 순간적으로 장애물을 볼 수 없는 현상으로 마주 오는 차량의 전조등 불빛을 직접 보았을 때 순간적으로 시력이 상실되는 현상
- 증발현상 : 야간에 대향차의 전조등 눈부심으로 인해 순간적으로 보행자를 잘 볼 수 없게 되는 현상으로 보행자가 교차하는 차량의 불빛 중간에 있게 되면 운전자가 순간적으로 보행자를 전혀 보지 못하는 현상

51 전자식 운행기록장치의 구조

- 운행기록 관련신호를 발생하는 센서
- 신호를 변환하는 증폭장치
- 시간 신호를 발생하는 타이머
- 신호를 처리하여 필요한 정보로 변환하는 연산장치
- 정보를 가시화 하는 표시장치
- 운행기록을 저장하는 기억장치
- 기억장치의 자료를 외부기기에 전달하는 전송장치
- 분석 및 출력을 하는 외부기기

52 운행기록분석결과의 활용
- 자동차의 운행관리
- 운전자에 대한 교육·훈련
- 운전자의 운전습관 교정
- 운송사업자의 교통안전관리 개선
- 교통수단 및 운행체계의 개선
- 교통행정기관의 운행계통 및 운행경로 개선
- 그 밖에 사업용 자동차의 교통사고 예방을 위한 교통안전정책의 수립

53 원심력에 영향을 주는 요인
- 자동차의 속도 및 중량
- 평면곡선 반지름
- 타이어와 노면의 횡방향 마찰력
- 편경사

54 스탠딩 웨이브 현상 : 타이어가 회전하면 타이어의 원주에서는 변형과 복원을 반복한다. 타이어의 회전속도가 빨라지면 접지부에서 받은 타이어의 변형(주름)이 다음 접지 시점까지도 복원되지 않고, 접지의 뒤쪽에 진동의 물결이 일어나는 현상

55 수막현상
- 물이 고인 노면을 고속으로 주행할 때 그루브(타이어 홈) 사이에 있는 물을 배수하는 기능이 감소되어 타이어가 물의 저항에 의해 노면으로부터 떠올라 물 위를 미끄러지듯이 되는 현상
- 수막현상이 발생하면 접지력, 조향력, 제동력을 상실하게 되며, 자동차는 관성력만으로 활주하게 된다.

56 페이드(Fade) 현상 : 비탈길을 내려갈 경우 브레이크를 반복하여 사용하면 마찰열이 라이닝에 축적되어 브레이크의 제동력이 저하되는 현상

57 베이퍼 록 현상 : 유압식 브레이크의 휠 실린더나 브레이크 파이프 속에서 브레이크 액이 기화하여 페달을 밟아도 스펀지를 밟는 것 같고, 유압이 전달되지 않아 브레이크가 작동하지 않는 현상

58 모닝 록 현상 : 비가 자주 오거나 습도가 높은 날 또는 오랜 시간 주차한 후 브레이크 드럼에 미세한 녹이 발생하는 현상

59 내륜차 : 앞바퀴의 안쪽과 뒷바퀴의 안쪽 궤적 간의 차이

60 외륜차 : 앞바퀴의 바깥쪽과 뒷바퀴의 바깥쪽 궤적 간의 차이

61 방호울타리의 주요기능
- 자동차의 차도 이탈 방지
- 탑승자의 상해 및 자동차의 파손 감소
- 자동차를 정상적인 진행방향으로 복귀
- 운전자의 시선 유도
- 보행자의 무단횡단 방지

62 길어깨의 기능
- 고장차가 대피할 수 있는 공간을 제공하여 교통 혼잡 방지
- 도로 측방의 여유 폭은 교통의 안전성과 쾌적성 확보
- 도로관리 작업공간이나 지하매설물 등을 설치할 수 있는 장소 제공
- 곡선도로의 시거가 증가하여 교통의 안전성 확보
- 보도가 없는 도로에서는 보행자의 통행 장소로 제공

63 포장된 길어깨의 장점
- 긴급자동차의 원활한 주행
- 차도 끝의 처짐이나 이탈 방지
- 물의 흐름으로 인한 노면 패임 방지
- 보도가 없는 도로에서 보행의 편의 제공

64 자동차의 정지거리

구분	정의 및 특징
공주거리	• 운전자가 자동차를 정지시켜야 할 상황임을 인지하고 브레이크 페달로 발을 옮겨 브레이크가 작동을 시작하기 전까지 이동한 거리
공주시간	• 자동차가 공주거리만큼 진행한 시간
제동거리	• 운전자가 브레이크 페달에 발을 올려 브레이크가 작동을 시작하는 순간부터 자동차가 완전히 정지할 때까지 이동한 거리
제동시간	• 자동차가 완전히 정지하기 전까지 제동거리만큼 진행한 시간
정지거리	• 운전자가 위험을 인지하고 자동차를 정지시키려고 시작하는 순간부터 자동차가 완전히 정지할 때까지 이동한 거리 • 공주거리 + 제동거리
정지시간	• 정지거리 동안 자동차가 진행한 시간 • 공주시간 + 제동시간

65 회전교차로의 특징
- 회전교차로로 진입하는 자동차가 교차로 내부의 회전차로에서 주행하는 자동차에게 양보한다.
- 일반적인 교차로에 비해 상충 횟수가 적다.
- 교차로 진입은 저속으로 운영하여야 한다.
- 교차로 진입과 대기에 대한 운전자의 의사결정이 간단하다.
- 교통상황의 변화로 인한 운전자 피로를 줄일 수 있다.
- 신호교차로에 비해 유지관리 비용이 적게 든다.
- 인접 도로 및 지역에 대한 접근성을 높여준다.
- 사고빈도가 낮아 교통안전 수준을 향상시킨다.
- 지체시간이 감소되어 연료 소모와 배기가스를 줄일 수 있다.

66 회전교차로 기본 운영 원리
- 회전교차로에 진입하는 자동차는 회전 중인 자동차에게 양보한다.
- 회전차로 내부에서 주행 중인 자동차를 방해할 우려가 있을 때에는 진입하지 않는다.
- 회전차로 내에 여유 공간이 있을 때까지 양보선에서 대기한다.
- 접근차로에서 정지 또는 지체로 인해 대기하는 자동차가 발생할 수 있다.
- 교차로 내부에서 회전 정체는 발생하지 않는다.
- 회전교차로에 진입할 때에는 충분히 속도를 줄인 후 진입한다.
- 회전교차로를 통과할 때에는 모든 자동차가 중앙교통섬을 중심으로 시계 반대방향으로 회전하며 통행한다.

67 회전교차로와 로터리의 차이점

구분	회전교차로	로터리
진입방식	• 진입자동차가 양보 • 회전자동차에게 통행우선권	• 회전자동차가 양보 • 진입자동차에게 통행우선권
진입부	• 저속 진입	• 고속 진입
회전부	• 고속으로 회전차로 운행 불가 • 소규모 회전반지름 위주	• 고속으로 회전차로 운행 가능 • 대규모 회전반지름 위주
분리교통섬	• 감속 또는 방향분리를 위해 필수 설치	• 선택 설치

68 버스정류시설의 종류

종류	의미
버스정류장	버스승객의 승·하차를 위하여 본선 차로에서 분리하여 설치된 띠 모양의 공간
버스정류소	버스승객의 승·하차를 위하여 본선의 오른쪽 차로를 그대로 이용하는 공간
간이버스정류장	버스승객의 승·하차를 위하여 본선 차로에서 분리하여 최소한의 목적을 달성하기 위하여 설치하는 공간

69 버스정류장 또는 정류소 위치에 따른 종류

종류	의미
교차로 통과 전 정류장 또는 정류소	진행방향 앞에 있는 교차로를 통과하기 전에 있는 정류장
교차로 통과 후 정류장 또는 정류소	진행방향 앞에 있는 교차로를 통과한 다음에 있는 정류장
도로구간 내 정류장 또는 정류소	교차로와 교차로 사이에 있는 단일로의 중간에 있는 정류장

70 중앙버스전용차로의 버스정류소 위치에 따른 장·단점
① 교차로 통과 전(Near-side) 정류소

장점	• 교차로 통과 후 버스전용차로 상의 교통량이 많을 때 발생할 수 있는 혼잡을 최소화 • 버스가 출발할 때 교차로를 가속거리로 이용 가능
단점	• 버스전용차로에 있는 자동차와 좌회전하려는 자동차의 상충이 증가 • 교차로 통과 전 버스전용차로 오른쪽에 정차한 자동차들의 시야가 제한받을 수 있음

② 교차로 통과 후(Far-side) 정류소

장점	• 버스전용차로 상에 있는 자동차와 좌회전하려는 자동차의 상충이 최소화 • 교차로가 버스전용차로 상에 있는 차량의 감속에 이용
단점	• 출·퇴근 시간대에 버스전용차로 상에 버스들이 교차로까지 대기할 수 있음 • 버스정류장에 대기하는 버스로 인해 횡단하는 자동차들은 시야를 제한받을 수 있음

③ 도로구간 내(Mid-block) 정류소(횡단보도 통합형)

장점	• 버스를 타고자 하는 사람이 진·출입 동선이 일원화되어 가고자 하는 방향의 정류장으로의 접근이 편리
단점	• 정류장 간 무단으로 횡단하는 보행자로 인해 사고 발생 위험

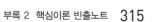

71 공영제의 장단점

장점	① 종합적 도시교통계획 차원에서 운행서비스 공급이 가능 ② 노선의 공유화로 수요의 변화 및 교통수단간 연계차원에서 노선조정, 신설, 변경 등이 용이 ③ 연계·환승시스템, 정기권 도입 등 효율적 운영체계의 시행이 용이 ④ 서비스의 안정적 확보와 개선이 용이 ⑤ 수익노선 및 비수익노선에 대해 동등한 양질의 서비스 제공이 용이 ⑥ 저렴한 요금을 유지할 수 있어 서민대중을 보호하고 사회적 분배효과 고양
단점	① 책임의식 결여로 생산성 저하 ② 요금인상에 대한 이용자들의 압력을 정부가 직접 받게 되어 요금조정이 어려움 ③ 운전자 등 근로자들이 공무원화 될 경우 인건비 증가 우려 ④ 노선 신설, 정류소 설치, 인사 청탁 등 외부간섭의 증가로 비효율성 증대

72 민영제의 장·단점

장점	① 민간이 버스노선 결정 및 운행서비스를 공급하므로 공급비용을 최소화 ② 업무성적과 보상이 연관되어 있고 엄격한 지출통제를 받지 않기 때문에 민간회사가 보다 효율적 ③ 민간회사들이 보다 혁신적 ④ 버스시장의 수요·공급체계의 유연성 ⑤ 정부규제 최소화 및 행정비용, 정부재정지원의 최소화
단점	① 노선의 사유화로 노선의 합리적 개편이 적시적소에 이루어지기 어려움 ② 노선의 독점적 운영으로 업체 간 수입격차가 극심하여 서비스 개선 곤란 ③ 비수익노선의 운행서비스 공급 애로 ④ 타 교통수단과의 연계교통체계 구축이 어려움 ⑤ 과도한 버스 운임의 상승

73 버스요금의 관할관청

구분		운임의 기준·요율 결정	신고
노선 운송 사업	시내버스	시·도지사 (광역급행형 : 국토교통부장관)	시장·군수
	농어촌버스	시·도지사	시장·군수
	시외버스	국토교통부장관	시·도지사
	고속버스	국토교통부장관	시·도지사
	마을버스	시장·군수	시장·군수
구역 운송 사업	전세버스	자율요금	
	특수여객	자율요금	

74 버스요금 체계의 유형

유형	의미
단일(균일) 운임제	이용거리와 관계없이 일정하게 설정된 요금을 부과하는 요금체계
구역운임제	운행구간을 몇 개의 구역으로 나누어 구역별로 요금을 설정하고, 동일 구역 내에서는 균일하게 요금을 부과하는 요금체계
거리운임 요율제	거리운임요율에 운행거리를 곱해 요금을 산정하는 요금체계
거리체감제	이용거리가 증가함에 따라 단위당 운임이 낮아지는 요금체계

75 업종별 요금체계

업종	요금체계
시내·농어촌버스	• 동일 특별시·광역시·시·군 : 단일운임제 • 시(읍)계 외 지역 : 구역제·구간제·거리비례제
시외버스	거리운임요율제(기본구간 10km 기준 최저 기본운임), 거리체감제
고속버스	거리체감제
마을버스	단일운임제
전세버스 /특수여객	자율요금

76 BIS와 BMS의 비교

구분	버스정보시스템(BIS)	버스운행관리시스템(BMS)
정의	이용자에게 버스 운행상황 정보 제공	버스 운행상황 관제
제공매체	정류소 설치 안내기, 인터넷, 모바일	버스회사 단말기, 상황판, 차량단말기
제공대상	버스 이용 승객	버스운전자, 버스회사, 시·군
기대효과	버스 이용승객에게 편의 제공	배차관리, 안전운행, 정시성 확보
데이터	정류소 출발·도착 데이터	일정 주기 데이터, 운행기록데이터

77 버스정보시스템 및 버스운행관리시스템의 주요 기능

구분	주요 기능
버스정보 시스템	버스도착 정보제공 • 정류소별 도착예정정보 표출 • 정류소간 주행시간 표출 • 버스운행 및 종료 정보 제공
버스운행 관리시스템	㉠ 실시간 운행상태 파악 　• 버스운행의 실시간 관제 　• 정류소별 도착시간 관제 　• 배차간격 미준수 버스 관제 ㉡ 전자지도 이용 실시간 관제 　• 노선 임의변경 관제 　• 버스위치표시 및 관리 　• 실제 주행여부 관제 ㉢ 버스운행 및 통계관리 　• 누적 운행시간 및 횟수 통계관리 　• 기간별 운행통계관리 　• 버스, 노선, 정류소별 통계관리

78 이용주체별 기대효과

구분	기대 효과
버스정보 시스템	이용자(승객) • 버스운행정보 제공으로 만족도 향상 • 불규칙한 배차, 결행 및 무정차 통과에 의한 불편 　해소 • 과속 및 난폭운전으로 인한 불안감 해소 • 버스도착 예정시간 사전확인으로 불필요한 대기시 　간 감소
버스운행 관리시스템	㉠ 운수종사자(버스 운전자) 　• 운행정보 인지로 정시 운행 　• 앞·뒤차 간의 간격인지로 차간 간격 조정 운행 　• 운행상태 완전노출로 운행질서 확립 ㉡ 버스회사 　• 서비스 개선에 따른 승객 증가로 수지개선 　• 과속 및 난폭운전에 대한 통제로 교통사고율 감 　　소 및 보험료 절감 　• 정확한 배차관리, 운행간격 유지 등으로 경영합 　　리화 가능 ㉢ 정부·지자체 　• 자가용 이용자의 대중교통 흡수 활성화 　• 대중교통정책 수립의 효율화 　• 버스운행 관리감독의 과학화로 경제성, 정확성, 　　객관성 확보

79 가로변버스전용차로의 장단점

장점	• 시행이 간편하다. • 적은 비용으로 운영이 가능하다. • 기존의 가로망 체계에 미치는 영향이 적다. • 시행 후 문제점 발생에 따른 보완 및 원상복귀가 용이하다.
단점	• 시행효과가 바로 나타나지 않는다. • 가로변 상업 활동과 상충된다. • 전용차로 위반차량이 많이 발생한다. • 우회전하는 차량과 충돌할 위험이 존재한다.

80 교통카드 단말기 구조

카드인식장치, 정보처리장치, 킷값(Idcenter), 키값관리장치, 정보저장장치

81 교통사고 용어

용어	도입 효과
충돌사고	차가 반대방향 또는 측방에서 진입하여 그 차의 정면으로 다른 차의 정면 또는 측면을 충격한 것
추돌사고	2대 이상의 차가 동일방향으로 주행 중 뒤차가 앞차의 후면을 충격한 것
접촉사고	차가 추월, 교행 등을 하려다가 차의 좌우측면을 서로 스친 것
전도사고	차가 주행 중 도로 또는 도로 이외의 장소에 차체의 측면이 지면에 접하고 있는 상태(좌측면이 지면에 접해 있으면 좌전도, 우측면이 지면에 접해 있으면 우전도)
전복사고	차가 주행 중 도로 또는 도로 이외의 장소에 뒤집혀 넘어진 것
추락사고	자동차가 도로의 절벽 등 높은 곳에서 떨어진 사고

82 버스 운전석의 위치나 승차정원에 따른 종류

종류	정의
보닛 버스	운전석이 엔진 뒤쪽에 있는 버스
캡오버 버스	운전석이 엔진 위에 있는 버스
코치버스	3~6인 정도의 승객이 승차 가능하며 화물실이 밀폐되어 있는 버스
마이크로버스	승차정원이 15인 이하의 소형버스

bus driving qualifying examination

수험교육의 최정상의 길 – 에듀웨이 EDUWAY

(주)에듀웨이는 자격시험 전문출판사입니다.
에듀웨이는 독자 여러분의 자격시험 취득을 위한 교재 발간을 위해 노력하고 있습니다.

기분파
버스운전자격시험 필기문제집

2025년 03월 01일 3판 2쇄 인쇄
2025년 03월 10일 3판 2쇄 발행

지은이　｜　에듀웨이 R&D 연구소(운전분야)
펴낸이　｜　송우혁

펴낸곳　｜　(주)에듀웨이
주　소　｜　경기도 부천시 소향로13번길 28-14, 8층 808호(상동, 맘모스타워)
대표전화　｜　032) 329-8703
팩　스　｜　032) 329-8704
등　록　｜　제387-2013-000026호
홈페이지　｜　www.eduway.net
기획.진행　｜　에듀웨이 R&D 연구소
북디자인　｜　디자인동감
교정교열　｜　정상일, 김지현
인　쇄　｜　미래피앤피

Copyright©에듀웨이 R&D 연구소, 2025. Printed in Seoul, Korea

ISBN 979-11-86179-97-0

이 도서의 국립중앙도서관 출판시도서목록(CIP)은 서지정보유통지원시스템 홈페이지
(http://seoji.nl.go.kr)와 국가자료공동목록시스템(http://www.nl.go.kr/kolisnet)에서 이
용하실 수 있습니다.